토마스 포켄

미기상학

Micrometeorology

First published in English under the title
Micrometeorology
by Thomas Foken, edition 1

미기상학

토마스 포켄 저 ▎김철희, 송창근, 윤일희 역

부산대학교출판문화원

머리말

2022년 1월, 코로나가 한창인 시기에도 불구하고 서울역 회의실에서 소수 연구자들이 모여 제 1차 '대기경계층 난류 워크숍'이 시작되었다. 이후 매년 두 차례씩, 현재 2024년까지 워크숍이 꾸준히 이어지면서 미기상학 교재의 필요성이 계속 논의되었다. 당시 워크숍에서는 최근 대기경계층이 대기오염 확산 등 환경분야 이슈와 연계되면서 미기상학에 대한 관심이 급증하고 있었으나, 반면 미기상학 연구자들의 국내 상황은 좋지 않은 환경이었다. 이러한 여러 환경에서, 당시 워크숍에서는 더 심도 있는 대기경계층 연구의 필요성과 후속 세대의 양성이 시급히 요구됨을 공유하였다.

기실 지금까지는 미기상학에 대한 국내의 전문가도 적고, 학생들의 관심과 연구 수준 또한 아직 미흡할 뿐만 아니라, 관련 국문 서적 또한 매우 열악한 실정이었다. 이에 영어 원서가 아닌 국문 번역서를 통한 전공자 학생 육성과 미기상학 연구 영역 확장이 필요하다는 지적이 많았다. 아울러 미기상학 교재가 대부분 전문적인 경우가 많아, 학부나 대학원 과정의 학생들에게 적합한 도서 선정이 쉽지 않은 것이 현실이며, 학생들은 관심을 가지기보다 오히려 기피하는 경향도 없지 않았다. 이러한 배경에서 여러 번의 토론과 협력을 통해 이번 역서를 완성하여 출판하게 된 것은 매우 의미 있고 시기적절하다고 할 수 있겠다.

미기상학은 인간이 생활하는 지표면 근처, 수십에서 수백 미터 정도의 대기층에서 지표면의 영향을 받아 발생하는 복잡한 난류와 다양한 대류 활동을 연구하는 학문으로, 인간 활동에 큰 영향을 미치기 때문에 높은 흥미와 관심을 끌어왔다. Foken의 'Micrometeorolog'는 미기상학의 주요 이론인 상사 이론이 잘 정리되어 있으며, 지표 플럭스 이론, 다양한 미기상 변수들의 필드 관측 등 여러 내용이 집약되어 있어서, 이론

공부와 관측 실습을 동시에 아우르는 유용한 책으로 추천되었다. 본 역서를 통해 미기상학의 다양성과 복잡성을 특징으로 하는 지표면 근처의 대기 운동의 이론 및 야외 미기상 관측, 그리고 나아가 대기오염 확산 등의 응용연구를 하는 전문가들에게 유용할 것으로 생각하며, 또한 대학원생들에게도 좋은 교재가 될 것으로 기대한다.

미기상학은 이제 여러 환경과학과 연계하여 연구해야 하는 필요성이 급격히 부각되는 현 시기에서 본 역서가 매우 시기적절하게 출판하게 되어 매우 기쁘게 생각한다. 그럼에도 불구하고, 본 역서는 여러 사람의 철저한 검토를 거쳐서 출판되는 것이 바람직하지만, 후속판 출판까지 염두에 두고 있어서 현 번역서를 계속 미룰 수 없기에 다소 부족한 상태로 이 책을 내놓게 된 점은 유감스럽게 생각한다. 출판 이후에도 독자들의 비판과 지적을 토대로 더욱 세밀하게 다듬어 나갈 것을 약속드린다. 무엇보다도 본 도서가 나오까지 많은 분들이 수고하셨는데, 대부분의 번역을 담당한 윤일희 교수님의 역할이 컸으며, 번역과 출판 관련 사항들을 함께 논의한 울산과학기술원의 송창근 교수께도 감사의 마음을 전합니다. 아울러, 이 역서의 필요성을 이해하고 도서판권을 비롯한 여러 관련 사항을 지원해 준 부산대학교출판문화원 관계자들에게도 깊은 감사를 드립니다.

2024년 8월 31일
대표 역자 김철희

영어 1판의

머리말

독일어로 출간된 2권의 책, "응용기상학(Applied Meteorology)"과 "미기상학 기본(Micrometeorological basic)"이 성공적으로 편찬된 후, 스프링거 출판사(Springer publishing house)가 더 많은 독자들에게 다가갈 수 있도록 영문판 출판에 동의해 준 것에 감사를 드린다. 이 책은 2006년에 출간된 독일어 2판을 일부 수정하고 변화를 준 번역본으로, 책의 내용에 더 적합한 제목인 미기상학(Micrometeorology)으로 제목을 부쳤다. 나는 과학자인 카르멘 나포(Carmen Nappo)와 만나게 되어 매우 행복했다. 그는 제 첫 책을 독일 또는 유럽식 스타일을 유지하면서도 쉽게 이해할 수 있도록 훌륭히 영어로 번역해 주었다.

이 책의 목표는 독자들에게 독일인과 러시아인 스승들로부터 받은 가르침을 그대로 전달하는 데 있지 않다. 그러나 나는 독자들이 관심을 가지는 일부 참고문헌들을 찾기를 희망한다. 이들은 주로 독일의 표준이나 역사적 기원을 가지고 있다. 이 책은 대학원생, 과학자, 실용 연구자, 또는 응용 연구 및 생태학 연구에서 미기상학 지식이 필요한 이들을 대상으로 하였다. 주요 내용은 교과서 형식으로 구성되어 있지만, 역사적 기원을 가진 자료와 아직 논의 중인 최신 연구에 대한 참고문헌들도 포함되어 있다. 독자들은 이 책을 통해 실용적인 힌트를 찾을 수 있을 것이며, 특히 실험 기술에 관한 장에서 많은 도움을 받을 수 있을 것이다. 부록은 다른 책에서는 쉽게 찾기 어려운 매개변수와 방정식들을 한눈에 볼 수 있도록 정리해 두었다.

현재는 작은 인쇄 오류조차 없기를 바라지만, 만약 독자들이 그러한 문제나 필요한 설명, 또는 다음 판에 추가하거나 보완할 사항이 있다면 알려주시면 매우 감사하게 생각하겠다.

마지막으로, 이 책을 영어로 번역하는 과정에서 환상적인 협조를 해준 카르멘 나포에게 깊은 존경을 표하며, 시간 소모가 많은 작업임에도 불구하고 기회를 주고 격려해주신 우테(Ute) 씨에게도 감사를 드립니다.

2008년 봄, 바이로이트와 녹스빌에서

토마스 포켄

독일어 1판의

머리말

비록 현대 미기상학이 독일어를 사용하는 나라들에서 60~80년 전에 시작되었지만, 시간과 공간 규모에 따른 기상 현상의 구분은 독일에서 널리 사용되지는 않았다. 아마도 1927년에 독일 기상학자이자 기후학자인 R. Geiger(1927)가 쓴 고전적인 책 "지표면부근의 기후(The climate near the ground)"가 지표면에서 일어나는 과정들의 현상학적 기술에 초점을 맞추었기 때문에 "micro"라는 단어가 작은 규모의 현상과 연관되었다. 미기상학의 발전은 1940년대 이전 소련에서 시작된 후, 오스트레일리아와 미국에서 이어진 난류 이론의 발전과 결합되었다. 이들 국가에서는 미기상학이 지면 부근에서 수십 m 높이와 수 km의 수평 규모에서 발생하는 과정들을 다루는 기상학의 한 분야로 자리 잡았다. 러시아어를 사용하는 나라들에서는 미기상학보다는 실험기상학이 더 일반적인 용어로 쓰였지만, 이 용어는 기상학적 규모와 연결되지 않고, 모든 실험에 대해서만 사용되었다. 미기상학의 연구 영역이 인간 활동의 영역과 거의 일치하기 때문에, 응용 기상학과 미기상학은 분명하게 연결된다. 그러나 미기상학은 더 이론적이고 기초 연구 쪽으로 치우치게 된다. 이 두 분야는 미국 기상학회(AMS)에서 발행하는 "Journal of Applied Meteorology"에 게재되는 논문들에서 함께 다루어진다. 독일의 경우, 응용기상학은 독일기상학회가 주최하는 환경 관련 콘퍼런스인 METTOOLS에서 잘 확립되었지만, 필요한 기본 지식은 거의 대부분 영어 문헌에서 찾아야 하는 어려움이 있었다. 1991년 독일 기상학자인 Günther Flemming이 응용기상학에 적합한 기상학의 일반적이고 탁월한 개요를 제시한 반면, 이 책은 미기상학의 기본을 다루고 있다. 따라서 독일어로 쓰인 이 책은 독자들이 정보에 빠르고 효과적으로 접근할 수 있도록 돕는 동시에 독일어 과학 용어 사용을 장려하는 데도 기여할 것이다. 나아가 이 책은 직접 적용 가능한 방법들을 계산하고 관측하는 방법을 제시하며, 더 나은 연구를 위한 기초도 제공하고자 한다.

이 책은 오랜 역사를 가지고 있다. 거의 30년 동안 미기상학의 실험 연구에 전념해 온 저자에게는 관측 방법들과 관측 장비의 적용이 대기 난류와 다양한 영향을 미치는 현상의 상태에 어떻게 직접적으로 의존하는지를 이해하는 것이 언제나 환상적이었다. 이 연결성은 1980년에 미국 기상학자 Dobson et al.(1980)이 편찬한 책에서 처음으로 논의되었다. 이 책은 그 선상에서 가장 적절하게 시도된 것이라고 할 수 있다. 항상 과학의 구분된 분야들을 결합한다는 것은 거의 교훈적으로 불가능하지만 그들간의 상호작용은 보여줄 수 있다. 고전적인 미기상학 접근법에는 주로 키가 작은 식생으로 덮인 균일한 지면을 대상으로 하지만, 이 책은 그 개념들을 키가 큰 식생으로 덮인 비균질적인 지면에 적용하고 있다. 최신 참고문헌이 제공되었지만, 이들 결과는 미래 연구에 따라 변할 수 있다. 생태학에서 미기상학 기본의 점진적인 적용이 이런 단계를 필요로 한다.

이 책의 내용은 저자가 베를린 훔볼트 대학교에서 강의한 "실험기상학(Experimental Meteorology)", 포츠담 대학교에서의 "미기상학(Micrometeorology)", 그리고 1997년 바이로이트 대학교에서 동일한 강좌에서 강의한 것들이다. 이 책은 나의 독일과 러시아의 스승들, 동료들, 공동 연구자들, 많은 경우에 나를 도와준 석사과정과 박사과정 대학원생들이 없었다면 불가능했을 것이다. 많은 출판사와 회사들이 그림 사용을 친절하게 허락해주었고, 또 그림들을 재제작하는 데 도움을 주었다. 특히 Hans P. Schmid 교수는 독일어 원고를 꼼꼼하게 읽어주었고, 우테 씨는 원고에서 사용한 언어의 취약한 부분을 찾아서 도와 준 점에 대해서 감사를 표하고 싶다.

2002년 10월, 바이로이트에서

Thomas Foken

목 차

제 3 장 | 지표 근처의 난류 특성

제 4 장 | 에너지와 물질의 플럭스를 추정하는 실험 방법

제 5 장 | 에너지와 물질 교환 모델링

제 6 장 | 관측기술

제 7 장 | 미기후학

제 8 장 | 응용기상학

부 록

부 호

단일 방정식들 내에서만 사용된 부호들은 이 목록에 포함되지 않았지만, 책에서는 설명되어 있다.

a	알베도	
a	절대습도	kg m^{-3}
a	스칼라(일반)	*
a_G	토양 내의 분자열전도성계수	W m^{-1} K^{-1}
a_T	공기 중의 분자열전도성계수	W m^{-1} K^{-1}
A	강우량	mm
A	교환계수	*
b	정확도(바이어스)	*
b	REA 관측에 사용되는 상수	
b_{st}	Jarvis에 따르는 종 종속 상수	W m^{-2}
B	저층 스탠턴 수	
Bo	보웬 비	
C_D	항력계수	
C_E	돌턴 수	
C_G	부피열용량	W s m^{-3} K^{-1}
C_H	스탠턴 수	
C_n^2	굴절구조함수매개변수	$m^{-2/3}$
C_T^2	온도구조함수매개변수	K $m^{-2/3}$
$C_{x,y}$, Co	공 스펙트럼(일반)	*
c	음속	m s^{-1}
c	농도(일반)	*
c	비교성	*
c_p	정압비열	J kg^{-1} K^{-1}
c_v	정적비열	J kg^{-1} K^{-1}
c_x	구조상수(일반)	
d	변위높이	m
d	관측경로	m
D	분자확산상수(일반)	*
D	구조함수(일반)	*
Da_k	콜모고로프-담퀼러 수	
Da_t	난류 담퀼러 수	
DOY	1년 중의 날수: 1월 1일 = 1	

e	자연대수의 기수	
e	수증기압	hPa
e'	수증기압의 변동	hPa
E	포화 수증기압	hPa
E	멱 스펙트럼(일반)	*
E_a	환기 항	hPa m s^{-1}
EQT	시간 방정식	h
Eu	오일러 수	
f	함수(일반)	
f	주파수, 진동수	s^{-1}
f	코리올리 매개변수	s^{-1}
f	유효영향면적함수	*
f_g	차단 주파수	s^{-1}
f_N	나이퀴스트 주파수	s^{-1}
F	플럭스(일반)	*
F	멱 스펙트럼(일반)	*
Fi	역 프라우드 수	
Fi_o	역 외부 프라우드 수	
F_w	환기 흐름	kg m^{-1} s^{-1}
g	중력가속도	m s^{-2}
h	부피요소의 높이	m
h	파고	m
H	진폭	m
I	장파복사	W m^{-2}
$I\downarrow$	하방장파복사	W m^{-2}
$I\uparrow$	상방장파복사	W m^{-2}
I^*	순 장파복사	W m^{-2}
k	파수	m^{-1}
k	흡수계수	m^{-1}
k	반응 율	*
K	난류확산계수(일반)	m^{-2} s^{-1}
K_E	잠열의 난류확산계수	m^{-2} s^{-1}
K_H	현열의 난류확산계수	m^{-2} s^{-1}
K_m	운동량의 난류확산계수	m^{-2} s^{-1}
$K\downarrow$	하방단파복사(지표면에서)	W m^{-2}
$K\downarrow_{extr}$	외기복사	W m^{-2}
$K\uparrow$	반사단파복사(지면에서)	W m^{-2}
l	혼합 길이	m

L	오브코프 길이	m
L	특성 길이	m
L	거리 상수	m
L_h	수평특성길이	m
L_s	층밀림응력 매개변수	m
LAI	잎 면적 지수	$m^2\ m^{-2}$
m	혼합비	$kg\ kg^{-1}$
n	무차원 주파수	
N	강수량	mm
N	브런트-바이샬랴 진동수	Hz
N	구름 양	
N	소산 율(일반)	*
Nu	누셀트 수	
Og	누적도수분포도 함수	*
p	기압	hPa
p_0	해면기압	hPa
p'	압력변동	hPa
PAR	광합성유효복사	$\mu mol\ m^{-2}\ s^{-1}$
Pr	프란틀 수	
Pr_t	난류 프란틀 수	
q	비습	$kg\ kg^{-1}$
q_c	비 농도	*
q_a	지면 부근 비습	$kg\ kg^{-1}$
q_e	비습을 수증기압으로 변환시키는 변환인자	$kg\ kg^{-1}\ hPa^{-1}$
q_s, q_{sat}	포화비습	$kg\ kg^{-1}$
q^*	혼합비의 규모	$kg\ kg^{-1}$
Q	오염원 밀도(일반)	*
Q_c	건성침적	$kg\ m^{-2}\ s^{-1}$
Q_E	잠열플럭스	$W\ m^{-2}$
Q_G	지중열플럭스	$W\ m^{-2}$
Q_H	현열플럭스	$W\ m^{-2}$
Q_{HB}	부력플럭스	$W\ m^{-2}$
Q_s^*	순 복사	$W\ m^{-2}$
Q_η	η 매개변수의 오염원 밀도	*
r	상관계수	
r_a, r_t	난류대기저항	$s\ m^{-1}$
r_c	캐노피 저항	$s\ m^{-1}$
r_g	총 저항	$s\ m^{-1}$

r_{mt}	분자-난류 저항	s m^{-1}
r_{st}	기공저항	s m^{-1}
r_{si}	단일 잎의 기공저항	s m^{-1}
R	저항	Ω
R	상대습도	%
R_G	지면 부근의 상대습도	%
R_L	건조공기의 기체상수	J kg^{-1} K^{-1}
R_s	지표면 부근의 상대습도	%
R_W	수증기의 기체상수	J kg^{-1} K^{-1}
R	보편기체상수	mol kg^{-1} K^{-1}
Re	레이놀즈 수	
Re_s	거칠기 레이놀즈 수	
Rf	플럭스 레이놀즈 수	
Ri	리처드슨 수, 경도 리처드슨 수	
Ri_B	총체 리처드슨 수	
Ri_c	임계 리처드슨 수	
Ro	로스비 수	
s	정밀도	*
s_c	포화에서 비습의 온도 의존도	kg kg^{-1} K^{-1}
S	멱 스펙트럼(일반)	*
S	태양상수	W m^{-2}
Sc	슈미트 수	
Sc_t	난류 슈미트 수	
Sd	일조시간	h
Sd_0	천문학적 최대가능일조시간	h
Sf	복사 오차	K
t	시간	s
t	온도	℃
t'	습구온도	℃
T	전이함수	
T	온도, 온도 차이	K
T'	온도의 변동	K
T_*	온도눈금	K
T'	무차원 온도	
T_K	투과계수	
T_0	지상 온도	K
T_p	작은 파 계수	*
T_s	음파 온도	K

T_v	가온도	K
u	바람속력	m s^{-1}
u	풍속의 동서성분	m s^{-1}
u_g	지균풍속의 동서성분	m s^{-1}
u_{10}	10 m 높이에서의 풍속	m s^{-1}
u'	풍속의 동서성분의 변동	m s^{-1}
u_*	마찰속도	m s^{-1}
v	풍속의 남북성분	m s^{-1}
v_g	지균풍속의 남북성분	m s^{-1}
v'	풍속의 남북성분의 변동	m s^{-1}
v_D	침적속도	m s^{-1}
V	특성속도	m s^{-1}
w	풍속의 연직성분	m s^{-1}
w'	풍속의 연직성분의 변동	m s^{-1}
w_*	디어돌프(대류) 속도	m s^{-1}
w_0	REA 법에 대한 불감대역	m s^{-1}
x	취주거리	m
x	수평방향(길이)	m
x, X	관측 변수(일반)	*
y	수평방향(길이, x와 직각을 이룸)	m
y, Y	관측 변수(일반)	*
Z	지오퍼텐셜 높이	m
z	높이(일반, 기하학 높이)	m
z_i	혼합층 높이	m
z_m	관측 높이	m
z_R	기준 높이	m
z_0	거칠기 매개변수, 거칠기 높이	m
z_{0eff}	유효 거칠기 높이	m
z_{0E}	수증기압에 대한 거칠기 길이	m
z_{0T}	온도에 대한 거칠기 길이	m
z'	높이(공기유체역학적)	m
z^+	무차원 높이	m
z_*	거칠기 아층의 높이	m
α	유입 각	°
α_{pt}	프리스틀리-테일러 계수	
α_0	운동량에 대한 현열의 교환계수의 비	
α_{0E}	운동량에 대한 잠열의 교환계수의 비	

β	콜모고로프 상수(일반)	
γ	건습계 상수	hPa K^{-1}
γ	O'KEYPS-Formel 내의 인자	
Γ	프로파일 계수	m s^{-1}
Γ_d	건조단열감률	K m^{-1}
δ	내부경계층의 깊이	m
δ	분자-난류(점성) 아층의 깊이	m
δ_{ij}	크로네커 부호	
δ_w	혼합층의 두께	m
δ_T	내부경계층의 두께	m
δ_T	분자온도경계층의 두께	m
δ_T^+	분자온도경계층의 무차원 두께	m
Δc	농도 차이	*
Δe	수증기압 차이	hPa
ΔP	압력차이	hPa
ΔT	온도차이	K
Δu	풍속차이	m s^{-1}
Δz	높이차이	m
ΔQ_s	에너지 발생원 또는 소비원	W m^{-2}
ΔS_W	물 생성원 또는 소비원	mm
Δ_z	특성 연직경도	*
ε	에너지 소산	m^2 s^{-3}
ε_{IR}	적외선 방출도	
ε_{ijk}	레비-시비타 입실론 텐서	
ζ	무차원 높이 z/L	
η	관측 변수	
θ	온위	K
θ_v	가온위	K
$\varkappa$	폰 카르만 상수	
λ	물의 증발 열	J kg^{-1}
Λ	국지 오브코프 길이	m
Λ_u	수평 바람에 대한 오일러 난류 길이 규모	m
Λ_x	경사로 구조 매개변수	m
μ	역학점성	kg m^{-1} s^{-1}
ν	운동학점성	m^2 s^{-1}
ν_T	열확산계수	m^2 s^{-1}
ξ	스칼라(일반)	*
ξ	시간 지연	s

ρ	공기 밀도	$kg\ m^{-3}$
ρ'	공기 밀도 변동	$kg\ m^{-3}$
ρ_c	부분 밀도	$kg^2\ kg^{-1}\ m^{-3}$
σ_{cH}	상층구름 구름양	
σ_{cL}	하층구름 구름양	
σ_{cM}	중상층구름 구름양	
σ_c	농도의 표준편차	
σ_{SB}	슈테판-볼츠만 상수	$W\ m^{-2}\ K^{-4}$
σ_u	동서방향바람성분의 표준편차	$m\ s^{-1}$
σ_v	남북방향바람성분의 표준편차	$m\ s^{-1}$
σ_w	연직방향바람성분의 표준편차	$m\ s^{-1}$
σ_T	온도의 표준편차	K
σ_θ	온위의 표준편차	K
σ_ψ	풍향의 표준편차	°
τ	이슬점 온도	K
τ	쉬어응력	$kg\ m^{-1}\ s^{-2}$
τ	시간상수	s
Φ	지오퍼텐셜	$m^2\ s^2$
ϕ	지리적인 위도	°
ϕ_m	운동량 교환용 보편함수	
ϕ_H	현열플럭스용 보편함수	
ϕ_E	잠열플럭스용 보편함수	
ϕ_T	온도구조함수매개변수용 보편함수	
ϕ_ϵ	에너지 소산용 보편함수	
$\phi*$	거칠기 아층용 보정함수	
χ	스칼라(일반)	*
Ψ	보편함수의 적분	
Ψ	태양의 적위	°
ω	원 진동수	
Ω	지구자전의 각속도	s^{-1}

지수:

a	공기
ω	물

참고:

표시(*)는 매개변수의 사용에 따라서 차원이 정해진다.

제1장 | 개요

이 장에서는 이 책의 기본적인 내용을 소개하고, 주제와 관련된 미기상학, 대기경계층, 기상 규모와 같은 용어들을 정의하였다. 또한, 미기상학에 대한 역사적인 개요뿐만 아니라, 지표면에서의 에너지 및 물의 평형 방정식과 수송 과정에 대해서도 논의할 것이다. 이 장에서의 미기상학적인 기초가 다져지면, 이어지는 이론과 실험에 관한 장들의 내용을 더욱 잘 이해할 수 있을 것이다.

1.1 미기상학

기상학(meteorology)은 가장 오래된 과학 중 하나로, 그 기원은 아리스토텔레스(기원전 384~322년)까지 거슬러 올라간다. 아리스토텔레스는 4권의 책 《미티오로로지카(Meteorologica)》를 저술했다. 고대에는 대기 중의 현상을 '유성(meteors)'이라 불렀고, 20세기 전반기까지도 상부 토양층은 기상학의 일부로 간주되었다(Hann and Süring 1939). 오늘날 기상학은 대기권에 대한 과학으로 널리 이해되며(Dutton 2002; Glickman 2000; Kraus 2004), 대기권의 평균적인 상태를 다루는 기후학(climatology)을 포함한다. 때로는 기상학을 대기권의 물리학이나 날씨 예보에만 국한하기도 한다. 대기 과정을 폭넓게 이해하기 위해서는 물리학, 화학, 생물학, 그리고 기타 지구과학 등 여러 과학적 지식이 필요하며, 이러한 학문 간의 경계를 명확히 구분하기는 어렵다. 실제로, 기상학은 대기권 내에서 발생하는 과정에만 국한되지만, 다른 과학들은 실험실에서 과정과 반응을 조사할 수 있다. 이는 기상학의 특수한 성격을 강조하는데, 기상학은 다양한 대기 영향을 받는 열린 시스템을 연구하는 과학으로, 그 연구영역은 시간에 따라 변한다. 기상학은 여러 분야로 세분되며(Glickman 2000; Houghton 1985; Hupfer and Kuttler 2005; Kraus 2004), 주된 분야는 이론 기상학, 관측 기상학, 응용 기상학이 있다. 응용 기상학에는 일기예보와 기후학이 포함되며, 기후학은 훨씬 넓은 지구과학적 맥락에서 이해되어야 한다. 세부 분야는 해양기상학(maritime meteorology)과 같은 특정 연구 영역까지 확장된다.

시간과 공간 규모의 적용은 지난 150년 동안 일반화되면서 대(macro-)기상학, 중(meso-)기상학, 미(micro-)기상학으로 세분되었다. 미기상학(micrometeorology)은 특정 과정에 국한되지 않고, 이러한 과정들이 일어나는 시간 및 공간 척도에 따라 정의된다(1.2 참조). 미기상학의 중요성은 이러한 시간 및 공간적 제한에 있으며, 인간이 생존하는 환경이 미기상학 연구의 주요 대상이다. 주 대상은 대기의 지표층(atmospheric surface layer)으로, 대기경계층의 가장 낮은 부분에 해당하며 전체의 약 510%를 차지한다. 이 지표층의 깊이는 약 0.52 km에 이른다.

지표층은 대기권에서 주요 에너지가 교환되는 층 중의 하나로, 태양 에너지가 다른 형태의 에너지로 변환되는 과정이 미기상학의 주요 주제가 된다. 또한, 지표층은 마찰 발생의 원천이 되며, 이 마찰은 지표면과 자유대류권 사이의 바람장 및 교환 과정을 크게 변화시킨다. 대기권 내 시간과 공간 규모의 결합으로 인해, 미기상학에서 다루는 적절한 시간 규모는 일주기(diurnal cycle) 미만이다. 2000년 발간된 미국기상학회 기상용어집에서는 미기상학을 다음과 같이 정의하고 있다(Glickman 2000).

> 미기상학은 대략 1km 이하의 공간 규모와 하루 이하의 시간 척도에서 일어나는 대기 현상과 그 과정을 다루는 기상학의 한 분야다. 미기상학적 과정은 마찰의 영향을 받는 얕은 층에 국한되며, 대류열과 같은 더 큰 현상은 미기상학의 범주에 포함되지 않는다. 따라서 미기상학의 주요 대상은 대기경계층의 하부, 즉 지표층이다. 이 구간에서는 대기와 그 하부 표면(물, 토양, 식물) 사이에서 일어나는 에너지, 가스 등의 교환 과정이 중요한 주제로 다뤄진다. 미기후학은 시간에 따른 평균적(장기적) 미기상학적 과정을 설명하는 반면, 미기상학자는 이러한 과정의 변동에 주로 관심을 둔다.

응용 기상학의 연구 분야를 살펴보면(그림 1.1), 주요 주제들이 미규모 과정과 밀접하게 관련되어 있음을 알 수 있다. 따라서 미기상학은 대기경계층 및 지표층과 관련된 기상학의 다양한 응용 분야에 이론적, 실험적, 기후학적 기초를 제공한다. 최근에 정의된 환경기상학(environmental meteorology)도 미기상학과 연관이 깊다. 응용 기상학은 일반적으로 날씨 예측과 아울러 대기오염 연구도 포함한다.

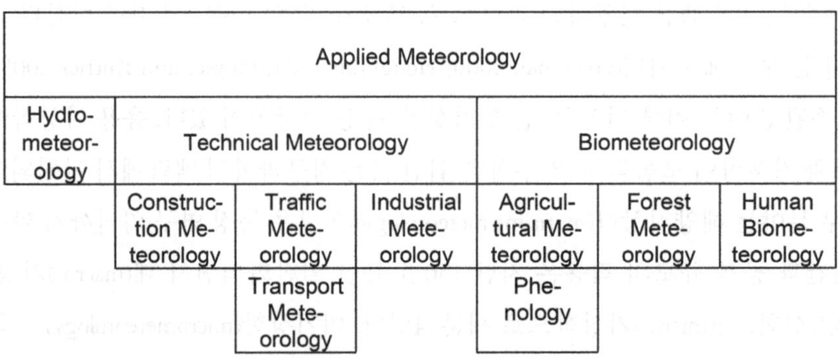

그림 1.1. 응용기상학의 분류

미기상학의 기초는 유체역학(hydrodynamics)에서 비롯된다. 그 역사적 설명은 Lumley and Yaglom (2001) 및 Foken (2006a)의 논문을 기반으로 한다. 유체역학의 기원은 Reynolds (1894)가 난류 과정에서의 평균을 정의하고 난류 에너지 방정식을 설명한 1895년으로 거슬러 올라간다. 이후 Taylor (1915)와 Prandtl (1925)의 혼합 길이 접근법, Richardson (1920)의 부력효과가 고려된다. '난류 요소(turbulent element)'라는 용어는 겨울 동안 남극대륙 얼음 차폐물(ice shield)에서 장기 체류하며 장기간 바람 관측을 분석한 Barkov (1914)에서 유래되었다. '미기상학'이라는 용어는 에너지와 물질 교환의 관측 및 Schmidt (1925)에 의해 오스트리아 비엔나에서 제시된 Austausch 계수의 공식화과정에 기원한다. 동시에, 뮌헨에서는 Geiger (1927)가 그의 저서 『The Climate near the Ground』에서 미기후학적 연구를 종합했으며, 이 책은 현재까지도 출판되고 있다 (Geiger et al. 1995). 이러한 난류 교환 과정의 실험적 및 기후학적 응용은 주로 독일의 Potsdam 지역을 배경으로 Albrecht (1940)에 의해 이루어졌으며, 그는 또한 Kleinschmidt (1935)의 기상 관측 기기에 관한 고전 교과서의 일부를 집필하였다. 독일의 Leipzig 지역에서는 Lettau (1939)가 대기경계층을 연구하였으며, 제2차 세계 대전 이후 미국에서 그 연구를 계속했다(Lettau and Davidson 1957). 제2차 세계 대전이 끝나면서 20년 이상 이어진 유명한 독일어 사용 미기상학자들의 시대가 막을 내렸지만, 'Austausch 계수'라는 용어는 그때부터 지금까지 유지되고 있다.

미기상학에서 현대 난류 연구의 기원은 1940년대 러시아에서 시작되었다. Kármán and Howardt (1938), 그리고 Taylor (1938)가 등방성 난류와 난류 스펙트럼에 대한 기초 연구를 수행한 후, Kolmogorov (1941a, b)는 난류 스펙트럼에 대한 이론적 근거를 제시했다. 1943년, Obukhov (1946년에 발표)은 모든 지표면 부근의 난류 과정을 연결하는 스케일링 파라미터를 발견했다. 이 논문(Obukhov 1971)은 미기상학과 깊은 관련이 있어, Businger and Yaglom (1971)에 의해 다시 발표되었다. Lettau (1949)도 유사한 논문을 발표했으나, 다른 스케일링 파라미터를 사용했기 때문에 널리 적용되지는 않았다. Monin and Obukhov (1954)는 상사이론(similarity theory)으로 알려진 방법을 통해 현대의 안정성 종속 결정론의 기초를 마련했다. 동시에, 난류플럭스를 직접 관측하는 방법이 개발되었는데(Montgomery 1948; Obukhov 1951; Swinbank 1951), 이는 에디-공분산 방법(eddy-covariance method)으로 알려지게 되었다. 이 방법은 음파풍속계(sonic anemometer)가 개발된 후에야 확립되었으며, 이에 대한 기본 방정식은 Schotland (1955)에 의해 제시되었다. Barrett and Suomi (1949)가 소닉 온도계(sonic thermometer)를 개발하였고, 이후

Suomi (1957)는 1m 경로 길이를 가진 연직 음파풍속계를 O'Neill 실험에 사용했다(Lettau and Davidson 1957). 오늘날의 풍속계는 Bovscheverov and Voronov (1960)에 의해 처음 개발되었고, 이후 Kaimal and Businger (1963)와 Mitsuta (1966)에 의해 개선되었다. 초기의 풍속계는 전송된 신호와 수신된 신호 사이의 위상 편이(phase shift)를 사용하였으며, 이후 신호가 두 방향으로 이동하는 시간 차이를 관측하는 방식으로 발전하였고, 최근의 풍속계는 시간을 직접적으로 관측하는 방식을 사용하게 되었다(Hanafusa et al. 1982). Sheppard (1947)의 초기 연구에 이어, 호주에서는 항력 판(drag plate)을 사용해 표면 응력을 직접 관측하였고(Bradley 1968b), 감도가 높은 수정된 고전 센서를 통해 현열과 잠열 플럭스를 관측하였다(Dyer et al. 1967).

이러한 연구 결과들은 많은 유명한 실험들의 기초가 되었다(부록 A5 참조). 그 중에는 난류 교환 과정을 연구하기 위한 여러 호주 실험이 있었으며(Garratt and Hicks 1990), 이들은 일종의 난류 센서의 상호 비교 실험으로 볼 수 있다(Dyer et al. 1982; Miyake et al. 1971; Tsvang et al. 1973, 1985). 오늘날의 연구들은 주로 1968년에 수행된 KANSAS 실험(Izumi 1971; Kaimal and Wyngaard 1990)을 기반으로 한다. 이 실험은 보편함수(Businger et al. 1971)와 난류 에너지 방정식(Wyngaard et al. 1971a)을 공식화하는 데 기초가 되었으며, 이는 Obukhov (1960)의 당시 잘 알려지지 않은 초기 논문에 기반을 두고 있다. Sutton (1953)에 의해 첫 번째 미기상학 교과서가 출간된 지 20년 후, 1973년에 열린 《미기상학 워크숍(Workshop on Micrometeorology)》(Haugen 1973)에서는 하층 대기와 지표면 사이의 난류 교환에 대한 핵심 내용들이 요약 및 제시되었다.

KANSAS 실험의 실험 설계에 대하여 Wieringa (1980) 등의 일부 비판이 있었으나, Wyngaard et al. (1982)의 회답 이후 반복적인 실험이 권장되었고, 많은 미기상학 실험이 수행되었다. 이러한 실험들에는 기본적인 미기상학적 이슈를 다룬 연구들 [예: 스웨덴 뢰프스타(Lövsta)에서 수행된 실험(Högström 1990)]이 포함되었다. 결국 Högström (1988)에 의해 수정된 보편 함수가 현재 우리의 최신 지식을 구성하게 되었다.

1980년대 말에는 비균질 지표에서의 미기상학적 실험이 가능해졌고, 거의 같은 시기에 미국(FIFE, Sellers et al. 1988), 프랑스(HAPEX, André et al. 1990), 러시아(KUREX, Tsvang et al. 1991)에서도 유사한 실험이 진행되었다. 이 실험들은 이후 많은 향상된 추가 실험들의 기초가 되었다(부록 A5 참조).

지난 30년간, 실험과 이론 분야에서 정확성에서 많은 수정과 발전이 있었지만, 비균질 지표면과 안정 성층권과 같은 문제들에 대한 새로운 결과는 여전히 부족하다.

1.2 대기 규모(Scale)

기상학적 과정은 다른 지구물리학적 과정들과 달리 명확한 시간-공간 규모를 가진다(Beniston 1998). 이는 대기 현상의 스펙트럼 구성 때문이며, 관련된 파장은 특정한 시간적 지속 시간(주파수)과 연관되어 있다. 가장 긴 파장은 3~6일 동안 지속되며 수천 킬로미터에 걸쳐 확장되는 대기 순환 시스템의 파장으로, 이는 Rossby 파동에 해당한다. 일주기는 가장 두드러진 주파수이다. 분에서 초에 이르는 시간 간격은 소위 미규모 난류(micro-turbulence) 범위 내에서 일어나는 에너지와 물질의 교환 과정으로 특징지어지며, 이는 미기상학적 연구의 주요 주제이다(1.4.3장 참조). 이러한 분류 원칙은 Orlanski (1975)에 의해 공식화되었으며, 그림 1.2a에 제시되어 있다. 대기 과정은 확실히 규모별로 조직화되어 있지만, 토양과 식물 생태계의 수문학적 과정은 동일한 시간 규모에서 훨씬 작은 공간 규모를 가진다. 예를 들어, 수문학적 과정을 대기 모델과 결합할 때는 수문학적 과정을 더 큰 대기 공간 규모로 전환하는 전략을 개발해야 한다(그림 1.2b 참조).

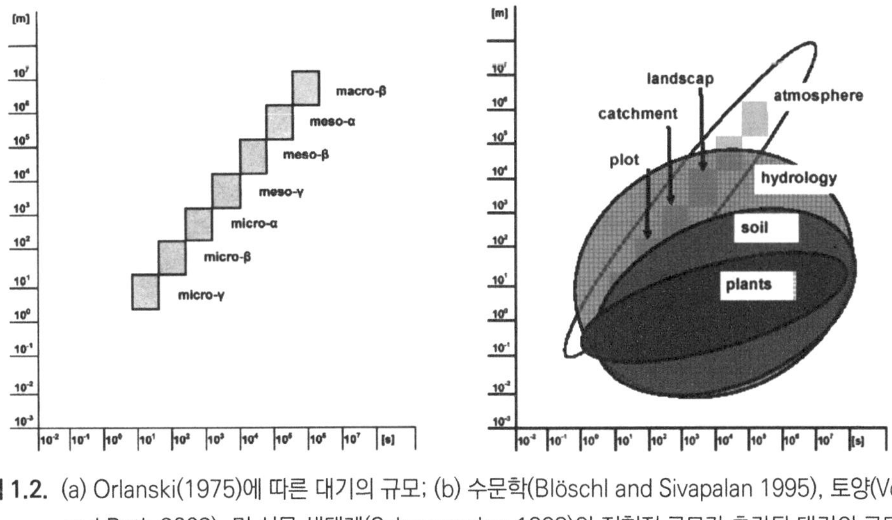

그림 1.2. (a) Orlanski(1975)에 따른 대기의 규모; (b) 수문학(Blöschl and Sivapalan 1995), 토양(Vogel and Roth 2003), 및 식물 생태계(Schoonmaker 1998)의 전형적 규모가 추가된 대기의 규모

다양한 과학 분야에서 서로 다른 규모에 대한 정의가 존재하여 학제 간 소통에 어려움이 발생하기도 하였다. 기후학 교과서에서는 기상학적 규모와 명확히 비교할 수 없는 다양한 스케일 개념들이 논의되기도 한다(7.1장 참조).

날씨 현상은 시간-공간 규모에 따라 분류되므로, 기후 및 기상 예측 모델의 시간-공간 규모도 유사한 방식으로 분류되어야 한다. 예를 들어, 대규모 순환 모델은 마크로-β (macro-β) 범위에 해당한다. 전통적인 일기 예보는 형식적으로 메소-α (meso-α) 범위에 속했지만, 오늘날의 고해상도 모델은 메소-β (meso-β)와 메소-γ (meso-γ) 규모에 해당한다. 미기상학은 모든 마이크로 규모와 부분적으로 메소-γ 규모와 관련이 있다.

이러한 규모의 분류 원칙은 대기 과정을 관측하는 데 기본이 된다. 예를 들어, 작은 저기압 시스템의 공간적 확장을 관측하기 위해서는 고해상도(소규모) 관측이 필요하다. 시스템의 이동에도 동일한 원칙이 적용되며, 이러한 관측의 주파수는 기압 시스템의 속도와 관련이 있어야 한다. 이 원칙은 모든 규모에 적용되며, 대기 현상은 작은 공간 및 시간 규모에서만 제대로 관찰될 수 있다. 따라서 샘플링 정리(6.1.2장 참조)는 모든 기상학적 관측 및 규모에 있어 매우 중요하다.

1.3 대기경계층

대기경계층(atmospheric boundary layer)은 지표면 부근에서 나타나는 대류권의 가장 낮은 부분으로, 마찰 응력이 높이에 따라 감소한다. 풍속은 경계층 위의 지균값에서부터 지표면 부근 바람까지 뚜렷하게 감소하며, 풍향은 북반구에서 30~40°까지 반시계방향으로 변화한다. 열적 성질들도 대기경계층에 영향을 미친다. 이론 기상학에서는 대기경계층을 행성경계층(planetary boundary layer)이라는 용어와 동의어로 사용하며, 행성 대기권의 경계층에 대한 일반적인 규칙성을 연구한다. 경계층 위에는 간헐성 난류(intermittent turbulence)가 나타나는 정역학 안정층(역전층)이 위치한다. 대기경계층과 대류권 사이의 교환 과정은 유입대(entrainment zone)에서 발생하며, 이 층의 두께는 육상에서는 약 1~2 km, 해상에서는 약 0.5 km로, 대기경계층 두께의 약 10% 정도이다. 강한 안정 성층인 경우 이 층의 두께는 약 10 m 미만이 된다.

대기경계층의 일변화는 그림 1.3과 같이 뚜렷한 변동을 보인다(Stull 1988). 일출 후, 지면에서 발생하는 난류 열플럭스(heat flux)로 인해 대기가 온난해지고, 밤 동안 생성된 역전층이 사라지게 된다. 새로운 혼합층(mixed layer)은 난류가 심하고 혼합이 잘 일어나는 층으로, 유입대와 상공에서 경계를 이룬다. 일몰 직전에는 안정경계층(야간 경계층)이 지면 부근에서 발달하며, 이 안정층은 지상 역전의 특성을 가지며 깊이는 약

100 m 정도이다. 이 층 위에는 낮 동안 생성된 혼합층이 위치하나 난류는 매우 약해진 상태이다. 이 층은 잔류층(residual layer)이라 불리며, 대기경계층의 상부 경계인 자유(모자씌움)역전층에 의해 덮인다(Seibert et al. 2000). 일출 후, 혼합층은 신속하게 안정경계층과 잔류층을 파괴한다. 겨울철 흐린 날에는 지표면으로 향하는 태양복사와 에너지 수송이 약해져 혼합층이 잔류층을 교란하지 못하고, 대기경계층은 일반적으로 성층을 이룬다. 강한 태양복사가 있는 날에는, 경계층 구조가 지상 10 m 상공에서 발달하는 대류 세포들에 의해 파괴된다. 이들 세포는 크기가 작은 상승기류 세포로서 비교적 빠른 연직 풍속을 가지며, 전형적으로 균등 지표면가열이 일어나는 넓은 지역에서 발달한다. 한 모델 연구에 따르면, 이러한 지역의 면적은 200~500 m^2 이상이다(Shen and Leclerc 1995).

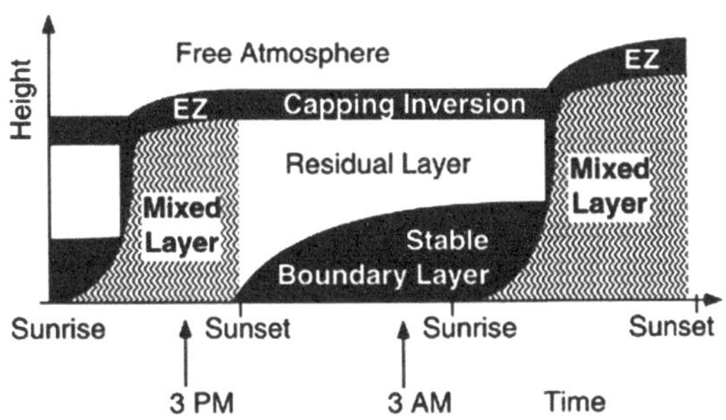

그림 1.3. 대기경계층의 일주기 구조(Stull 2000). 여기서 EZ는 유입대이다.

대기경계층의 상부(상층 또는 에크만 층)에서는 풍향의 변화가 나타난다. 대기경계층의 가장 아래 10%에 해당하는 층을 지표층(surface layer) 또는 프란틀 층(Prandtl layer)이라고 부른다(그림 1.4). 지표층의 높이는 불안정 성층에서는 대략 20~50 m이고, 안정 성층에서는 수 m 정도이다. 지표층은 또한 등 플럭스층(constant flux layer)이라고도 불리며, 이는 지표층 내에서 높이에 따라 플럭스가 일정하다고 가정하기 때문이다. 예를 들어, 상층에서 플럭스 발산이 주요한 경우, 이 가정은 지표층 내의 현열과 잠열 플럭스 추정 가능성을 제공한다. 대기경계층 전체는 난류 과정이 지배적이며, 오직 지표면 위 수 mm 내에서만 분자 교환 과정(molecular exchange process)이 지배한다. 난류 과정은 분자 교환보다 약 105 배 더 효과적이며, 등 플럭스 가정 때문에 지표면에 매우 근접한 성질들의 선형 연직 경도는 매우 커야 한다. 예를 들어, 온도 경도는 103 K/m으로 관측되었다(그림 1.5). 이런 분자경계층(스칼라로 사용되는 용어) 또는 층류경계층(유체 흐름 장에서 사용되는 용어)과 난류층 사이에는 혼합 교환 조건을 가진 점성 저층(viscous sublayer) 또는 완충층(buffer layer)이 존재하며, 이 층의 두께는 약 1 cm 정도이다. Monin and Obukhov (1954)의 상사이론에 따르면, 두께가 약 1 m인 동역학 아층(dynamical sublayer)은 대기 안정도에 영향을 받지 않으며, 이 층은 거의 항상 중립상태에 있다.

<table>
<tr><th>height in m</th><th colspan="2">name</th><th colspan="2">exchange</th><th>stability</th></tr>
<tr><td>1000</td><td colspan="2">upper layer (Ekman-layer)</td><td rowspan="3">turbulent</td><td>no const. flux</td><td rowspan="2">influence of stability</td></tr>
<tr><td>20</td><td>turbulent layer</td><td rowspan="4">surface layer (Prandtl-layer)</td><td rowspan="4">flux constant with height</td></tr>
<tr><td>1</td><td>dynamical sublayer</td><td rowspan="3">no influence of stability</td></tr>
<tr><td>0.01</td><td>viscous sublayer</td><td>molecular/ turbulent</td></tr>
<tr><td>0.001</td><td>laminar boundary layer</td><td>molecular</td></tr>
</table>

그림 1.4. 대기경계층의 구조

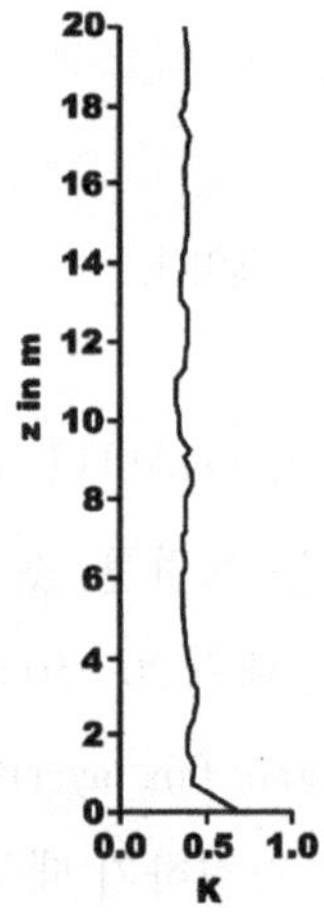

그림 1.5. 분자경계층을 가지는 수면 상의 연직 온도프로파일로서 선형온도경도를 가진다(Foken et al. 1978).

지표면 부근(거의 중립 성층)에서 나타나는 대기경계층의 모든 과정은 미기상학 범위 내에서 실험실 관측(풍동과 물 통로)과 쉽게 비교될 수 있다. 따라서 Prandtl이 수행한 연구, 즉 벽을 통한 경계층 유체역학 연구는 대기경계층 연구에 적용될 수 있다(Monin and Yaglom 1973, 1975; Oertel 2004; Schlichting and Gersten 2003). 나중에 설명하겠지만 미기상학의 지식은 유체역학 연구에 상당하게 기반하고 있으며, 풍동 내에서는 많은 과정이 자연에서보다 더 쉽게 연구될 수 있다. 그러나 풍동에서의 대기현상의 복원은 모든 상사 수(similarity number)의 변형을 수반한다(2.2.2 참조). 따라서 극단적으로 큰 온도 또는 밀도 경도가 물(유체) 통로 내에서 실현된다면, 비중립 과정들은 오직 실험실에서만 연구될 수 있다.

1.4 지표면 에너지균형

지표면은 대기 과정에서 주요 에너지 전달 영역이다(그림 1.6). 지표면은 태양으로부터 오는 단파 하강 복사($K\downarrow$)에 의해 가열되며, 이 복사의 일부만이 반사된다($K\downarrow$). 또한, 지표면은 구름, 입자, 기체에 의한 장파 방출로 인해 장파 하강 복사($I\downarrow$)를 흡수한다. 흡수된 에너지는 일부만 장파 상승 복사($I\uparrow$)로 대기로 방출된다. 전체 에너지 수지에서 지표면은 잃는 것보다 더 많은 복사 에너지를 받으므로, 지표면의 순복사는 양수이다($-Q_s^*$, 1.4.1장 참조). 공급된 에너지의 잉여분은 두 가지 난류 에너지 플럭스, 즉 현열플럭스(Q_H)와 잠열플럭스(Q_E, 증발)를 통해 대기로 다시 전달된다(1.4.3장 참조). 또한, 지중열플럭스(Q_G)를 통해 에너지가 토양으로 이동하며(1.4.2장 참조), 이는 식물, 건물 등에서 저장된다(ΔQ_S). 현열플럭스는 강한 대류가 있는 날을 제외하고는 낮 동안 지표면에서 대기 상층 몇 백 미터까지 대기를 가열하는 역할을 한다. 에너지 보존 법칙에 따른 지표면에서의 에너지 수지는 다음과 같다.

$$-Q_s^* = Q_H + Q_E + Q_G + \Delta Q_s \tag{1.1}$$

이 때 다음과 같은 규칙이 적용될 것이다.

> 복사와 에너지 플럭스의 부호는 다음과 같다: 지표면으로부터 대기 또는 지중으로 에너지가 내보내질 경우 부호가 양(+)이며, 에너지가 흡수될 경우 부호가 음(-)이다.

이 규칙의 장점은 난류플럭스와 지중열플럭스가 정오에 양의 값을 가진다는 점이다. 그러나 이 규칙이 항상 일관되게 사용되는 것은 아니다. 예를 들어, 대규모 기상학에서는 종종 반대 부호가 사용된다. 이 경우, 모든 상향 플럭스가 양(+)으로 간주되며(Stull 1988), 따라서 지중열플럭스는 위에서 설명한 것과는 반대로 음(-)의 부호를 가지게 된다.

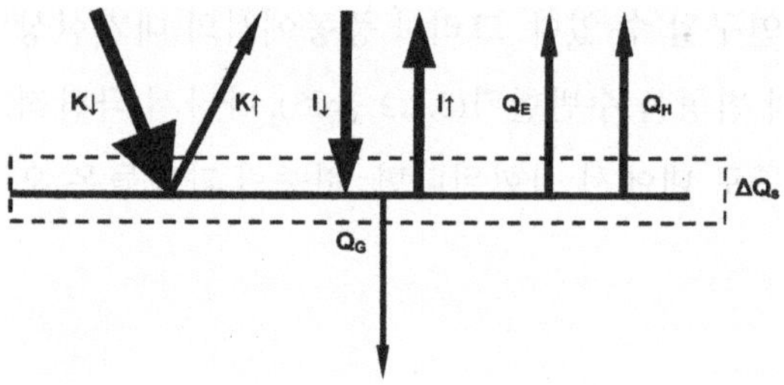

그림 1.6. 지표면에서의 복사 플럭스와 에너지 플럭스의 모식도. 식 (1.1)에 따른 순 복사는 단파 플럭스(K)와 장파 플럭스(I)의 합이다. 난류 플럭스(Q_H와 Q_E) 및 공기, 식물, 토양 내의 에너지 저장량(ΔQ_s)이 주어졌다.

그림 1.7은 구름이 없는 맑은 날의 에너지 평형 성분들을 개략적으로 나타낸 것이다. 구름의 양이 변하면 에너지 평형 항목에도 전형적인 변동이 생길 수 있다. 이러한 변동은 다음 장에서 논의될 미기상학적 과정에서도 일부 나타난다. 가장 중요한 변동은 일몰 후의 양의 잠열플럭스와 이른 오후부터 시작되는 음의 현열플럭스(오아시스 효과)이다. 음의 현열플럭스(증발)는 이슬 맺힘(dewfall)과 일치한다. 지표면 에너지 평형의 장기간 평균값은 보충자료 1.1에 제시되어 있다. 비록 복사 플럭스의 값이 크더라도(보충자료 1.2), 102 W m^{-2}의 에너지 평형은 비교적 낮은 수치이다. 지난 세기 동안 인공 온실가스 배출로 인해 전 지구 평균 온도가 1K 상승한 것은 2 W m^{-2}의 추가적인 복사 에너지에 상응한다. 따라서 토지이용의 변화로 인해 변화되는 복사 플럭스와 에너지 플럭스는 기후 시스템의 중요한 변수가 될 수 있다.

보충자료 1.1. 에너지와 복사 균형의 성분

아래 표는 지구 전체에 대해서 W m^{-2}로 표시되는 에너지와 복사 균형의 성분들을 기후학적으로 시간 평균한 값들을 제시한 것이다(Kiehl and Trenberth 1997):

reference level	$K\downarrow$	$K\uparrow$	$I\downarrow$	$I\uparrow$	Q_E	Q_H
upper atmosphere	− 342	107	0	235	0	0
ground surface	− 198	30	− 324	390	78	24

보충자료 1.2. 기상학에서 다루는 에너지와 복사 플럭스

기상학에서 다루는 에너지와 복사 플럭스들이 밀도의 항으로 주어졌다. 에너지의 단위는 줄(J)이고 일률(power)은 와트(W = J s^{-1})인 반면, 에너지 플럭스 밀도 단위는 W m^{-2} 이다. 에너지 플럭스 밀도는 시간과는 확연하게 연관되지 않지만, 정확한 단위는 J s^{-1} m^{-2}이다. 1 m^{2}가 1 시간동안 받을 수 있는 에너지를 결정하기 위해서는 에너지 플럭스밀도에 3600s를 곱하면 된다. J m^{-2}로 표현되는 에너지 플럭스들은 MJ m^{-2} 주어지는 일 총량을 제외하고는 기상학에서 보통 사용되지 않는다. 때때로 kWh(kilo-Watt-hours)로 표시된다.

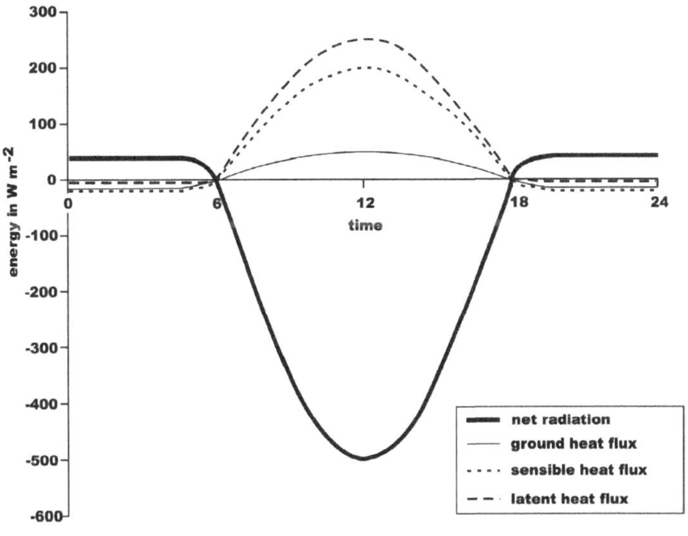

그림 1.7. 에너지 평형에 대한 일주기 개략도

1.4.1 지표면 순 복사

대기권 내의 복사는 단파복사(태양)와 장파복사(열)로 나누어지며, 장파복사는 3 μm 이상의 파장을 가진다(보충자료 1.3). 지면에서의 순 복사는 식 (1.2)와 같이 주어진다.

$$Q_s^* = K\uparrow + K\downarrow + I\uparrow + I\downarrow \tag{1.2}$$

식 (1.2)로부터 우리는 순복사가 주로 태양으로부터 지표면에 도달하는 단파하방복사($K\downarrow$), 구름, 에어로졸, 기체에 의해서 방출되는 장파하방적외선복사($I\downarrow$), 단파상방반사복사($K\uparrow$), 장파상방적외선복사($I\uparrow$)의 합이란 것을 알 수 있다. 단파복사는 하늘로부터 이루어지는 확산복사(diffuse radiation)와 직달태양복사(direct solar radiation)로 구분된다.

보충자료 1.3에서는 에너지와 복사 균형 방정식의 성분들의 기후학적 평균값을 제시하고 있다. 이 값들은 대기권의 상부 경계에서 태양의 입사 단파 복사 관측값, 즉 S = −1368 W m^{-2} (에너지 단위) 또는 −1.125 K m s^{-1} (운동학 단위) (Glickman, 2000; Houghton et al., 2001)를 기반으로 하고 있다. 단위 간 변환에 대해서는 2.3.1을 참조하면 된다. 그림 1.8은 순복사 성분들의 전형적인 일주기를 나타내고 있다. 입사 단파 복사에 대한 반사 단파 복사의 비율을 알베도(albedo)라고 하며, 식 (1.3)과 같이 정의된다.

$$a = -\frac{K\uparrow}{K\downarrow} \tag{1.3}$$

보충자료 1.3. 복사의 스펙트럼 분류

단파복사와 장파복사의 스펙트럼 분류(Guderian 2000; Liou 1992)

notation	wave length in μm	remarks
ultraviolet radiation		
UV-C-range	0.100~0.280	does not penetrate the atmosphere
UV-B-range	0.280~0.315	does partly penetrate the atmosphere
UV-A-range	0.315~0.400	penetrates the atmosphere
visible radiation		
S-A-range	0.400~0.520	violet to green
S-B-range	0.520~0.620	green to red
S-C-range	0.620~0.760	red
infrared radiation		
IR-A-range	0.76~1.4	near infrared
IR-B-range	1.4~3.0	
IR-C-range	3.0~24	mean infrared

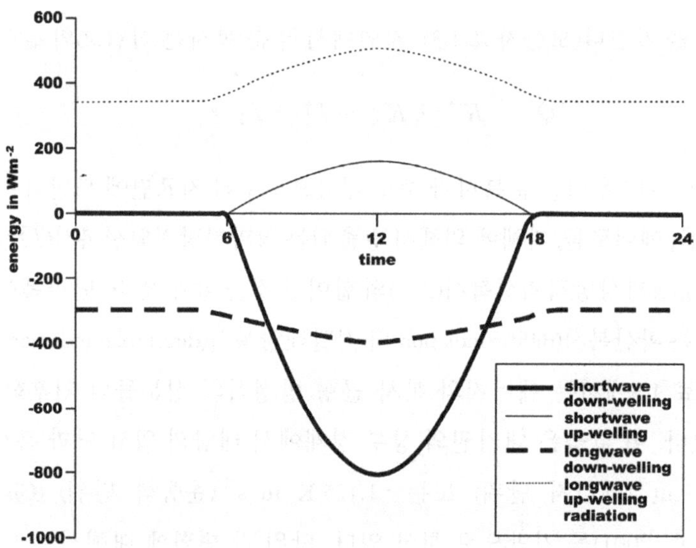

그림 1.8. 순 복사 성분들의 일주기 개략도

표 1.1에는 여러 지표면에서의 알베도가 제시되어 있다.

표 1.1. 여러 지표면에서의 알베도(Geiger et al. 1995)

surface	albedo
clean snow	0.75~0.98
grey soil, dry	0.25~0.30
grey soil, wet	0.10~0.12
white sand	0.34~0.40
wheat	0.10~0.25
grass	0.18~0.20
oaks	0.18
pine	0.14
water, rough, solar angle 90°	0.13
water, rough, solar angle 30°	0.024

장파복사플럭스는 Stefan-Boltzmann 법칙에 따라서 식 (1.4)로 결정될 것이다:

$$I = \varepsilon_{IR}\sigma_{SB} T^4 \tag{1.4}$$

여기서 여러 지표면에 대한 적외선 방출률(ε_{IR})은 표 1.2에 제시되었고, $\sigma_{SB} = 5.67 \times 10^{-8}$ W m^{-2} K^{-4}는 Stefan-Boltzmann 상수이다.

일반적으로, 상방장파복사는 지표면이 구름과 에어로졸보다 더 따뜻하기 때문에 하방장파복사보다 더 크다. 안개가 끼는 경우에만, 상방복사와 하방복사는 같게 된다. 만약 이전 청명한 하늘에서 안개가 나타나고 지면이 냉각되었다면, 하방복사는 더 크게 될 것이다. 구름이 없고 공기가 건조하다면, 복사온도는 약 -55 ℃가 된다.

기상자료는 보통 협정세계시간인 UTC(Universal Time Coordinate) 또는 지방시로 관측되지만, 복사관측에는 지방시로 관측하는 것을 선호한다. 그렇게 되면, 태양은 진지방시(true local time) 12:00에서 천정에 위치한다. 부록 A4는 진지방시를 결정하는데 필요한 계산과 천문관계를 제시하고 있다.

표 1.2. 여러 지표면에서의 적외선 방출률(Geiger et al. 1995)

surface	emissivity
water	0.960
fresh snow	0.986
coniferous needles	0.971
dry fine sand	0.949
wet fine sand	0.962
thick green grass	0.986

지구 복사의 관측은 일반적으로 기상 관측망에서 유효하지만, 다른 복사 성분들은 보통 관측되지 않는다. 대신, 이러한 복사 성분들은 기후 데이터를 기반으로 매개변수화된다. 따라서 매개변수화는 주로 그들이 개발된 지역에서만 정확하다. 또한 단시간 관측에 이러한 매개변수화를 적용하는 것은 신뢰성이 떨어질 수 있다.

구름 관측 자료를 사용하여 복사플럭스들을 매개변수화를 할 수 있는 가능성은 Burridge and Gadd (1974)에 의해서 제안되었고, 그 내용은 Stull (1988)의 책을 참조하면 된다. 단파복사플럭스인 경우, 대기의 투과율(transmissivity)은 아래의 식 (1.5)을 사용하여 계산할 수 있다.

$$T_K = (0.6 + 0.2\sin\Psi)(1 - 0.4\sigma_{CH})(1 - 0.7\sigma_{CM})(1 - 04\sigma_{CL}) \tag{1.5}$$

태양 고도각이 90° 즉 $\Psi = 90°$인 경우, 투과율계수 T_K는 0.8에서 0.086 범위를 가진다. σ_C는 구름양으로 0.0에서 1.0의 범위로 관측된다. 여기서 σ_{CH}는 상층구름의 양, σ_{CM}는 중층구름의 양, σ_{CL}는 하층구름의 양을 표시한다(보충자료 1.4 참조). 기상학에서 구름양은 8등분으로 구분하는 것이 보통이나 10등분으로 표시하는 경우도 있다. 또한 입사단파복사는 태양상수 S를 사용하여 계산될 수 있다:

$$K\downarrow = \begin{pmatrix} ST_K \sin\Psi, & \Psi \geq 0 \\ 0 & , \Psi \leq 0 \end{pmatrix} \tag{1.6}$$

반사단파복사는 아래에 놓여있는 지표면 알베도의 전형적인 값(표 1.1)을 사용하여 식 (1.3)에 따라서 계산된다. 장파복사균형은 구름양을 사용하여 매개변수화 될 수 있다:

$$I^* = I\uparrow + I\downarrow = (0.08\ \text{K m s}^{-1})(1 - 0.1\sigma_{\text{CH}} - 0.3\sigma_{\text{CM}} - 0.6\sigma_{\text{CL}}) \tag{1.7}$$

만약 지상온도가 주어진다면, 상방장파복사는 식 (1.4)의 Stefan-Boltzmann 법칙을 사용하여 계산되고, 하방장파복사는 식 (1.4)와 (1.7)을 사용하면 계산된다.

매우 드물게, 매개변수화를 위해 일조 시간을 활용하기도 한다. 이는 농업 관측망에서 오랜 기간 동안 일조 시간을 관측했기 때문이다. 그러나 일조 시간의 시계열은 구식 캠벨-스토크스 일조계가 전자식 일조계로 대체되면서 종종 비균질적일 수 있다. 이러한 매개변수화는 기후학적 구름 구조를 기반으로 하며, 일반적으로 월평균값과 연평균값만을 사용한다. 따라서, 매개변수화는 그 개발 지역에서만 적용될 수 있다. 매개변수화는 일조시간 S_d를 사용하는 유명한 옹스트룀 방정식(Ångström equation)에 근거를 둔다:

$$K\downarrow = K\downarrow_{extr}[a + b(S_d/S_{d0})] \tag{1.8}$$

여기서 상수 a와 b는 결정하는 장소에 따라 결정된다. 예를 들어, 독일 저지대인 경우, a는 0.19 정도이고 b는 0.55 정도이다(Wendling et al. 1997). 대기권의 상부 경계에서의 일평균 입사지구복사는 식 (1.9)에 따라서 W m^{-2} 단위로 계산된다:

$$K\downarrow_{extr} = 28.36[9.9 + 7.08\zeta + 0.18(\zeta - 1)(\phi - 51°)] \tag{1.9}$$

식 (1.9)는 위도의 보정이 필요 없는 $\phi = 51°$의 지리적인 위도에 적합한 형태이다. 이론적인 일조시간은 일출과 일몰 사이의 시간(time)으로 단위는 시(hour)로 표현된다.

$$S_{d0} = 12.3 + 4.3\zeta + 0.167\zeta(\phi - 51°), \tag{1.10}$$

여기서 ζ는 날수(DOY = day of year)로서 다음과 같이 계산된다.

$$\zeta = \sin[DOY(2\pi/365) - 1.39]. \tag{1.11}$$

복사성분들은 현재에는 직접관측이 가능하므로, 매개변수화는 오직 역사적인 자료를 가지고 계산하는데만 사용된다.

보충자료 1.4. 구름 종류

구름분류는 모양과 발생 높이에 따라서 이루어진다. 중위도에서, 상층구름은 5~13 km, 중층구름은 2~7 km, 하층구름은 0.2 km에서 발생한다. 구름 높이는 한대지역이 가장 낮은 반면 열대지역은 18 km까지 도달한다.

cloud genera	height	description
cirrus (Ci)	high	white, fibrously ice cloud
cirrocumulus (Cc)	high	small ice cloud, small fleecy cloud
cirrostratus (Cs)	high	white stratified ice cloud, halo
altocumulus (Ac)	mean	large fleecy cloud
altostratus (As)	mean	white-grey stratified cloud, ring
nimbostratus (Ns)	low	dark rain/snow cloud
stratocumulus (Sc)	low	grey un-uniform stratified cloud
stratus (St)	low	grey uniform stratified cloud
cumulus (Cu)	low*–mean	cumulus cloud
cumulonimbus (Cb)	low*–high	thundercloud, anvil cloud

* in parameterizations classified as low clouds.

1.4.2 지중열플럭스와 지중열 저장

식물과 도시 지역을 포함하는 지표면은 낮에는 입사 단파 복사에 의해 가열된다. 밤에는 지표면이 상방 장파 복사에 의해 냉각되며, 이로 인해 공기와 더 깊은 토양층보다 더 차가워진다. 온도의 큰 경도는 단지 수 mm 두께의 층 내에서 관측된다(1.3 참조). 순복사에 따른 에너지 과잉은 난류 현열플럭스, 난류 잠열플럭스, 그리고 분자 지중 열플럭스에 의해 주로 보상된다. 잠열플럭스가 발생할 때, 지면에서의 에너지 과잉은 물이 모세관과 토양의 기공을 통해 수송되어야 함을 의미한다. 또한, 증발을 일으키는 에너지는 토양 상부층 내에서 발생하는 토양열 플럭스에 의해 제공된다.

기상학에서는 토양과 지중열플럭스가 일반적으로 매우 단순한 방법으로 설명된다. 예를 들어, 대기와 토양 사이의 큰 규모 차이는 보통 설명되지 않으며, 10^{-3}에서 10^{-2} m 규모 내의 토양의 비균질성은 무시되어 토양이 주어진 기상학적 규모에 대해 거의 균질하다고 가정된다. 더 자세한 연구를 위해서는 토양 물리학 교과서를 참고해야 한다. 또한, 토양 내의 전도 열 플럭스와 큰 기공 내의 잠열플럭스도 그 다음으로 무시된다.

지중열플럭스 Q_G는 분자열전달에 의존하고 온도경도와 열적분자전도도 a_G (표 1.3)의 곱에 비례한다.

$$Q_G = a_G \frac{\partial T}{\partial z} \tag{1.12}$$

표 1.3. 다양한 토양과 지면 성질에 따른 열적분자전도도 a_G, 부피열용량 C_G, 분자열확산도 ν_T (Stull 1988)

ground surface	a_G in W m^{-1} K^{-1}	C_G in 10^6 W s m^{-3} K^{-1}	ν_T in 10^{-6} m^2 s^{-1}
rocks (granite)	2.73	2.13	1.28
moist sand (40%)	2.51	2.76	0.91
dry sand	0.30	1.24	0.24
sandy clay (15%)	0.92	2.42	0.38
swamp (90% water)	0.89	3.89	0.23
old snow	0.34	0.84	0.40
new snow	0.02	0.21	0.10

이러한 분자 열 전달은 하루 동안 매우 약해서, 오직 토양층의 상부 수 cm만이 가열된다. 지중 온도의 연주기를 고려하면, 여름에는 지표면에서 최고 온도가 나타나고, 겨울에는 지표면 아래 10~15 m에서 최고 온도가 관측된다(Lehmann and Kalb 1993). 여름철 평균적인 날의 지중열플럭스는 약 50~100 W m^{-2}이다. 간단한 계산에 따르면, $Q_G = -0.1\ Q_s^*$ (Liebethal and Foken 2007) 또는 $Q_G = 0.3\ Q_H$이다(Stull 1988).

식 (1.12)에 따른 지중열플럭스의 결정은 실용적이지 않다. 이는 온도 프로파일을 지표면에서부터 외삽하여 온도 편미분 항을 결정하기 때문이다. 지표면 부근에서 큰 온도 경도가 형성되기 때문에(그림 1.9), 이 방법은 불확실성을 동반하며 열적 열전도도(thermal heat conductivity)를 결정하는 데 어려움이 있다.

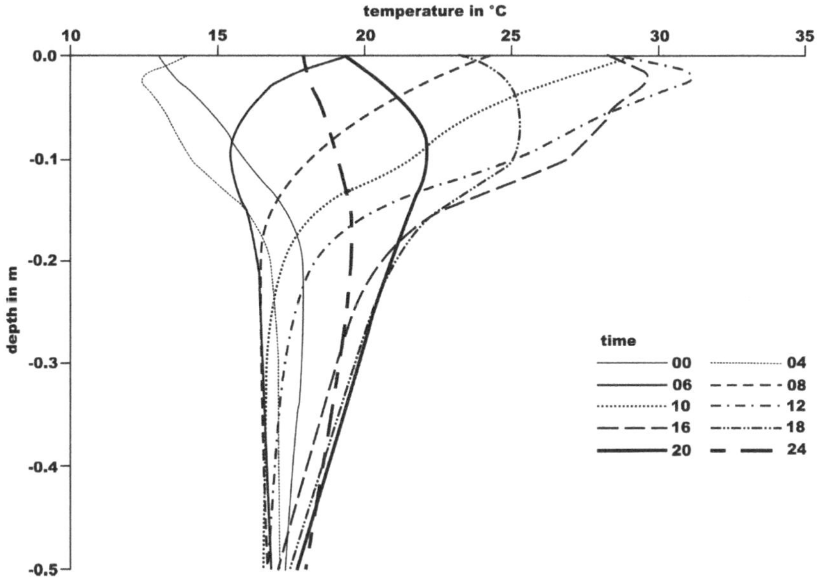

그림 1.9. LITEASS-98 실험 기간, Lindenberg 기상대의 야외노장에서 관측된 상부 토양층 내의 온도 프로파일(1998년 6월 5일 Bayreuth 대학팀에 의해 관측되었고 12:00에서 14:00까지 상층구름이 존재함).

지표면에서의 지중열플럭스는 토양열 플럭스 관측판(6.2.6 참조)을 사용하여 관측된 토양열 플럭스와 지표면과 관측판 사이에 저장된 열의 합으로 추정할 수 있다.

$$Q_G(0) = Q_G(-z) + \int_{-z}^{0} \frac{\partial}{\partial t} C_G(z)\, T(z)\, dz \tag{1.13}$$

Liebetal et al (2005)은 민감도 분석을 통해 지중열플럭스 관측을 위한 최적의 설계 방법을 개발했다. 그들의 방법에 따르면, 토양열 플럭스 관측판은 열저장을 정확히 계산하기 위해 관측판 위의 온도를 특정 깊이(10~20 cm)에서 관측할 수 있도록 깊게 매설해야 한다. 온도 프로파일이 특정 깊이에서 관측되고, 이 깊이와 지표면 사이의 열저장이 계산될 경우, 유사한 정확도를 달성할 수 있다.

부피열용량(volumetric heat capacity)은 균일한 토양 수분을 가정할 경우 깊이에 따라 일정하게 유지된다. 시간에 따른 토양 온도의 변화에 대한 일반적인 관측과 계산은 제한적이며, 많은 연구기관들이 각각의 방법을 사용하지만 최적의 해결책을 찾지 못하고 있다. 가장 간단한 방법은 지표면과 열플럭스 관측판 사이의 토양층의 평균 온도를 관측하는 것이다. 지표면 부근의 지중열플럭스는 다음과 같은 식으로 계산된다.

$$Q_G(0) = Q_G(-z) + \frac{C_G|\Delta z|[\overline{T(t_2)} - \overline{T(t_1)}]}{t_2 - t_1} \tag{1.14}$$

시간에 따른 토양온도의 변화는 토양열플럭스의 연직경도와 식 (1.12)를 사용하면 다음과 같이 결정될 수 있다:

$$\frac{\partial T}{\partial t} = \frac{1}{C_G}\frac{\partial Q_G}{\partial z} = \nu_T \frac{\partial^2 T}{\partial z^2} \tag{1.15}$$

토양온도의 일주기는 1차 사인함수이다(그림 1.10). 그러므로 지표면 온도 T_s는 일주기에 영향을 받지 않는 온도 T_M에 의존하여 계산된다. 즉,

$$T_s = T_M + A_s \sin[(\frac{2\pi}{P})(t - t_M)], \tag{1.16}$$

여기서 A_s는 진폭이고 P는 지표면 온도의 파 주기이고 t_M은 $T_s = T_M$을 이루는데 필요한 시간이다(Arya 2001).

복합층(multiple layer)들은 지중열플럭스의 모델링에 사용된다. 일주기동안 오직 토양의 상부 층만이 가열되기 때문에(그림 1.10), Blackadar (1976)가 개발한 이층 모델(강제-복원방법; force-restore method)이 널리 사용되고 있다. 지중열플럭스는 2가지 성분 즉, 복사에 기인한 얇은 지표층의 온도 변화와 지표층과 더 깊은 층 사이의 온도 차이에 의한 느린 파로부터 계산될 수 있다. 지중열플럭스에 대한 방정식은 다음과 같다 (Stull 1988):

$$Q_G = z_G C_G \frac{\partial T_G}{\partial t} + (2\pi \frac{z_G C_G}{P})(T_G - T_M) \quad (1.17)$$

여기서 T_G는 상부토양층의 온도이고, T_M은 더 깊은 토양층의 온도, P는 하루 중의 시각, z_G는 지표층의 두께이다. Blackadar (1976)의 논문에 따르면, 낮 동안($T_a < T_G$)인 경우 $2\pi/P$는 $3 \times 10^{-4}\,s^{-1}$이고, 밤 동안($T_a > T_G$)인 경우 $2\pi/P$는 $1 \times 10^{-4}\,s^{-1}$이다. 여기서 T_a는 공기의 온도이다. 상부토양층의 두께는 일중 온도파의 침투깊이에 의존한다.

$$z_G = \sqrt{\frac{\nu_T P}{4\pi}} \quad (1.18)$$

식 (1.18)은 식 (1.16)을 사용하여 식 (1.15)로부터 계산된다(Arya (2001) 책 참조). 강제-복원방법(force-restore method)은 다른 매개변수화 방법과 비교할 때 가장 좋은 결과를 가진다(Liebethal and Foken 2007).

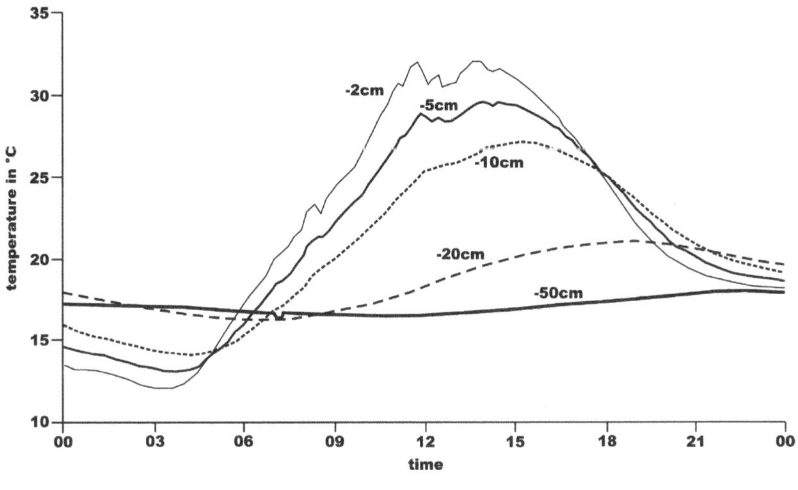

그림 1.10. LITEASS-98 실험 기간, Lindenberg 기상대의 야외노장에서 관측된 여러 깊이에서의 토양온도의 일주기(12:00에서 14:00까지 상층구름이 있었음). 1998년 6월 5일 Bayreuth 대학팀에 의해 관측됨.

1.4.3 난류플럭스

토양 내의 분자 열교환과는 달리, 난류에 기인한 공기 내의 열교환은 매우 효과적이다. 이는 난류가 수 mm에서 수 km까지 폭넓은 규모에서 발생하기 때문이다. 난류 요소(turbulent element)는 대개 균일한 열역학적 특성을 지닌 공기덩이(air parcel)로 간주된다. 소규모 난류 요소들은 서로 결합하여 더 큰 요소를 형성하고, 이러한 과정이 반복되면서 성장하며, 매우 큰 에디는 기압 시스템(atmospheric pressure system)이라 할 수 있다. 가열된 난류 요소들은 그들의 무작위 운동(random motion)에 의해 에너지를 수송하며, 이 과정은 수증기와 같은 미량 가스와 운동 에너지에도 적용된다. 난류 요소가 클수록 평균 운동으로부터 에너지를 얻고, cascade 과정에 의해 에너지를 더 작은 요소로 운반한다(그림 1.11). 작은 난류 요소들은 방출되는 에너지에 의해 소멸된다. 평균적으로, 운동 에너지가 열로 변환되는 양은 약 2 W m^2로, 매우 작은 값이므로 에너지 평형 방정식에서는 종종 무시된다. 분자교환보다 약 10^5배 더 효과적이기 때문에 이러한 교환 과정을 대기 난류(atmospheric turbulence)라고 한다.

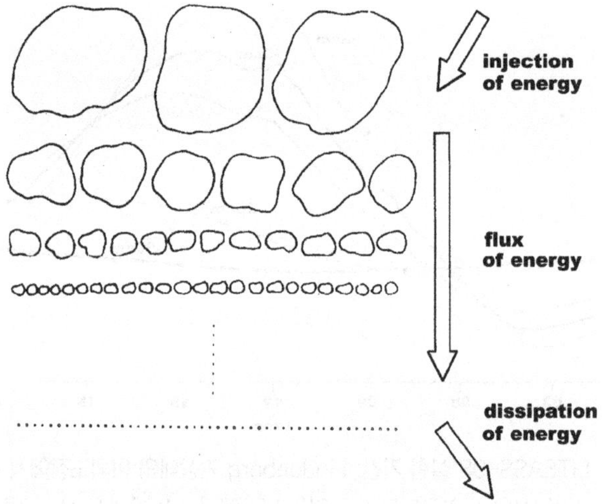

그림 1.11. 난류 요소의 캐스케이드 과정(Frisch 1995). 요소들의 크기가 연속적으로 줄어드는 점에 주목하시오.

대기 난류는 대기 운동의 특수한 형태로, 분자, 난류원소, 난류에디보다 훨씬 큰 공기 부피가 평균 상태 부근에서 불규칙운동과 확률운동(stochastic motion)을 하는 것을 말한다. 대기난류는 수 cm에서 수천 km, 수초에서 수일까지의 여러 차원의 시간 및 길이 특성을 가진다.

난류 요소(난류 에디)의 특성 분포는 그 크기에 따라 이루어지며, 난류 스펙트럼에 의해 표현된다.

난류 스펙트럼은 난류 요소(난류 에디)의 에너지 분포를 파장이나 주파수에 따라 나타낸 분포이다. 그 분포는 주파수에 따라 macro-, meso-, micro 난류로 구분된다.

대기 난류는 세 가지 시간 범위로 나눌 수 있다. 즉, 3~6일 동안의 고압과 저압 시스템의 변화, 기상 요소의 일일 주기, 그리고 0.0001에서 10 Hz 범위의 진동수의 세 가지 범위에서 나타나는 에너지, 운동량, 그리고 미량 기체의 수송 등이다(그림 1.12). 에너지와 미량 기체의 수송은 미기상학의 주요 주제이다.

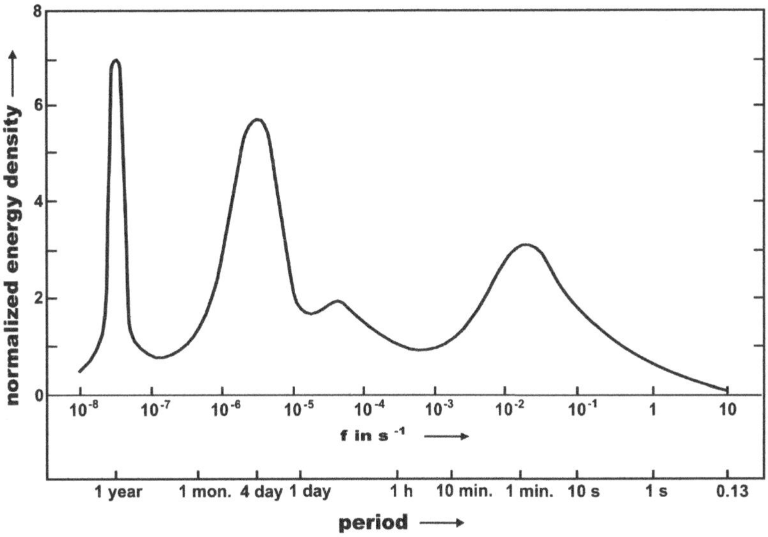

그림 1.12. 난류스펙트럼의 개략적인 그림(Roedel 2000, modified). 진동수가 > 10^{-3} Hz의 범위를 미규모 난류라고 한다.

이 중에서 특별히 중요한 범위는 관성소영역(inertial subrange)이다. 이 영역은 등방난류(isotropic turbulence)와 증가하는 진동수에 대한 에너지 밀도의 일정한 감소에 의해서 특성화 된다. 약 0.01에서 5 Hz 범위 내에서, 지배적인 방향이 난류요소에 의한 운동에서는 존재하지 않는다. 더 큰 난류요소에서 더 작은 난류요소로의 파괴에 의한 에너지의 감소는 Kolmogorov 의 −5/3 법칙(Kolmogorov 1941a)에 따르는 잘 알려진 방식에서 발생한다. 이 법칙은 진동수가 30년 동안 증가했다면 에너지 밀도는 50년 동안 감소한다는 것을 예측한다. 관성소영역은 콜모고로프의 미규모(Kolmogorov's microscale)에서 소산영역(dissipation range)쪽으로 합쳐진다. 난류스펙트럼의 모양은 기상요소, 열 성층, 해발고도, 풍속에 의존한다(2.5 참조).

특히, 관성소영역 내에서 나타나는 난류의 전형적인 성질은 난류 요소들이 평균흐름을 따라 이동할 때 미약하게 변화한다는 것이다. 그래서 두 개의 인접한 풍하측 관측점에서 동일한 난류 구조가 다른 시간에 관측될 수 있다. 이는 난류 섭동의 높은 자기상관(autocorrelation)이 존재한다는 것을 의미한다. Taylor (1938)에 의해 이를 '고정 난류(frozen turbulence)'라고 불렀다.

또한, 난류 요소들의 길이 규모는 지면의 높이에 따라 증가한다. 유사한 방식으로, 가장 높은 진동수를 가진 가장 작은 난류 요소들은 지면 부근에서 발견된다. 이러한 사실로부터, 난류 스펙트럼을 진동수 f의 함수가 아니라 무차원 진동수 n으로 나타내는 것이 합리적이다. 여기서 n은 풍속 u와 높이 z의 함수로 다음과 같이 표준화된다.

$$n = f\frac{z}{u} \tag{1.19}$$

난류요소들은 예를 들면 높은 시간 해상도에 따른 온도시계열을 그림으로 나타내면 쉽게 파악할 수 있다. 그림 1.13에서, 우리는 더 긴 주기(~60 초) 요란에 중첩된 여러 가지 강도들을 지닌 단주기 요란을 볼 수 있다. 여기서 우리는 매우 큰 규모의 난류들이 존재한다는 것을 볼 수 있다.

난류요소들에 의해서 발생하는 열 플럭스들(현열과 잠열)의 계산은 식 (1.12)과 유사하게 온도 T와 비습 q의 각각의 연직 경도를 사용한다(보충자료 2.1 참조). 그러나 분자전달계수는 난류확산계수로 반드시 대체해야만 한다. 현열플럭스, Q_H는 지면으로부터 그리고 지면으로 향하는 열의 난류수송을 설명한다. 잠열플럭스, Q_E는 수증기의 연직 수송과 지면에서 증발에 필요한 열을 설명한다. 이 열은 이후에 구름 내에서

응결이 발생할 때 대기 중에 저장되게 될 것이다. 이 때의 방정식은 다음과 같다:

$$Q_H = -\rho c_p K_H \frac{\partial T}{\partial z}, \tag{1.20}$$

$$Q_E = -\rho \lambda K_E \frac{\partial q}{\partial z} \tag{1.21}$$

여기서 ρ는 공기밀도, c_p는 정압비열, λ는 물의 증발열이다. 난류확산계수들인 K_H와 K_E는 보통 풍속, 성층, 아래에 놓인 지표면의 성질 등의 복잡한 함수로 결정된다. 그들을 정량화하는 것이 미기상학의 특별한 주제이며, 2.3절에서 확산계수들에 관한 여러 가지 가능한 계산과정들이 논의될 것이다. 특히 Schmidt (1925)에 의해서 정의된 교환계수(Austausch coefficient)가 중요한데, 이 계수는 확산계수와 공기밀도의 곱으로 다음과 같이 결정된다.

$$A = \rho K \tag{1.22}$$

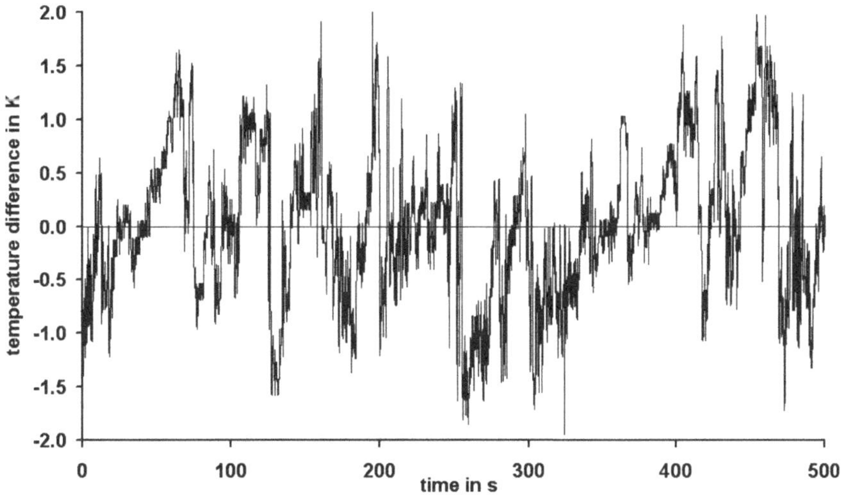

그림 1.13. 1999년 8월 19일 1151 UTC부터 1200 UTC까지 500 초 동안 떡갈나무 숲 위 (University of Bayreuth, Ealdstein/Weidenbrunnen site)에서 관측한 기온의 시계열(Wichura et al. 2001).

순복사 플럭스와 지중열플럭스를 포함한 난류 플럭스의 일주기 예는 그림 1.14에 나타나 있다. 야간에는 모든 플럭스의 부호가 낮 동안과 정반대가 되지만, 절대 값은 훨씬 작다. 일출 후에는 부호가 변화하고 난류플럭스는 급격히 증가한다. 복사 조도와 난류의 시작 시간 사이의 시간 편이는 단지 몇 분 정도에 불과하며(Foken et al. 2001), 지중열플럭스의 시간 편이는 토양층의 깊이에 따라 다르다. 맑은 날 난류플럭스의 최대값은 정오 직후에 발생한다.

증발에 최적의 조건이 갖춰진 경우, 예를 들어 많은 양의 토양 수분과 강한 바람이 있는 경우, 복사가 충분하지 않으면 증발 과정이 현열플럭스보다 더 클 수 있다. 이 경우, 현열플럭스는 일몰 전 1~3시간 동안 또는 때때로 정오 직후에 부호가 변할 수 있다. 이런 현상을 '오아시스 효과(oasis effect)'라고 하며, 온대지역에서도 가끔 발견된다. 또한 잠열플럭스는 일출 후 큰 값을 가지며 자정 이후(이슬 맺힘)에 부호가 변한다. 그림 1.14를 보면, 관측된 값을 사용해 식 (1.1)에 따라 에너지 평형을 계산하면 방정식이 닫히지 않는다. 이 경우, 파악하지 못한 값은 나머지(residual)라고 부른다. 이런 복잡한 문제는 3.7절에서 논의될 것이다.

온대지역의 육상에서는 현열플럭스와 잠열플럭스가 거의 같은 차수인 반면, 해상에서는 증발이 훨씬 크다. 일부 기후지역과 극심한 날씨 조건하에서는 큰 편차(deviations)가 존재할 수 있다.

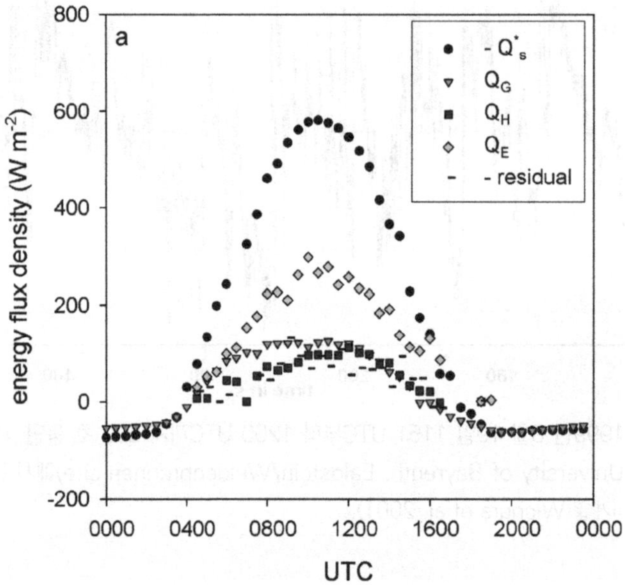

그림 1.14. LITFASS-2003 실험 동안인 2003년 6월 7일 옥수수 밭 위에서 관측된 에너지 평형 구성성분들의 전형적인 일주기(Mauder et al. 2006).

1.5 물 균형방정식

에너지균형방정식인 식 (1.1)은 물 균형방정식(water balance equation)을 통하여 연결된다.

$$0 = N - Q_E - A \pm \Delta S_W, \tag{1.23}$$

여기서 N은 강수량이고, A는 유출, ΔS_W는 토양과 지하수에 저장되어 있는 물의 총양이다. 보통 증발산(evapotranspiration)은 물리적인 원인으로 발생하는 부분(증발)과 식물 생리학적 원인으로 발생하는 부분(증산)으로 나누어진다. 증발(evaporation)은 물의 이용도, 에너지 입력, 난류교환과정의 강도에 의존한다. 증산(transpiration)은 수증기 포차(saturation deficit)와 광합성유효복사에 의존하며, 증발은 지면 위, 수면 위, 습윤한 식물 잎 면에서 발생한다. 증산은 식물 잎 면에 맺힌 강수 물의 증발로 되돌아가는데, 여기서 미기상학은 증발산의 결정과 물 순환의 조사에서 중요한 역할을 한다(보충자료 1.5과 1.6). 그러나 육상에서 일어나는 강수·증발 순환을 보여주는 자료는 해상에서 보여주는 것처럼 밀접하게 연관되지는 못하고 있다.

물 균형방정식은 수문학 연구에 광범위하게 사용된다. 따라서 증발은 기상학과 수문학을 연결한다. 이와 연관된 연구 분야를 수문기상학(hydrometeorology)이라 부른다.

보충자료 1.5. 독일의 물 순환

독일 물 순환의 연평균 자료(자료 출처: 독일기상청)로서 mm(1 mm = 1 L m^{-2}) 단위로 표시함.

precipitation 779 mm		evaporation 463 mm	
into evaporation	463 mm	from transpiration	328 mm
into ground water	194 mm	from interception	72 mm
into runoff	122 mm	from soil evaporation	42 mm
		from surface water evaporation	11 mm
		from service water evaporation	11 mm

보충자료 1.6. 지구의 물 순환

지구의 평균 물 균형 (Houghton 1997): 단위는 $10^3\ km^3\ a^{-1}$이다.

surface	precipitation	evaporation	runoff
land surface	111	71	40
ocean surface	385	425	40*

* water vapor transport in the atmosphere from the ocean to the land, for instance as cloud water

제2장 | 대기난류의 기본방정식

운동량, 열, 미량기체의 난류플럭스 방정식(2.3장)을 유도하기에 앞서, 기본방정식을 간단하게 소개하고자 한다. 이 장에서는 모든 규모의 모델링에서 미기상학적 방정식과 매개 변수화의 중요성을 설명하기 위해, 난류미분방정식들의 여러 가지 종결기법들이 설명될 것이다(2.1.3). 실용적인 사용자는 이 책의 2.3장으로 바로 건너 뛸 수 있다.

2.1 운동방정식

2.1.1 Navier-Stokes 평균운동방정식

나비에-스토커스(Navier-Stokes) 방정식들은 기본적으로 원심력의 고려 없이 지구 대기권의 모든 힘들을 기술한다(Arya 1999; Etling 2002; Salby 1995; Stull 1988):

$$\begin{aligned}
\frac{\partial u}{\partial t} &= -u\frac{\partial u}{\partial x} - v\frac{\partial u}{\partial y} - w\frac{\partial u}{\partial z} - \frac{1}{\rho}\frac{\partial p}{\partial x} + fv + \nu\nabla^2 u \\
\frac{\partial v}{\partial t} &= -u\frac{\partial v}{\partial x} - v\frac{\partial v}{\partial y} - w\frac{\partial v}{\partial z} - \frac{1}{\rho}\frac{\partial p}{\partial y} - fu + \nu\nabla^2 v \\
\frac{\partial w}{\partial t} &= -u\frac{\partial w}{\partial x} - v\frac{\partial w}{\partial y} - w\frac{\partial w}{\partial z} - \frac{1}{\rho}\frac{\partial p}{\partial z} + g + \nu\nabla^2 w
\end{aligned} \tag{2.1}$$

여기서 u는 x방향의 바람 성분, v는 y방향의 바람 성분이고, w는 연직 방향의 바람성분이다. 또 p는 기압이고, f는 코리올리 매개변수, g는 중력가속도, ρ는 공기밀도, ν는 동점성이고, ∇^2는 라플라스 연산자이다. 왼쪽에서부터 오른쪽으로, u와 v에 대한 방정식의 항들은 경향 항(시간변화 항), 3개의 이류 항, 기압경도력 항, 코리올리힘 항, 분자 응력 항이다. 난류 대기인 경우, 난류 응력 항과 레이놀즈 응력 항이 적용된다. 수평운동 방정식 내의 모든 항들은 10^{-4}–10^{-3} m s^{-2}의 차수를 가진다. 연직 운동 방정식의 항들은 경향 항(시간변화 항), 3개의 이류 항, 기압경도력 항, 중력 가속도 항, 분자 응력 항이다. 어떤 조건 하에서, 일부 항들은 매우 작아 무시할 수 있다. 예를 들면, 정상상태인 경우, 경향 항들은 무시된다. 고·저기압 지역의 중심 또는 작은 규모 운동인 경우, 기압경도력 또한 무시된다. 적도 또는 소규모 과정인 경우, 코리올리 힘이 무시되고,

대기경계층 위에서는 응력 항이 무시된다.

바람 성분을 나타내는 3개의 방정식은 아인슈타인의 덧셈 기수법(Einstein's summation notation)을 적용하여 결합시킬 수 있다:

$$\frac{\partial u_i}{\partial t} = -u_j \frac{\partial u_i}{\partial x_j} - \delta_{i3} g + f \varepsilon_{ij3} u_j - \frac{1}{\rho} \frac{\partial p}{\partial x_i} + \frac{1}{\rho} (\frac{\partial \tau_{ij}}{\partial x_j}) \tag{2.2}$$

역학점성 μ를 가진 쉬어응력텐서는 다음과 같은 형태로 주어진다(Stull 1988).

$$\tau_{ij} = \mu (\frac{\partial u_i}{\partial x_j} + \frac{\partial u_j}{\partial x_i}) - \frac{2}{3} \mu \frac{\partial u_k}{\partial x_k} \delta_{ij} \tag{2.3}$$

아인슈타인의 덧셈 연사자의 응용 및 일반사항들은 표 2.1에 요약하였다.

표 2.1. 아인슈타인의 덧셈 기수법의 정의

running index of the velocity components	i = 1,2,3 u_1 = u	j = 1,2,3 u_2 = v	k = 1,2,3 u_3 = w
length components variables	x_1 = x no free index: scalar	x_2 = y one free index: vector	x_3 = z two free indexes: tensor
Kronecker deltaoperator δ_{ij}	= +1, for i = j	= 0, for i ≠ j	
alternating unit tensor ε_{ijk}	= +1, for ijk =123, 231 or 312	= −1, for ijk = 321, 213 or 132	= 0, for ijk = all other combinations

2.1.2 난류운동방정식

Navier-Stokes 방정식에 난류운동을 포함시키기 위해서는 모든 변수들을 평균과 무작위 섭동 부분으로 분해하여야 한다. 이것을 레이놀즈(Reynolds) 분해(그림 2.1)라 하고 다음과 같이 표시된다.

$$x = \overline{x} + x'. \tag{2.4}$$

레이놀즈의 분해를 수행하기 위해서는 난류 값인 x'에 대한 평균 규칙을 적용해야 한다. 이들 항들을 레이놀즈 공리(Reynolds's postulate)라 한다.

$$
\begin{array}{ll}
I & \overline{x'} = 0 \\
II & \overline{xy} = \overline{x}\,\overline{y} + \overline{x'y'} \\
III & \overline{\overline{x}y} = \overline{x}\,\overline{y} \\
IV & \overline{ax} = a\overline{x} \\
V & \overline{x+y} = \overline{x} + \overline{y}
\end{array} \tag{2.5}
$$

레이놀즈 공리는 범용으로 가정하지만, 특별한 스펙트럼 지역 또는 간헐성 난류에 적용할 경우 이 접근법은 유효하지 못하다(Bernhardt 1980). 두 번째 공리는 직접 에디-공분산 방법에 따라서 난류플럭스들을 결정하는데 기초가 된다(4.1 참조).

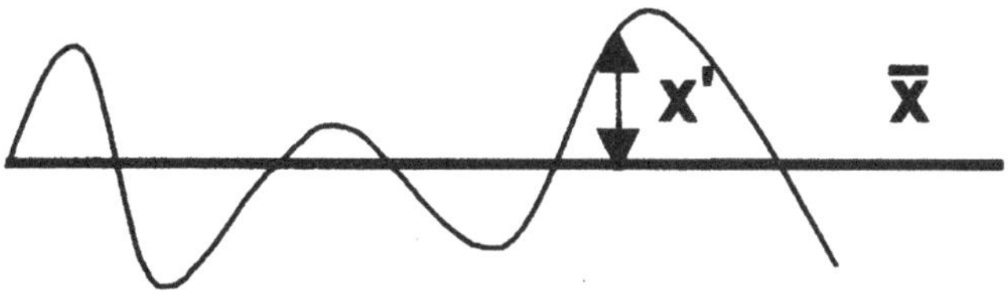

그림 2.1. x값에 대한 레이놀즈 분해를 나타내는 개략도

난류운동방정식은 식 (2.2)에 레이놀즈 분해와 레이놀즈 공리를 적용하면 수식으로 유도될 수 있다. 이 때 다음과 같은 가정이 사용된다(Businger 1982; Stull 1988).

$$
\begin{aligned}
&|p'/\overline{p}| \ll |\rho'/\overline{\rho}| \\
&|p'/\overline{p}| \ll |T'/\overline{T}| \\
&|\rho'/\overline{\rho}| \ll 1 \\
&|T'/\overline{T}| \ll 1
\end{aligned} \tag{2.6}
$$

이상의 가정들은 각각 상당한 의미가 있으며 개별 사례를 통해 더 많은 조사와 연구가 필요하다.

매우 중요한 단순화된 결과는 Boussinesq에 의해서 유도된 Boussinesq 근사로부터 도출되었다(Boussinesq 1987). 이 Boussinesq 근사는 밀도 섭동 항은 무시하지만 부력(중력) 항은 무시하지 않는다. 이것은 중력 가속도가 방정식 내의 다른 가속도와 비교할 때 상대적으로 크기 때문이다. 그러므로 깊이가 얕은 대류조건(Stull 1988)들이 허용된다. 이러한 근사를 적용하여 평균화된 된 값은 난류플럭스의 결정에 영향을 미친다(4.1.2 참조). 모든 단순화 과정을 적용한다면 다음과 같은 난류운동방정식이 유도된다:

$$\frac{\partial \overline{u_i}}{\partial t} + \frac{\partial}{\partial x_j}(\overline{u_j}\,\overline{u_i} + \overline{u_j' u_i'}) = -\frac{1}{\rho}\frac{\partial \overline{p}}{\partial x_i} + \nu\frac{\partial^2 \overline{u_i}}{\partial x_j^2} + g\delta_{i3} + \varepsilon_{ijk} f \overline{u_k} \tag{2.7}$$

기온과 수증기와 같은 미량기체에 대해서도 이와 동일한 형태의 방정식들이 다음과 같이 유도된다.

$$\frac{\partial \overline{T}}{\partial t} + \frac{\partial}{\partial x_i}(\overline{u_i}\,\overline{T} + \overline{u_j' T'}) = a_T\frac{\partial^2 \overline{T}}{\partial x_i^2} + R, \tag{2.8}$$

$$\frac{\partial \overline{c}}{\partial t} + \frac{\partial}{\partial x_i}(\overline{u_i}\,\overline{c} + \overline{u_j' c'}) = D\frac{\partial^2 \overline{c}}{\partial x_i^2} + S \tag{2.9}$$

여기서 R과 S는 생성원과 소비원 항이고, a_T와 D는 각각 분자열전도와 확산계수이다.

위 방정식을 더 단순화시키는 것이 가능한데, 예를 들어 j=3 즉, $u_3 = w$만 중요하고, 정상상태조건($\partial/\partial t = 0$)과 수평 균질성($\partial/\partial x_i = 0$, $\partial/\partial x_j = 0$)을 가정하는 것은 대기경계층 내에서 충분히 가능하다. 이 가정은 광범위하게 적용되는데, 그 이유는 다음에 설명될 모든 이론적용이 이 가정 하에서만 타당하기 때문이다. 예를 들면, 모든 미기상학 관측의 경우 정상상태조건이 필연적으로 포함되고(4.1.3 참조), 매우 균질한 표면이 필요하다. 이러한 가정 하에서 지균 풍속 성분 u_g와 v_G 그리고 지구자전의 각속도 Ω를 포함시키면, 다음의 3개의 운동방정식과 같이 된다:

$$\frac{\partial \overline{v'w'}}{\partial z} = f(\overline{v} - \overline{v_g}) + \nu\frac{\partial^2 \overline{v}}{\partial z^2},\ \overline{v_g} = -\frac{1}{\rho f}\frac{\partial \overline{p}}{\partial y} \tag{2.10}$$

$$\frac{\partial \overline{v'w'}}{\partial z} = -f(\overline{u} - \overline{u_g}) + \nu\frac{\partial^2 \overline{v}}{\partial z^2},\ \overline{u_g} = -\frac{1}{\rho f}\frac{\partial \overline{p}}{\partial y} \tag{2.11}$$

$$\frac{\partial \overline{w'^2}}{\partial z} = \frac{1}{\rho}\frac{\partial \overline{p}}{\partial z} - g - 2\left[\Omega_u \overline{v} - \Omega_v \overline{u}\right],\ f = 2\Omega sin\phi \tag{2.12}$$

식 (2.10)과 (2.11)은 대기경계층 내의 풍속과 지균풍 사이의 차이를 이용하여 쉬어응력 텐서의 성분을 결정하는 소위 비지균풍 방법의 기초를 이룬다(Bernhardt 1970; Lettau 1957). 비지균풍 방법의 실용적 적용은 경압성, 비정상상태조건, 비균질성 때문에 실제로는 상당히 제한적이다(Schmitz-Peiffer et al. 1987). 따라서, 이러한 특성들은 수많은 고층관측 자료를 이용하여 지면에서의 쉬어응력 결정에 국한하여 적용할 수 있다(Bernhardt 1975). 또한, 비압축성 형태를 가정하여 다음의 연속 방정식을 사용한다.

$$\frac{\partial \overline{u_i}}{\partial x_i} = 0,\ \frac{\partial \overline{w}}{\partial z} = 0,\ \overline{w} = 0 \tag{2.13}$$

건조공기인 경우의 건조공기의 기체상수 R_L와 가온도 T_V를 가진 기체방정식은 전체 방정식 시스템을 완전하게 한다.

$$p = \rho R_L T_V \tag{2.14}$$

유사한 방법으로, 열과 미량기체 전달 방정식들도 다음과 같이 된다.

$$R = 0\text{인 경우}\ \frac{\partial \overline{w' T'}}{\partial z} = a_T \frac{\partial^2 \overline{T}}{\partial z^2} \tag{2.15}$$

$$S = 0\text{인 경우}\ \frac{\partial \overline{w' c'}}{\partial z} = D \frac{\partial^2 \overline{c}}{\partial z^2} \tag{2.16}$$

대기경계층내의 각기 다른 층에서 위 방정식 각 항들의 영향은 상사수(similarity number)를 사용하여 추정할 수 있다. 이들 상사 수들은 무차원 값들로 각각의 강제력(힘)의 특성 규모들 사이의 관계를 기술한다. 만약 두 개의 시스템 모두의 상사 수들이 동일한 차수를 가지면, 두 물리 시스템은 유사하다. 각 대기의 과정들이 풍동 내에서 상사 수들이 관측되면 매우 중요한 해석이 가능하게 된다.

기압경도력에 대한 관성력의 비를 오일러 수(Euler number)로 정의된다.

$$E_u = \frac{\rho V^2}{\Delta P} \tag{2.17}$$

여기서 V는 특성속도이고, ΔP는 특성기압경도력이다.

코리올리 힘에 대한 관성력의 비를 로스비 수(Rossby number)라 한다.

$$R_o = \frac{V}{f L_h} \tag{2.18}$$

여기서 L_h는 특성 대지역 수평길이규모이다.

분자응력에 대한 관성력의 비를 레이놀즈 수(Reynolsd number)라 부른다.

$$R_e = \frac{L_z V}{\nu} \tag{2.19}$$

여기서 L_z는 특성소규모연직길이규모이다.

난류에너지의 부력 생성(또는 파괴)에 대한 난류 에너지의 쉬어 생성의 비를 리처드슨 수(Richardson number)라 한다.

$$R_i = -\frac{g}{T}\frac{\Delta_z T}{(\Delta_z u)^2} \tag{2.20}$$

여기서 $\Delta_z T$는 특성온도경도이고, $\Delta_z u$는 특성 연직바람경도이다(2.3.2 참조). 10 m 이상의 높이인 경우, 온도는 온위(potential temperature)로 대체해야 한다(2.3.1).

대기경계층 내의 대기현상들은 차원 분석과 상사 수들을 사용하여 확인할 수 있다. 로그를 취한 상사 수들을 사용하면 관련된 대기현상들은 표 2.2에 제시된 것과 같이 영보다 더 작은 로그 값인 경우에도 확인할 수 있다(Bernhardt 1972). 그림 1.4에 제시된 대기경계층의 구조에서 살펴보면, 이 과정은 매우 논리적인 체계를 갖추고 있다.

기압경도력은 경계층 상부에서만 중요하다는 것을 알 수 있고, 분자점성은 점성 및 분자저층 내에서만 적절하다. 코리올리 힘의 효과는 지표층 내의 플럭스 경도관계(2.3 참조) 내에서만 무시할 수 있고, 일반적으로 무시되지 않는다(2.4 참조). 이와는 반대로, 난류응력은 경계층 전체와 관련된다. 또한 성층의 경우 동역학아층과 점성아층 내에서는 중요한 역할을 하지 못한다.

표 2.2. 대기경계층 내의 상사 이론의 차수(굵은 표시는 상사 수에 의해서 특성화되는 과정이 적합함을 의미함)

layer	height	lg R_o	lg E_u	lg R_e	lg $\|R_i\|$
upper layer	~1000 m	**< 0**	**< 0**	> 0 $R_e > 10^8$	**> −2**
surface layer	~10...50 m	~ 0	< 0	> 0 R_e 10^7~10^8	**> −2**
dynamical sub-layer	~ 1 m	> 0	~ 0	> 0 $R_e < 10^7$	~ −2
viscous sub-layer	~ 0.01 m	> 0	> 0	**~ 0**	< −2
molecular or laminar boundary layer	~ 0.001 m	> 0	> 0	**< 0**	< −2

이러한 상황에서, 연직 경도들은 거의 영에 가깝다는 것이 가능하다.

$$\frac{\partial \overline{u'w'}}{\partial z} \approx 0,\ \frac{\partial \overline{v'w'}}{\partial z} \approx 0,\ \frac{\partial \overline{T'w'}}{\partial z} \approx 0,\ \frac{\partial \overline{c'w'}}{\partial z} \approx 0 \tag{2.21}$$

이 방정식들은 지표층 내에서는 높이에 따른 공분산이 일정하다는 것을 의미하며, 그 오차는 이런 가정하에서 약 10%가 전형적이다.

연직바람성분(w)과 수평바람성분(u 또는 v) 또는 스칼라(x)의 공분산은 다음과 같이 결정된다.

$$\begin{aligned}\overline{w'x'} &= \frac{1}{N-1}\sum_{k=0}^{N-1}\left[(w_k - \overline{w_k})(x_k - \overline{x_k})\right] \\ &= \frac{1}{N-1}\left[\sum_{k=0}^{N-1} w_k \cdot x_k - \frac{1}{N}\left(\sum_{k=0}^{N-1} w_k \sum_{k=0}^{N-1} x_k\right)\right]\end{aligned} \tag{2.22}$$

레이놀즈의 두 번째 공리(식 (2.5)의 II)에 따르면, 연직바람을 무시하는 경우, 총 플럭스는 공분산과 같아지게 된다. 이 방정식을 관측 기법으로 구현하는 방법으로는 직접적으로 난류플럭스들을 결정하는 에디 공분산법(eddy-covariance method)이 있다 (4.1 참조). 운동량, 현열, 잠열의 난류플럭스의 차원은 운동학단위로 표시하면 각각 $m^2\,s^{-2}$, $K\,m\,s^{-1}$, $g\,g^{-1}\,m\,s^{-1}$ 이다. 수증기의 경우, 단위는 $hPa\,m\,s^{-1}$이다.

$$u_*^2 = -\overline{u'w'},\ \frac{Q_H}{\rho \cdot c_p} = \overline{T'w'},\ \frac{Q_E}{\rho \cdot \lambda} = \overline{q'w'},\ \frac{Q_C}{\rho} = \overline{c'w'} \tag{2.23}$$

마찰속도 방정식은 u가 평균풍속의 방향일 때만 계산이 유효하다. u'과 w'의 공분산은 산림 내의 꼭대기 바로 아래부분을 제외하고는 음의 부호를 가진다(Amiro 1990). 직교좌표계에서의 마찰속도는 다음과 같은 방정식으로 표현된다.

$$u_* = [(\overline{u'w'})^2 + (\overline{v'w'})^2]^{1/4} \tag{2.24}$$

마찰속도는 일반화된 속도로서 쉬어응력을 밀도로 나누고 제곱근을 취한 값이다.

$$u_* = \left[\frac{\tau}{\rho}\right]^{1/2} \tag{2.25}$$

2.1.3 종결기법

평균흐름에 대한 운동방정식으로부터 난류 운동방정식(turbulence kinetic energy: TKE)으로의 전이는 방정식 개수보다 더 많은 미지수의 매개변수들을 가진 미분방정식의 시스템을 구성한다. 이런 시스템에서 방정식을 풀기 위해서는 미지수 매개변수들의 값을 계산하기 위한 가정들이 주어져야만 한다. 공분산 항과 같은 값을 이들 가정에 도입하여 계산하는 방법을 종결기법(closure technique)이라 한다.

종결 차수는 예상방정식과 함께 계산되어질 때 매개변수들의 최고 차수로 결정된다. 그러므로 모멘트는 그 다음 높은 차수로 결정되어진다(표 2.3). 간단한 종결기법은 총체접근법(bulk approach)이며(4.2.1 참조), 고차수의 종결기법은 방대한 계산을 요구한다(표 2.4). 가장 중요한 접근법들을 여기에 제시하였다.

표 2.3. 종결기법의 특성(Stull 1988)

order of closure	prognostic equation for	to be approximate in the equation	number of equations	number of unknown parameters
1st order	$\overline{u_i}$	$\overline{u_i u_j}$	3	6
2nd order	$\overline{u_i u_j}$	$\overline{u_i u_j u_k}$	6	10
3rd order	$\overline{u_i u_j u_k}$	$\overline{u_i u_j u_k u_l}$	10	15

표 2.4. 종결기법의 실현

order of closure	realization	
0. order	no prognostic equation (bulk and similarity approaches)	
½ order	forecast with simple bulk approaches	
1. order	*K*-approach (local)	transilient closure (non-local)
1½ order	TKE equation with variance terms	
2. order	prognostic equation for fluxes	
3. order	prognostic equation for triple correlations	

1) 국지 종결 또는 1차 종결

1차 종결(first-order closure)은 적절한 상태 매개변수 ξ의 연직플럭스와 연직경도 사이의 비례관계를 가정하는 것으로 분자확산접근법과 유사하다. 난류인 경우, 비례인자는 에디확산계수 K이며 따라서 이런 접근법을 K-이론(K-theory)이라 한다. 경도는 플럭스가 계산된 동일한 장소에서 결정되기 때문에, 이것을 국지종결(local closure)이라 한다:

$$\overline{u_i'\xi'} = -K\frac{\partial\bar{\xi}}{\partial z} \tag{2.26}$$

난류확산계수들은 운동량, 현열, 수증기(잠열) 등에 대해서 생성된다. 또한 운동량에 대한 난류확산계수는 현열에 대한 계수와 비례한다.

$$K_m = \mathrm{Pr}_t \cdot K_H \tag{2.27}$$

여기서 Pr_t은 난류프란틀수로서 공기인 경우 약 0.8 정도이다. 수증기플럭스와 일반적인 미량기체들의 수송에 관한 경우, 특별히 언급하지 않을 경우 현열에 대한 확산계수가 사용된다(2.3.1 참조). 운동학 단위로 표시되는 단일 플럭스들인 경우, 다음과 같은 관계식이 사용된다:

$$\overline{u'w'} = K_m\frac{\partial\bar{u}}{\partial z}$$

$$\overline{u'T'} = -K_H\frac{\partial\bar{T}}{\partial z}$$

$$\overline{w'q'} = -K_E\frac{\partial\bar{q}}{\partial z}$$

난류확산계수들의 결정을 위해서 Prandtl(1925)의 연구에 기초를 둔 혼합 길이 매개변수화가 사용된다. 이 접근법은 기하매개변수와 플럭스매개변수의 항으로 난류확산계수를 기술한다. 이것은 수분플럭스에 대한 다음의 한 예로서 설명된다. 즉, 만약 공기덩이가 약간 다른 높이로 움직인다면, 새로운 환경과는 약간 다른 습도와 속도를 가지게 될 것이며, 이런 환경속도와 환경습도의 변화는 그 경도로서 다음과 같이 기술될 수 있다(그림 2.2):

$$u' = -\left(\frac{\partial\bar{u}}{\partial z}\right)z' \qquad q' = -\left(\frac{\partial\bar{q}}{\partial z}\right)z' \tag{2.31}$$

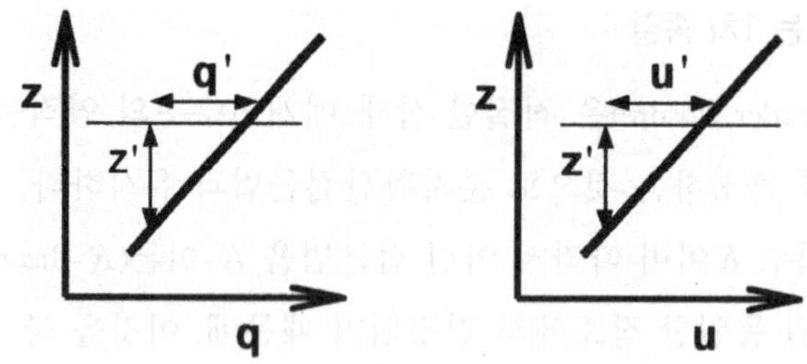

그림 2.2. 혼합 길이 접근법을 설명하기 위한 공기 덩어리 z' 의 이동에 대한 개략적 그림

이 때 공기덩이의 움직임에 필수적인 연직속도는 수평속도에 비례하여 다음과 같이 가정된다:

$$w' = \pm c u' = c \left| \frac{\partial \bar{u}}{\partial z} \right| z' \tag{2.32}$$

따라서 증발에 대한 수증기플럭스와 난류확산계수는 다음과 같이 주어진다.

$$\overline{w' q'} = - c \overline{(z')^2} \left| \frac{\partial \bar{u}}{dz} \right| \cdot \left(\frac{\partial \bar{q}}{dz} \right) = - l^2 \left| \frac{\partial \bar{u}}{dz} \right| \cdot \left(\frac{\partial \bar{q}}{dz} \right), \tag{2.33}$$

$$K_E = l^2 \left| \frac{\partial \bar{u}}{\partial z} \right|, \tag{2.34}$$

여기서 l은 혼합길이(mixing length)로 불리며, 혼합길이는 다음과 같이 가정된다.

$$l = kz \tag{2.35}$$

여기서 k는 폰 카르만 상수이고 z는 지상 고도이다. k의 값은 현재 0.4로 취급된다 (2.3.2 참조). 또한 운동량의 난류확산계수는 다음과 같다:

$$K_m = k^2 z^2 \left[\left(\frac{\partial \bar{u}}{\partial z} \right)^2 + \left(\frac{\partial \bar{v}}{\partial z} \right)^2 \right]^{1/2} \tag{2.36}$$

식 (2.23)과 (2.28)을 이용하여, 지표층 내에서 중립 성층인 경우 널리 사용되는 교환 접근법(K-접근법)을 사용하면 다음과 같이 표현된다:

$$K_m = kzu_* \tag{2.37}$$

성층된 지표층인 경우의 국지종결에 대한 응용은 2.3.2에서 논의될 것이다.

지표층 위, 즉 대기경계층 내의 고도가 더 높은 곳에서도 종결 매개변수화가 사용되는데 이러한 연구의 접근은 Garratt (1992), Jacobson (2005), Stull (1988) 등에 의해 시도되었다. K-이론 접근법은 교환 과정이 직접 인접한 대기층 또는 난류 요소 간에 이루어질 때 언제나 적용할 수 있다. 그러나 K-이론은 대류 조건에서는 적용이 불가능하며, 고식생 지역(3.5장 참조)이나 매우 안정된 성층인 경우(3.6장 참조)에도 사용될 수 없다.

2) 비국지 1차 종결(non-local first order closure)

만약 더 큰 에디들이 교환과정에 기여하고, 모든 플럭스가 더 작은 에디 단독에 기인한 플록스보다 더 크다면, 이것은 종결방법 내에서 더 많은 요인을 고려하여야만 하며 이 경우 국지적 방법으로는 종결될 수 없게 된다. 이것은 키가 큰 식생 내에서 일어나는 수송 과정이 그 예이다. 이때 가능한 해들은 일시이론(transilient theory) 또는 스펙트럼 확산이론에 의해서 가능하다.

Stull (1984)에 의해 제안된 일시난류이론은 인접한 대기층 또는 공기상자들 사이의 난류교환과정을 근사하고 또한 인접하지 않는 상자들 상이의 교환도 수용한다. 하나의 박스 i 내에서 시간에 따른 스칼라 양인 ξ의 변화는 상자 i와 j 사이의 교환 계수 c_{ij}의 고정 행렬과 상자 j 내의 스칼라 양의 크기에 의해서 주어진다.

$$\overline{\xi_i}(t+\Delta t)=\sum_{j=1}^{N} c_{ij}(t,\ \Delta t)\,\overline{\xi_j}(t) \tag{2.38}$$

이 때 혼합계수들의 행렬을 일시행렬(transilient matrix)이라 하며, k번째 층 내의 플럭스는 다음과 같이 주어진다.

$$\overline{w'\xi'}(k)=\left(\frac{\Delta z}{\Delta t}\right)\sum_{j=1}^{k}\ \sum_{j=1}^{N} c_{ij}\left(\overline{\xi_i}-\overline{\xi_j}\right) \tag{2.39}$$

그림 2.3은 상자들 사이에서 일어날 수 있는 혼합의 가능성을 설명하고 있다. 원리적으로 혼합의 가능성은 바람장 또는 복사와 같은 외부 매개변수들을 사용하여 매개변수화 되어야만 하는 일시행렬의 정의에 의해서 구현될 수 있다(Stull 1988). 이들 매개변수들을 계산하는데 나타나는 어려움은 이런 형태의 종결이 널리 사용되지 못하는 이유이기도 하다.

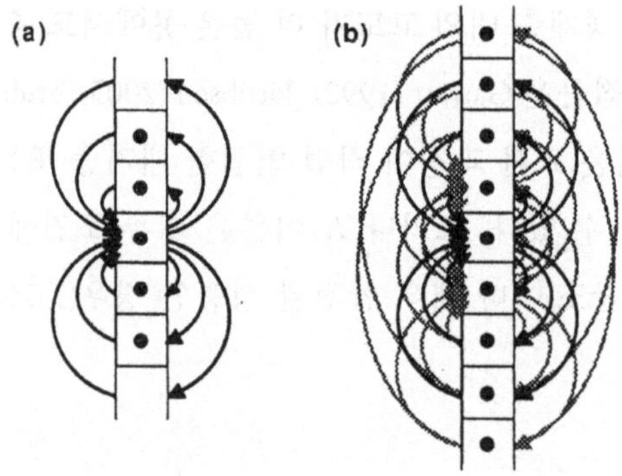

그림 2.3. 중앙 층에서의 난류 혼합을 나타낸 개략도(a)와 중앙에서 세 층의 유사한 혼합이 중첩되어 일어나는 에디의 혼합을 설명하는 개략도 (b) (Stull 1984)

3) 고차종결

1차 종결보다 고차의 종결들은 현재 일반화되었다. 그러나 매개변수화의 대부분은 실험적으로 증명되지 못하고 있다. 일반적으로 사용되는 고차종결은 1.5차 종결이며, 이 방법은 공분산을 사용하는 종결방식으로, 난류운동에너지(TKE, 2.2 참조) 방정식에 의해서 부분적으로만 결정된다.

2.2 난류운동에너지 방정식

운동학적 형태의 난류운동에너지(turbulence kinetic energy; TKE) 방정식은 u'을 가지는 난류 방정식 (2.7)에 Navier-Stokes 방정식을 곱하면 얻어지는데, 이 때 아래와 같이 운동에너지를 정의할 수 있다(Etling 2002; Stull 1988).

$$\bar{e} = 0.5(\overline{u'^2} + \overline{v'^2} + \overline{w'^2}) = 0.5\overline{u_i'^2} \tag{2.40}$$

이 때 식 (2.41)이 유도된다:

$$\frac{\partial \bar{e}}{\partial t} = -\bar{u}_j \frac{\partial \bar{e}}{\partial x_j} + \delta_{i3}\frac{g}{\theta_v}(\overline{u_i'\theta_v'}) - \overline{u_i'u_j'}\frac{\partial \bar{u}_i}{\partial x_j} - \frac{\partial(\overline{u_j'e'})}{\partial x_j} - \frac{1}{\rho}\frac{\partial(\overline{u_i'p'})}{\partial x_i} - \varepsilon \tag{2.41}$$

$I \qquad II \qquad III \qquad IV \qquad V \qquad VI \qquad VII$

식 (2.41)에 있는 각 항의 설명은 표 2.5에 주어져 있고, 그 차수들는 10^{-4} $m^2 s^{-3}$이다. 대기경계층 내에서 높이에 따른 식 (2.41) 항들의 크기 변화는 그림 2.4에 제시하였다. 대류과정에 의해서 강하게 영향을 받는 대기경계층 내에서, 각 항들은 보통 특성대류 속도인 아래에 제시된 디어돌프 속도(Deardorff velocity)에 의해서 표준화된다.

$$w_* = \left[\frac{g \cdot z_i}{\theta_v} (\overline{w'\theta_v'}) \right]^{1/3} \tag{2.42}$$

표 2.5. *TKE* 방정식 항들의 물리적 의미

term	process
Ⅰ	local *TKE* storage or tendency
Ⅱ	*TKE* advection
Ⅲ	buoyancy production or consumption
Ⅳ	product from momentum flux (<0) and wind shear (>0) mechanical (or shear) production or loss term of turbulent energy
Ⅴ	turbulent *TKE* transport
Ⅵ	pressure correlation term
Ⅶ	energy dissipation

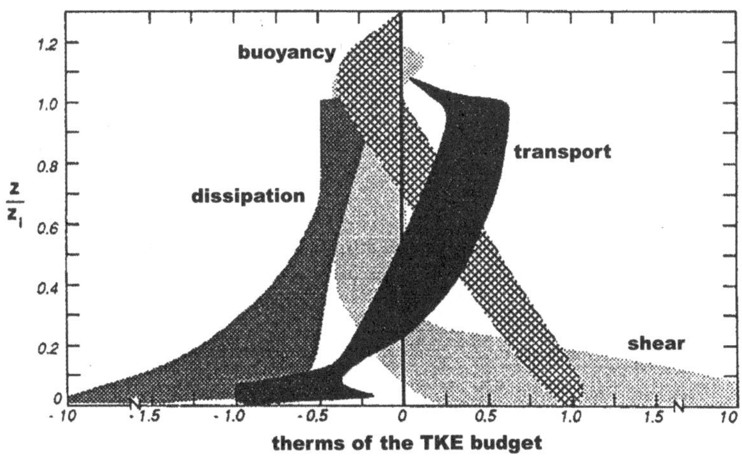

그림 2.4. 주간의 대기경계층 내의 TKE 방정식 항들의 차수. 각 항들은 $w_*^3 z_i^{-1}$(약 6×10^{-3} $m^3 s^{-3}$)으로 표준화 되었다(Stull 1988).

대류(convection)는 공기의 성질을 연직으로 이동하거나 혼합하는 것을 말하며, 수평 이동은 이류(advection)라 한다. 강제 대류는 역학 힘(바람장)과 지면의 불균질성으로부터 기인한다. 스케일링은 u_*와 T_*와 함께 이루어지고 $1 > z/L > -1$인 경우에 발생한다. 여기서 L은 Obukhov 길이이고, T_*는 마찰온도이다(2.3.2 참조). 반대로 자유대류는 밀도차이에 의해서 원인이 되고, $z/L < 1$인 경우에 발생하고, 스케일링 매개변수는 w_*이다. 자유대류인 경우 플럭스는 보통 경도의 반대방향으로 향하게 된다.

지표면 부근의 TKE 방정식의 항들을 비교해 보면, Ⅰ, Ⅱ, Ⅴ와 Ⅵ항들은 Ⅲ, Ⅳ와 Ⅶ 항들에 비해 매우 작기 때문에 무시할 수 있다. 그 결과 TKE 방정식은 다음과 같다.

$$0 = \delta_{i3} \frac{g}{\theta_v} (\overline{u_i' \theta_v'}) - \overline{u_i' u_j'} \frac{\partial \overline{u_i}}{\partial x_j} - \varepsilon \tag{2.43}$$

식 (2.43)은 지표층 내에서 난류 에디가 열로 소멸되는 에너지 소산 ϵ를 결정하는데 사용된다.

$$\varepsilon = \frac{g}{\theta_v} (\overline{w' \theta_v'}) - \overline{w' u'} \frac{\partial \overline{u}}{\partial z} \tag{2.44}$$

2.3 플럭스-경도(Flux-Gradient) 상사

2.3.1 중립 성층의 프로파일 방정식

2.1.3에서, 플럭스는 상태변수와 확산계수의 연직경도에 의해서 결정될 수 있음을 알 수 있다. 이들 관계들을 플럭스-경도상사(flux-gradient similarity)라 불린다. 이때 운동량에 대한 난류확산계수는 식 (2.37)을 사용하여 간단하게 매개변수화 할 수 있다. 쉬어 응력인 경우, 아래와 같은 식으로 나타난다.

$$\tau = \rho K_m \frac{\partial u}{\partial z} \tag{2.45}$$

쉬어응력은 보통 일반화된 속도가 아니기 때문에 소위 말하는 마찰속도가 사용된다.

운동량[식 (2.28)], 현열[(식 (2.29)], 잠열[식 (2.30)]의 난류플럭스들은 중립성층의 경우 난류확산계수인 식 (2.37)를 사용하여 아래와 같은 프로파일 방정식으로 계산할 수 있다:

$$u_* = \sqrt{-\overline{u'w'}} = kz\frac{\partial u}{\partial z} = k\frac{\partial u}{\partial \ln z} \tag{2.46}$$

$$\overline{w'T'} = -\alpha_0 \, k \, u_* \, \frac{\partial T}{\partial \ln z} \tag{2.47}$$

$$\overline{w'q'} = -\alpha_{0E} \, k \, u_* \, \frac{\partial q}{\partial \ln z} \tag{2.48}$$

식 (2.46)에서, 마찰속도는 평균 수평 바람 u를 대입하여 사용하였고, 이를 식 (2.24)와 비교해 보면 수식이 매우 단순화되었음을 알 수 있다. 이런 1차 근사는 작은 바람 섭동의 경우에서는 적용 가능하다(Foken 1990).

운동량, 현열, 잠열에 대한 확산계수들이 일치하지 않기 때문에, 계수 α_0와 α_{0E}가 도입되었다. 이 변수들은 운동량 계수에 대해서 각각 열과 수분의 확산계수의 비이다. α_0의 역수 값은 분자교환조건의 프란틀 수(Prandtl number)와 유사하다. 즉

$$\mathrm{Pr} - \frac{\nu}{\nu_T} \tag{2.49}$$

난류운동에 적용한 난류 프란틀 수(Pr_t)를 대입하면 식 (2.27)은 다음과 같이 된다:

$$\alpha_0 = \frac{1}{\mathrm{Pr}_t} = \frac{K_H}{K_m} \approx 1.25 \tag{2.50}$$

이와 유사하게, α_{0E}의 역수도 수증기에 대한 분자확산 계수 D를 나타내는 아래 슈미트 수(Schmidt number; Sc)는 다음과 같다.

$$Sc = \frac{\nu}{D} \tag{2.51}$$

동일하게 난류슈미트 수(Sc_t)를 이용하면 다음과 같이 정의된다:

$$\alpha_{oE} = \frac{1}{Sc_t} = \frac{K_E}{K_m} \approx 1.25 \tag{2.52}$$

계수 α_0와 α_{0E}는 중립 조건인 경우, 에디-공분산 방법(4.1 참조)을 이용하여 프로파일 관측(4.2 참조)과 플럭스 관측을 비교함으로서만 결정 될 수 있다. 이러한 방법에는 부정확성이 존재하기 때문에, 각 계수들은 상당한 불확도를 포함하고 있다. 표 2.6은 현재까지 소개된 α_0의 개략적인 값을 요약하였다.

표 2.6. 다양한 연구 결과에 따른 계수 α_0의 값

Author	α_0
Businger *et al.* (1971)	1.35
– correction according to Wieringa (1980)	1.00
– correction according to Högström (1988)	1.05
Kader and Yaglom (1972)	1.15 – 1.39
Foken (1990)	1.25
Högström (1996)	1.09± 0.04

운동학단위로 주어진 방정식을 에너지단위로 변환하기 위해서는 밀도의 곱이 필요하다. 이 과정에서 이상기체방정식과 현열플럭스에 대한 정압비열 c_p 또는 잠열플럭스에 대한 증발잠열 λ 어느 하나에 의해서 결정될 수 있다. 아래 변수들은 이상기체 방정식에서 모두 기온과 기압의 종속변수들이다(부록 A3 참조):

$$\rho = \frac{p[hPa] \times 100}{R_L \times T_\nu} \; [kg m^{-3}] \tag{2.53}$$

$$c_p = 1004.834 \; [J K^{-1} kg^{-1}] \tag{2.54}$$

$$\lambda = 2500827 - 2360\,(T - 273.15)\; [J kg^{-1}] \tag{2.55}$$

운동학단위로 표시된 잠열플럭스의 경우, 수증기압은 부수적인 인자 $0.62198/p$ (p의 단위는 hPa)가 더해지고, 비습은 $kg \cdot kg^{-1}$로 계산되어야 한다. 플럭스들의 1% 미만의 정확도를 달성하기 위해서는 기온는 1 °K의 정확도로 결정되어야만 하고, 기압은 해발고도인 경우 기압방정식(barometric equation)(보충자료 2.1)에서 구한 평균값을 가지고 결정해야만 한다. 변환 관계들은 아래에 주어져 있다:

$$\begin{aligned} Q_H[Wm^{-2}] &= c_p\, \rho\, \overline{w'T'}\ [Kms^{-1}] \\ &= 1004.832\ \frac{p[hPa]\cdot 100}{287.0586\cdot T}\ \overline{w'T'}\ [Kms^{-1}] \end{aligned} \tag{2.56}$$

$$\begin{aligned} Q_E[Wm^{-2}] &= \rho\, \lambda\, \overline{w'q'}\ [kg\,kg^{-1}ms^{-1}] \\ &= \frac{p[hPa]\cdot 100}{287.0586\ T}\ \frac{0.62198}{p[hPa]}\ [2500827 - 2360(T - 273.15)] \\ &\cdot \overline{w'e'}\ [hPa\ ms^{-1}] \end{aligned} \tag{2.57}$$

보충자료 2.1. 기압방정식

어떤 고도 Z에서 기압은 해수면기압 $p(Z=0)$과 해수면과 고도 Z 사이의 평균 가온도 T_v에서부터 계산된다. 즉,

$$p(Z) = p(Z=0)\, e^{\frac{g_0}{R_L\, T_v} Z} \tag{2.58}$$

여기서 T_v는 식 (2.69)에 의해 주어진다.

식 (2.58)에서, Z는 지오퍼텐셜고도 (Stull 1988)로서 다음과 같이 정의된다:

$$Z = \frac{\Phi}{g_0} \tag{2.59}$$

여기서 $g_0 = 9.80\ \mathrm{m\,s^{-2}}$이고 Φ는 지오퍼텐셜이다. 하층 대류권에서, 지오퍼텐셜 고도는 지리학적 고도와 약간 차이가 난다. 또한, 가온도(virtual temperature)에 필요한 정확도에 의존하여 실제기온으로 대체할 수 있다.

식 (2.46)에서부터 (2.48)까지의 프로파일 방정식들은 그림 2.5과 같이 세미로그 종이 또는 유사한 컴퓨터 출력자료 어느 것을 사용하여 간단하게 플럭스들을 결정할 수 있다. 이러한 그래프는 관측 결과 또는 센서들의 기능을 빠르게 검증하는 데에도 도움을 준다. 기온 계산에는 습도가 필요하며, 이때 습도는 상대습도를 사용해서 안된다. 계산에 필요한 유용한 습도 단위들의 대부분을 보충자료 2.2에 제시하였다. 따라서 상대습도를 사용하게 되면 잠열플럭스와 현열플럭스 사이에 교차상관을 발생시킬 수 있다.

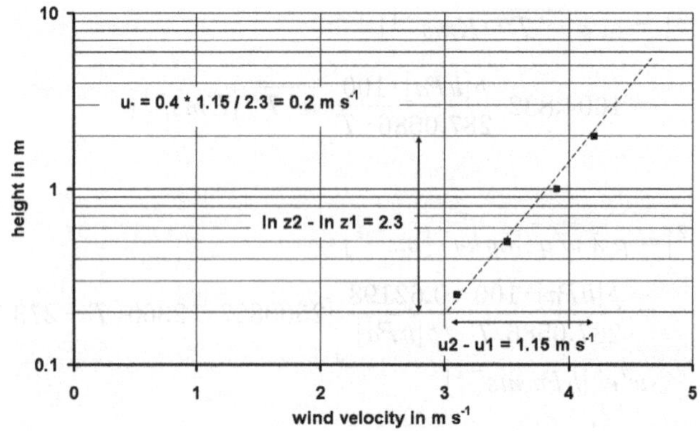

그림 2.5. 세미로그 용지를 이용하여 프로파일로부터 마찰속도를 결정하는 방법

식 (2.47)에서, 기온이 사용되었다. 그러나 기온은 기압의 감소에 기인하여 높이에 따라 변화하기 때문에, 기온은 온위로 사용되어야 한다. 온위는 다음과 같이 정의된다:

$$\theta = T\left(\frac{1000}{p}\right)^{R_L/c_p}, \tag{2.60}$$

위 방정식을 포아송방정식(Poisson equation)이라 한다. 10 m 높이까지 기온의 사용은 가능하지만 약 0.1 K의 오차가 나타난다.

보충자료 2.2. 습도 단위

humidity unit	equation
water vapor pressure: partial pressure of the water vapor in hPa	e
relative humidity: ratio of the water vapor pressure and the water vapor pressure at saturation in %	$R = e/e_s \times 100\%$
dew point τ: temperature, at which the water vapor pressure for saturation can be reached in ℃	$e_s(\tau)$
water vapor pressure for saturation in with Tetens' equation over water (Stull 2000)	$e_s = 6.11 e^{\frac{17.6294 \cdot (T-273.16K)}{T-35.86K}}$
water vapor pressure for saturation with Magnus's equation (−45∼60℃ over water) according to Sonntag (1990) in hPa	$e_s = 6.112 e^{\frac{17.62 \cdot t}{232.12+t}}$
water vapor pressure for saturation with Magnus's equation (−65∼0.01℃ over ice) according to Sonntag (1990) in hPa	$e_s = 6.112 e^{\frac{22.46 \cdot t}{272.62+t}}$
absolute humidity: mass water vapor per volume moist air in kg m^{-3}	$a = \frac{0.21667 e}{T}$
specific humidity: mass water vapor per mass moist air in kg kg^{-1}, can be replaced with sufficient accuracy by the mixing ratio or visa versa	$q = 0.622 \frac{e}{p - 0.3781 e}$
mixing ratio: mass water vapor per mass dry air in kg kg^{-1}	$m = 0.622 \frac{e}{p}$

운동량에 대한 프로파일 방정식인 식 (2.46)을 z_0에서부터 z까지 적분하면, 다음과 같은 식을 얻을 수 있다:

$$u(z) - u(z_0) = u(z) = \frac{u_*}{k} \ln \frac{z}{z_0} \tag{2.61}$$

여기서 z_0는 그림 2.6에 설명된 바와 같이 $u(z_0) = 0$에서 외삽된 대수바람프로파일의 높이이다. 따라서 z_0는 적분 상수에 해당한다. 이 매개변수가 지표면의 상태에만 종속되기 때문에, 이것을 거칠기 매개변수 또는 거칠기 길이라고 부른다. 이것은 수면과 얼음면인 경우 10^{-6}~10^{-3} m, 초원지대인 경우 2~10 m, 작은 나무인 경우에는 0.2 m 까지 분포한다. 더 많은 z_0 값들은 표 3.1에 주어졌다.

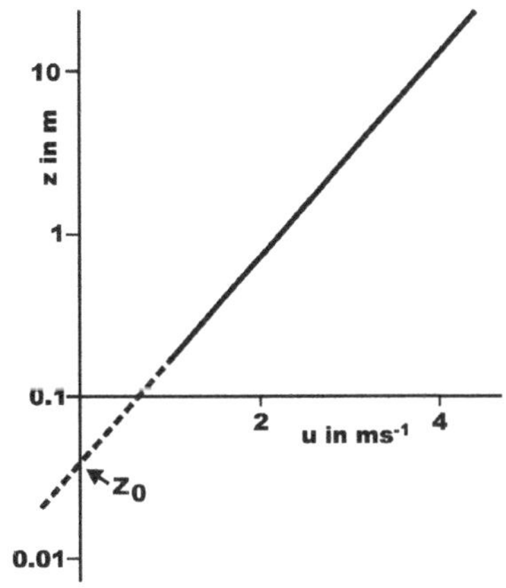

그림 2.6. $u(z_0) = 0$ 점에서 로그-선형 바람 프로파일의 외삽으로부터 거칠기 길이 z_0를 결정하는 방법

현열플럭스와 잠열플럭스에 대한 방정식들의 적분은 운동량플럭스에 대한 방정식의 적분과 거의 동일하다. 이 때의 적분 상수들을 거칠기 온도와 거칠기 습도라고 부른다. 이들 높이에서, 기온과 습도는 지면에서와 같이 거의 동일한 값을 가지는 것으로 가정된다. 그러나 이러한 가정은 이미 그림 1.5에 제시된 바에 따르면 사실이 아니다. 왜냐하면 지표면 부근에는 큰 온도경도가 발생하기 때문이다. 따라서 이러한 적분상수들은 결국 지표면 거칠기 길이 z_0의 대략 10%로 가정하여 사용된다.

대기모델에서는 이들 거칠기 길이들이 매개변수화되어(5.5 참조) 아래의 방정식들이 사용된다:

$$T(z) - T(z_{0T}) = \frac{T_*}{a_0\, k} \ln \frac{z}{z_{0T}}, \tag{2.62}$$

$$q(z) - q(z_{0q}) = \frac{q_*}{\alpha_{0E}\, k} \ln \frac{z}{z_{0q}}, \tag{2.63}$$

여기서

$$T_* = -\frac{\overline{w'\,T'}}{u_*} \tag{2.64}$$

는 마찰온도 또는 온도규모이고

$$q_* = -\frac{\overline{w'\,q'}}{u_*} \tag{2.65}$$

는 습도규모이다.

2.3.2 모닌·오부코프(Monin-Obukhov) 상사이론

2.3.1에 주어진 방정식들은 엄밀히 말하면 열적성층의 영향이 무시될 수 있는 동역학 아층 내에서만 타당하다. Monin and Obukhov (1954)는 이들 방정식들을 비중립(비단열) 경우로 확장시키기 위하여 버킹엄 파이 정리(보충자료 2.3)에 따라서 차원분석(dimensional analysis)을 사용하였다(Foken 2006a). 이러한 분석과정에서, 지표층 내의 종속 매개변수들은 높이 z(m), 마찰속도 u_*(m s^{-1}), 운동학열플럭스(K m s^{-1}), 부력매개변수 g/T(m s^{-2} K^{-1})이다. 운동학열플럭스는 다음과 같이 매개변수화 된다.

$$\overline{w'\,T'} = \frac{Q_H}{\rho\, c_p} \tag{2.66}$$

독립차원들은 길이(m), 시간(s), 온도(K)이며, 지표층 내의 과정들을 특성화시키는 무차원 매개변수 ξ는 다음과 같다.

$$\xi = \frac{z}{L} \tag{2.67}$$

여기서 L은 다음과 같이 정의된다.

$$L = -\frac{u_*^3}{k\frac{g}{T}\frac{Q_H}{\rho \cdot c_p}} \tag{2.68}$$

여기서 특성 길이 스케일 L은 오부코프 길이(Obukhov length; Obukhov 1946)라고 불린다. 초기에는 모닌-오부코프 길이 (Monin-Obukhov length)란 표기가 사용되었으나, 역사적으로 정확한 것은 아니다(Businger and Yaglom 1971). 역학과정, 열적과정, 부력과정 사이의 관계를 나타내고 동역학 아층의 높이에 비례하지만 동역학 아층과 정확히 동일하지는 않다(Obukhov 1946; Monin and Yaglom 1973; 1975).

보충자료 2.3. 버킹엄 파이 정리

버킹엄의 파이 정리(Buckingham's pi theorem)(Kantha and Clayson 2000)는 n+1 종속 매개변수와 k 독립 차원인 경우, 과정을 특성화시키는 n+1－k 무차원 매개변수들이 정확하게 존재한다는 것을 설명한다. 하나의 물체가 자유 던지기로 이루어지는 경우 이것은 증명될 수 있다(Kitajgorodskij 1976). 여기서 z, u_0, g, x는 낙하하는 높이, 던지기 속도, 중력가속도, 충돌지점의 거리에 해당하는 n+1 종속 매개변수이다. 독립 차원들은 길이와 시간(s)이다. 차원 분석의 이점은 아래의 단계별로 나타내었다:

- 많은 단일 실험으로부터 $x = f(z,\ u_{0,}\ g)$의 결정
- 상이한 하강 높이에 대한 곡선들의 한 배열을 주는 g=일정이라는 가정 설정
- 버킹엄 파이 정리를 사용하게 되면, x^+와 z^+ 사이의 직접적인 함수 관계를 주는 무차원 값인 $x^+ = x/z$와 $z^+ = g\, z\, u_0$ 양쪽 모두를 결정할 수 있다.
- 만약 길이 규모를 수평 방향과 연직 방향에 대해 각각 분리하여 차원의 개수를 증가시킨다면, 과정들은 단지 하나의 무차원 매개변수 $x^* = c\, u_0 (gz)^{1/2}$로 기술할 수 있다. 일부 실험이 더해진다면 상수 c 표준편차를 결정하는 것이 가능할 것이다.

버킹엄 파이 정리의 응용에 대한 어려움은 매개변수, 차원, 적절한 무차원 매개변수의 결정의 선택에 있다. 기상학에 영향을 미치는 매개변수들이 많기때문에, 이 정리는 매우 중요하다.

최근 들어, 오부코프 길이는 TKE 방정식인 식 (2.41)로부터 유도되었고(Stull 1988), L의 물리적 설명은 Bernhardt (1995)에 의해서 이루어졌다. 즉, 오부코프 길이 L

의 절대 값은 부력에 의한 TKE의 생성($L < 0$) 또는 손실($L > 0$)이 z로 곱해진 어떤 높이에서의 부피 단위 당 TKE의 역학 생성과 일치하는 공기 기둥 내의 높이와 동일하다는 개념이다.

온위를 사용하면 오부코프 길이를 더 정확하게 정의할 수 있다. 나아가 부력을 고려하게 되면 공기밀도를 변화시키는 수증기 양이 중요하게 된다. 수증기 양은 가온도를 결정하는데 사용될 수 있으므로 유용하다.

$$T_v = T\,(1 + 0.61\,q) \tag{2.69}$$

따라서 오부코프 길이는 다음과 같이 정의된다.

$$L = -\frac{u_*^3}{k\dfrac{g}{\theta_v}\overline{w'\theta_v'}} \tag{2.70}$$

식 (2.70)은 정확하지만 보통 사용되지 않는다. 그 이유는 다음에 논의될 보편함수(universal function)들이 하층 지표층 혹은 때로는 건조 지역에서 결정되지고 그 이외의 다른 지역에서 이루어진 관측들도 뚜렷한 차이 없는 정확도를 보이기 때문이다.

프로파일 방정식들인 식 (2.46)에서 (2.48)까지, Monin-Obukhov 상사이론을 적용하기 위해서는 운동량, 현열, 잠열 교환에 각각 해당하는 소위 말하는 보편함수들인 $\phi_m(\zeta)$, $\phi_H(\zeta)$, $\phi_E(\zeta)$을 사용하여 이루어진다. 그러므로 무차원 매개변수 ζ에 대한 새로운 함수종속(functional dependence)이 식 (2.50)~(2.52)에서 적용되어야 한다.

$$u_* = \sqrt{-\overline{u'w'}} = \frac{k\,z}{\phi_m(\zeta)}\,\frac{\partial u}{\partial z} = \frac{k}{\phi_m(\zeta)}\,\frac{\partial u}{\partial \ln z} \tag{2.71}$$

$$\overline{w'T'} = -\frac{\alpha_0\,k\,u_*}{\phi_H(\zeta)}\,\frac{\partial T}{\partial \ln z} \tag{2.72}$$

$$\overline{w'q'} = -\frac{a_{0E}\,k\,u_*}{\phi_E(\zeta)}\,\frac{\partial q}{\partial \ln z} \tag{2.73}$$

보편함수들은 독립변수 ζ에 따른 테일러 수열에 의해서 다음과 같이 근사될 수 있다(Monin and Obukhov 1954).

$$\phi(\zeta) = 1 + \beta_1\zeta + \beta_2\zeta^2 + \ldots \tag{2.74}$$

Obukhov(1946)의 연구를 기반으로, 소위 O'KEYPS 함수(Kaimal, Elliot, Yamamoto, Panofsky, Sellers)가 1950년대와 1960년대에 연구되었다(Businger 1988; Panofsky 1963).

$$[\phi_m(\zeta)]^4 - \gamma\zeta[\phi_m(\zeta)]^3 = 1 \tag{2.75}$$

식 (2.75)의 해는 실험적으로 결정되는 계수 γ를 함수로 하는 다음과 같은 형태이다.

$$\phi_m(\zeta) = (1 + \gamma\zeta)^{-1/4} \tag{2.76}$$

이 형태를 Dyer-Businger 관계라고 부르고, 이것은 가장 많이 사용되는 보편함수의 형태이다. 그러므로 운동량과 현열의 보편함수들의 관계는 다음과 같이 주어진다.

$$\begin{aligned} &\zeta < 0 \text{ 인 경우}, \phi_H = {\phi_m}^2 \\ &\zeta > 0 \text{ 인 경우}, \phi_H = \phi_m \end{aligned} \tag{2.77}$$

결과적으로, 보편함수에 대한 지표층 내의 성층의 영향은 안정도 매개변수 ζ에 따라 기술된다. 보편함수들은 일반적으로 $-1 < \zeta < 1$ 범위 내에서 정의된다. 이 때 대기가 안정한 경우($\zeta > 1$), 높이독립 스케일링(height-independent scaling)이 발생하는데, 이것을 z-less 스케일링이라 부른다. 이 경우, 에디 크기는 지면 위의 높이에 종속되지 않지만 오부코프 길이에는 종속된다(표 2.7과 그림 2.7).

표 2.7. 무차원 매개변수 ζ와 보편함수 $\phi(\zeta)$에 종속되는 지표층 내의 성층의 결정

stratification	remark	ζ	$\phi(\zeta)$
unstable	free convection, independent from u_*	$\zeta < -1$	no definition
	dependent from u_*, T_*	$-1 < \zeta < 0$	$\phi(\zeta) < 1$
neutral	dependent from u_*	$\zeta \sim 0$	$\phi(\zeta) = 1$
stable	dependent from u_*, T_*	$0 < \zeta < 0.5...2$	$1 < \phi(\zeta) < 3...5$
	independent from z	$0.5...1 < \zeta < \varsigma$	$\phi(\zeta) \sim$ const $\sim 3...5$

현재 주로 사용되는 보편함수들은 1968년 Kansas 실험에서 Businger et al. (1971)에 의해 도출된 것이며, 이후 Högström (1988)에 의해 보완되었다. Högström (1988)은 Kansas 실험의 중대한 결점들을 보완하였는데, 예를 들어 풍속 관측에 제기된 비판(Wieringa 1980)을 고려하였고, von-Kármán 상수를 $k = 0.35$에서 현재 사용되는 값인 $k = 0.40$으로 재계산하였다(표 2.8).

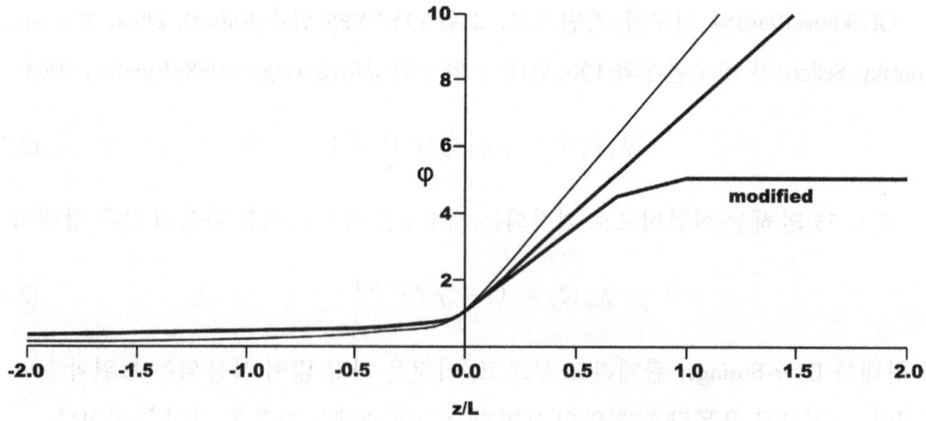

그림 2.7. 운동량 플럭스(굵은 선)와 현열과 잠열플럭스(가는 선)에 대한 보편함수의 전형적인 그래프; 여기서 "modified"는 보편함수가 z-less 스케일링 조건에서 특정된 것을 의미한다.

현재 권장할 만한 보편함수들을 표 2.8에 제시하였고, 지난 40년간 많은 보편적인 함수들이 추천되었으며, 그 중 가장 중요하다고 판단되는 함수들은 부록 A4에 제시하였다. 보편 함수에 대한 기본 사항은 Yaglom (1977)에서 잘 논의되었다. 보편함수를 적용하는 데 있어서의 어려움은 정규화에 있으며, 보편 함수를 적용할 때, 매개변수 α_0이 보편 함수의 일부인지, 프로파일 방정식에 사용되는지, 또는 오부코프 길이에 포함되는지를 잘 고려해야 한다(Skeib 1980). 그리고 모든 보편 함수는 von-Kármán 상수의 업데이트된 값인 0.4에 대해 재계산되어야 한다(Högström 1988). Zilitinkevich and Tschalikov (1968)와 Dyer (1974)가 제시한 보편 함수는 각각 러시아어와 영어 문헌에서 널리 사용되고 있다는 점도 주목할 필요가 있다. 또한, Skeib (1980)이 제시한 보편 함수는 대기경계층을 동역학 아층(성층효과가 없는 층)과 지표층으로 나누어 사용하였으며, 유체역학과 유사한 방식으로 두 층의 분리에 대한 임계값을 사용한다. 이 방법은 보편함수가 적분을 통해 물리적으로 합리적인 함수가 도출되지만 두 함수가 불연속이라는 단점을 가진다 .

표 2.8. Businger et al. (1971)에 따라 계산된 보편 함수. 이후 Högström (1988)에 의해 재계산되었다.

stratification	$\phi_m(\zeta)$	$\phi_H(\zeta) \sim \phi_E(\zeta),\ a_0 = a_{0E} = 1$
unstable	$(1-19.3\zeta)^{-1/4}$	$0.95(1-11.6\zeta)^{-1/2}$
stable	$1+6.0\zeta$	$0.95+7.8\zeta$

수증기 교환에 보편함수를 사용하여 결과를 도출하는 논문은 극히 드물다. 그러므로 현열플럭스에 대한 보편함수가 잠열플럭스와 미량기체의 플럭스에도 적용되어 널리 사용된다.

대기가 안정한 경우에는 보편 함수를 적용하기가 어렵다. 위의 형태로 주어진 보편 함수가 안정한 경우 난류 교환 과정을 과소평가한다는 것은 이미 잘 알려져 있다. 또한, 안정한 경우 보편 함수가 거의 변하지 않고 일정하여 z-less 스케일링 경향에 부합된다는 사실 또한 명백하며, 일반적인 함수 적용이 관측 부족으로 인해 공식적으로 잘 이루어지지 않았다(Andreas 2002). Handorf et al. (1999)은 남극대륙에서 관측한 자료에 기반하여 $\zeta > 0.6$인 경우 상수보편함수가 $\phi_m \sim 4$에 해당한다고 발표하였다.

보편 함수의 불확실성은 매개변수 α_0의 불확실성과 유사하고(표 2.6 참고), 관측 방법의 정확성에도 영향을 받는다. 또한, α_0와 k를 중립 조건에서 결정하는 것이 $\zeta = 0$에서의 보편 함수에 중요하다. 현재 von-Kármán 상수 $k = 0.40 \pm 0.01$로 받아들여진다(Högström 1996). 그러나 Rossby 수와 Reynolds 수에 약간의 의존성이 발견되었는데(Oncley et al. 1996), 이는 아마도 자기 상관 효과일 가능성이 있다(Andreas et al. 2004). 문헌에 나타난 von-Kármán 상수 값의 개요는 표 2.9에 나와 있다. 보편 함수와 관련해서, 보통 가상 온도가 적용되지 않는 경우에 대해 Högström(1996)이 제시한 정확도는 다음과 같다.

$$\begin{array}{ll} |z/L| \le 0.5: & |\delta\phi_H| \le 10\% \\ |z/L| \le 0.5: & |\delta\phi_{m|}| \le 20\% \\ z/L > 0.5: & \phi_m,\ \phi_H = const? \end{array} \tag{2.78}$$

표 2.9. 여러 연구자들에 의해 추천된 von-Kármán 상수값(Foken 1990, 2006a). 이 중에서 Högström (1996)의 값을 권장함.

author	κ
Monin and Obukhov (1954)	0.43
Businger *et al.* (1971)	0.35
Pruitt *et al.* (1973)	0.42
Högström (1974)	0.35
Yaglom (1977)	0.40
Kondo and Sato (1982)	0.39
Högström (1985; 1996)	0.40 ± 0.01
Andreas *et al.* (2004)	0.387 ± 0.004

매개변수 및 함수들의 정확도에 관한 논의는 아직도 계속되고 있다. 예를 들면, 혼합층 높이에 대한 의존도는 배제될 수 없으며(Johansson et al. 2001), 이는 지표층의 과정들이 전체 경계층에 의해 영향을 받을 수 있음을 의미한다.

매개변수 ζ와 더불어, 식 (2.20)의 리처드슨 수는 성층을 결정하는데 사용된다. 경도리처드슨 수, 총체리처드슨 수, 플럭스리처드슨 수는 다음과 같다:

경도리처드슨 수: $$Ri = -\frac{g}{T}\frac{\partial T/\partial z}{(\partial u/\partial z)^2} \tag{2.79}$$

총체리처드슨 수: $$Ri_B = -\frac{g}{T}\frac{\Delta T \Delta z}{(\Delta u)^2} \tag{2.80}$$

플럭스리처드슨 수: $$Rf = \frac{g}{T}\frac{\overline{w'T'}}{\overline{w'u'}(\partial u/\partial z)} \tag{2.81}$$

오부코프 길이와 유사하게, 온도는 가온위로 대체될 수 있다. 임계리처드슨 수는 $Ri_c = 0.2$ 이고, 안정 성층인 경우 난류흐름이 갑자기 준 층류, 비난류 흐름으로 변동되는 경우에는 임계플럭스리처드 수는 $Rf_c = 1$이 된다. ζ에서 Ri으로의 전환은 Arya (2001)에 따르면 성층의 정도에 따른 다르게 나타난다. 즉,

$$Ri < 0 \text{인 경우}, \zeta = Ri \tag{2.82}$$

$$0 \le Ri \le 0.2 = Ri_c \text{인 경우}, \zeta = \frac{Ri}{1-5Ri}$$

여러 가지 안정도 매개변수의 범위에 관한 전반적인 내용이 표 2.10에 제시되었다.

표 2.10. 여러 가지 안정도 매개변수의 개요

stratification	temperature	R_i	L	$\zeta = z/L$
unstable	T(0) > T(z)	<0	<0	<0
neutral	T(0) ~ T(z)	~ 0	$\pm\infty$	~ 0
stable	T(0) < T(z)	$0 < Ri < 0.2 = Ri_c$	>0	$0 < \zeta < \sim 1$

불안정한 경우에 대해 방정식 (2.71)~(2.73)까지의 프로파일 방정식을 방정식 (2.76) 형태의 보편 함수들을 사용하여 적분하는 것은 간단하지 않으나, Paulson(1970)

에 의해 처음 제시되었다. 바람 프로파일을 사용하는 경우, 거칠기 길이의 정의 $u(z_0) = 0$ 을 사용하여 z_0에서부터 z까지 적분하면 다음과 같다.

$$u(z) - u(z_0) = u(z) = \frac{u_*}{k}[\ln\frac{z}{z_0} - \int \phi_m(\zeta)\, d\zeta], \tag{2.83}$$

$$u(z) = \frac{u_*}{k}[\ln\frac{z}{z_0} - \psi_m(\zeta)],$$

여기서 보편함수 $\psi_m(\zeta)$의 적분은 다음과 같다.

$$\psi_m(\zeta) = \int_{z_0/L}^{z/L} [(1 - \phi_m(\zeta)]\, \frac{d\zeta}{\zeta} \tag{2.84}$$

대기가 불안정한 경우 운동량과 현열 플록스에 대한 보편함수의 적분은 Businger et al. (1971)에 따라서 Högström (1988)의 형태로 나타내면 다음과 같다.

$$\frac{z}{L} < 0\text{인 경우, } \psi_m(\zeta) = \ln[(\frac{1+x^2}{2})(\frac{1+x}{2})^2] - 2\tan^{-1}x + \frac{\pi}{2}, \tag{2.85}$$

$$\frac{z}{L} < 0\text{인 경우, } \psi_h(\zeta) = 2\ln(\frac{1+y}{2}), \tag{2.86}$$

여기서 x와 y는 다음과 같이 정의된다.

$$x = (1 - 19.3\zeta)^{1/4},\ y = 0.95(1 - 11.6\zeta)^{1/2}. \tag{2.87}$$

식 (2.85)에 있는 주기 항은 물리적으로 사실이 아닌 것은 명백하다. 그러나 이 항은 비교적 작아 결과에 뚜렷한 영향을 미치지 못한다. Dyer-Businger 관계식인 식 (2.76)에 따른 보편함수는 중립성층인 경우 좋은 점근적 성질을 보인다. 물리적으로 더 정확한 것은 Skeib(1980)에 따른 여러 층들에 대한 적분이다. 그러나, 안정한 경우 보편함수의 적분에 대해서는 매우 간단한 해가 존재한다.

$$\frac{z}{L} \geq 0\text{인 경우, } \psi_m(\zeta) = -6\frac{z}{L} \tag{2.88}$$

$$\frac{z}{L} \geq 0\text{인 경우, } \psi_h(\zeta) = -7.8\frac{z}{L} \tag{2.89}$$

2.3.3 보웬비(Bowen-Ratio) 상사

보웬비(Bowen 1926)는 잠열플럭스에 대한 현열플럭스의 비로서 다음과 같이 정의하였다.

$$Bo = \frac{Q_H}{Q_E} \tag{2.90}$$

식 (2.90) 내에서 식 (2.72)와 (2.73)을 사용하고, 식 (2.56)과 (2.59)에 따라서 운동학 단위와 에너지단위 사이의 변환을 취하면, 매우 간단한 관계식이 개발된다. 중립성층인 경우, $\phi_H(\zeta) \sim \phi_E(\zeta)$란 경우를 취하거나 동역학 아층에 한정하여 $a_0 \sim a_{oE}$가 되고 편도함수를 유한차분으로 대체하면 보웬비는 다음과 같이 주어진다.

$$Bo = \frac{c_p}{\lambda}\frac{\Delta T}{\Delta q} = \frac{c_p}{\lambda}\frac{p}{0.622}\frac{\Delta T}{\Delta e} = \gamma\frac{\Delta T}{\Delta e} \tag{2.91}$$

여기서 건습계상수(psychrometric constant) γ의 값은 p = 1000 hPa이고 T = 20 ℃인 경우 0.667이다.

플럭스경도 상사의 특별한 경우인 식 (2.91)을 보웬비 상사(Bowen ratio similarity)라 부른다. 두 개의 높이 사이의 온도와 습도 경도의 비는 보웬비와 같이 작동한다. 이런 단순화된 관계가 보웬비방법의 기본이다(4.2.2 참조). 사용된 단순화된 관계를 이용하는 것이 또한 방법의 한계라는 점을 주목해야만 한다.

이 상사의 일반화는 다음과 같다.

$$\frac{F_x}{F_y} \approx \frac{\Delta x}{\Delta y}, \tag{2.92}$$

즉, 두 개의 플럭스의 비는 두 개의 높이 사이의 적절한 상태 매개변수의 차이의 비에 비례한다.

식 (2.92)은 만약 에너지 플럭스가 알려지고, 미량기체 농도의 차이가 높은 정확도로 결정되고, 위에 언급한 단순화가 받아들여진다면, 비활성 기체의 플럭스를 결정할 수 있는 가능성이 높아지게 된다. 이 방법은 Businger (1986)에 의해서 수정 보웬비 방법으로 제안되었고, 4.2.3에서 비교될 것이다.

2.4 플럭스-분산(Flux-Variance) 상사

TKE 방정식인 식 (2.41)의 유도과정과 동일하게, 운동량플럭스와 현열플럭스에 대한 방정식도 유도될 수 있다(Foken et al. 1991; Wyngaard et al. 1971a):

$$\frac{\partial \overline{w'u'}}{\partial t} = -\underbrace{\overline{w'^2}\frac{\partial \overline{u}}{\partial z}}_{II} - \frac{g}{\overline{T}}(\overline{u'T'}) - \frac{\partial}{\partial z}\overline{u'w'^2} - \underbrace{\frac{1}{\rho}\frac{\partial(\overline{w'p'})}{\partial z}}_{VII} - \varepsilon \tag{2.93}$$

$$\frac{\partial \overline{w'T'}}{\partial t} = -\overline{w'^2}\frac{\partial \overline{T}}{\partial z} - \underbrace{\frac{g}{\overline{T}}(\overline{T'^2})}_{III} - \frac{\partial}{\partial z}\overline{T'w'^2} - \underbrace{\frac{1}{\rho}\frac{\partial(\overline{T'p'})}{\partial z}}_{VII} - N_T \tag{2.94}$$

이 방정식들은 연직바람 성분과 온도의 표준편차를 포함한다.

$$\sigma_w = \sqrt{\overline{w'^2}}, \quad \sigma_T = \sqrt{\overline{T'^2}} \tag{2.95}$$

정상상태인 경우에서 식 (2.93)의 *II*와 *VII* 항들과 식 (2.94)의 *III*과 *VII* 항들을 추정하게 되면, 지표층인 경우 다음과 같은 관계가 도출된다(Foken et al. 1991; Wyngaard et al. 1971a):

$$\sigma_w / u_* \cong const., \; \sigma_T / T_* \cong const. \tag{2.96}$$

이 때 이들 정규화표준편차는 적분난류특성(integral turbulence characteristics)이라 부른다(Tillman 1972). 그 이유는 적분난류특성들은 모든 진동수 상에서 난류적분의 상태를 특성화하기 때문이다. 따라서 3개의 바람 성분에 대한 적분난류특성인 경우, 아래의 값들이 주어진다(Lumley and Panofsky 1964; Panofsky and Dutton 1984):

$$\begin{aligned} \sigma_w / u_* &\cong 1.25 \\ \sigma_u / u_* &\cong 2.45 \\ \sigma_v / u_* &\cong 1.9 \end{aligned} \tag{2.97}$$

불변성(constancy)은 오직 중립성층인 경우에만 분명한다. 비단열 조건인 경우 상사관계로부터 다음 식을 얻을 수 있다(Foken et al. 1991):

$$\sigma_w / u_* = a\,[\phi_m(z/L)]^{-0.5} \tag{2.98}$$

$$\sigma_T / T_* = b\left[\frac{z}{L}\phi_h(z/L)\right]^{-0.5} \tag{2.99}$$

이와 관련된 내용들이 비단열 조건 하에서 적분난류특성에 관한 문헌에서 보고되고 있다(부록 A4 참조). 그 예로, 실험적으로 증명된 관계들은 표 2.11에 제시하였다. 그러므로 적분난류특성에 관한한 일반적인 형태는 바람 성분인 경우,

$$\sigma_{u,v,w}/u_* = c_1\,(z/L)^{c_2}, \tag{2.100}$$

이고 온도와 다른 스칼라인 경우에는 다음과 같다.

$$\sigma_T / T_* = c_1\,(z/L)^{c_2}. \tag{2.101}$$

연직 바람인 경우, 유용한 매개변수화 사이의 차이는 적어도 뚜렷하지 않다. Panofsky et al. (1977)에 의해 유도된 가장 일반적인 적분난류 특성의 매개변수화는 중립인 경우와 불안정한 경우에 적용될 수 있다:

$$\sigma_w/u_* = 1.3\,(1-2\frac{z}{L})^{1/3} \tag{2.102}$$

표 2.11. 비단열 성층인 경우의 적분난류특성(Foken et al. 1991; Foken et al. 1997a; Thomas and Foken 2002)

parameter	z/L	c_1	c_2
σ_w/u_*	$0 > z/L > -0.032$	1.3	0
	$-0.032 > z/L$	2.0	1/8
σ_u/u_*	$0 > z/L > -0.032$	2.7	0
	$-0.032 > z/L$	4.15	1/8
σ_T/T_*	$0.02 < z/L < 1$	1.4	−1/4
	$0.02 > z/L > -0.062$	0.5	−1/2
	$-0.062 > z/L > -1$	1.0	−1/4
	$-1 > z/L$	1.0	−1/3

중립성층인 경우에서 온도와 다른 스칼라 양에 대한 적분난류특성은 $T_* \to 0$이기 때문에 정확하지 않다. 또한 바람 성분들과 스칼라 양에 대한 적분난류특성은 불안정

한 성층인 경우, 성층에 종속(dependency)되는 경향이 발견되었다. 이에 따라 일부 연구자들(Johansson et al. 2001; Panofsky et al. 1977; Peltier et al. 1996)은 강한 불안정 성층의 경우에서 혼합층 높이에 대한 종속 경향을 보고하였다. 그러나 그 차이는 자유대류의 사례에 유의미하였다(Thomas and Foken 2002). 안정 성층인 경우, 오직 소수의 검증된 관측이 유용하였다. 그러므로 독립변수 $|(z-d)/L|$을 가지고 불안정한 경우에 사용되는 매개변수화는 1차 근사로서 권장되었다. 온도인 경우, 표 2.11에 약간 수정된 접근방법들이 주어져 있다(Thomas and Foken 2002).

로스비 상사(Garratt 1992)에 근거하여 일부 연구자들(Högström 1990; Smedman 1991; Tennekes 1982; Yaglom 1979)은 적어도 중립경우에는 코리올리 매개변수에 가시적인 종속성을 보고하였다. 이에 대한 검증은 Högström et al. (2002)에 의해 수행되었으며, 그 결과 중립을 포함한 약간 불안정한 경우와 안정 범위에 대한 적분난류 매개변수화 수식이 표 2.12에 제시하였다. 스칼라 양인 경우의 적분난류 매개변수화는 성층에 대한 높은 종속 때문에 표 2.12의 해당 범위 내에서는 발견되지 않는다.

표 2.12. 안정도가 중립, 약 불안정, 안정 성층인 경우 적분난류특성의 매개변수화 (Thomas and Foken 2002)

parameter	$-0.2 < z/L < 0.4$
σ_w/u_*	$0.21\ln\left(\frac{z_+ f}{u_*}\right)+3.1 \quad z_+=1m$
σ_u/u_*	$0.44\ln\left(\frac{z_+ f}{u_*}\right)+6.3 \quad z_+=1m$

자유대류($z/L < -1$)인 경우의 적분난류 특성 매개변수화는 식 (2.42)의 디어돌프 속도로 이루어진 스케일링과 혼합층높이 z_i가 필요하다(Garratt 1992). 이 경우의 매개변수화는 유입층의 증가와 혼합층 높이의 증가에 따라 적분특성들이 감소하는 경향을 보여준다. 이러한 특성은 아래의 Sorbjan (1989)에 의해 매개변수화된 수식에서 확인된다.

$$\sigma_w/w_* = 1.08\,(z/z_i)^{1/3}\,(1-z/z_i)^{1/3} \tag{2.103}$$

$$\sigma_\theta/T_* = 2(z/z_i)^{-2/3}\,(1-z/z_i)^{4/3} + 0.94\,(z/z_i)^{4/3}\,(1-z/z_i)^{-2/3} \tag{2.104}$$

2.5 난류 스펙트럼

난류 스펙트럼에 대한 지식(1.4.3 참조)은 대기에서 관측 센서와 관측 조건을 최적화하는 데 필요한 기본 가정이다. 많은 관측 방법들이 난류스펙트럼 내의 특정 범위 내에서만 가능하고, 많은 모델링 접근법들은 스펙트럼 에너지 밀도의 분포에 근거를 둔다. 난류스펙트럼은 다른 상태매개변수와 플럭스 사이를 구분하고, 또한 미기상학 조건에 의존한다. 미기상학에서 관심을 가지는 진동수 범위 즉 약 30분 보다 짧은 주기에서는 3가지 범위로 규명될 수 있다. 평균 흐름에 의한 난류에너지의 생산 범위는 10~500 m의 차수를 가지는 적분난류길이규모 Λ에 의해서 특성화 되며(Kaimal and Finnigan 1994), 전형적인 진동수 범위는 $f \sim 10^{-4}$ Hz이다. 여기서 f는 코리올리 매개변수가 아님에 유의하라. 이 범위는 난류가 등방성이라고 가정되는 관성소영역에 의해 결정되어진다.

등방성 난류란 난류 움직임이 우선권을 가지는 방향이 없음을 뜻한다. 증가하는 진동수에 의해 잘 정의되는 에너지 감소량은 Kolmogorov의 법칙에 따라서 발생한다(Kolmogorov 1941a; 1941b). 에너지의 감소는 $f^{-5/3}$에 비례한다. 에너지에 진동수를 곱하면, 콜모고로프의 법칙은 상태매개변수인 경우 $f^{-2/3}$에 비례하는 감소경향을 예측하고 플럭스인 경우 $f^{-4/3}$에 비례하는 감소경향을 예측한다. 세 번째 범위에서는, 10~30 Hz의 진동수를 가지는 작은 에디들의 운동에너지는 열에너지로 변환(에너지 소산)된다. 전형적인 소산길이규모는 Kolmogorov의 미규모(Kolmogorov's microscale)이다. 즉,

$$\eta = \left(\frac{\nu^3}{\varepsilon}\right)^{1/4} \tag{2.105}$$

으로 차수는 약 10^{-3} m이다.

미기상학 범위 내의 난류스펙트럼의 3가지 부분을 파수(wave number)에 대해서 작도하여 그림 2.8에 제시하였다. 최대 에너지는 적분난류길이 $\sim 1/k$ 에서 발생한다. 여기서 $\Lambda = \pi/k$가 오일러 적분난류길이규모로서 이 길이규모는 모든 바람 성분들과 스칼라 양에서 주어질 수 있다. Tayler의 고정난류가설(Taylor 1938)에 따르면, k는 다음과 같이 정의된다.

$$k = 2\pi \frac{f}{u} \tag{2.106}$$

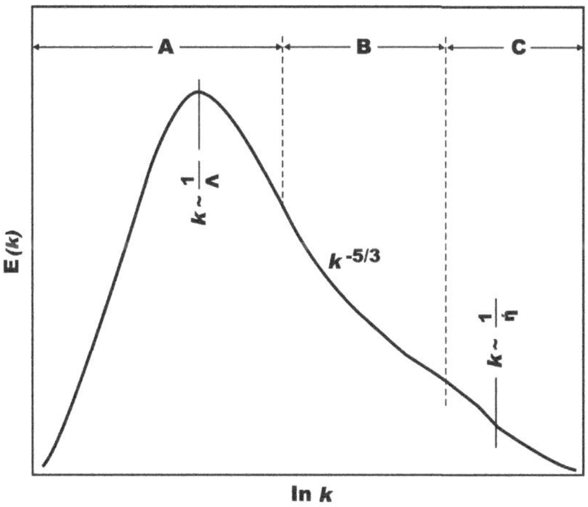

그림 2.8. 파수 k에 종속되는 난류 스펙트럼과 에너지 생산 영역(A), 관성 소영역(B), 소멸 영역(C)의 체계적인 작도(Kaimal and Finnigan 1994):

식 (2.106)을 사용하면, 적분난류길이규모는 수평속도섭동 ρ_u에 대한 자기상관함수를 사용하여 적분난류시간규모로 전환시킬 수 있다.

$$\Lambda_u = \overline{u} \cdot T_u = \overline{u}\int_0^\infty \rho_u(\xi)d\xi = \overline{u}\int_0^\infty \frac{\overline{u'(t)u'(t+\xi)}}{\sigma_u^2}d\xi. \tag{2.107}$$

자기상관 함수는 보통 지수함수이기 때문에, 적분시간규모 τ는 $\rho(\tau) = 1/e \sim 0.37$으로 주어진다. 이것은 그림 2.9에 개략적으로 도해되었다.

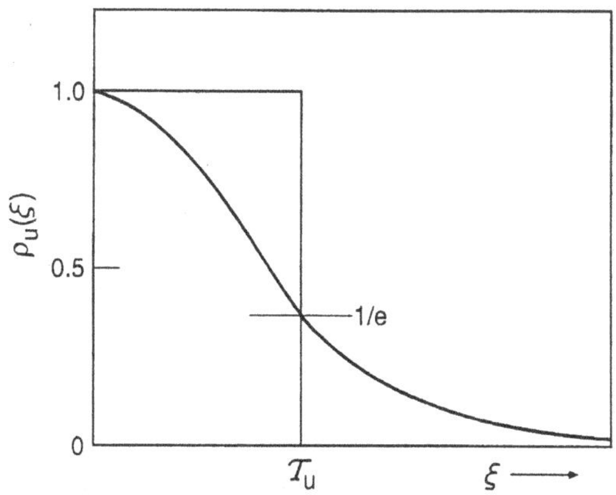

그림 2.9. 자기상관 함수와 적분시간규모의 관계. 직사각형으로 표시된 면적이 지수함수로 작도된 면적과 동일한 경우 1/e 값은 매우 좋은 근사이다(Kaimal and Finnigan 1994).

Kolmogorov 상수 $\beta_u \sim 0.5-0.6$ (Kolmogorov 1941a)에 따르고 국지등방성의 가정 하에서의 에너지 스펙트럼은 소위 말하는 $-5/3$ 법칙에 의해서 관성소영역 내에서 주어진다. 여기서 제시된 수평바람성분은 다음과 같다.

$$E_u(k) = \beta_u \varepsilon^{2/3} k^{-5/3} \tag{2.108}$$

비슷한 방식으로, 관성소영역 내의 에너지스펙트럼은 다음과 같다.

$$E_T(k) = \beta_T N_T \varepsilon^{-1/3} k^{-5/3} \tag{2.109}$$

여기서 β_T는 0.75 ~ 0.85이고 (Corrsin 1951), N_T 는 식 (2.94)로 제시된 온도의 분산 소산율이다. 습도인 경우, 관성소영역 스펙트럼은 다음과 같다.

$$E_q(k) = \beta_q N_q \varepsilon^{-1/3} k^{-5/3} \tag{2.110}$$

여기서 $\beta_q \sim 0.8-1.0$이다. 스펙트럼 작도에 대한 수학적 배경은 간략하게 보충자료 2.4에 제시하였다.

TKE 방정식인 식 (2.41)에 kz/u_*^3 을 곱하고 정상상태($\partial e/\partial t = 0$)로 가정하면, 지표층에 대한 무차원 TKE 방정식이 다음과 같이 주어진다(Kaimal and Finnigan 1994; Wyngaard and Coté 1971):

$$\phi_m - \frac{z}{L} - \phi_t - \phi_\varepsilon + I = 0 \tag{2.111}$$

비균형 항인 I는 압력 항에 기반을 두고 있다. I는 불안정한 경우 사라지고 안정한 경우 z/L의 차수이다. 수송 항인 ϕ_t는 불안정한 경우 $-z/L$이고, 안정한 경우 사라진다.

무차원에너지소산 항인 ϕ_ϵ은 다음과 같이 정의된다.

$$\phi_\varepsilon = \frac{kz\varepsilon}{u_*^3} \tag{2.112}$$

이것은 보편함수에 의해서 식 (2.117)과 같이 설명될 수도 있다.

$$\phi_\varepsilon^{2/3} = \begin{Bmatrix} 1+0.5|z/L|^{2/3} & \text{for } z/L \le 0 \\ (1+5z/L)^{2/3} & \text{for } z/L \ge 0 \end{Bmatrix} \tag{2.117}$$

보충자료 2.4. Fourier 급수와 진동수 스펙트럼

예를 들어 난류 섭동들을 가진(그림 1.13) 기상매개변수의 시계열인 함수 f는 직교함수의 한 시스템에 의해서 표현될 수 있다:

$$f(x) = \frac{a_0}{2} + \sum_{k=1}^{\infty} (a_k \cos kx + b_k \sin kx) \tag{2.113}$$

$$a_k = \frac{1}{\pi} \int_0^{2\pi} f(x) \cos kx \, dx \quad b_k = \frac{1}{\pi} \int_0^{2\pi} f(x) \sin kx \, dx \tag{2.114}$$

유사한 방식으로, 지수함수에 의한 표현이 가능하다:

$$f(x) = \sum_{k=-\infty}^{\infty} (c_k e^{ikx}) \quad c_k = \frac{1}{2\pi} \int_{-\pi}^{\pi} f(x) e^{ikx} \, dx \tag{2.115}$$

푸리에 변환은 적분 변환으로서 시간의 함수를 진동수의 함수로 변환하는 것이다.

$$f(\omega) = \frac{1}{\sqrt{2\pi}} \int_{-\infty}^{\infty} f(t) e^{i\omega t} \, dt \tag{2.116}$$

신동수 스펙트럼(에너지 스펙트럼, 멱 스펙트럼) 상에서 시간 적분의 제곱근은 표준편차에 상응한다. 2개의 시계열의 진동수 스펙트럼은 교차스펙트럼(cross spectrum)으로 불린다. 교차스펙트럼의 실수 부분이 공 스펙트럼(co-spectrum)이고, 공 스펙트럼의 시간 적분은 공분산(covariance)과 상응한다.

에너지 소산에 대한 더 많은 보편함수는 부록 A4에 제시되어 있다. 이들 방정식들의 실용적인 적용은 섬광계측기(scintillometer)를 사용하여 마찰속도를 결정하는 것이다(6.2.5 참조). 또한, 수평바람의 에너지 스펙트럼은 관성소영역 내에서 식 (2.118)로 유도된다(Kaimal and Finnigan 1994):

$$\begin{aligned} \frac{f \cdot S_u(f)}{u_*^2} &= \frac{0.55}{(2\pi)^{2/3}} \left(\frac{\varepsilon^{2/3} z^{2/3}}{u_*^2} \right) \left(\frac{fz}{\overline{u}} \right)^{-2/3} \\ &= \frac{0.55}{(2\pi k)^{2/3}} \phi_\varepsilon^{\,2/3} \left(\frac{fz}{\overline{u}} \right)^{-2/3} \end{aligned} \tag{2.118}$$

다양한 매개변수들이 나타내는 난류스펙트럼은 피크 진동수(에너지 밀도의 최대)와 성층에 대한 종속관계에서 뚜렷하게 다르게 분포한다. 연직바람의 피크 진동수는 가장 높은 진동수(0.1~1 Hz)에 상응하고, 수평바람의 피크 진동수는 한 차수 낮은 크기이다(그림 2.10). 연직바람은 안정한 경우 이런 전형적인 스펙트럼 형태로 나타나지만, 중립 성층과 불안정한 성층인 경우에는 피크 진동수가 더 큰 진동수 쪽으로 이동하는 형태로 나타난다. 다른 바람성분들과 스칼라인 경우, 피크 진동수는 더 낮은 진동수로 이동하지만 자료가 너무 산개되어 있기 때문에 보통은 분명하게 보이지 않는다.

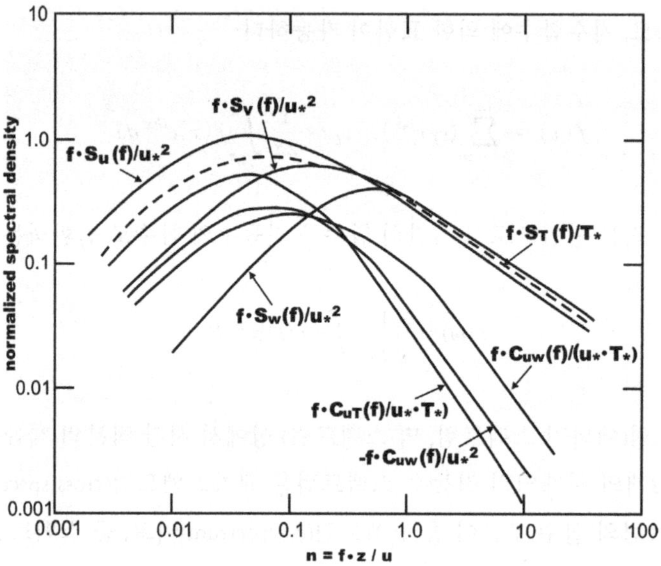

그림 2.10. 상태변수와 플럭스의 에너지밀도스펙트럼 모델(Kaimal et al. 1972)

에너지 밀도 스펙트럼은 보통 관측 자료의 보정에 사용된다(4.1.2 참조). 스펙트럼을 계산하는 것은 어렵기 때문에, 보통 스펙트럼 모델이 적용된다. 그러한 모델들은 캔자스 실험의 자료에 기초하여 Kaimal et al. (1972)에 의해 매개변수화되었다. 식 (1.19)에 따른 진동수의 정규화는 보통 다음과 같이 이루어진다.

$$n = f\frac{z}{u} \tag{2.119}$$

중립과 약한 불안정 성층인 경우의 바람 성분에 대한 정규화는 다음과 같다(Kaimal and Finnigan 1994):

$$\frac{fS_u(f)}{u_*^2} = \frac{102\,n}{(1+33\,n)^{5/3}} \tag{2.120}$$

$$\frac{fS_v(f)}{u_*^2} = \frac{17\,n}{(1+9.5\,n)^{5/3}} \tag{2.121}$$

$$\frac{fS_w(f)}{u_*^2} = \frac{2.1\,n}{(1+5.3\,n)^{5/3}} \tag{2.122}$$

Højstrup (1981)은 안정 성층인 경우 안정도종속 매개변수화를 다음과 같이 제안하였다.

$$\frac{fS_w(f)}{u_*^2} = \frac{2\,n}{(1+5.3\,n)^{5/3}} + \frac{32\,n\,\zeta}{(1+17\,n)^{5/3}} \tag{2.123}$$

또한 다른 스칼라 양에도 사용될 수 있는 온도스펙트럼인 경우, Kaimal et al. (1972)은 아래의 매개변수화를 발표하였다:

$$\frac{f\;S_T(f)}{T_*^2} = \begin{cases} \dfrac{53.4n}{(1+24n)^{5/4}} & for \quad n < 0.5 \\ \dfrac{24.4n}{(1+12.5n)^{5/3}} & for \quad n \geq 0.5 \end{cases} \tag{2.124}$$

공분산 스펙트럼인 경우, Kaimal and Finnigan (1994)은 불안정한 경우($-2 < z/L < 0$)에 대하여 식 (2.125)와 (2.216)같이 제안하였고,

$$-\frac{f\;C_{uw}(f)}{u_*^2} = \frac{12n}{(1+9.6n)^{7/3}}, \tag{2.125}$$

$$-\frac{f\;C_{wT}(f)}{u_*T_*} = \begin{cases} \dfrac{11n}{(1+13.3n)^{7/4}} & for \quad n \leq 1.0 \\ \dfrac{4n}{(1+3.8n)^{7/3}} & for \quad n > 1.0 \end{cases} \tag{2.126}$$

안정한 경우($0 < z/L < 2$)에는 식 (2.127)과 (2.128)과 같이 제안하였다.

$$-\frac{f\;C_{uw}(f)}{u_*^2} = 0.05n^{-4/3}\left(1+7.9\frac{z}{L}\right) \tag{2.127}$$

$$-\frac{f\;C_{wT}(f)}{u_*T_*} = 0.14n^{-4/3}\left(1+6.4\frac{z}{L}\right) \tag{2.128}$$

로그-로그 작도시의 ln $(fS_A(f))$대 ln f 관계는 $fS_A(f) \approx f^{-2/3}$ 형태의 멱 법칙의 그래프를 보여주며, 그림 2.10에서와 같이 $\ln S_A(f)$ 대 $\ln f$는 $S_A(f) \approx f^{-5/3}$를 보여준다. $S_A(f)$ 대 ln f의 작도에서, Δf 범위 내에서 그래프 아래의 면적은 표준편차 $\sigma_A(\Delta f)$와 같아지게 된다. 낮은 진동수에서의 해상도는 보통 나쁘게 나타난다. 그러러나 $fS_A(f)$ 대 ln f의 그래프 아래의 면적은 에너지 밀도와 동일하므로, 세로좌표에 f를 곱하고 가로좌표에 로그를 취하면, 낮은 진동수에 대해서 잘 나타내는 것이 가능하다.

식 (2.108)에 따르는 관성소영역 내의 에너지 밀도는 또한 구조함수를 사용하여 다음과 같이 결정될 수 있다(Tatarski 1961, 보충자료 2.5).

$$D_u(r) = c_u \varepsilon^{2/3} r^{2/3}, \tag{2.129}$$

구조상수 $c_u \sim 2$라 하면 구조함수 매개변수는 다음과 같이 쓸 수 있다.

$$C_u^2 = c_u \varepsilon^{2/3} \tag{2.130}$$

온도에 대한 구조함수는 다음과 같이 주어진다.

$$D_T(r) = c_T N_T \varepsilon^{-1/3} r^{2/3} \tag{2.131}$$

구조상수 $c_T \sim 3.2$라 하면 구조함수 매개변수는 다음과 같이 쓸 수 있다.

$$C_T^2 = c_T N_T \varepsilon^{-1/3} \tag{2.132}$$

수분에 대한 구조함수는 다음과 같이 주어진다.

$$D_q(r) = c_q N_q \varepsilon^{-1/3} r^{2/3} \tag{2.133}$$

구조상수 $c_q \sim 4.02\beta_q$라 하면 구조함수 매개변수는 다음과 같이 쓸 수 있다.

$$C_q^2 = c_q N_q \varepsilon^{-1/3} \tag{2.134}$$

보충자료 2.5. 구조함수

자기 상관함수인 식 (2.107)에 대한 대체적인 통계 매개변수는 구조함수(structure function)이다. 구조함수는 시간 t에서의 변수 $A(t)$와 그 이후 시간에서의 값인 $A(t+L)$ 사이의 관계이다. 여기서 L은 오부코프 길이이다. 만약 관측 시간 사이의 시간을 ΔT라고 한다면, $L=j\Delta T$ 되고

$$D_{AA}(L) = \frac{1}{N}\sum_{k=0}^{N-j}(A_k - A_{k+j})^2 \tag{2.135}$$

이 된다.

만약 시간 대신에, 관측이 거리로 이루어졌다면, $L=j\Delta r$ 이 된다. 여기서 Δr은 관측지점 사이의 거리이다.

구조함수 매개변수들은 미기상학 관측기술에서 매우 적절하다 (Beyrich et al. 2005; Kohsiek 1982). 왜냐하면 이 변수들은 굴절 구조함수매개변수 C_n^2에 직접 연결되기 때문이며(Hill et al. 1980), 이 값은 지상기반원격탐사기술의 후방산란 에코에 비례한다.

$$C_n^2 = A^2 C_T^2 + 2ABC_{Tq} + B^2 C_q^2 \tag{2.136}$$

여기서 계수 A와 B는 온도, 습도, 압력, 전자기파의 파장에 따라 결정진다. 자료들은 Hill et al. (1980)와 Andreas (1989)에 의해 데이터가 제시되었다. 마이크로파의 경우 온도와 습도에 따라 달라지지만, 가시광선 및 근적외선에서는 습도의 영향을 거의 받지 않는다. 따라서 식 (2.136)은 다음과 같이 된다.

$$C_n^2 = (79.2 \times 10^{-6}\frac{p}{T^2})\, C_T^2 \tag{2.137}$$

구조함수매개변수의 안정도 종속은 에너지소산의 무차원함수에 의해서 주어지며, 이들은 보편함수의 특성을 지닌다(Wyngaard et al. 1971b). 지표층인 경우, 아래와 같은 형태로 나타난다(Kaimal and Finnigan 1994):

$$\frac{C_u^2\, z^{2/3}}{u_*^2} = \begin{cases} 4\left(1+0.5\dfrac{-z}{L}\right)^{2/3} & for \quad z/L \le 0 \\ 4\left(1+5\dfrac{z}{L}\right)^{2/3} & for \quad z/L > 0 \end{cases} \tag{2.138}$$

$$\frac{C_T^2\, z^{2/3}}{T_*^2} = \begin{cases} 5\left(1+6.4\dfrac{-z}{L}\right)^{-2/3} & for \quad z/L \le 0 \\ 5\left(1+3\dfrac{z}{L}\right) & for \quad z/L > 0 \end{cases} \tag{2.139}$$

다른 보편함수들은 부록 A4에 열거하였다. 이들은 이후 섬광계측기로 현열플럭스의 결정에 사용될 것이다(6.2.5 참조). 온도구조함수매개변수 C_T^2는 연직온도프로파일을 가지고 Wyngaard et al. (1971b)에 따라서 다음과 같이 결정될 수 있다.

$$C_T^2 \ = z^{-4/3}(\partial\theta/\partial z)^2 f_T(Ri) \tag{2.140}$$

여기서 $f_T(Ri)$는 경험 안정도함수이다.

제3장 | 지표 근처의 난류 특성

2장에서 제시된 방정식들은 장애물이 없는 수평적으로 균일한 표면과 정상상태와 같은 이상적인 조건에서의 지표면 근처의 대기 난류를 설명한다. 이러한 조건은 자연에서 드물게 나타나며, 일반적으로 지구 표면은 평탄하고 균일한 특성을 가지지 않는다. 또한 모든 과정은 구름양의 변화와 복사량의 일주기로 인해 정상상태가 유지되지 않는다. 이 장에서는 식물이 덮인 비균질면의 특성이 교환 과정에 미치는 영향을 설명한다. 이러한 상호작용은 대기 난류 생성에서 중요하기 때문에, 관측과 모델링 연구에 반드시 고려되어야 한다.

3.1 기저표면의 성질

기저표면(underlying surface)은 열적 특성, 거칠기, 캐노피 높이와 기타 장애물, 그리고 불규칙성에 따라 구분된다. 식물의 키가 낮은 지표면의 경우, 흡수성 스펀지와 같은 층으로 근사화하여 간단한 수학적 방정식으로 설명할 수 있어서 특별한 현상은 고려하지 않아도 된다. 그러나 큰 식물과 같은 장애물은 처리하기가 훨씬 더 복잡하다. 이 절에서는 이에 대한 특별한 설명이 포함되어 있다.

3.1.1 거칠기(Roughness)

그림 3.1과 같인, 거칠기는 두 가지 방법으로 결정된다. 하나는 기하학적 표면 구조의 결정이고, 다른 하나는 표면 근처의 난류로부터 거칠기를 계산하는 것이다. 두 가지 방법 모두 여러 연구가 있었지만, 두 번째 방법이 더 높은 실용성을 가진다. 2.3.1장에서 살펴보았듯이 연직 프로파일 방정식인 식 (2.6.1)은 중립 조건에 대하여 방정식 식 (2.46)로 표현되며, 이 때 적분 상수로서의 지표면 거칠기 길이(높이) z_0은 다음과 같이 정의된다.

$$u(z) = \frac{u_*}{k} \ln \frac{z}{z_0} \tag{3.1}$$

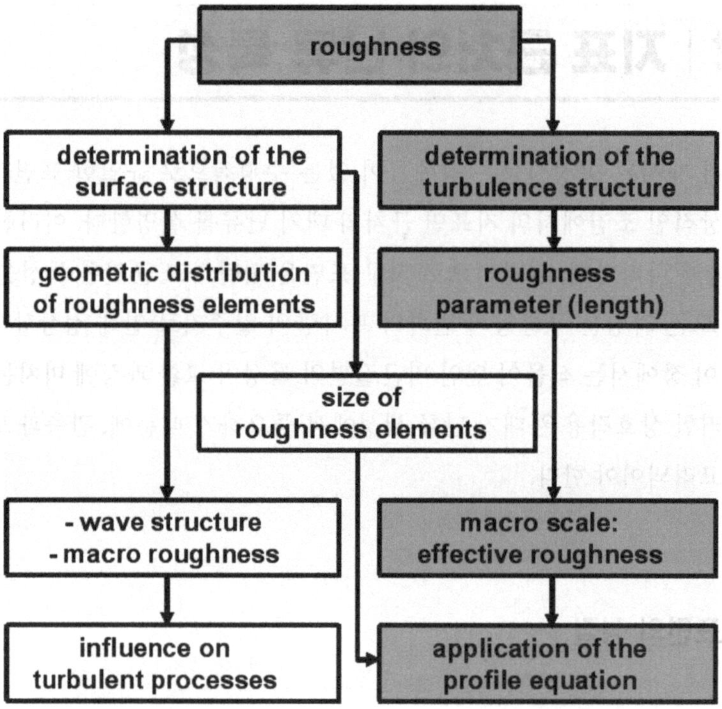

그림 3.1. 지표면의 거칠기를 결정하기 위한 방법에 관한 개략도

여러 연구자들이 제시한 거칠기 길이(높이) (표 3.1)는 약간의 차이가 있으나, 그 차이는 크지 않다(Davenport et al. 2000; ESDU 1972; Wieringa 1992). 중립 조건에서 프로파일 방정식을 사용하여 거칠기 길이를 직접 결정하는 방법은 가장 일반적이다. 그러나 이 방법은 연직으로 작은 거칠기 요소(최대 숲과 낮은 주택이 있는 도시 지역)로 제한된다. 원칙적으로는 더 복잡한 지형, 도시, 기타 지면보다 높은 곳에 있는 지형에 대해서도 프로파일 방정식을 사용하여 거칠기를 결정할 수 있다. 이 경우 이러한 높이를 유효 거칠기(effective roughness)라고 한다(Fiedler and Panofsky 1972). 유효 거칠기 길이는 혼합 높이 개념(3.2.4 참조)과 공간 평균(5.7 참조)과 관련하여 사용된다.

만약 표 3.1의 거칠기 값이 충분히 정확하지 않다면, 서로 다른 높이에서 풍속 관측을 사용하여 거칠기 길이를 추정할 수 있다(4.2.5 참조). 그림 2.6과 유사한 로그-선형 그림에서 중립성층에서의 거칠기 길이를 결정할 수 있다. 이 때 거칠기가 낮은 경우(얼음 또는 물) 이 방법은 매우 부정확할 수 있다. 왜냐하면 바람 속도 관측에서의 작은 오차가 물 위의 거칠기 길이 관측값에서 큰 산포를 발생시킬 수 있기 때문이다.

표 3.1. 다양한 표면의 거칠기 길이(높이)와 유효 거칠기 길이(Foken 1990)

surface	roughness height in m
ice	0.00001
water	0.0001~0.001
wavy snow	0.002
short grass	0.005
long grass	0.02
grain	0.05
bushes	0.2
forest	1~2
suburban	0.5~2
	effective roughness height in m
flat lands	0.42
low hills	0.99
high mountains	1.42

Panofsky (1984)는 적분난류특성 또는 난류 강도를 사용하여 거칠기 길이를 결정하는 흥미로운 방법을 제안하였다. 중립성층에서 식 (2.61)과 식 (2.97)을 결합하면 다음의 식이 유도된다:

$$\frac{\sigma_w}{\bar{u}} = \frac{1.25\,k}{\ln(z/z_0)} \tag{3.2}$$

더 정확한 방법은 표면 구조에서 거칠기를 형태학적으로 결정하는 것이다. 고체 표면의 경우, 이 방법은 정밀한 관측을 통해 고정밀도의 거칠기 요소를 관측하는 방법으로서 유체역학에서 오랫동안 사용되었다. 유체역학적 연구에서는 Nikuradse (1933)의 소위 상당 모래 거칠기(equivalent sand roughness) k_s를 적용하며, 이는 프로파일 방법 식 (3.1)과 유사한 방식으로 결정될 수 있으며, 이 때의 적분 상수 B는 약 2.5이다:

$$u(z) = \frac{u_*}{k}\ln\frac{z}{k_s} + B \tag{3.3}$$

이 방법은 표면 구조의 정확한 결정 방법과 프로파일 방정식 적용 방법을 연결하는 방식이다. 이 때 지표 구조와 성층의 영향을 결정하는 과정에서 발생하는 오류는 적분 상수 B로 전달된다. 이 방법은 대부분 풍동 실험에서 사용되었으나, 도시 기상학에서도 거칠기를 추정하고 분류할 수 있는 좋은 방법이다(Grimmond and Oke 1999, 2000; Lettau 1969).

이러한 방법을 적용할 경우 일부 통계 분포에 기초한 거칠기 매개변수를 사용하기도 하였다. 하나의 예시로 러시아 과학자들이 성공적으로 사용했던, 거칠기-레이놀즈 수(roughness-Reynolds-number; Re_s)는 다음과 같다.

$$Re_s = \frac{z_0 \cdot u_*}{v} \tag{3.4}$$

여기사 거칠기 길이(z_0)를 수면파고 높이의 표준 편차로 대체하는 방법(Kitajgorodskij and Volkov 1965)을 생각할 수 있다. 또 다른 예는 일정 수평규모에서의 지형 혹은 기하학적 구조의 표준 편차에 기초하여 추정하는 대규모(macro-) 거칠기이다(Zelený and Pretel 1986). 두 가지 경우 모두 프로파일 방정식과 직접적인 연결은 불가능하지만, 적분 난류 특성과 이러한 매개 변수 간에는 유의미한 상관관계가 음을 알 수 있다.

실제 육지에서의 거칠기 매개변수를 추정하는 것은 쉽지않다. 지형이 매우 복잡한 경우 표 3.1에서 제시된 데이터와 비교할 수 있는 균일한 거칠기를 갖지 않는다. 또 다른 복잡성은 나무와 같은 개별적인 거칠기 요소가 해당 지역의 거칠기에 상당한 영향을 미칠 수 있다는 것이다. 또한, 식 (3.1)이 비선형이기 때문에 개별 지역의 거칠기에서 간단한 공간평균 거칠기를 계산하는 것은 거의 불가능하다. 예를 들어, 50%는 숲 지대이고 50%는 개방된 물이 있는 지역은 평균적으로 표면 거칠기가 낮은 숲 지대이다. 이 새로운 거칠기 길이로 계산된 바람장은 매끄러운 물 표면을 대표하지 못한다. 이러한 연구 결과에도 불구하고, 산술 평균은 여전히 모델링에서 널리 사용되고 있다. 이는 대부분의 모델의 격자 크기보다 작은 공간 규모에서 땅 표면의 비균질성이 존재하기 때문이다(5.7 참조).

풍력 발전 연구에 있어서 표면 거칠기의 결정은 매우 중요한 실용적 의미를 갖는다. 따라서 유럽 풍력 발전지도(European Wind Atlas)에서는 산술 평균의 비선형적인 특성과 낮은 거칠기를 갖는 지역이 전체 거칠기에 포함되는 것을 고려하는 평균화 방법이 개발되었다(Petersen and Troen 1990). 그 예로 우리는 표면 거칠기를 단순화를 위해 네 가지 유형(0~3)만을 고려한다고 해 보자(Class 0: 물; Class 1: 평지의 개방적인 지형; Class 2: 관목이 있는 농지; Class 3: 숲과 도시 군데). 전체 지역은 사분면으로 나누어 각각의 사분면의 표면 조합에 따라 표 3.2와 같이 평균 표면 거칠기 z_0^R 이 결정된다. 이것은 5.7.1장에서 자세히 설명되는 매개변수 평균화의 한 형태이다. 그러나 이보다 더 정교한 방법으로는 플럭스 평균화 방법을 사용하여 원격탐사 등을 통해 거칠기 분포를 결정할 수 있다(Hasager and Jensen 1999).

식물로 덮인 땅에서 거칠기를 계산하는 경우, 연간 수목의 변화와 식물의 성장도 고려해야 한다. 이러한 변화의 예는 그림 3.2에 제시되어 있다.

물 표면의 경우, 거칠기 길이 z_0는 일반적으로 풍속의 함수로 매개변수화된다. 이러한 방법은 Charnock(1955)에 의해 다음과 같이 제시되었다.

$$z_0 = \frac{u_*^2}{81.1\,g} \tag{3.5}$$

이 식은 여러 모델에서 자주 사용된다. 그러나 식 (3.5)는 낮은 풍속에서 z_0를 과소모의하는데 그 이유는 이러한 상황에서의 매질파(capillary wave)가 매우 거칠기 때문이다. 따라서 Zilitinkevich (1969)의 관계식, 즉 식 (3.5)와 Roll (1948)의 관계식을 결합한 다음의 식을 사용하는 것을 권장한다.

$$z_0 = c_1 \frac{v}{u_*} + \frac{u_*^2}{c_2 g} \tag{3.6}$$

여기서 계수 c_1 및 c_2는 표 3.3에 주어져 있고 그림 3.3에 도시되어 있다. 거칠기 길이 결정에 대한 실험 데이터는 상당한 분산을 보여 주므로(Kitajgorodskij and Volkov 1965), 두 방법, 즉 $u_* < 0.1\,ms^{-1}$ 에서는 Roll-type의 매개변수화를, $u_* > 0.1\,ms^{-1}$에서는 Charnock-type의 매개변수화를 적용하는 통합적 방법이 적용가능하다.

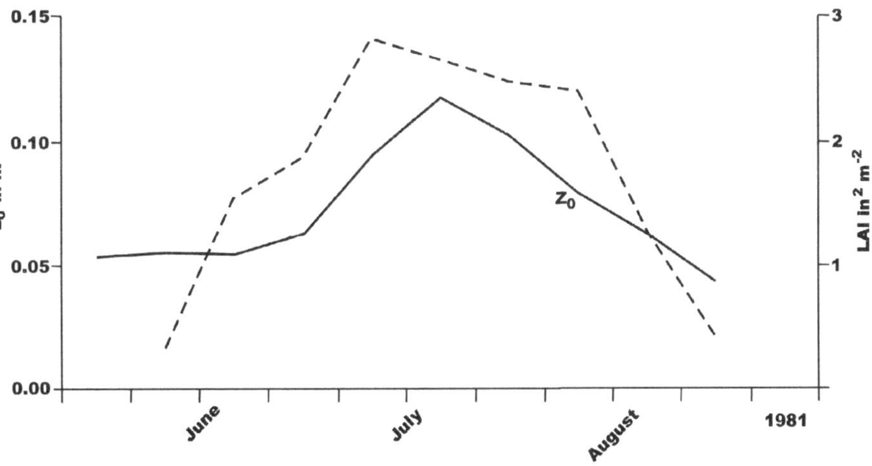

그림 3.2. Gurtalova et al. (1988)의 데이터를 추가하여 결정한 옥수수 밭의 거칠기 길이와 잎 면적 지수(LAI)의 변화에 대한 정보(Hurtalová et al. 1983)

표 3.2. 유럽 풍력 자원지도에서 사용하는 평균 거칠기 길이 z_0^R의 평균화 방법(Petersen and Troen 1990). 표에서는 거칠기 0~3 각 등급이 전체 지역에 대해 제시되었음.

type	0	1	2	3	z_0^R
z_0 in m	0.0002	0.03	0.1	0.4	in m
	3	1			0.001
	3		1		0.002
	3			1	0.003
	2	2			0.004
	2	1	1		0.006
	2	1		1	0.010
	2		2		0.009
	2		1	1	0.015
	2				0.025
	1	3		1	0.011
	1	2	1	2	0.017
	1	2			0.027
	1	1	2		0.024
	1	1	1	1	0.038
	1	1		2	0.059
	1		3		0.033
	1		2	1	0.052
	1		1	2	0.079
	1			3	0.117
		3	1		0.042
		3		1	0.064
		2	2		0.056
		2	1	1	0.086
		2		2	0.127
		1	3		0.077
		1	2	1	0.113
		1	1	2	0.163
		1		3	0.232
			3	1	0.146
			2	2	0.209
			1	3	0.292

표 3.3. 식 (3.6)의 계수 요약

author	c_1	c_2
Roll (1948)	0.48	∞
Charnock (1955)	0.0	81.1
Zilitinkevich (1969)	0.1	20.8
Brocks and Krügermeier (1970)	0.0	28.5
Foken (1990)	0.48	81.1
Beljaars (1995)	0.11	55.6
Zilitinkevich et al. (2002)	0.1 56	open ocean 32 costal zone

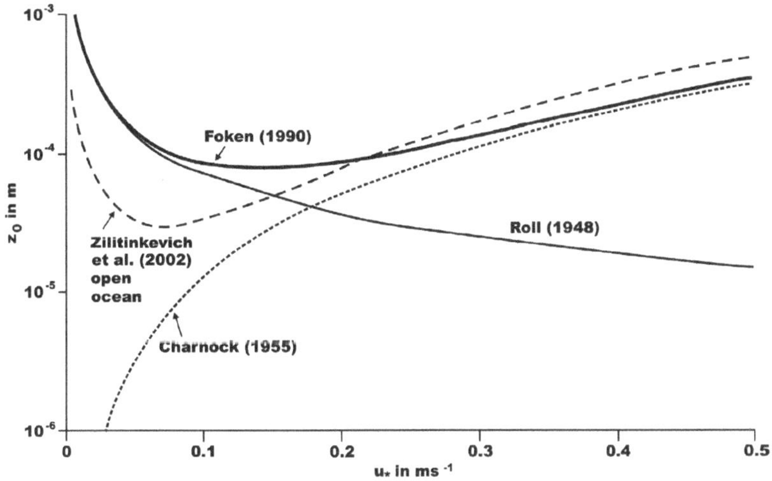

그림 3.3. 여러 연구자들이 제시한 마찰 속도와 수면 위 거칠기 길이의 상관성

3.1.2 영면 변위(Zero-Plane Displacement)

밀집 식생(잔디, 곡류)의 경우, 식 (3.1)에서 바람장의 영면(zero-level)은 지표면이 아닌 식물 캐노피 내부로 이동하게 되며, 이 식물 캐노피 내부는 통기성 매질로 간주될 수 있다. 이 높이 d(변위 높이, 영면변위)를 가지는 고도에서는 모든 방정식이 맨땅에 대한 방정식과 유사하게 적용될 수 있다(Paeschke 1937). 이 지역의 고도에서는 영면변위가 $z'(d) = 0$인 공기역학규모(aerodynamic scale)로 불린다. 반면, 지표면으로부터 관측된 기하규모는 $z = z' + d$ 로 표시된다 (그림 3.4). 식 (3.1)은 공기역학규모에 대해서만 적용되므로, 기하규모에서의 낮은 식생에 대해서는 다음과 같이 주어진다:

$$u(z) = \frac{u_*}{k} \ln \frac{z-d}{z_0-d} \tag{3.7}$$

따라서, 2장에서 소개된 적분 난류특성에 대한 프로파일 방정식을 포함한 모든 방정식에서는 낮은 식생에 대해 "z"를 "$z+d$"로 대체하여 적용하도록 수정되어야 한다.

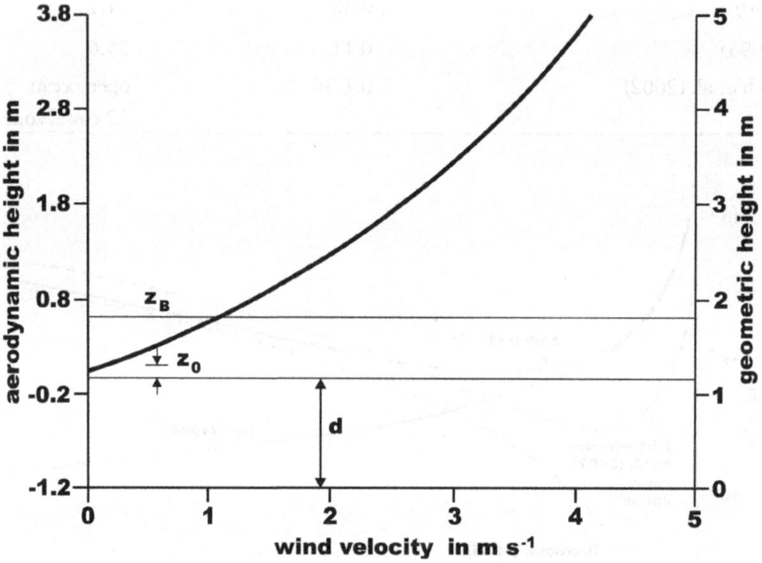

그림 3.4. 밀집된 식생에서의 공기역학 및 기하학적 규모 (d=1.2m)

밀집된 식물 캐노피 위에서 기하높이를 세로좌표로 하여 바람 프로파일에 대한 로그-선형 외삽 그래프를 도해하였을 경우, 세로좌표와의 교차점은 $u(z_0+d)=0$이 된다. 따라서, 거칠기 길이와 변위 높이를 간단한 방법으로 결정하는 것은 불가능하다. 대신, 여러 방정식으로 이루어진 계(system)가 필요하다. 그러나 표 3.1에서 z_0 값을 사용하고 이를 기반으로 d 값을 계산하는 것은 가능해진다. 간단한 근사값으로 다음의 수식을 사용할 수 있다.

$$z_0 = 0.1 z_B, \tag{3.8}$$

여기서 z_B는 캐노피 높이를 의미한다. 다른 방법으로는 변위높이가 캐노피 높이의 약 2/3 정도라고 가정하는 것이다. 따라서 z_0+d 값이 알려져 있다면 거칠기 길이는 다음과 같이 결정할 수 있다:

$$z_0 = [z_0 + d] - \frac{2}{3} z_B \tag{3.9}$$

영면변위와 캐노피 높이 사이의 관계는 식물의 종류와는 독립적이지만, 식물의 성장에 따라 변한다(표 3.4). 따라서 식생의 분포를 고려한 접근 방법에 대한 연구도 존재한다(Raupach 1994). 풍속의 변화에 따라 캐노피 구조가 변화하므로 풍속에 따른 바람-속도 의존성이 생긴다(Marunitsch 1971). 숲 위에 낮은 풍속에서는 d/z_B 비율이 약 0.8 정도까지 증가하지만 풍속이 높아질수록 약 0.5 정도의 값이 나타나는 반면, z_0/z_B 비율은 대략 0.01에서 0.2로 변한다.

캐노피 높이를 결정하는 것은 매우 어려운 문제이다. 이는 캐노피 윗부분이 종종 균일하지 않은 높이를 가지고 있고, 캐노피의 최상단의 이러한 불균일성이 거칠기에 큰 영향을 미치기 때문이다(Foken 1990). 따라서 캐노피의 높이를 면적의 10%를 차지하는 지역에서의 최고의 캐노피 높이로 사용하는 것을 권장한다.

영면변위의 보다 정확한 결정을 위해서는 에디-공분산 방법에 기반한 마찰 속도와 캐노피 상단에서의 풍속 프로파일을 관측하는 것이 필요하다(4.1 참조). 즉, 모델을 사용하여 에디-공분산 방법으로부터 구한 마찰속도와 프로파일 방법으로부터 구한 마찰속도가 같아질 때까지 반복적으로 변화시켜 영면변위를 결정할 수 있다.

표 3.4. 겨울철 밀밭에서 캐노피 밀도에 따른 캐노피 높이 및 영면변위-캐노피 높이 비율의 상관성

canopy density stems with ears m^{-2}	canopy height in m	ratio d/zB
390	0.80	0.60
660	0.97	0.73
570	0.40	0.76

3.1.3 식물 캐노피 내의 프로파일

낮은 식물 캐노피 내부의 기상 관측은 매우 어려운데, 이는 캐노피를 방해하지 않고는 일반적인 기술로는 관측이 힘들기 때문이다. 기온은 복사 오류 없이 관측하기는 어렵기 때문에 비용이 많이 든다(6.2.3 참조). 그림 3.5는 기온, 풍속, 상대 습도, 수증기압 및 포화수증기량의 주요 구조에 대한 개요이다.

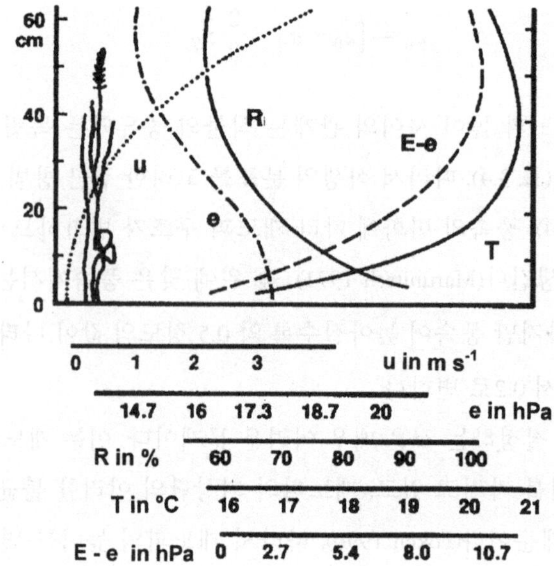

그림 3.5. 스코틀랜드의 6월 맑은 날, 오후 3~4시에 밀집한 잔디 캐노피에서의 여러 기상 요소들의 연직 프로파일

난류 매개변수의 프로파일을 캐노피 높이에서의 평균값으로 정규화하게 되면 이는 지표에서의 특성, 예를 들어 풍동에서의 장애물, 지표 식물, 또는 산림(그림 3.6) 등과 상관없이 그 연직 프로파일은 매우 유사해진다. 따라서 바람 프로파일을 결정하기 위해서는 식물의 종류와 잎 면적 지수(leaf area index)를 반영하는 계수를 포함하는 다음의 지수함수 식이 사용된다:

$$\overline{u(z)} = \overline{u(z_B)}\, e^{\alpha(z/z_B - 1)} \tag{3.10}$$

표 3.5는 서로 다른 식물 캐노피에 대한 프로파일 계수 α의 값들을 요약하여 보여준다(Cionco 1978). 아래의 α값은 Goudriaan이 제시하였고 Campbell and Norman (1998)이 인용하였다.

$$\alpha \cong \left(\frac{0.2\, LAI\, z_B}{l_m} \right) \tag{3.11}$$

여기서 LAI는 잎 면적 지수, l_m은 잎의 평균 간격이다. 식물 생리학 연구에서는 빛의 분포가 광합성 계산에서 중요하다. 이와 연관된 연구는 Ross (1981) and Jones (1992)에 의해서도 수행되었다.

표 3.5. Cionco (1978)에 따른 식물 캐노피 내 풍속 프로파일의 프로파일 매개변수(α) 값

plant canopy	profile parameter α
wheat	2.45
rye	1.97
rice	1.62
sun flowers	1.32
larch tree plantation	1.00
fruit plantation	0.44

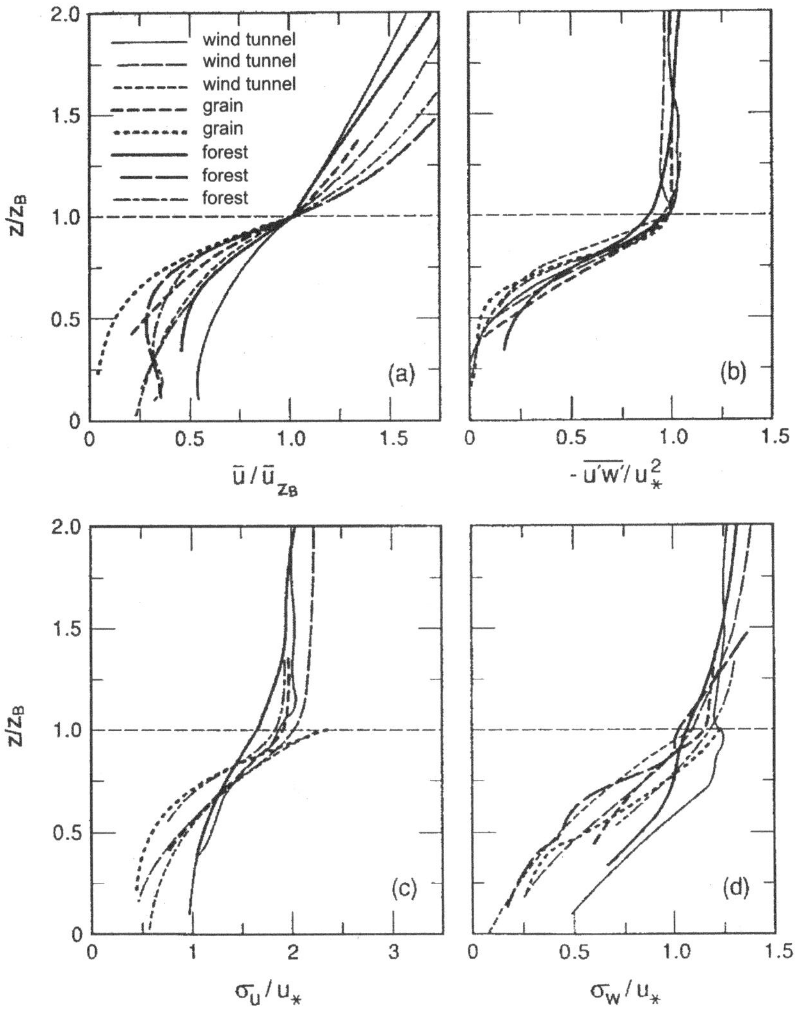

그림 3.6. 캐노피 높이에서의 값을 기준으로 정규화된 평균 풍속, 마찰 속도 및 수평, 연직 풍속의 표준 편차 프로파일(Kaimal and Finnigan 1994)

3.2 내부경계층(Internal Boundary Layer)

3.2.1 정의

지금까지는 모두 표면을 균질하다고 가정하였다. 그러나 일반적으로 지표의 특성은 약 100m 이내에서도 변하는 비균질면으로 구성된다. 그림 3.7에서는 이러한 비균질면 위에서 복잡한 유체의 흐름이 존재하고 있음을 보여준다. 각 지표면 위의 이러한 복잡한 특성이 나타나는 원인은 바람 프로파일은 지표면 거칠기에 의존하며, 기온 프로파일은 지표 기온에 의존하기 때문이다. 이 때 수평 바람에 의해 서로 다른 프로파일이 주풍 방향으로 이동하면서 불연속 층을 형성하게 되는데, 이를 내부경계층(Internal boundary layer)이라고 한다. 그러므로 인접한 풍하 지역에서 서로 다른 에너지 및 물질 교환이 일어 날 수 있다. 내부경계층은 발생원이 서로 다른 지표면 거칠기, 지표면 온도, 습도 등의 차이에 의해 발생하게 되므로, 내부경계층은 중립적, 안정적, 불안정한 성층 조건에서 모두 발견될 수 있다. 자유 대류(free convection)의 경우, 연직 교환 과정은 더욱 활발해진다.

> 내부경계층은 지표면 특성(거칠기, 열 특성 등)이 불연속적인 지표 위에서 수평 이류에 의해 생성되며 근지표층에서 형성된 큰 요란층이다.

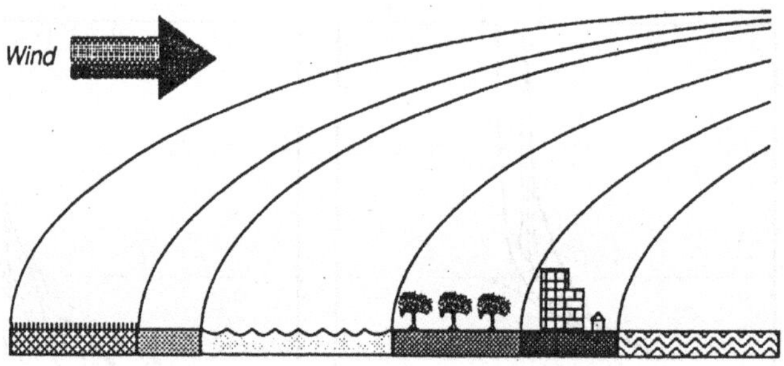

그림 3.7. 비균질면에서의 내부경계층 형성(Stull 1988)

내부경계층은 때로는 서로 다른 두께를 가진 여러 층으로 구성될 수 있다. 불연속층 아래의 층은 신평형층(New Equilibrium layer, NEL)이라고 하며, 신평형층의 특성은 새로운 지표면에서 유래한다. 불연속층인 내부경계층에서는 풍하측 지표특성의 영향을 받게 된다(그림 3.8). 역학적 내부경계층의 발달 과정은 지표면 거칠기의 갑작스러운 변화 지점에서 풍상 및 풍하지역 거칠기 길이와 양 지점의 바람장과 관련된 마찰속도와 연관된다. 내부경계층의 높이는 취주거리(fetch distance: 거칠기 변화까지의 거리)에 따라 달라진다. 취주거리가 큰 경우 내부경계층 양쪽 간의 차이는 감소한다. 이와 연관된 설명은 Stull (1988), Garratt (1990, 1992), Savelyev and Taylor (2001, 2005)를 참고하면 된다.

그림 3.8은 신평형층 위에서의 내부경계층의 전환 범위가 상당함을 보여준다. 내부경계층의 높이를 결정하기 위해서는 몇 가지 방법이 사용되는데, 가장 간단한 경우 내부경계층의 높이를 내부경계층 양 지점에서의 풍속 프로파일을 외삽하여 결정할 수 있다(Elliott 1958; Raabe 1983):

$$u_1(\delta) = u_2(\delta) \tag{3.12}$$

이 방법은 교차점이 내부경계층의 외부에 있을 수 있다는 단점이 있다. 보다 유용한 방법은 내부경계층 아래와 위에서 희석되지 않은 관측된 바람 프로파일이 있다는 가정 하에, 그 교차점을 내부경계층의 높이로 간주하는 것이다:

$$\delta = \frac{\delta_1 + \delta_2}{2} \tag{3.13}$$

내부경계층의 높이는 마찰속도의 변화로도 결정될 수 있다(Peterson 1969; Shir 1972; Taylor 1969):

$$z = \delta \text{ for } \frac{u_*(x,z) - u_{*1}}{u_{*2} - u_{*1}} < c \sim 0.1 \tag{3.14}$$

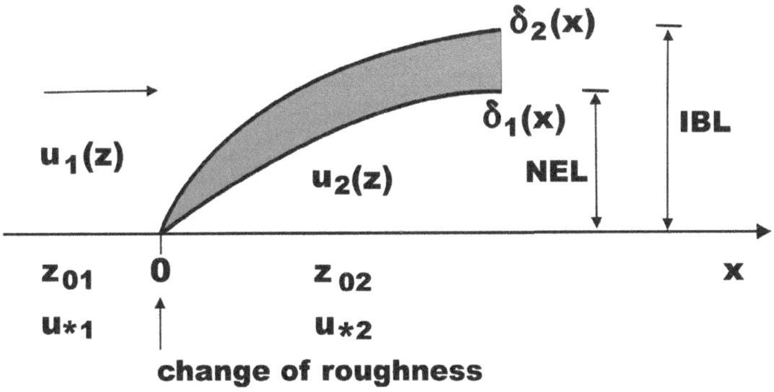

그림 3.8. 지표면 거칠기의 급격한 변화에 따른 내부경계층 변화 구조 (Rao et al. 1974)

식 (3.14)는 모델 연구자들이 자주 사용한다. 이렇게 결정된 내부경계층의 높이는 풍향 프로파일러로부터 결정된 내부경계층의 높이보다 높은 경우가 있다(Shir 1972).

실용적인 이유로, 요란층의 하부 면인 $\delta = \delta_1$을 내부경계층의 높이로 간주하는 것은 매우 유용한데, 그 이유는 신평형층을 새로운 지표면 위에서 교란되지 않은 층으로 가정할 수 있기 때문이며(Rao et al. 1974), 이는 관측적 측면과도 연관된다.

역학적 내부경계층(mechanical internal boundary layer)은 거친 면에서 매끄러운 면으로, 혹은 매끄러운 면에서 거친 면으로 전환되는 흐름에서 발생한다. 거친 면과 매끄러운 면 위의 풍속의 기울기가 서로 다르기 때문에 특징적인 내부경계층은 그림 3.9에 제시한 형태가 된다.

식 (3.1)을 기반으로 하는 내부경계층의 높이에 대한 고전적인 모델은 Elliott (1958)에 의해 다음과 같이 제시되었다:

$$\delta_{Elliott} = z_{02}\left(\frac{z_{01}}{z_{02}}\right)^{1/(1-R)} \quad with \quad R = \frac{u_{*2}}{u_{*1}} \tag{3.15}$$

매개변수화는 현재 자연로그의 밑(base)을 곱하는 형태로, 예를 들어 다음과 같이 표현된다.

$$\delta \approx e\,\delta_{Elliott} \tag{3.16}$$

이 매개변수화는 Radikevitsch (1971)와 Logan and Fichtl (1975)에 의해 개발된 식 (3.1)에 기반을 두고 있다:

$$\frac{u_{*2}}{u_{*1}} = 1 - \frac{\ln\dfrac{z_{01}}{z_{02}}}{\ln\dfrac{\delta}{z_{01}}} \tag{3.17}$$

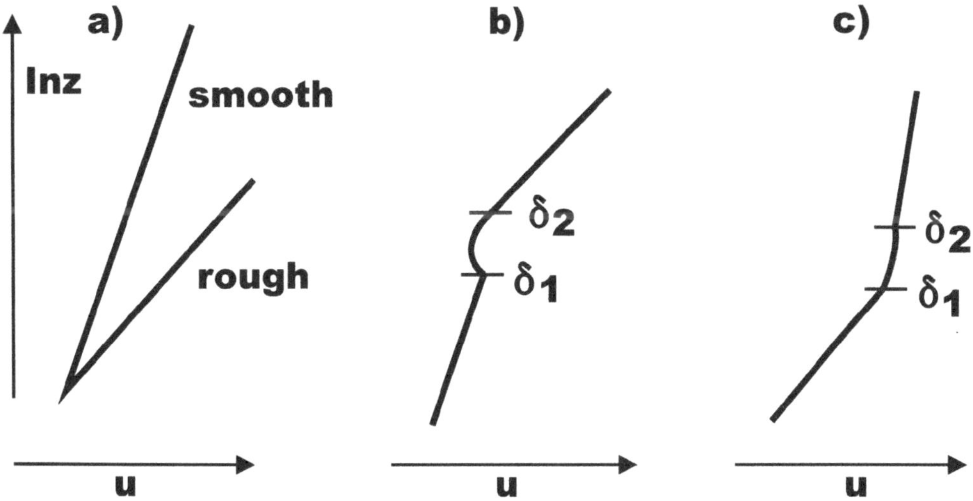

그림 3.9. 내부경계층에서의 중립성층 풍속 프로파일: (a) 거칠고 매끄러운 면에 대한 전형적인 프로파일, (b) 거친면에서 매끄러운 면으로의 지표면 거칠기의 변화, (c) 매끄러운 면에서 거친면으로의 지표면 거칠기 변화

유체역학적 연구에서 취주거리 함수로 표현되는 내부경계층의 높이는 4/5-지수 법칙에 따라 다음과 같이 결정된다(Garratt 1990; Savelyev and Taylor 2001; Shir 1972):

$$\delta = f_1\left(\frac{z_{01}}{z_{02}}\right)x^{4/5 + f_2(z_{01}/z_{02})} \tag{3.18}$$

3.2.2 실험에 의한 결과

내부경계층에 대한 실험 결과는 다수 존재하지만, 현재의 모델과 매개변수화를 보다 물리적으로 갱신할 수 있는 더 근본적인 실험은 부족하였다(Garratt 1990; Raabe 1991). 그 결과, Bradley (1968a)와 같은 고전적인 실험이 여전히 모델 비교에 사용되고 있다 (그림 3.10). 야외에서의 첫 번째 실험적 조사는 Taylor (1969)와 Peterson (1969)에 의해 해안 지역에서 이루어졌다. 실험 데이터 평가의 어려움에 대한 예는 Hupfer et al. (1976)이 상승 및 하강 탐침기(probe)로 수행한 관측에서 볼 수 있으며, 실험 자료 평가의 어려움을 보여주는 좋은 예이며 이는 그림 3.11에 나타나 있다. 여기서 고해상도 온도와 풍속 프로파일 관측은 지금까지의 평균 풍속 프로파일에서는 찾아볼 수 없는 좁은 내부 경계층을 잘 보여주고 있다.

내부경계층 혹은 신평형층의 높이를 결정하기 위해 식 (3.18)과 유사한 방정식을 사용하여 수행된 실험들이 다수 있다. Rao et al. (1974)에 의해 식 (3.18)의 지수를 0.8에서 1.4로 증가시키기도 하였으나, 성층의 내부경계층 높이의 영향과 매끄러운 면에서 거친 면으로, 그리고 거친 면에서 매끄러운 면으로 전환하는 경우의 차이점이 아직도 확인되지 못한 상황이다. 모든 실험 결과들이 크게 분산되어 있어서 대부분의 연구자들은 식 (3.18) 대신 단순화된 관계

$$\delta = a\,x^{b} \tag{3.19}$$

를 가정하였다. 표 3.6에는 이 식에 대한 실험 데이터를 제시하였다. 이러한 데이터는 신평형층과 관련이 있다 (Rao et al. 1974).

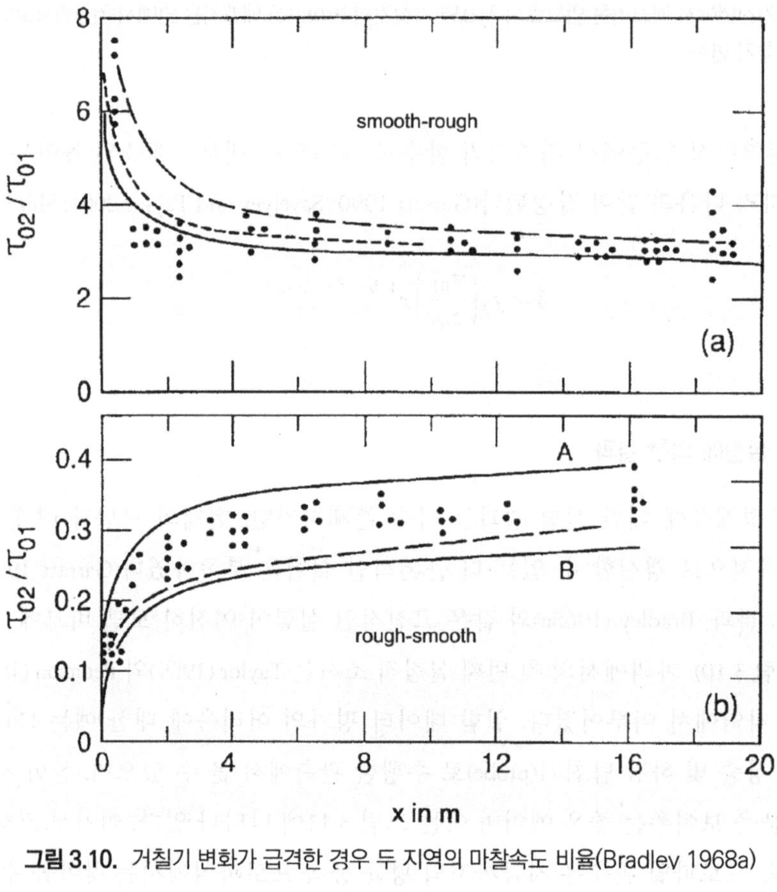

그림 3.10. 거칠기 변화가 급격한 경우 두 지역의 마찰속도 비율(Bradley 1968a)

표 3.6. 내부 경계층 높이(Rao et al. 1974에 따르면 새로운 평형층을 의미)를 추정하기 위한 식 (3.19)의 계수에 대한 실험 결과. 추가 데이터는 Savelyev and Taylor (2005)를 참조.

author	a	b	conditions
Bradley (1968a), Shir (1972)	0.11	0.8	$z_{01}/z_{02} = 125$ and 0.08 artificial roughness
Antonia and Luxton (1971; 1972)	0.28	0.79	$x \leq 10$ m, rough–smooth
	0.04	0.43	$x \leq 10$ m, smooth–rough wind tunnel
Raabe (1983)	0.30±0.05	0.50±0.05	beach, on- and off-shore winds, 5 m $< x <$ 1000 m

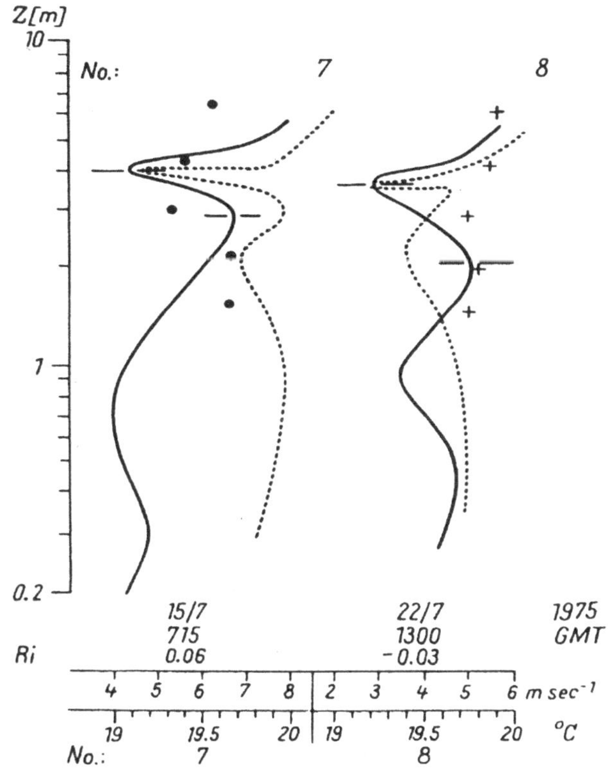

그림 3.11. Hupfer et al.(1976)에 의해 수행된 연안 지역 해안선에서 시작하여 75m 거리에 대한 풍속 및 온도 프로파일 관측 결과. 굵은 선: 1~2분 내에 상승 및 하강 탐사기로 관측된 풍속 프로파일, 점선: 상승 및 하강 탐사기로 관측된 온도 프로파일, 수평 이중선: 내부경계층의 위치, 점: 프로파일 관측에서의 평균 풍속을 나타냄

또한, Raabe (1983)가 제안한 관계식

$$\delta = 0.3\sqrt{x} \tag{3.20}$$

은 신평형층 결정을 위한 매우 견고한(robust) 관계식으로 분류된다. 식 (3.20)은 Jegede and Foken(1999)이 실험적으로 결정한 수식으로서 매끄러운 면에서 거친 면으로, 거친 면에서 매끄러운 면으로의 거칠기가 변하는 경우의 다양한 풍향 데이터별, 취주거리별 내부경계층을 결정하였다(그림 3.12). 이를 통해 내부경계층 위와 아래의 두 풍속 프로파일들의 교차점을 평가할 수 있다. 즉, 식 (3.19)에서 $a = 0.43$, $b = 0.5$를 대입하면 내부경계층의 중간 높이가 잘 결정된다. 여기서 풍향에 따른 불일치가 두드러지게 나타났는데, 이는 약 500m 떨어진 덤불군에 의해 약 270°의 풍향이 야기되어 추가적인 내부경계층이 생겨났으며 이로 인해 원래의 실제적인 내부경계층 특성을 확인하기가 쉽지 않았기 때문으로 추정된다. 또한 풍향 변화, 특히 풍향 230° 이하의 풍향 변화가 심하게 나타났는데 이는 짧은 취주거리와 일부 연관되어 나타났기 때문이다.

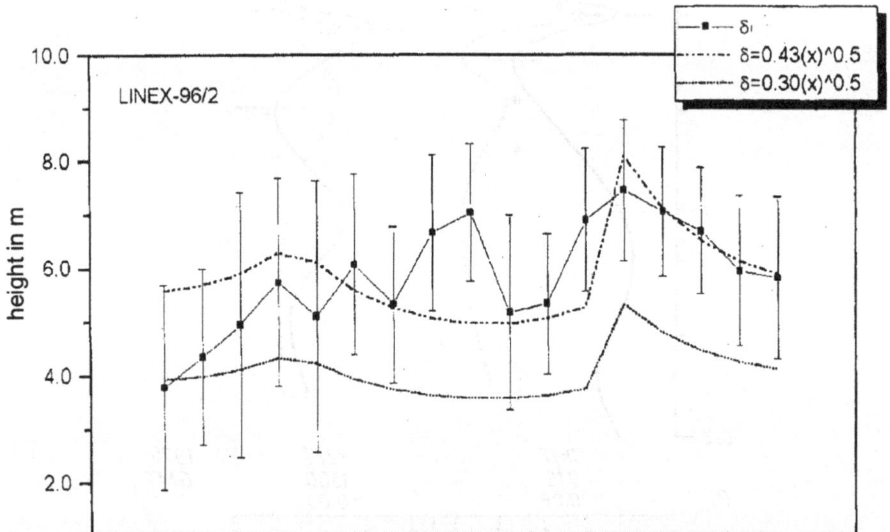

그림 3.12. 경계층 관측소 *Falkenberg*(독일 기상청)에서 관측된 내부경계층의 높이(Jegede and Foken 1999). 매끄러운 면(z_0=0.008m)에서 거친 면(z_0=0.032m)으로 변하는 경우의 거칠기 변화

3.2.3 열적 내부경계층(Thermal internal boundary layer)

지표면 거칠기의 급격한 변화로 인해 생기는 역학적 내부경계층과 유사하게 지표면 온도의 갑작스러운 변화로 인한 열적 내부경계층(Thermal internal boundary layer)도 존재한다. 온도의 변화는 서로 다른 지표 특성, 습도, 기체 교환 조건 등 여러 요인이 있을 수 있다. 열적 내부경계층에 대한 실험 결과는 많지 않은데, 이는 열적 내부경계층과 역학적 내부경계층이 결합된 해안 지역에서 조사가 이루어지는 경우가 많았기 때문이다.

열적 내부경계층의 높이는 Raynor et al. (1975) 에 의해 아래와 같이 제안되었다:

$$\delta_T = c\left(\frac{u_*}{u}\right)\left[\frac{x(\theta_1 - \theta_2)}{|\partial T/\partial z|}\right]^{1/2} \tag{3.21}$$

여기서 온도 기울기는 지표면 온도 변화 지점의 풍상측이나 내부경계층 상부에서 관측되며, 기타 모든 매개변수는 기준 높이에서 관측된다. 계수 c는 기준 고도에 따라 달라지며 일반적으로 차수는 1차이다(Arya 2001). 해당 매개변수화는 역학적 내부경계층에 대한 식 (3.20) 만큼 견고한 것으로 평가된다.

열적 내부경계층은 오후시간에 특수한 경우가 존재하는 데, 이는 오아시스 효과(Oasis effect)에 의해 나타난다(Stull 1988, 1장 참조). 정오가 지나면서 지표에 강한 증발이 일어나는 경우 지표 근처에서 기온이 감소하고 안정화되면서, 지표 근처의 안정성층과 상층의 불안정성층 사이의 변곡점의 높이는 시간이 지남에 따라 증가한다. 역전층 아래에서는 현열플럭스는 감소하며 역전층 위에서는 상승한다. 일몰 이후 지표면으로부터 높이가 50~100m 증가하고 이후 안정경계층과 거의 동일한 높이를 유지할 수 있다. 이른 아침에도 이러한 현상이 관측되나 매우 짧은 기간에 한해 관측된다.

열적 내부경계층의 또 다른 특수한 경우는 이미 논의된 현상들 중 어느 것으로도 설명되지 않는 지상부근역전층(높이 약 1m)이다. 이 층은 Andreev et al. (1969)이 흑해 상공에서 먼저 관측하였다. 이후 Foken and Kuznecov (1978)가 수행한 카스피 해 연구와 Sodemann and Foken (2005)의 남극에서의 FINTUREX 실험 결과로부터 많은 결과가 얻어졌다. 이 모든 경우에서, 지표면은 비교적 부드러웠고, 성층은 중립 혹은 안정층이었다. 이러한 층을 설명하기 위하여 화학반응에 의한 열 방출이나, 에디의 소산(Chundshua and Andreev 1980) 또는 응결 과정(Foken and Kuznecov 1978)을 포함하기도 하였다. 또한 지표면 근처에서의 큰 규모 바람 쉬어 혹은 플럭스의 반 경도(counter-gradient)에 의한 분리(decoupling) 효과(3.5.2 참조)로도 설명이 가능하다.

3.2.4 블렌딩 높이 개념

모델 연구자들의 중요한 질문 중 하나는 내부경계층이 가능한 높이다. 내부경계층의 구조는 층이 어느 특정 높이까지만 한정하여 분리되는 것으로 가정할 수 있다(그림 3.7). 그러나 지표면 거칠기 변화 지점으로부터 수평거리가 멀어질수록 내부경계층은 병합된다. 이렇게 병합되는 높이를 블렌딩 높이(blending height)라고 하며 지표면으로부터 약 30~100m 높이로 가정한다. 이 높이 이상에서는 영역평균 플럭스가 가정된다. 이러한 아이디어는 Mason (1988)에 의해 제안되었으며, 이후 몇몇 연구자들에 의해 의해서 보완되었다(Claussen 1991; Claussen and Walmsley 1994). 이 개념은 수평 특정 거리 $L_x > 1$km에서의 지표면 거칠기는 큰 규모의 변화를 고려해야 한다는 데 기반하고 있다. 블렌딩 높이는 $l_b = L_x/200$ (Mahrt 1996)로 추정되었다. 블렌딩 높이 개념은 수치 모델에서 영역평균을 계산하는 데 실용적 적용성을 가지는데(5.7 참조), 이는 블렌딩 높이의 모델 고도에서는 비균질 지표면 위의 플럭스가 영역(면적)평균된 것으로 가정할 수 있기 때문이다.

관측(실험)적인 측면에서는 이 개념이 크게 받아들여지지 않는다. 자유 대가 있는 대기경계층에서 대류가 그 위에 형성될 수 있을 만큼 충분히 큰 단일 지역인 경우, 항공기 관측을 통해 경계층 깊이에 걸쳐 여러 지표면을 감지할 수 있다. 이는 200m 이상의 수평 규모에 해당하는 경우이다(Shen and Leclerc 1994). 이러한 사실은 글라이더 조종사들에게는 기본적인 지식이며, 자유 대류가 지표면에서 시작하는 것이 아니라 $\delta/L < 1$일 때 성장하는 내부경계층 상부에서 시작한다는 것을 의미한다(Andreas and Cash 1999).

비균질 지표면 위의 대기경계층 구조는 매우 복잡하기 때문에, 블렌딩 높이는 2~10km 이상의 격자 크기를 가진 모델에서는 의미가 있다. 그러나 작은 규모 모델에서는 블렌딩 높이 개념을 도입하는 것은 적절하다고 볼 수 없다.

3.2.5 내부경계층의 실용적 타당성

내부경계층은 실험과 모델에서 처리할 수 없는 대기의 요란(disturbance) 현상이다. 따라서 미기상학에서는 균질층을 전제로 하는 실험인 *'Way back to Kansas experiment'*(2.3.2 참조)'는 주요 목표가 될 수 없다. 그러나 지상 부근의 층의 특성을 관측하고 모델링하기 위해서는 내부경계층 연구는 필수적이다.

실험적으로 풍속과 온도 프로파일, 혹은 난류 특성을 관측하였을 때, 관측 값들이 전형적인 값과 일치하지 않을 경우에는 내부경계층임을 확인할 필요가 있다. 이 때 필요한 관측 높이는 신평형층이거나 내부경계층 위쪽에서 이루어지는 것이 좋다. 문제는 관측 방법에서 야기되는데, 경도(기울기) 관측에 기반한 관측 방법은 문제가 될 수 있다. 특히 내부경계층이 프로파일 내부에 있을 경우 극단적인 오차가 발생할 수 있다. 관측은 내부경계층 위에 있는 신평형층에서 이루어져야 하는데, 로그 프로파일 함수로 인해 내부경계층 위쪽의 기울기는 보통 매우 작기 때문이다. 또한 열적 내부경계층이 일주기 동안 존재할 때는 관측된 기울기가 플럭스에 비례하지도 않는다.

내부경계층이 모델링에 반영되어야 하는 경우는 격자 크기가 1km보다 작을 때이다. 현재 이러한 해상도를 가지는 모델들은 매우 드문데 그 이유는 고해상도 모델들은 대부분 큰규모 저해상도 모델로부터 개발되어왔기 때문이다. 이러한 큰규모 모델의 물리 옵션을 적용하게 되면 내부경계층의 모델링은 불가능하다고 할 수 있다(Herzog et al. 2002).

풍력 발전을 위한 내부경계층의 조사는 매우 중요하다(WMO 1981). 최적의 풍력 에너지 출력을 얻기 위해서는 그림 3.13과 같이 풍력발전소를 세울 때는 주 풍향을 고려하였을 때 가장 매끄러운 지표면에서 거칠기 변화가 일어나는 곳에 설치해야 한다.

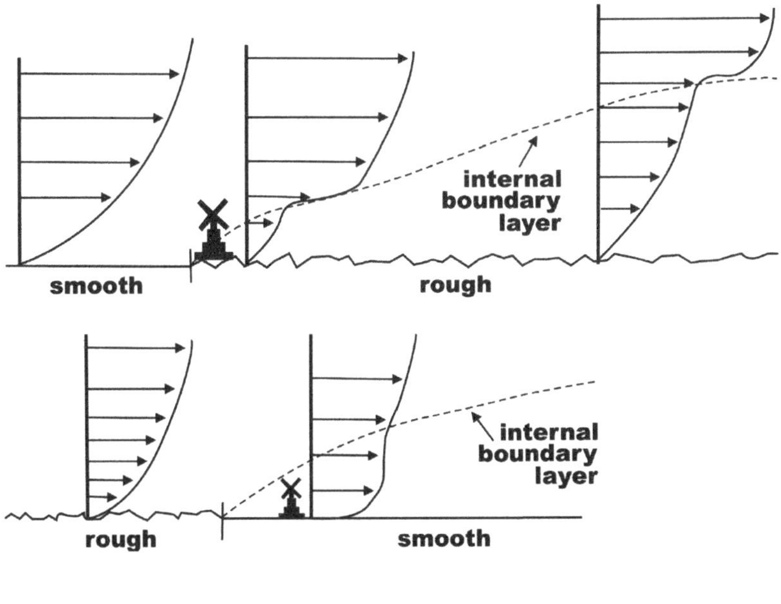

그림 3.13. 내부경계층에 따른 풍력 발전소의 위치(WMO 1981)

3.3 장애물(Obstacles)

장애물은 기상 관측에 큰 영향을 미치며, 이로 인한 교란은 풍하측뿐만 아니라 바람의 진행 방향의 반대편인 풍상측에서도 발생한다. 일반적으로 장애물 영향 범위 내에서는 관측을 잘 하지 않는다. 숲, 산악 지역 및 도시 환경 등에서는 관측이 불가능하기 때문이다. 따라서 장애물 영향은 보통 모델링 접근 방식으로 연구되며 이는 풍동 시뮬레이션과 비교된다(Schatzmann et al. 1986). 그러나 풍동 실험의 경우 중립성층에서만 가능하며 따라서 실제 대기의 난류 구조는 일시적으로만 재현할 수 있다.

고전적인 기상 관측, 특히 미기상학적 관측에서는 장애물의 영향을 최대한 배제한다. 따라서 이 절에서 제시된 대략적인 근사치는 평균적인 기상 매개변수에 대해서만 관련이 있다. 에너지 플럭스 관측을 위해서는 거리를 2~5배로 늘려야 하며 유효영향면적(발자국) 조건이 적용되어야 한다(3.4 참조).

풍속 관측 및 풍력 발전을 위한 공학 기술에서는 다음과 같은 근사치를 사용하며, 이 간단한 접근 방식(WMO 1981)은 그림 3.14에 설명되어 있다.

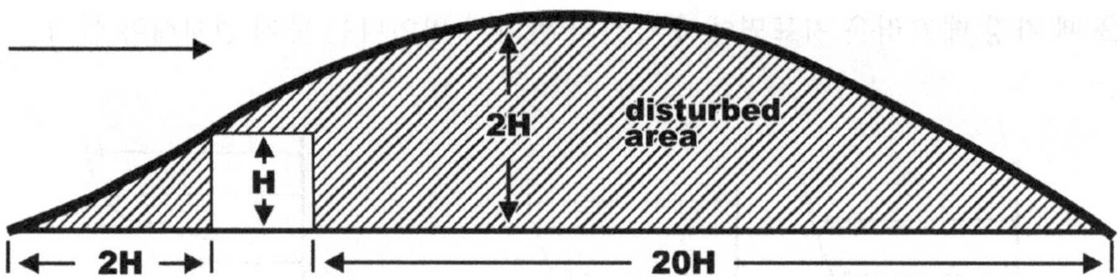

그림 3.14. 장애물에서의 요란 영역(WMO 1981)

독일에서는 10m 높이의 표준 기상 관측을 위해 장애물로부터의 필요한 거리 A는 장애물의 높이 H와 너비 B의 함수가 된다(VDI 2000). 장애물까지의 거리 D가 짧은 예외적인 경우, 관측 높이는

$$h' = \frac{H}{A}(A - D) \tag{3.22}$$

만큼 증가시켜야 하며 이 관계는 표 3.7을 참조하면 된다.

표 3.7. 기상 관측, 특히 풍속 관측시 장애물로부터의 최소 거리(VDI 2000)

height » wide	height ≈ wide	height « wide
$A \geq 0.5H + 10B$	$A = 5(H+B)$	$A \geq 0.5B + 10H$
for $B \ll H \leq 10B$		for $H \ll B \leq 10H$
$A \geq 15B$		$A \geq 15H$
for $H > 10B$		for $B > 10H$

유럽 풍력 지도인 Wind Atlas(Petersen and Troen 1990)는 Perera (1981)의 논문을 기반으로 장애물의 바람방향(lee side)을 결정할 수 있다. 이 때, 장애물의 다공성(porosity) 매개변수 P(건물: 0.0; 나무: 0.5)와 관측된 풍속을 고려하여 풍속을 보정할 수 있다:

$$u_{corr} = u\left[1 - R_2 R_1 (1-P)\right] \tag{3.23}$$

여기서 인자 R_1은 그림 3.15에 제시되어 있으며, R_2는 아래 수식으로부터 결정될 수 있다.

$$R_2 = \begin{Bmatrix} \left(1 + 0.2\dfrac{x}{L}\right)^{-1} & \text{for } \dfrac{L}{x} \geq 0.3 \\ 2\dfrac{L}{x} & \text{for } \dfrac{L}{x} < 0.3 \end{Bmatrix} \tag{3.24}$$

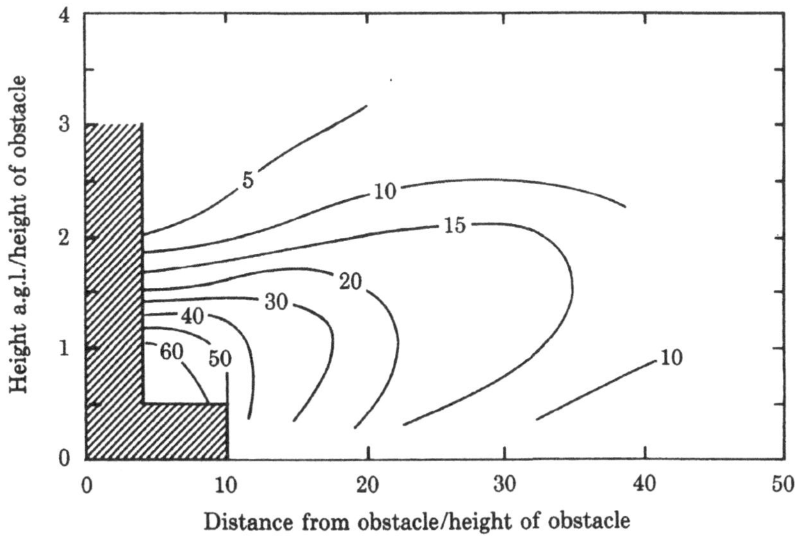

그림 3.15. 인자 R_1 의 결정(Petersen and Troen 1990)

여기서 x는 장애물과 관측 지점 간 거리이며 L은 장애물의 길이(폭)이다. 세 가지 방법, 즉 식 (3.22), (3.23), (그림 4.14)로부터 얻은 결과는 장애물의 길이를 각각 다르게 사용하기 때문에 직접 비교할 수 없다. 그러나 비슷한 장애물의 경우 결과는 크게 다르지 않다.

기상 관측탑 그 자체도 관측에 영향을 미칠 수 있음에 유의해야 한다. 일반적으로 탑의 바람방향으로는 관측을 수행하지 않으며 풍속 및 플럭스 관측 센서는 본체(master)로부터 탑에서 바람이 부는 방향으로 충분히 멀리 떨어져 있어야 한다. 관측 장비의 설치에 대해서, 격자 마스트의 경우 마스트 지름의 5배의 거리, 콘크리트 마스트의 경우 마스트 지름의 10배 거리가 유용한 거리 기준이 될 수 있다.

내부경계층 생성과 관련된 장애물은 실제 적용상 주의해야 한다. 예를 들어 바람 장벽으로 사용되는 관목은 바람방향 측면에서 토양 침식을 상당히 잘 줄여주며 이러한 바람 장벽은 100m 이하의 거리에서 최적이다. 바람 장벽은 강우계를 보호하는 데에도 사용되며 눈 울타리는 역방향 측면에서 눈을 수집하는 데에 사용된다.

3.4 유효영향면적(Footprint)

3.4.1 정의

특정 위치와 높이에서 수행되는 관측은 해당 센서 설치 위치 아래의 특성 또는 플럭스를 대표하지는 않는다. 대신에 관측 당시의 지표의 맞바람의 상태를 나타낸다(Gash 1986). 이 영향을 미치는 효과적인 영역을 *유효영향면적(footprint)*이라고 한다. 유효영향면적 개념은 오랫동안 잘 알려져 있었지만, 그 용어는 상대적으로 최근에 사용되기 시작되었다. 따라서 이에 대한 다양한 형태의 표현과 표기법을 문헌에서 찾을 수 있다. 예를 들어 Schmid and Oke (1988)는 이를 발생원 가중함수(source-weight function)라고 불렀으며 Leclerc and Thurtell (1989)은 유효영향면적 함수(footprint function)라고 불렀다. 그 후 여러 후속 논문에서는 유효영향면적이 널리 사용되었다(Leclerc and Thurtell 1990; Schmid and Oke 1990; Schuepp et al. 1990). 그러나 현재 우리가 알고 있는 최종 수학적 형태는 Horst and Weil (1992; 1994)에 의해 제시되었다. 유효영향면적 함수 f는 그림 3.16에 설명된 것처럼 관측 신호 η(스칼라, 플럭스)의 발생 영역 Q_η을 그 공간적 범위와 강도 분포에 대해 다음과 같이 정의한다:

$$\eta(x_m, y_m, z_m) = \int_{-\infty}^{\infty}\int_{-\infty}^{\infty} Q_\eta(x', y', z' = z_0) \bullet$$

$$\bullet\ f(x_m - x', y_m - y', z_m - z_0)dx'dy' \tag{3.25}$$

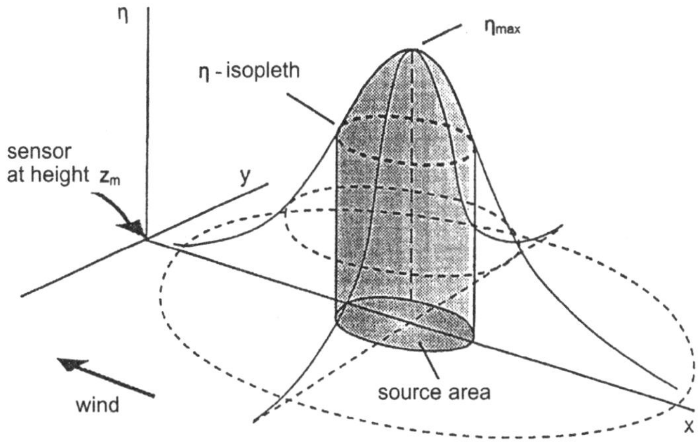

그림 3.16. 유효영향면적 함수의 도식적 그림 (Schmid 1994)

> 특정 지점(관측 장비)의 유효영향면적은 유효영향면적 함수로 가중치가 부여된 upwind 지역 특성의 영향을 의미한다.

내부경계층과 유효영향면적 개념의 수평 및 연직 스케일이 앞서 설명한 블렌딩 높이(Horst 1999) 개념과 일치하는 것은 흥미롭다.

3.4.2 유효영향면적 모델

현재 사용 가능한 유효영향면적 모델(표 3.8)은 다수의 가정들, 예를 들어 균질한 지표면, 높이별 균일한 플럭스, 일정한 이류와 같은 가정 하에 개발된 확산 모델들이다. 모델의 주요 입력값으로는 관측 높이, 거칠기 길이, 성층, 측면 바람 성분의 표준 편차, 풍속이다. 해석적 유효영향면적 모델의 핵심은 Gryning et al. (1983)이 개발한 자주 사용되는 모델과 같은 확산 모델을 기반으로 한다. 보다 정교한 모델로는 라그랑지안 유효영향면적 모델과 후방궤적모델이 있으며 이러한 모델은 비균질면에서도 유효영향면적을 결정할 수 있다. 현재 유효영향면적 모델링 분야에서의 최신 동향은 Schmid (2002)와 Vesala et al. (2004, 2008)에 제시되어 있다.

표 3.8. 중요한 유효영향면적 모델 개요 (특별한 언급이 없는 경우 analytical model을 의미함)

author	remarks
Pasquill (1972)	first model description
Gash (1986)	neutral stratification
Schuepp *et al.* (1990)	use of source areas, but neutral stratification and aver aged wind velocity
Leclerc and Thurtell (1990)	Lagrange' footprint model
Horst and Weil (1992)	only 2-dimensional
Schmid (1994, 1997)	separation of footprints for scalars and fluxes
Leclerc *et al.* (1997)	LES model for footprints
Baldocchi (1998)	footprint model within forests
Rannik *et al.* (2000, 2003)	Lagrange' model for forests
Kormann and Meixner (2001)	analytical model with exponential wind profile
Kljun *et al.* (2002)	three dimensional Lagrange' model for diabatic stratification with backward trajectories
Sogachev and Lloyd (2004)	boundary-layer model with 1.5 order closure
Strong *et al.* (2004)	footprint model with reactive chemical compounds

유효영향면적 모델은 널리 사용되고 있지만 실험적인 검증은 여전히 미해결된 문제로 남아 있다(Finn et al. 1996). 여러 모델들이 모델 가정과 부합하지 않는 조건에서 적용되는 경우가 많기 때문에 모델 검증이 더욱 필요하다. 현재 두 가지 검증 방법이 사용 가능하다. 첫 번째 방법은 추적물을 사용하여 확산 모델의 유효성을 검증하는 고전적인 방법이며(Finn et al. 1996), 두 번째 방법은 적분난류특성을 검사하여 유효영향면적 영역 내 장애물의 영향을 찾는 것이다(Foken et al., 2000). 두 번째 방법에서는 안정도 변화에 따른 유효영향면적 영역의 적분난류특성의 차이를 조사함으로써 가능해진다. 이 접근 방식은 자연 추적물(tracer)을 사용하여 검증되었다(Foken and Leclerc 2004). 이러한 자연 추적물은 다양한 특성을 가진 지표면에서 유효영향면적에 따른 관측값으로 검증할 수 있다(Göckede et al. 2005). 현재는 유효영향면적 모델 검증의 초기 단계라고 할 수 있으며, 그 연구 수준은 대부분의 경우 서로 다른 유효영향면적 모델 결과들을 비교하는 정도이다.

3.4.3 유효영향면적 모델의 적용

유효영향면적 모델 적용은 관측 장소의 유효영향면적 영역 내 지표면이 얼마나 복잡한지를 파악하기 위한 현장 실험 설계에서 처음으로 이루어졌다(Horst and Weil 1994, 1995). 지표면의 복잡한 변화는 내부경계층을 만들어내며, 이는 기계적 혹은 열적 난류를 생성시킴으로써 지역 난류 구조를 변화시킬 수 있다. 한 예로 유효영향면적 계산 결과가 그림 3.17에 나와 있는데, 이 그림에서 볼 수 있듯이 지표면의 영향을 관측할 수 있는 곳은 마스트가 설치된 가장 낮은 관측 높이뿐이다. 상단의 관측 높이는 인접한 지역의 지표의 영향을 부분적으로 받는다. 따라서 여기서의 변화량 관측은 플럭스 결정에 사용될 수 없으며 수평적 변화를 반영할 가능성이 더 높다.

또 다른 중요한 모델 응용의 예는 소위 유효영향면적 기후학(climatology)으로 불리는(Amiro 1998) 분야로서, 특정 관측 지점에 대한 사례가 그림 3.18에 잘 제시되어 있다. 이 때 바람의 성층과 수평바람성분의 편차에 따른 유효영향면적의 기후학을 정립하기 위해서는 장기간의 데이터 세트가 필요하다.

관측 장소와 비교하여 주변 지역의 거칠기가 다른 경우, 지표면 지도(map)가 사용된다. 여기서 거칠기 길이는 표 3.2에 따라 평균하여 사용할 수 있으며, 그 결과는 일부 반복 작업을 거쳐 유효영향면적 모델에 최적화하여 사용할 수 있다(Göckede et al. 2004). 플럭스 계산시 이러한 평균 모델(Hasager and Jensen 1999)을 사용하면 비균질면에 대해 훨씬 효과적으로 적용할 수 있다(Göckede et al. 2006).

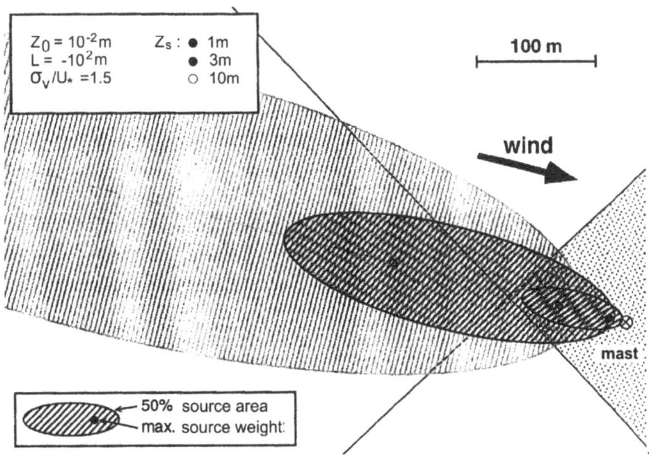

그림 3.17. Schmid (1997)의 모델에 따른 유효영향면적 영역의 도식적 그림. 서로 다른 관측 높이에서 각기 다른 유효영향면적과 지표면의 영향이 나타나는 것을 볼 수 있다.

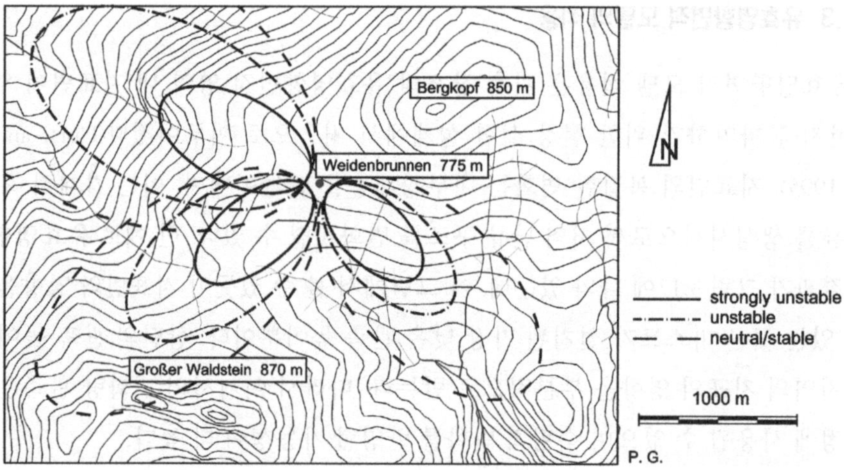

그림 3.18. 독일 Fichtelgebirge 산맥의 Waldstein/Weidenbrunnen 관측소에서 1998년 여름 2개월간 관측된 자료로부터 계산된 유효영향면적(Foken and Leclerc 2004)

또 다른 적용 분야로는 유효영향면적 내 지표에 관측된 이산화탄소 플럭스의 품질을 평가하고 유효영향면적 내 추정 데이터 품질의 공간 분포를 검증하는 것이다(4.1.3 및 Rebmann et al. (2005) 참조). 그림 3.19에서 북서쪽과 남쪽에 위치한 영역에서의 잠열 플럭스를 계산하기에는 데이터 품질이 충분하지 않다는 것을 확인할 수 있다. 이는 Waldstein/ Weidenbrunnen 관측소의 북서쪽에서 보통 구름과 강수가 발생하기 때문에 발생한다.

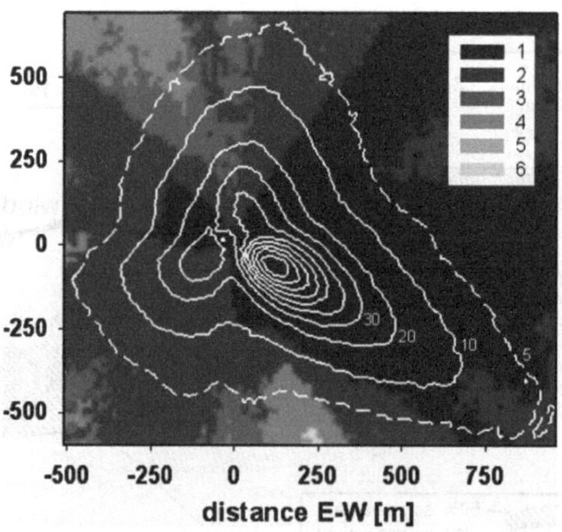

그림 3.19. Waldstein/Weidenbrunnen 관측소에서 안정성층에서 관측한 잠열플럭스 데이터를 표 4.3에 따라 평가한 자료 품질의 공간 분포. 연관된 유효영향면적 기후학은 Göckede et al. (2006)에 따라 등치선으로 제시되었으며, 관측탑 위치는 (0, 0)지점으로 설정되어 있음.

그림 3.20은 Waldstein/Weidenbrunnen 관측소에서의 안정 및 불안정층에서의 풍향별 연직 풍속에 대한 실험 및 모델에 의해 계산된 적분난류의 특성을 잘 보여준다. 풍향 180~230° 구간에서 모델과 실험 간에 유의한 차이가 관찰되는 것을 알 수 있다. 그러나 중립 성층에서는 그렇지 않다. 그 이유는 Waldstein 산의 위치가 관측 장소에서 약 1 km 떨어져 있으며 그 영향이 안정층에서만 관측값으로 나타나기 때문이다. 따라서 남쪽에 위치한 지역에서의 연직 풍속의 교란은 잠열플럭스의 품질이 낮음을 의미한다. 이와 유사한 난류특성은 DeBruin et al. (1991)에 의해서도 발견되었는데, 이 연구에서는 지표면 거칠기의 비균질성을 스칼라량의 적분특성으로부터 찾을 수 있는 열 또는 기타 지표면 특성과 구분하였다.

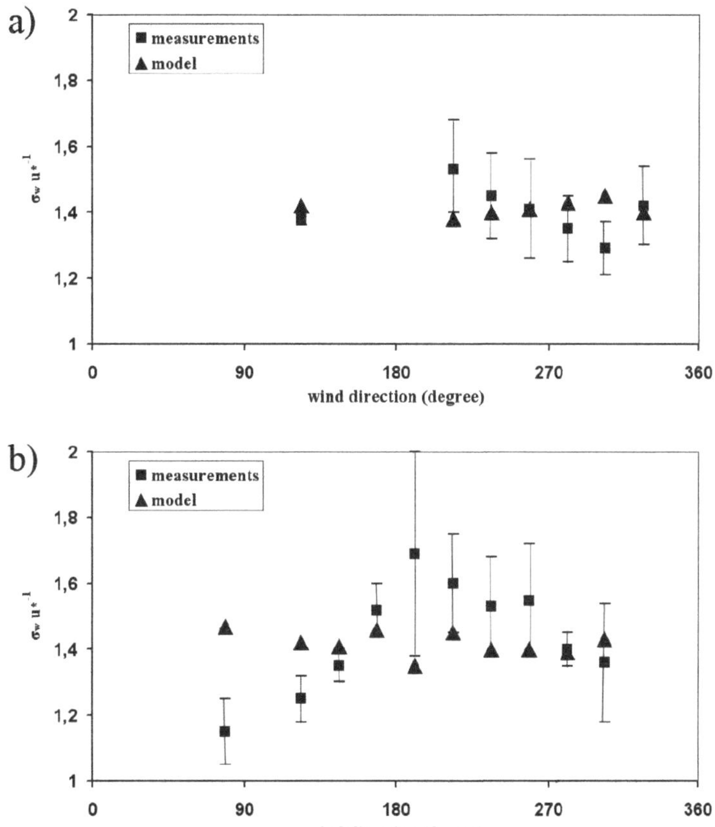

그림 3.20. Waldstein/Weidenbrunnen 관측소에서 관측된 풍향에 따른 연직 풍속의 적분난류 특성. 여기서 대기안정도 (a) 불안정층과 (b) 안정층에 대한 결과이며 관측값은 ●로, 모델 계산값은 ▲로 표시되었고 모두 표 2.11에 따라 계산되었다(Foken and Leclerc 2004)

3.5 키가 큰 식생

키가 큰 식생에 대한 미기상 과정은 3.1.2장에서 다룬 밀집 식생(예: 곡류)의 미기상 과정과는 반대이며, 키가 큰 식생이 존재하는 경우는 연직 프로파일 방정식에서 연직 영면변위(zero-plane displacement)가 있는 공기의 투과성 층으로서 설명된다. 숲에서 캐노피와 그 숲 꼭대기 바로 위의 하층인 언더스토리(understory)에서는 복잡한 미기상학적 과정이 일어나는 지역이다. 그러므로 캐노피 위의 크라운(crown) 층의 대기는 언더스토리 대기로부터 자주 분리시키는 층이다. 대기와 상층 크라운 층간의 에너지와 물질 교환은 하층 크라운 층과 트렁크 공간과 토양 간의 교환과는 완전히 다르다. 두 층의 성층은 다를 수 있으며 각 층에서의 변화 기울기는 반대 부호일 수도 있다. 이는 매우 복잡한 교환 과정이 존재하는 관측 및 모델링 결과에 상당한 영향을 미친다. 현재 이러한 과정을 완전히 이해하였다고 보기는 어렵다(Finnigan 2000; Lee 2000).

3.5.1 산림 내 기상 매개변수들의 특성

일반적인 숲의 기온 일변화 과정은 그림 3.21에서 설명된다(Baumgartner 1956; Lee 1978). 최고 기온은 정오 이후 대개 상단 크라운에서 약 1~2시간 뒤에 나타난다. 크라운 아래에서는 주간 기온이 낮아진다. 야간에는 복사냉각으로 인해 최저 기온은 상단 크라운에서 발생한다. 크라운의 차가운 공기가 지표로 하강하기 때문에 지표 근처의 최저 기온은 그 이후에 발생한다. 특히 저녁에는 주변보다 숲 안이 더 따뜻하다.

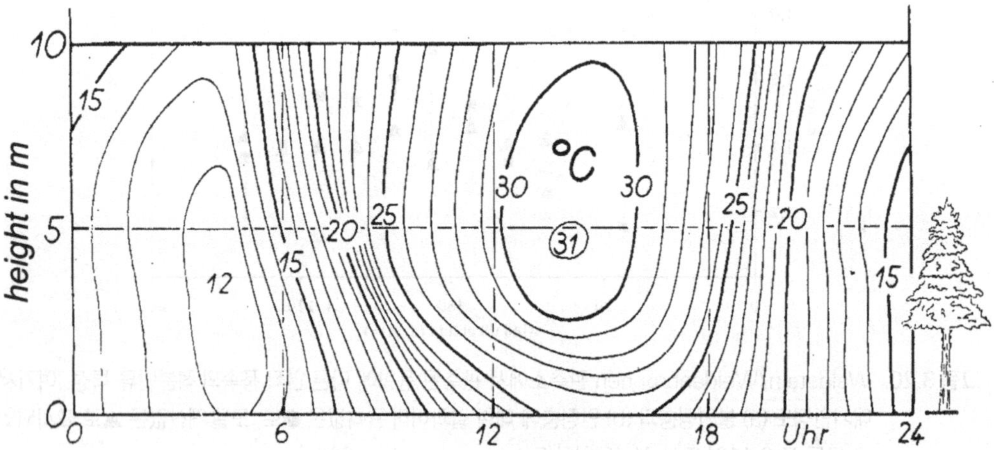

그림 3.21. 숲 내부 및 상공에서의 기온의 일주기 변화 (Baumgartner 1956)

숲 가장자리에 위치한 산림지역은 특히 경사면에서 차가운 공기의 유출로 인해 아침에 서리가 발생하여 피해를 입을 수 있다. 숲의 기온 구조는 일반적으로 키 작은 식생 위로 관측되는 것과 완전히 다른 성층을 갖는다. 주간에는 키 작은 식생 위와 크라운 위에서 불안정층이 특징이며 밤에는 안정층이 특징이다. 일반적으로 숲의 지면 온도가 주간의 비교적 시원하고 야간에는 따뜻한 반면, 숲 내부에서는 반대되는 성층이 형성된다.

숲 안과 위에서의 전형적인 교환 과정 중 하나는 크라운으로 인한 분리 현상이다. 예를 들어 조용한 밤에는 상단 캐노피가 비교적 따뜻하지만 언더스토리에는 차가운 공기가 저장된다. 풍속의 소폭 증가(돌풍, 소용돌이)에 따라 그림 3.22의 1시 40분에 볼 수 있는 것처럼 차가운 공기에 따뜻한 공기가 갑작스럽게 유입될 수 있다. 또한 주간에 언더스토리에서 따뜻하거나 습한 공기가 갑자기 유입될 때 반대 효과(폭발, 배출)가 종종 발생한다. 따라서 숲 안과 위에서의 에너지와 물질 교환은 연속적인 과정이 아닌 단일 사건으로 제한된다.

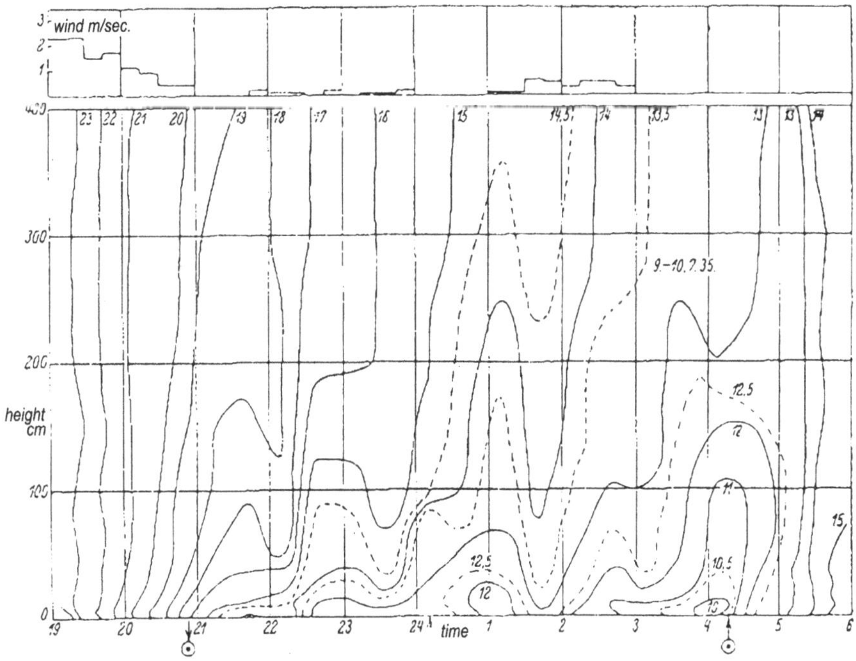

그림 3.22. 산림 내 따뜻한 공기 유입에 인한 야간의 기온 변화 (Siegel 1936). 01:40에 풍속이 갑자기 증가하여 따뜻한 공기가 유입되는 것을 알 수 있다.

숲 안과 위의 풍속은 마찰로 인해 크게 감소한다. 그러나 거의 언더스토리가 없는 텅빈 트렁크 공간에서는 바람의 이차 최대값이 나타난다(Shaw 1977). 이는 크라운 아래의 운동량 플럭스를 변경할 수 있다(그림 3.23). 크라운 근처의 바람의 연직 프로파일은 변곡점을 가지고 있으며 숲 가장자리에서는 내부경계층이 형성될 수 있다. 관측 및 모델링 연구에 따르면 숲 가장자리 근처에서는 난류플럭스가 증가할 수 있다(Klaassen et al. 2002).

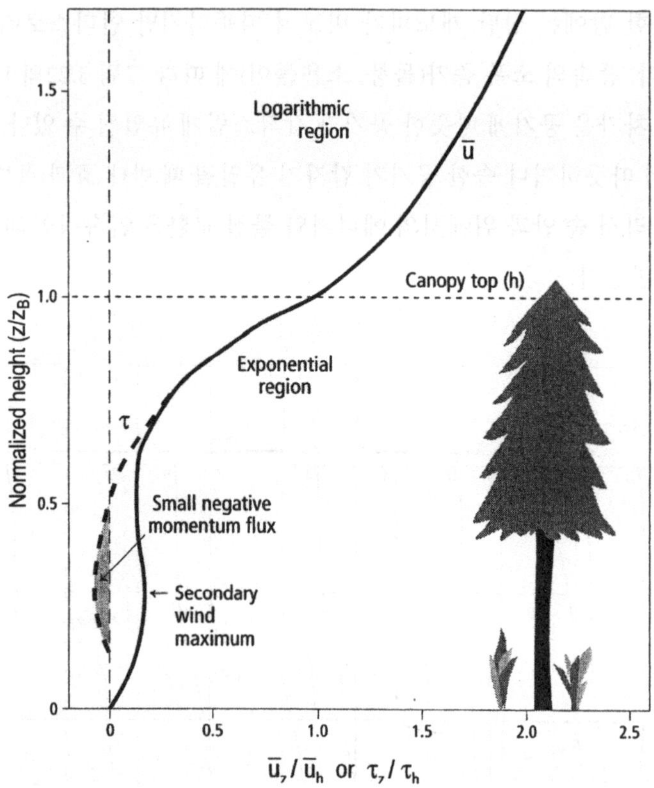

그림 3.23. 산림 내 전형적인 풍속 프로파일(Bailey et al. 1997); Amiro (1990) 자료를 사용함.

3.5.2 반경도(Count Gradient) 플럭스

2.3장에서 에너지와 물질의 교환 과정은 특정한 상태매개변수의 변화량(경도)에 비례함을 알 수 있었다. 숲 지역에서의 이러한 경도의 변화로 인해 플럭스의 수렴 및 발산 층이 존재한다는 것을 알 수 있다. 그러나 관측된 플럭스는 상태매개변수의 지역 경도와 정반대인 경우도 관측되었다. 이는 현열과 잠열플럭스 뿐만 아니라 다른 물질

의 플럭스, 예를 들어 이산화탄소 플럭스에도 해당되는 것으로 알려졌다. 이 현상은 *반경도 플럭스(Counter-gradient fluxes)*라고 불리며(Denmead and Bradley 1985) 그림 3.24에 도식적으로 나타내었다.

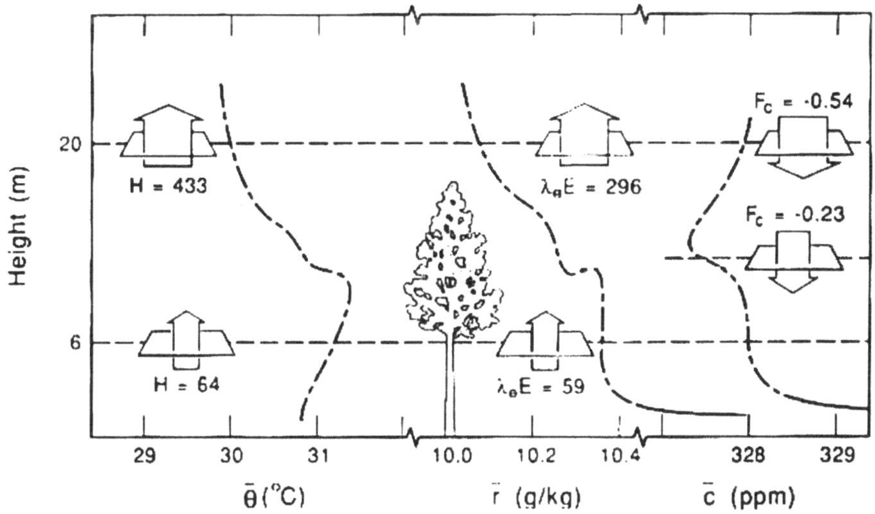

그림 3.24. 산림 내 반경도가 존재하는 온위 θ, 혼합비 r, 미량기체 농도 c, 현열플럭스 H, 잠열플럭스 λH, 미량기체 플럭스 F_c에 대한 연직 프로파일들 (Denmead and Bradley 1985)

어떤 변수의 프로파일은 해당 변수의 평균 구조에 의해 결정되지만 돌풍이나 버스트(burst)에 의해 단기 수송된 난류플럭스가 포함될 수 있으나, 이는 전체 프로파일에는 큰 변화를 유도하지는 않는다. 동조 구조(coherent structure)로 부르는 상대적으로 큰 에디(large eddy)는 경도를 수송하는 작은 난류 요소와 달리, 플럭스에 크게 기여한다(3.5.4 및 Bergström and Högström (1989) 참조).

이러한 반경도 플럭스의 발견으로 숲에서의 교환 과정에 대한 Monin-Obukhov 상사이론 혹은 K-theory는 의미 있는 결과를 제공하지 않는다. 따라서 그 대안으로는 일시행렬(transilient matrix)의 매개변수화를 잘 적용한 일시이론 기반의 모델링(Inclan et al. 1996), LES 모델링(5.6 참조), 고차 종결 접근법(Meyers and Paw U 1986; 1987)을 사용하여 왔다.

반경도 플럭스는 숲 주변지역에만 국한되는 것은 아니다. 반경도 플럭스는 부근에 물이 있거나 얼음 차폐물(Sodemann and Foken 2005)이 있는 지표 위의 공기층의 분리(decoupling) 효과와 연관되어 발생한다(Foken and Kuznecov 1978). 과학사적인 관점에서 흥미로운 점은, Denmead and Bradley (1985)의 책 챕터가 이러한 연구 결과를 심사 학술지 저널에 발표할 수 있는 가능성을 있기 이전에도, 이미 이러한 실험적 발견들이 알려져 있었다는 것이다.

3.5.3 거칠기 아층(Roughness Sublayer)

숲의 캐노피 위에서의 상태변수들에 대한 연직 프로파일은 높은 거칠기 때문에 2.3장에서 제시된 이상적인 프로파일 방정식에 적용하기 위해서는 수정이 필요하다. 캐노피를 포함한 이 층을 거칠기 아층(roughness sublayer)이라고 불리며 캐노피 높이의 약 세 배 정도의 두께를 가지고 있다. 이는 숲 위에서의 캐노피 높이의 두 배 거리 내에서는 방해받지 않은 조건이 존재한다는 것을 의미한다. 거칠기 아층의 확인은 풍동에서 처음 이루어졌다(Raupach et al. 1980). 이후 실제 대기에서의 실험은 Shuttleworth (1989)에 의해 수행되었다. 키 작은 식생 위쪽에서의 전형적인 관측 높이에 대한 비율인 z/z_0의 값은 100~1000이다. 그러나 숲의 거칠기 아층 위에서의 이 비율은 일반적으로 5~10 정도이다(Garratt 1980). 따라서 식 (2.71)~식 (2.73)의 프로파일 방정식들은 거칠기 아층에서 증가한 난류확산계수의 효과를 보상하기 위하여 아래와 같이 수정하여야 한다.

$$u_* = \sqrt{-\overline{u'w'}} = \frac{k}{\phi_*(z/z_*)\phi_m(\zeta)} \frac{\partial u}{\partial \ln z}, \tag{3.26}$$

$$\overline{w'T'} = -\frac{\alpha_0 k u_*}{\phi_*(z/z_*)\phi_H(\zeta)} \frac{\partial T}{\partial \ln z}, \tag{3.27}$$

$$\overline{w'q'} = -\frac{\alpha_{0E} k u_*}{\phi_*(z/z_*)\phi_E(\zeta)} \frac{\partial q}{\partial \ln z}, \tag{3.28}$$

여기서 z_*는 거칠기 아층의 길이이다. 여기서 거칠기 아층 아래에서의 프로파일 방정식인 식 (2.71)부터 (2.73)은 더 이상 유효하지 않다. 보정 함수들은 성층과 관련하여서는 변하지 않으며 Garratt (1992)에 따라 경험적 지수 함수로 아래와 같이 결정될 수 있다:

$$\phi_*(z/z_*) = \exp[-0.7(1 - z/z_*)] \quad \text{for } z < z_* \tag{3.29}$$

중립층에 대해 (3.26)은 아래와 같은 간단한 형태를 가진다:

$$u_* = \sqrt{-\overline{u'w'}} = \frac{k}{\phi_*(z/z_*)} \frac{\partial u}{\partial \ln z} \tag{3.30}$$

숲 위에서는 모든 경우에 보정 함수를 사용해야 한다. 그렇지 않으면 프로파일과 연관된 방법(4.2 참조)은 잘못된 값들을 제공하게 된다. 보웬비 상사의 적용(2.3.3 참조)은 보정 함수들이 두 플럭스에 대해 동일한 경우에만 원칙적으로 가능하므로 이는 식(3.29)의 간단한 형태에서 가정할 수 없다. 그러나 보웬비 상사이론을 적용하기 위해서는 숲 위에서의 비교적 작은 경도가 더 제한적인 요인이 된다.

또 다른 거칠기 아층 보정을 위한 대안적인 방법은 DeBruin and Moore (1985)에 의해 제시되었다. 그들은 숲 내부의 질량 흐름이 숲 위쪽의 누락된 질량 흐름을 보상한다고 가정했다. 수학적 적용을 위해서는 숲 내부의 바람연직분포에 대한 상세한 가정 혹은 더 상세한 관측이 필요하다. 이러한 숲 내의 질량의 흐름으로부터 숲 위의 질량 및 그와 연관된 바람의 연직분포를 결정할 수 있다.

3.5.4 산림 내와 위의 난류구조

키가 큰 숲 위에서는 키가 작은 식생과는 달리 일반적으로 그림 3.25에 나타낸 것처럼 경사로(ramp) 모양의 시계열 구조가 발생한다. 이 구조는 일반적으로 짧은 기간에 발생하지만 강력한 난류 발생으로, 난류 수송 과정에 현저한 기여를 한다. 이러한 경사로 구조는 어느 정도의 규칙성을 갖고 있으며 일반적으로 수십 초부터 몇 분까지 지속된다. 이는 일반적인 변동 혹은 중력파와 구별되며 캐노피 위에서 야간에 관측될 수 있다. 이러한 경사로 구조들은 일반적으로 *동조구조(coherent structures)*라고 불린다(Holmes et al. 1996).

> 동조구조는 확률적으로 분포된 난류 에디와는 달리 잘 조직되고 상대적으로 안정적이며 오랜 시간 지속되는 에디 구조이다. 이러한 구조는 대부분 시간이나 공간에 대하여 대부분 규칙적으로 발생한다.

그림 3.22에 제시된 구조들은 동조구조의 최초의 관측결과일 것이다. 보다 체계적인 조사를 위해서는 시간과 주파수를 명확하게 분리하기 위한 통계적 접근법, 예를 들어 웨이브릿(wavelet) 분석(부록 3.1)을 적용해야 한다. 이는 주파수 분포만을 제공하는 단순 스펙트럼 분석으로는 불가능하기 때문이다. 이 웨이브릿 분석기술에 대한 최초

의 논문은 Collineau and Brunet (1993a; 1993b)에 의해 발표되었다.

연직 바람의 난류 변동은 그림 3.26의 상단에 표시되어 있다. 그림 중간에는 동일 시간 축에서 웨이브렛 에너지 그래프가 표시되어 있다. 세로축은 로그 시간규모(Hz 단위의 주파수)로 제시되어 있다. 오랜 시간에 걸쳐 최소 및 최대 에너지 구간이 반복되고 있으며, 이러한 특성은 경사로 구조와 연관되어 있음을 알 수 있다. 이 구조에서 300초에서 분산의 최대값을 보여준다(그림의 하단). 또한 그림 3.26의 하단에서 알 수 있듯이 약 50초에서 미규모 난류 범위에서 최대 분산을 확인할 수 있으며, 매우 긴 파장에 대한 또 다른 최대값도 존재함을 알 수 있다. Ruppert et al. (2006b)은 확률적으로 조직된 에디와는 달리 모든 기상 변수가 이와 같은 동조구조를 가지지 않음을 보였다 (Pearson jr. et al. 1998). 그 주된 이유는 발생원이 다르기 때문이며, 이 현상을 *스칼라 상사*(scalar *similarity*)라고 부른다.

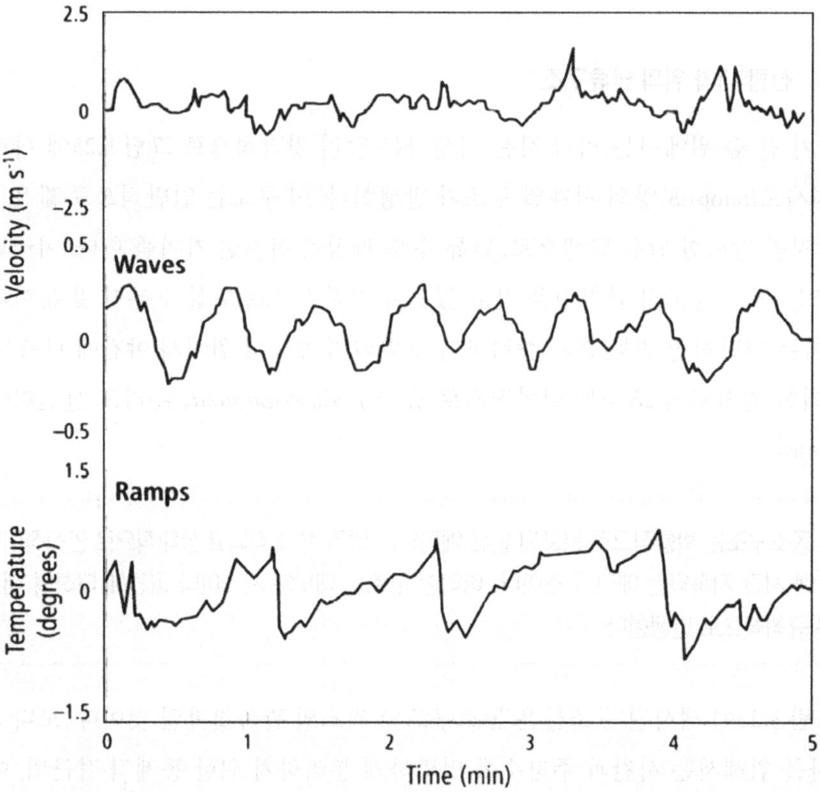

그림 3.25. Gao et al. (1989)과 Amiro and Johnson (1991)의 관측자료에 나타난 산림 위의 섭동, 파동 및 경사로 구조(Bailev et al. 1997)

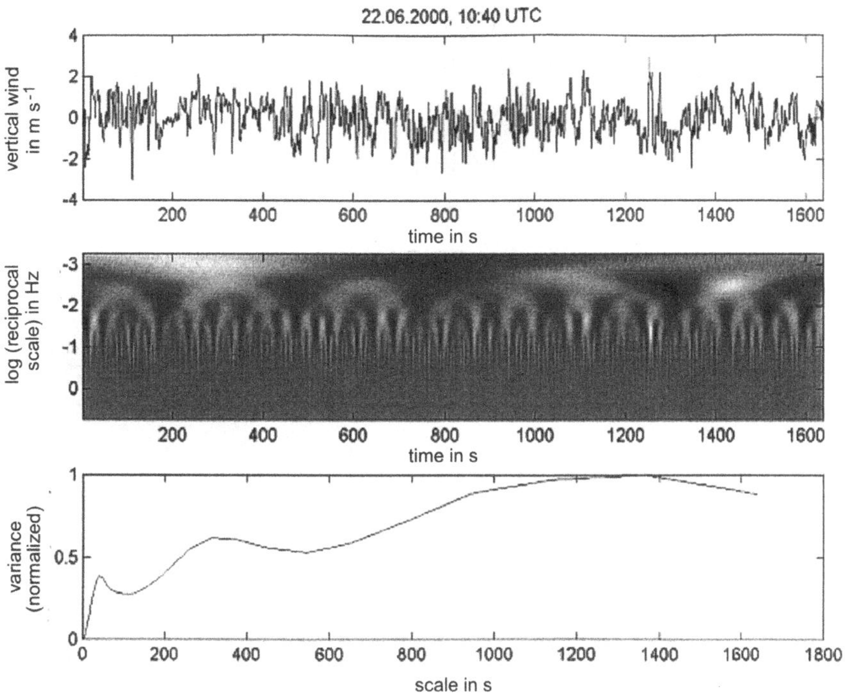

그림 3.26. 산림 위의 연직 풍속 구조. 상단: 시계열, 중간: 작은 파 분석, 하단: 전형적인 분산 규모(Wichura et al. 2001)

부록 3.1. 웨이브릿 분석(Wavelet analysis)

함수 $f(t)$의 작은 파 변환 $T_p(a,b)$은 시계열 $f(t)$와 작은 파 함수의 집합 $\Psi_{a,b}(t)$의 합성으로 정의된다(Torrence and Compo (1998) 참조).

$$T_p(a,b)=\int_{-\infty}^{\infty} f(t)\overline{\Psi_{p,a,b}(t)}\,dt=\frac{1}{a^p}\int_{-\infty}^{\infty} f(t)\overline{\Psi\left(\frac{t-b}{a}\right)}\,dt, \tag{3.31}$$

여기서 $T_p(a,b)$는 작은 파 변환, $\Psi_{p,1,0}(t)$는 모(mother) 웨이브릿, b는 변환 매개변수, a는 확장매개변수, $1/a$는 주파수 규모, $p=0.5$이다. 만약 $a>1$이라면 모 웨이브릿은 확대되는 현상이 일어나며, $a<1$이라면 모 웨이브릿은 수축되는 현상이 일어난다. 웨이브릿 함수들은 시간과 주파수의 대한 반응이 서로 다르기 때문에 적용에 따라 적절한 웨이브릿 함수를 선택해야 한다. 두 규모 모두에서 동일하게 잘 반응하는 웨이브릿 함수는 멕시코 모자 (Mexican-hat) 함수이다:

$$\Psi(t)=\frac{2}{\sqrt{3\sqrt{\pi}}}\left(1-t^2\right)e^{-t^2/2} \tag{3.32}$$

웨리브릿 그래프는 x축에 시간을, y축에 주기 또는 주파수를 나타낸다. 웨이브릿 그래프에서 밝은 영역은 높은 에너지 밀도를 나타내며, 어두운 영역은 낮은 에너지 밀도를 나타낸다. 따라서 시간에 대한 주파수와 에너지 밀도의 명확한 국소화(localization)가 가능하며, 이는 단순 스펙트럼 분석에서는 불가능하다.

스칼라 상사는 그림 3.27에 나타난다. 연직 바람의 경사로 구조는 잘 발달되지 않았지만 기온, 수증기, 오존, 이산화탄소의 파동에는 경사로 구조가 나타났다. 그러나 경사로의 특성은 서로 유사하지는 않았다. 예를 들어, 이산화탄소와 수증기의 발생원이 다르기 때문에 이들의 경사로 구조는 거울 대칭(정반대 구조)으로 나타났다.

동조구조는 모든 지표면에서 발견된다. 비균질 지표면 위의 고도에서의 특성은 균일한 면 위의 낮은 고도의 특성보다 훨씬 크다. 숲 가장자리와 같은 장애물은 추가적인 구조를 생성할 수 있으며, 이는 가장자리로부터의 이격거리에 따라 다른 주기를 생성한다(Zhang et al. 2007). 일반적으로 전체 혼합층은 이러한 구조에 의해 지배되며, 또한 이러한 구조는 캐노피와 대기경계층을 효과적인 연결하는 역할을 한다(Thomas and Foken 2007a).

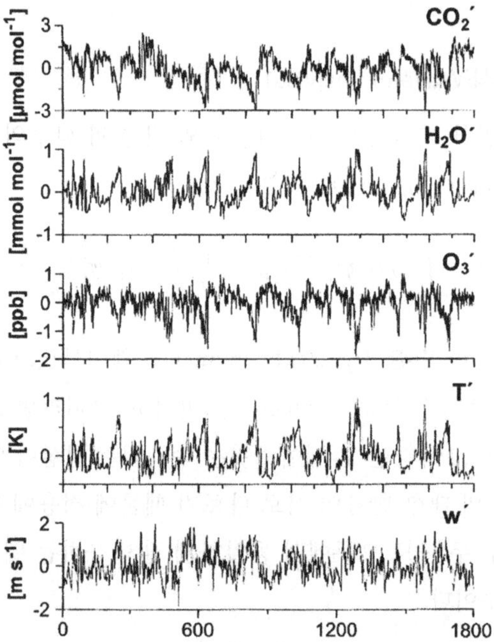

그림 3.27. 열대 우림 위의 난류 구조(Rummel et al. 2002b)

3.5.5 혼합층의 유사성

강한 바람 쉬어가 있는 경우, 숲 위에서 교환 과정을 지배하는 혼합층이 형성될 수 있다(Raupach et al. 1996). 단지 거칠기 아층으로는 이 관측 결과를 설명할 수 없다. 그림 3.28에 나타난 것처럼 혼합층의 발달은 풍동 실험과 매우 유사하다. 풍속과 스칼라의 연직 특성 난류 규모가 혼합층의 규모와 유사할 때 난류 교환은 가능하다. 그렇지 않은 경우, 분리 현상이 발생할 수 있다.

그림 3.28. 혼합층의 높이 δ_w의 성장과정(Raupach et al. 1996)

혼합층의 특성길이 규모는 쉬어링(shearing)의 크기이다. 바람 프로파일의 변곡점이 캐노피의 꼭대기이고 캐노피 내부의 풍속이 상당히 낮다고 가정한다면 혼합층의 특성 길이 규모는 다음과 같이 유도된다(Raupach et al. 1996):

$$L_s = \frac{\delta_w}{2} = \frac{u(z_B)}{(\partial u/\partial z)_{z=z_B}} \tag{3.33}$$

식물 캐노피 위의 혼합층 발달은 Finnigan (2000)에 의해 상세히 설명되었으며 그림 3.29에서 제시되어 있다. 두 번째로 중요한 길이 규모는 동조에디 사이의 특정 거리이며, 이는 발달 중인 혼합층의 근본적인 원인인 초기 Kelvin-Helmholtz 불안정도의 파장이다. 여기서 길이 척도 Λ_x는 예를 들어 웨이브릿 분석을 통해 결정할 수 있다. Raupach et al. (1996)에 따르면, 이 두 규모 사이에는 아래와 같이 선형 관계가 있다.

$$\Lambda_x = m L_s \tag{3.34}$$

여기서 m의 값은 중립성층에서 7에서 10 사이이다.

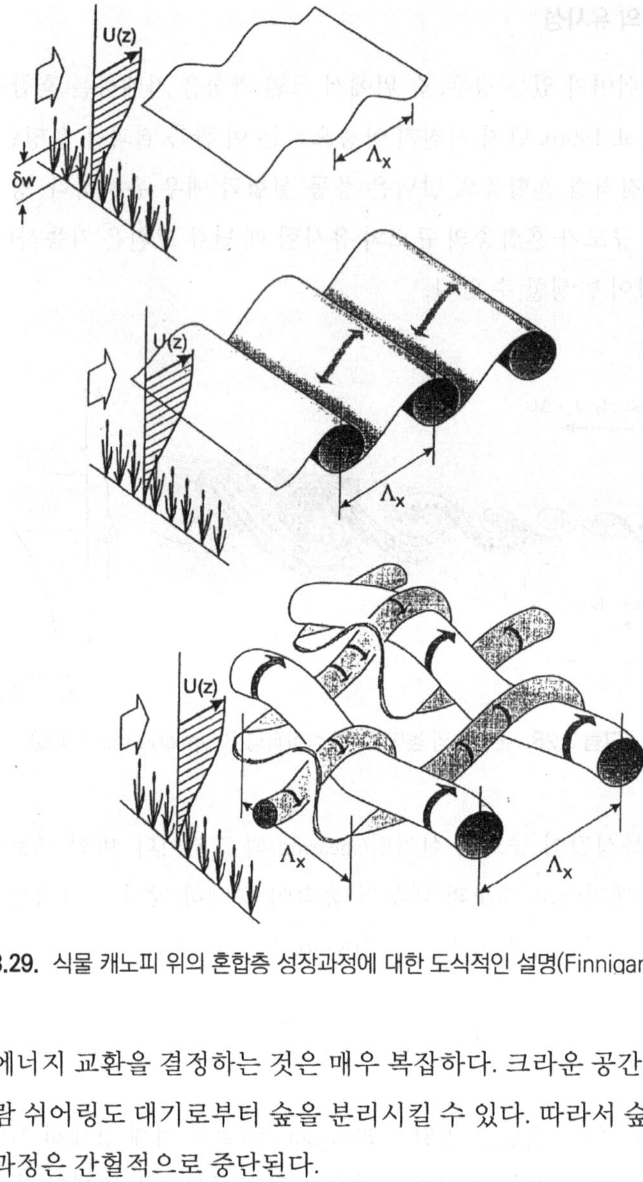

그림 3.29. 식물 캐노피 위의 혼합층 성장과정에 대한 도식적인 설명(Finnigan 2000)

숲 위의 에너지 교환을 결정하는 것은 매우 복잡하다. 크라운 공간뿐만 아니라 캐노피 위의 바람 쉬어링도 대기로부터 숲을 분리시킬 수 있다. 따라서 숲과 대기경계층 사이의 교환 과정은 간헐적으로 중단된다.

3.5.6 대기권과 식물 캐노피 사이의 결합

키가 큰 식물 캐노피는 대개 주간에 난류 에디에 의해 대기와 결합된다. 이후 지표면, 트렁크 공간, 캐노피 위의 대기 간에 에너지와 물질 교환이 이루어진다. 캐노피와 대기 사이에서 가끔씩 분리 현상이 일어나는 이유는 캐노피 상부의 높은 거칠기로 인해 바람장이 억제된 경우의 캐노피 내부의 안정성층 때문이다. 후자(캐노피 위의 대기)

는 토양에서 방출된 기체들이 트렁크 공간에서 증발되어 캐노피 위에서 농도가 크게 높아지게 된다. 이는 지표면에서의 호흡 과정 혹은 기타 미생물학적 과정에서 생성된 일산화질소와 이산화탄소에 대해 관찰될 수 있다. 일반적으로 이들 기체농도는 난류 혼합에 의해 낮아지며, 일산화질소의 경우 오존과의 반응에 의해 낮아진다. 그러나 바람이 없는 조건에서는 키가 낮은 식생 위에서 높은 농도가 나타날 수 있다.

일산화질소와 오존의 반응은 난류 혼합을 추적하기 위한 추적자(tracer)로 사용될 수 있다(Rummel et al. 2002a). 안정한 탄소 동위원소인 ^{13}C 는 추적자로 사용될 수 있다. 대기와 토양의 동위원소의 특징은 상당히 다르며, 토양으로부터 방출되는 이산화탄소는 캐노피 상단 위의 대기에서도 식별될 수 있기 때문이다(Bowling et al. 2001; Wichura et al. 2004). 만약 동조구조가 캐노피 내의 다양한 높이에서 관측될 수 있다면, 그것은 난류의 교환 과정을 이해하는 데 매우 효과적이다(Thomas and Foken 2007b).

동조구조의 캐노피로의 침투 깊이(penetration depth)는 다섯 가지의 결합 상태로 분류될 수 있다(표 3.9). 중력파의 경우(Wa) 혹은 난류가 캐노피로 침투하지 않는 경우(Dc)에는 결합이 존재하지 않는다. 난류가 크라운 내로 침투하는 경우(Ds)에는 크라운은 대기와 결합되어 있다. 완전 결합(C)은 단기간에만 가능하다. 트렁크 공간과 크라운이 대기와 일부 결합된 경우(Cs)는 자주 볼 수 있다. 동조구조의 플럭스에 대한 기여도와 함께 결합 상태(양상)의 전형적인 일주기는 그림 3.30에 제시되어 있다.

표 3.9. 대기와 높은 식물 캐노피 간의 결합 상태의 특성(Thomas and Foken 2007b). 문자로 표시된 결합단계는 그림 3.30(Göckede et al. 2007)과 동일하다.

Wa	Dc	Ds	Cs	C

gravity waves above the canopy	turbulent eddies only above the canopy	turbulent mixing up to the crown	occasionally complete mixing of the canopy	complete mixing of the canopy
no coupling	no coupling	occasionally weak coupling	occasionally coupling	good coupling

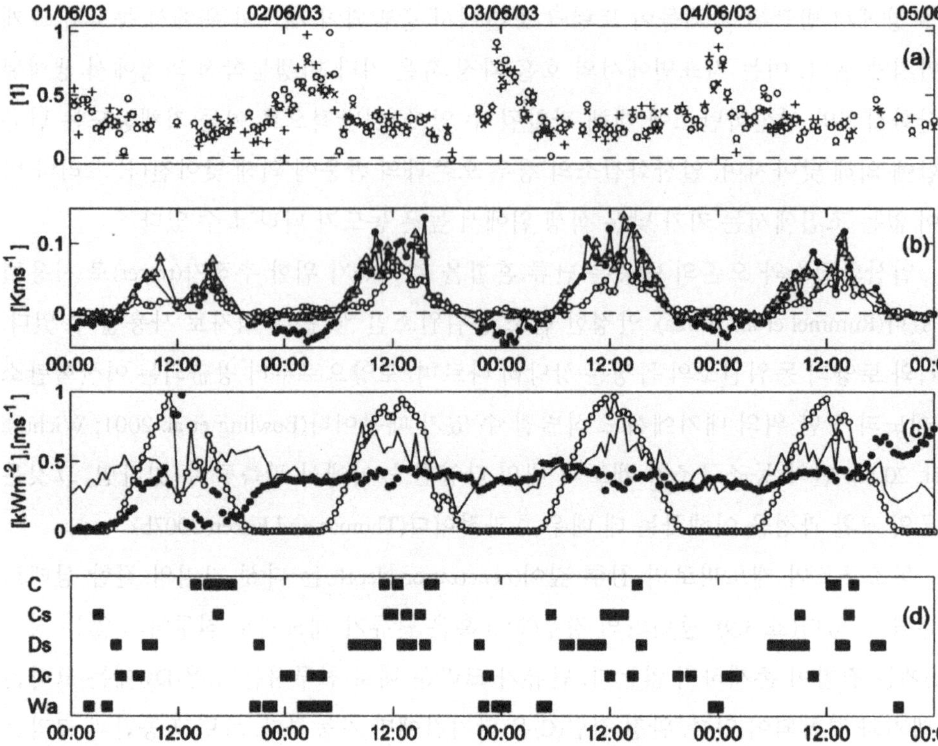

그림 3.30. WALDATEM-2003(Waldstein/Weidenbrunnen) 실험 기간(2003년 6월 1일부터 6월 4일)에 관측된 피히텔게비르게 산맥의 19m 높이에 위치한 가문비나무 숲에서 난류 교환 특성: (a) $1.74z_B$(z_B: 캐노피 높이)에서의 동조구조의 이산화탄소 교환(○), 부력플럭스(□), 잠열플럭스(+)의 상대적 기여도, (b) $1.74z_B$(●), $0.93z_B$(▲), $0.72z_B$(○)에서의 동조구조의 운동학적 부력플럭스, (c) $1.74z_B$에서의 마찰속도(——), 전체 복사량(○)과 풍향(●), (d) Thomas and Foken (2007b)에 따른 대기와 숲 사이의 결합 상태(약어는 표 3.9를 참조)

3.6 안정층에서의 상태

지난 몇 년간, 안정 또는 야간 대기경계층이 중요한 연구 주제가 되었다. 대류경계층과는 달리 안정경계층은 매우 피상적이다. 보통 안정층의 깊이는 10~100m 정도에 달한다. 극지방과 같이 긴 시간 지속되는 경우, 이를 장기적인 안정(야간) 대기경계층이라고 한다. 안정자유대기와 안정경계층은 종종 내부 중력파에 의해 연결된다(Zilitinkevich and Calanca 2000). 안정성층의 음(−)의 부력으로 인해 난류는 강하게 억제되며 장파 복사 과정이 특히 강한 영향 인자가 된다. 이러한 과정들은 바람이 없거나 난류가 거의 없는 상황에서 지표면 역전 형성에 중요한 역할을 한다. 이러한 상황에서 종종 10~300m의 고도에서 하층 제트 현상이 발생한다. 이때는 일반적으로 간헐적인 난류와 중력파가 존재하게 되어, 정상 상태가 존재하지 않는다. 대기 안정도는 대부분 임계리처드슨 수보다 크다.

그림 3.31에서는 안정한 조건에서의 스칼라 시계열은 난류와 파동 성분을 가지고 있음을 보여준다. 중력파로 인한 연직 풍속 변동은 스칼라량의 변화와 매우 연관되어 있으며, 이에 따른 상관 계수는 단순한 난류 흐름보다 상당히 크게 나타날 수 있다 (4.1.3 참조). 이러한 상황에서 파동 신호를 제거하기 위해 시계열을 필터링하거나 제외하지 않으면 에디-공분산 방법에 따른 난류플럭스 계산의 결과가 과대평가되는 부정확한 결과를 가져올 수 있다(Foken and Wichura 1996).

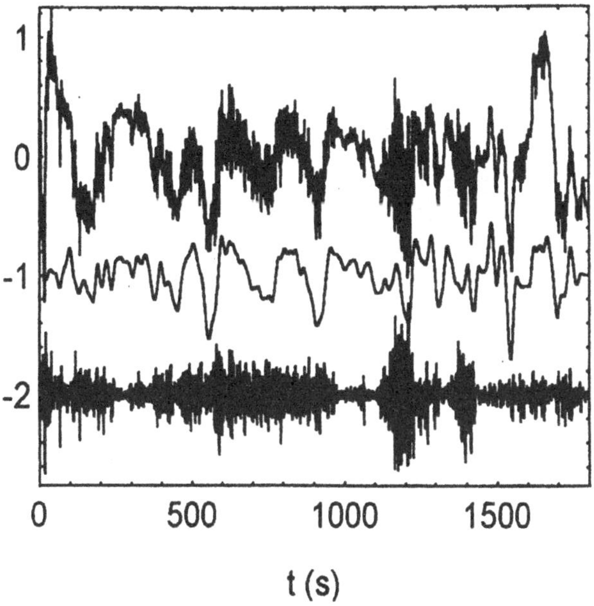

그림 3.31. 난류 시계열의 예: (상단: 기온, FINTUTREX 남극 대륙 실험)와 필터링을 거친 파동(중간) 및 난류 신호(하단) (Handorf and Foken 1997)

안정한 조건하에서는 간헐적인 불규칙 현상이 자주 발생한다. Holtslag and Nieuwstadt (1986)의 안정 대기경계층 분류법에 따르면, 이 현상은 z-less 스케일링을 넘어서는 범위, 즉 국지 Obukhov 길이가 $z/\Lambda > 10$에 대해 발생한다(그림 3.32). 여기서 간헐성(intermittency)을 정확히 정의하는 것은 다소 모호한데, 그 이유는 비교적 긴 시간의 준 층류(quasi laminar) 조건의 설정과 함께 난류 과정 및 그 강도에 의해 난류 활동이 중단되는 등의 상황이 특정되어야 하기 때문이다. 따라서 간헐성은 단지 미기상학적 규모만으로 정의할 수 없다. 간헐성 인자는 국지적(공간적 및 시간적) 난류 섭동과 보다 긴 시간 또는 공간에서의 난류 섭동 사이의 비(ratio)이다. Farge (1992)에 따른 작은 파 계수(부록 3.1)를 사용한 아래의 국지적 간헐성 인자를 정의하면 비교적 편리하다.

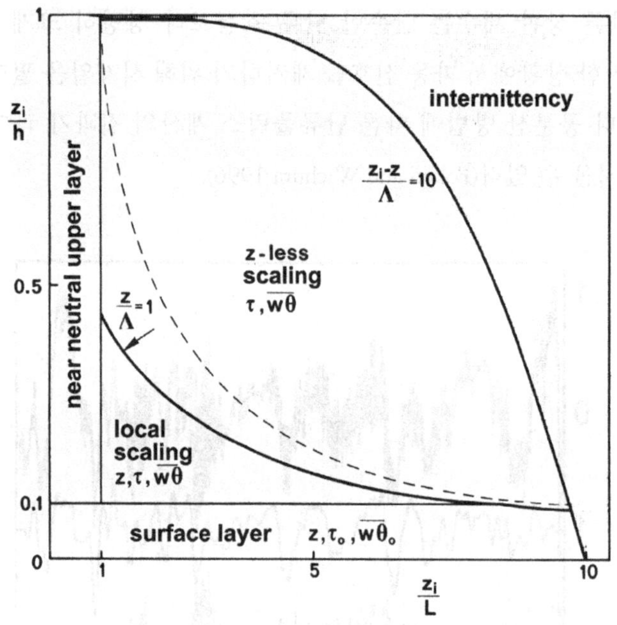

그림 3.32. 안정 대기경계층의 구조(Holtslag and Nieuwstadt 1986)

$$I(a, b) = \frac{|T_p(a, b_0)|^2}{\left(|T_p(a, b_0)|^2\right)_b} \tag{3.35}$$

여기서 a 규모에서 모멘트 b_0의 에너지 스펙트럼에 대한 기여도는 해당 규모에서의 시간 평균으로 간주될 수 있다(부록 3.1 참고). $I(a, b) = 1$인 경우 간헐성이 발생하지 않는다. 간헐성 인자는 a의 모든 값에 대하여 결정하여야 하기 때문에, 간헐적 현상은 서로 다른 규모에서 다르게 발생한다는 것은 명확하다. 그림 3.33에서는 하나의 난류 사건이 두 가지 난류 규모에서 발생함을 보여주며(주파주의 함수로서 보여짐), 그 후 즉시 낮은 주파수 범위에서만 간헐성 조건이 감지될 수 있다.

각 높이에서의 중력파의 주파수는 해당되는 Brunt-Väisälä 진동수보다 낮다(Stull 1988):

$$N_{BV} = \frac{g}{\theta_v} \frac{\partial \overline{\theta_v}}{\partial z} \tag{3.36}$$

Brunt-Väisälä 진동수를 사용하여 안정 대기경계층이 지표면 교환 과정에 미치는 영향을 결정할 수 있으며(Zilitinkevich et al. 2002) 이는 모델링에서 활용될 수 있다(5.5 참조).

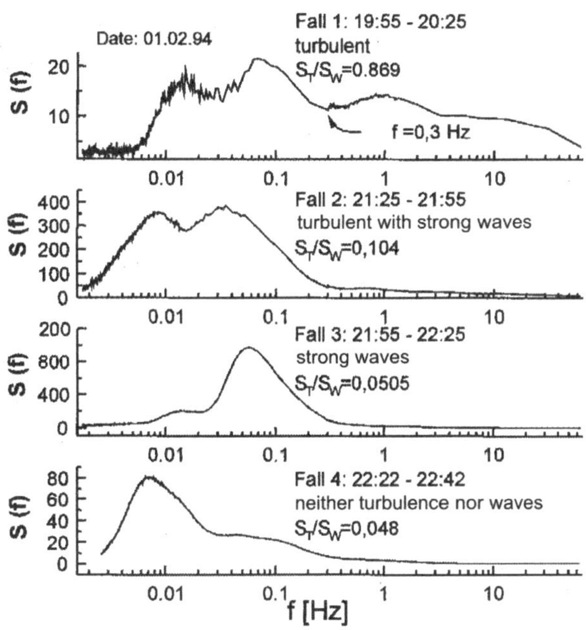

그림 3.33. 2004년 2월 1일 남극 대륙의 FINTUREX 실험에서 나타난 난류와 파동 구조를 가진 기온 스펙트럼. Heinz et al. (1999)에 따르면 주파수 0.3Hz에서 분리됨(그림의 세로축 스케일은 각각 다름에 유의).

3.7 에너지 평형 종결

관측 실험에 따르면 관측 기술 및 방법론적 이유로 에너지 평형 방정식(식 1.1)이 충족되지 않는다. 그림 1.14는 심지어 균질면 위에서도 에너지 평형 종결의 큰 잔류양이 존재하고 있음을 알 수 있다. 그러므로 주간에 지표면은 에너지를 난류플럭스로 방출할 수 있는 양보다 더 많은 에너지를 복사로 받게 된다는 의미가 된다. 결과적으로 지중 열 플럭스와 에너지 저장량(storage)은 상당할 수 밖에 없다. 야간에는 반대의 조건이 되지만, 주간에 저장된 에너지는 야간에 보상받아서 소실된다(Culf et al. 2004; Foken 2008).

표 3.10은 여러 결과를 비교할 수 있도록 저자의 개인 자료와 함께 다양한 실험 결과를 제시한다. 이 결과는 지난 20년간 에너지 평형 종결에 대한 많은 실험결과와 일치한다. 추가적인 분석은 Laubach (1996)에 의해 제시되었다.

표 3.10. 에너지 평형 종결에 대한 실험 결과. 여기서 *Re*는 잔여 값을 의미한다.

experiment	author	$Re/(-Q_s^*-Q_G)$ in %	surface
Müncheberg 1983 and. 1984	Koitzsch *et al.* (1988)	14	winter wheat
KUREX-88	Tsvang *et al.* (1991)	23	different surfaces
FIFE-89	Kanemasu *et al.* (1992)	10	Step
TARTEX-90	Foken *et al.* (1993)	33	barley and bare soil
KUREX-91	Panin *et al.* (1996b)	33	different surfaces
LINEX-96/2	Foken *et al.* (1997a)	20	middle high grass
LINEX-97/1	Foken (1998b)	32	Short grass
LITFASS-98	Beyrich *et al.* (2002c)	37	nearly bare soil
EBEX-2000	Oncley *et al.* (2007)	10	irrigated cotton field
LITFASS-2003	Mauder *et al.* (2006)	30	different agricultural field

에너지 불균형의 이유는 평형 방정식의 개별 구성 요소에서 상대적으로 큰 오차가 존재하는 단일 항이 존재하는 것과 각기 다른 관측 방법을 사용한 것에 부분적으로 기인한다(표 3.11, 그림 3.34). 에너지 평형 방정식의 단일 항은 지표면에서 직접 관측되는 것이 아니라 지표면 상공 또는 토양에서 관측된다. 또한, 관측된 플럭스 정보는 서로 다른 다양한 발생원에서 기인한다. 이는 난류플럭스에 매우 중요한 요소인데, 예를 들어 2m 높이에서 관측 시 유효영향면적에 따라 훨씬 큰 영역과 연결되기도 하는데

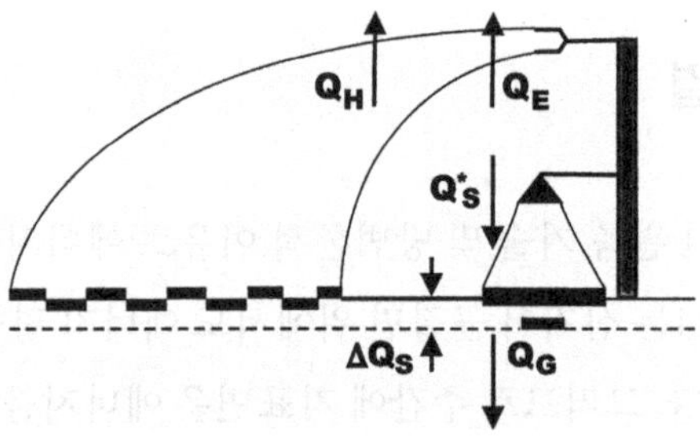

그림 3.34. 에너지 평형 방정식에서의 관측 기반 각 항들의 모식도

(3.4 참조), 관측 지점으로부터 풍상지역의 200m 이상까지 위치할 수도 있다(비율은 약 1:100). 특히 에너지 평형 종결에 중요하게 연관되는 것은 토양층 상부(토양열플럭스 관측지점 바로 위 고도)의 에너지 저장량이다. 이 양은 변화하는 구름양으로 인해 매우 가변적일 수 있으며, 반면 다른 모든 매개변수는 긴 시간을 통해 결정된다(Foken et al. 1999). 계산된 플럭스는 상당히 비정상(unsteady)상태로 나타난다(Kukharets et al. 2000). 야간의 경우 난류플럭스가 무시할 수 있는 사례에서, 지표면에서의 최적의 관측값과 정확한 지중 열 플럭스를 관측하는 경우 에너지 평형을 잘 종결시킬 수 있다(Heusinkveld et al. 2004; Mauder et al. 2007a). 현재는 에너지 평형 종결 문제의 원인이 더 이상 토양에 있다고 보지는 않는다. 기타 에너지량은 비교적 높은 토양 에너지 저장량과 비교하면 식물 내의 저장, 난류 관측 아래 공기의 저장량, 광합성에 의한 에너지 손실 등은 대부분 무시할 만큼 소량이다(Oncley et al. 2007).

표 3.11. 지표면 근처에서의 에너지 평형 종결 오차와 그 주요 원인(Foken 1998a)

term of the energy balance equation	error in %	energy in W m^{-2}	horizontal scale in m	Measuring height in m
latent heat flux(carefully corrected)	5~20	20~50	10^2	2~10
sensible heat flux	10~20	15~30	10^2	2~10
net radiation	10~20	50~100	10^1	1-2
ground heat flux	50	25	10^{-1}	−0.02~−0.10
storage term	?	?	10^{-1}~10^1	

에너지 평형 방정식은 대부분의 대기 모델링의 기초가 된다. 따라서 에너지 평형 종결 문제는 여전히 실험 데이터를 사용하여 모델을 검증하는 연구의 주요 주제이다. 이를 위해 설계된 실험인 EBEX-2000 (Oncley et al. 2007)은 센서 구성 및 보정 방법에 대한 몇 가지 진전이 있었다.

순복사에너지를 결정하기 위해서는 상당한 노력이 필요하다(6.2.1 참조). 왜냐하면 저가의 관측기기인 순복사계(net radiometers)는 순복사에너지를 과소평가할 수 있으며, 이는 표면적으로는 더 정확한 에너지 평형 종결을 유발할 수 있다(Kohsiek et al. 2007). 따라서 난류플럭스는 신중하게 보정되어야 하며(4.1.2 참조), 그 품질은 통합적으로 관리되어야 한다(4.1.3 참조). 동일한 맥락에서 습도의 변동 관측과 센서의 보정(실험 중 포함)은 매우 중요한 요소이다. 난류플럭스를 보다 주의깊게 계산하게 되면 에너지 평형 종결시의 오차를 크게 줄일 수 있으나(Mauder and Foken 2006; Mauder et al.

2007b), 완전히 종결시킬 수는 없다.

에너지 평형 종결은 난류플럭스 관측 품질의 기준으로 사용할 수 없다(Aubinet et al. 2000). 이는 영향을 미치는 영향 인자가 매우 다르기 때문에 잘못된 결론이 도출될 수도 있다는 것을 의미한다. 다만 유사한 다른 실험과 비교해 볼 때, 에너지 평형은 플럭스의 정확도에 대하여 대략적인 기준만을 제공할 뿐이다.

Panin et al. (1998)은 관측 지점 주변의 비균질면이 저주파수 난류 구조를 일으킬 수 있으며, 이는 난류 관측시스템으로 관측할 수 없음을 보여주었다. 긴 시간에 걸쳐 상당히 긴 평균화 시간(예를 들어 7~8시간 이상)은 에너지 평형 종결을 대부분 보여주는 반면(Finnigan et al. 2003), 최대 두 시간까지의 평균화 시간은 유의미한 효과를 보여주지 않는다(Foken et al. 2006b). 또한 Kanda et al. (2004)의 가정에 따르면 하부 경계층에서 생성된 난류 구조가 에너지 평형 종결에 기여한다는 것은 이러한 연구 결과를 뒷받침한다. 이러한 맥락에서 두 가지 실험이 특히 흥미롭다. 하나는 사막 지역에서 대규모의 동질면을 갖는 실험이고(Heusinkveld et al. 2004), 또 하나는 아프리카 덤불 지대에서의 실험이다(Mauder et al. 2007a). 두 경우 모두 종결된 에너지 평형이 관찰되었다. 이러한 실험 결과를 고려하여, Foken et al. (2006a)은 LITFASS-2003 실험을 통해 이차순환과 저주파 구조를 조사하여 에너지 평형을 종결시키기 위한 시도를 하였다(Beyrich and Mengelkamp 2006). 후속 연구로서 LES(Large eddy simulation)를 사용하여 순환과정을 설명하고(5.6 참조), scintillometer 관측기기를 사용하여 공간 평균 플럭스를 결정하였다(Meijninger et al. 2006). 이러한 현상에 대한 더 확실한 검증을 위해 추가적인 조사가 필요함에도 불구하고, 에너지 평형 종결 문제는 규모(scale) 문제라고 말할 수 있다. 더 큰 규모의 난류 구조를 고려할 때에만 완전한 종결이 가능하다. 보통 이차순환은 정체 상태에 있으며, 지표층에서의 관측은 작은 규모에 대한 정보이므로 에너지 평형을 종결시키기 위해 사용할 수 없다.

이상의 결과들은 다양한 영향력을 가지고 있다. 비균질 지역에서 난류플럭스를 관측하기 위해서는 에너지 평형 방정식에 기반한 관측 방법, 예를 들어 보웬비 방법은 사용되어서는 안 된다(4.2.2 참조). 다른 방법들은 작은 규모에서 정확한 플럭스를 관측하지만 에너지 평형 방정식 기반의 방법들은 큰 영역으로 확장되거나 에너지 평형을 종결시키지 못한다. 이 방법은 첫 근사치로 보웬비를 사용하여 잔차를 해당 비율에 따라 난류플럭스 양쪽에 분배함으로써 보정이 가능하다(Twine et al. 2000). 그러나 스칼라 상사가 항상 만족되지 않기 때문에(Ruppert et al. 2006b) 이 방법은 큰 오차를 일으킬 수 있다. 즉 실험 데이터와 모델 출력물의 비교는 여전히 문제가 있다는 의미가 된다.

제4장 | 에너지와 물질의 플럭스를 추정하는 실험 방법

기상학과 기후학에서, 정규관측프로그램들은 일반적으로 대기의 상태변수만을 선택하여 관측한다. 정규관측의 범위는 상당히 제한적이기 때문에, 이 자료로부터 에너지와 물질의 플럭스들을 추정할 수는 없다. 지난 10~15년간 증대되고 있는 기후변화의 문제점에 대한 연구는 증발, 산림에 의한 이산화탄소 흡입, 온실기체의 플럭스의 신뢰성 있는 관측에 대한 요구를 증폭시키고 있다. 그러나 관측은 매우 복잡하고 포괄적인 미기상학적 지식을 필요로 하므로, 일부 소수 연구기관만이 그러한 관측을 수행하였다. 대부분의 관측방법들은 단순화 및 특수조건에 기반을 두지만, 관측을 실제 이행하는 것은 그리 간단하지 않다. 이번 장에서는 관측 이행과 관측의 비용을 망라하고 있는 개략적인 표가 제공될 것이다.

4.1 에디-공분산법(Eddy-Covariance method)

에디-공분산법을 사용하는 플럭스 관측들은 경험적 상수들의 적용 없이 직접 관측하는 방법이다(Businger 1986; Foken et al. 1995; Haugen 1973; Kaimal and Finnigan 1994; Lee et al. 2004). 에디-공분산법은 종종 에디-상관 법이라고도 불리지만, 이는 혼동을 일으킬 수 있으므로 주의할 필요가 있다(4.3장 참조). 그러나 이 방법은 수학 알고리즘의 유도과정에서 여러 가지 가정에 기반하여 단순화되어 있어서, 이러한 가정들이 정확히 충족될 때만 적용될 수 있다(2.1.2 참조). 관측값의 품질은 현재 사용 가능한 고도로 정교한 관측시스템보다는 적용 조건과 정확한 보정에 더 크게 의존한다. 그러므로 실험 경험과 대기 난류의 특성에 대한 지식이 매우 중요하다. 가장 제한적인 조건은 수평적으로 균질한 지표면과 정상상태 조건이다. 정확한 유효영향면적(3.4 참조)은 모든 안정도 조건에 대하여 균일한 지표면 위에서 이루어져야 하며, 내부경계층과 장애물 영향을 배제하는 것(3.2와 3.3 참조)은 관측 장소 선정에 매우 중요한 영향을 미친다. 이는 특히 키가 큰 식생의 추가적인 특성을 고려해야 하는 숲 주변 지역에서 중요하다(3.5장 참조).

기본 방정식들은 비교적 간단하다(식 (2.21)과 식 (2.22) 참조):

$$u_*^2 = -\overline{u'w'},\quad \frac{Q_H}{\rho c_p} = \overline{T'w'},\quad \frac{Q_E}{\rho\lambda} = \overline{q'w'},\quad \frac{Q_c}{\rho} = \overline{c'w'} \tag{4.1}$$

연직 풍속(w) 또는 수평 바람 성분 중 하나, 혹은 스칼라 양의 공분산은 다음과 같은 방법으로 결정될 수 있다:

$$\overline{w'x'} = \frac{1}{N-1}\sum_{k=0}^{N-1}\left[\left(w_k - \overline{w_k}\right)\left(x_k - \overline{x_k}\right)\right] = \frac{1}{N-1}\left[\sum_{k=0}^{N-1} w_k x_k - \frac{1}{N}\left(\sum_{k=0}^{N-1} w_k \sum_{k=0}^{N-1} x_k\right)\right] \tag{4.2}$$

4.1.1 기본적인 관측 기술

식 (4.1)에 따르면, 바람 벡터나 스칼라 성분들의 난류 섭동들이 높은 표본추출 주파수(high sampling frequency)에서 관측되어야만 하기 때문에(6.1.2 참조) 난류 스펙트럼(2.5 참조)은 10~20 Hz까지 확장될 수 있다. 그러한 목적을 위해 사용되는 측기들은 바람 성분들을 구하기 위한 음파풍속계(sonic anemometer)와 시간의 고해상도를 요구하는 스칼라양을 관측할 수 있는 관측기기이다. 스칼라양들을 관측하는 관측기기들은 보통 광학관측법을 사용한다(6.2.3 참조). 관측 시간 또는 표본추출 시간(sampling time)은 대기성층, 풍속, 관측높이에 의존한다. 관측 높이가 2~5 m인 경우, 주간 불안정 성층(여름)에서는 관측 시간이 10~20 min이 필요하고, 야간 안정 성층인 경우에는 보통 30~60 min이 필요하지만 때로는 120 min 이상이 필요한 경우도 있다. 만약 30 min의 표본추출 시간이 하루에 걸쳐서 사용된다면 뚜렷한 오차는 나타나지 않을 것이다. 표본추출 시간이 짧은 경우, 플럭스들에 대한 저주파수 성분이 누락되며, 표본추출 시간이 긴 경우에는 정상상태 조건을 만족시키지 못하게 된다. 따라서 플럭스는 관측들이 완료된 이후에야 결정될 수 있다. 또한 필터링 옵션(filtering option)을 사용할 수도 있다. 저주파통과필터(low pass filter) 또는 트렌드 제거(trend elimination)과정은 플럭스에서 오류를 초래할 수 있으며(Finnigan et al. 2003; Rannik and Vesala 1999), 따라서 30 min의 평균 시간을 가진 블록평균(block averaging)이 현재 권장되고 있다.

난류 에디들의 크기가 지면 위로부터 고도에 따라서 증가하기 때문에, 관측 경로 길이 및 음파풍속계와 추가 측기(예, 습도계) 사이의 이격 거리는 모두 관측의 높이에 의존하게 된다. 12 cm 미만의 경로 길이를 가진 측기들은 2 m 아래에서는 사용할 수 없고, 20 cm 이상의 경로 길이를 가진 측기들은 4 m 아래에서는 사용할 수 없다. 음파온도계와 추가 장치 사이의 최소 거리는 측기에 의해 발생하는 유동 왜곡(flow distortion)에 따라 달라지며, 이는 풍동 실험을 통해 결정해야 한다. 일반적으로, 미세 선 온도센서의 최소 거리는 5 cm이고, 습도계의 경우 20~30 cm이다. 이러한 추가 장비들은 음파풍속계의 풍하 측에 설치되어야만 하고 바람 관측 경로 보다 아래 5~10 cm에 설치해야 한다 (Kristensen et al. 1997). 따라서 전체 시스템의 보정을 줄이기 위해서(4.1.2 참조), 관측 높이는 음파 풍속계의 경로 길이뿐만 아니라 관측장비 간의 간격도 고려해야 결정하여야 한다. 또한, 관측 높이는 거칠기 아층(roughness sublayer)의 영향을 배제하기 위해서 캐노피 높이의 2배 이상이 되어야 한다(그림 4.1).

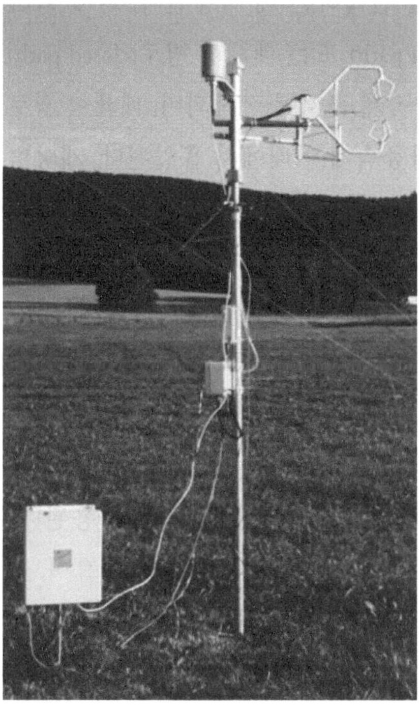

그림 4.1.
음파풍속계 CSAT3와 습도계 KH20으로 구성된 바이루스 대학교의 에디-공분산 관측 시스템 (사진: 포켄)

기초 연구에서는 유동왜곡을 배제하기 위해 선택된 유입 구역(inflow sector)를 갖춘 음파풍속계(6.2.2 참조)가 사용된다. 대부분의 응용분야에서는 풍향에 영향을 받지 않는 전방위 음파풍속계(omni-directional sonic anemometer)로 충분하지만, 이러한 장치는 장착 구조물과 센서 헤드로 인해 유동 왜곡이 발생할 수 있다. 따라서 바람의 연직 성분을 관측할 때에는 관측경로 아래에 방해 요소가 적게 설치된 장치만 사용하는 것이 권장된다.

대부분의 음파풍속계는 음속의 변동도 관측하기 때문에 소위 음향온도(sonic temperature)를 제공하며, 이는 가온도(virtual temperatire) 거의 동일하다. 이 온도를 이용하여 계산되는 플럭스는 부력플럭스로서 현열플럭스보다 약 10~20% 더 크다:

$$\frac{Q_{HB}}{\rho c_p.} = \overline{w' T_v'} \tag{4.3}$$

현열플럭스는 추가적인 수분 관측이 필요한 보정을 적용히여 결정할 수 있다(4.1.2장 참조). 특히 미세 굵기의 열전기쌍(thermocouple) 또는 자유로이 장착된 저항선(지름 < 15 μm)을 이용하여 직접 온도 관측을 하면 비용이 많이 든다.

습도계(hygrometer)는 잠열플럭스(증발)를 관측하는 데 사용된다. 현재 이러한 측기들은 대부분 광학삭이며, 개방형 경로(open path) 또는 폐쇄형 경로(closed path) 방식으로 구분된다. 개방형 경로 습도계는 음파풍속계 근처에 장착되며, 패쇄형 경로 습도계는 몇 m 떨어진 곳에 설치되어 공기가 음파풍속계 아래에서 흡입된다. 개방형 측기는 UV와 IR 범위에서 작동하며, 폐쇄형 측기는 IR 범위에서만 작동한다. UV 측기들은 낮은 습도 조건(수증기압 0~20 hPa)에서, IR 측기들은 높은 습도조건(10~40 hPa)에서 사용해야 한다. 폐쇄형 경로 측기들은 광범위한 데이터 보정이 필요하다. 한 가지 보정은 풍속 관측과 비교한 관측 신호의 시간 지연을 보정하며, 또 다른 보정은 관(tube)을 통한 신호 전달 시 섭동이 필터링되는 효과를 보정한다(Aubinet et al. 2000; Ibrom et al. 2007; Leuning and Judd 1996). 모든 측기들의 유지 보수와 교정에는 상당한 노력이 필요하다.특히 UV 측기의 수명은 매우 짧아 (1000 h 미만) 매우 제한적으로 사용된다. 오존, 일산화질소, 이산화황 등의 기체성분을 측정하는 초고속 광학 장치도 있으며, 이를 이용하여 침적 플럭스(deposition flux)도 유사한 방식으로 관측될 수 있다.

아쉽게도, 오랫동안 에디-공분산 관측을 위한 상용 소프트웨어가 존재하지 않았다. McMillen(1988)이 개발한 버전으로, 평균 연직 바람성분을 강제로 0으로 만들기 위해 좌표계 내부 회전을 포함하고 있다. 그러나 이 소프트웨어는 이류(advection)까지 포함하고 있어서 지형이 불균일한 지역에서는 사용하지 않는 것이 좋다. 음파풍속계 제조업체에서 개발한 소프트웨어는 문서화된 경우에만 사용하여야 한다. 유동 왜곡 보정 적용 시에는 주의가 필요하며, 이는 풍동 실험을 통해 결정되지만 실제 대기에서는 그 보정값이 훨씬 낮다(Högström and Smedman 2004). 보통 이러한 소프트웨어 패키지는 종종 매우 짧은 평균 간격(1~10 min)을 제공하는데, 난류의 스펙트럼 특성으로 인해 이러한 플럭스는 부분적으로만 관측될 수 있다. 단순히 더 긴 시간 동안의 값을 합산하는 것은 올바른 방법이 아니며, 특별한 보정 알고리즘이 필요하다. 이러한 보정 알고리즘은 짧은 시간 구간에 대한 추가적인 통계적 매개변수를 필요로 한다. *M*개의 데이터 포인트로 이루어진 장시간 시계열의 공분산을 *N*개의 짧은 시간 구간(*U*개의 데이터 포인트 포함)으로 나눌 때(*N*=*M*/*U*), 다음과 같은 관계가 성립한다(Foken et al. 1997a).

$$\overline{w'x'} = \frac{1}{M-1}\left[(u-1)\sum_{j=1}^{N}\left(\overline{w'x'}\right)_j + U\sum_{j=1}^{N}\overline{w_j}\,\overline{x_j} - \frac{U^2}{M}\sum_{j=1}^{N}\overline{w_j}\sum_{j=1}^{N}\overline{x_j}\right] \tag{4.4}$$

지난 5~10년 동안 여러 상용 소프트웨어와 대학에서 개발한 프로그램(일부는 무료)이 제공되고 있다(부록 A8 참조). 대부분의 프로그램에 대해 수행된 비교 실험 결과, 이들 소프트웨어는 신뢰할 수 있게 적용될 수 있음이 확인되었다(Mauder et al. 2008; Mauder et al. 2007b). 그러나 각 프로그램은 보정 및 품질 관리 방법의 적용 방식에서 약간의 차이를 보인다.

4.1.2 보정법

보정법(correction method)의 적용은 데이터 품질 관리와 밀접하게 연결되어 있다(4.1.3장 및 6.3장 참조). 품질 관리는 누락된 값과 이상값을 제외하는 것부터 시작하며, 이러한 값들은 전기적 및 기상학적 타당성 검사(plausibility test)를 통해 탐지할 수 있다.

추가적인 검사는 관측 기술적 문제와 구별하기 어려운 기상학적 영향이 있는지를 확인해야 한다(Vickers and Mahrt 1997). 스파이크(spike)는 주로 전자적 요인으로 발생하며, 관측값이 정상 범위를 초과하지만 여전히 가능 범위 내에 존재하는 경우가 많다. 일반적으로 표준 편차를 이용한 검사가 수행되며, 3.5σ를 초과하는 값은 스파이크로 간주된다(Højstrup 1993). 단일 스파이크의 크기가 클 경우, 오류 데이터를 정확히 식별하기 위해 2~3회 반복 테스트를 수행하는 것이 권장된다. 또한, 전체 관측 데이터에서 스파이크가 1%를 초과하는 경우 해당 관측 시계열은 사용하지 않는 것이 바람직하다

에디-공분산 방법은 여러 가정(2.1.2장 참조)에 기반하며, 이들 가정이 충족되는지 확인해야 한다. 만약 가정이 충족되지 않는다면 적절한 보정을 적용해야 한다. 그러나 필요한 보정 사항은 기록된 데이터만으로 확인할 수 없으므로, 광범위한 테스트가 필요하다(4.1.3장 참조). 대부분의 테스트는 모든 보정을 적용한 후 수행된다. 이 중에서

도 정상 상태(steady-state) 조건과 난류 발달 여부를 검증하는 테스트가 특히 중요하다.

여러 관측 신호가 동시에 기록되다 보면, 동일한 시점에서 관측된 데이터가 서로 다른 시점에 저장되는 경우가 발생할 수 있다. 이러한 시간 지연은 데이터 로거 소프트웨어에서 일부 보정할 수 있지만, 시간이 지남에 따라 변할 수도 있다.

대표적인 예로, 음파풍속계에서 공기를 흡입하여 기체 농도를 측정하는 시스템을 들 수 있다. 이 경우, 관 내 흐름 속도에 따라 기체 농도 측정값이 바람 성분보다 상당히 늦게 기록될 수 있다. 이를 보정하기 위해 연직 바람성분과의 상관관계 분석을 수행한 후, 최대 교차 상관(cross-correlation)이 나타나는 지연 시간만큼 시계열을 조정하는 것이 권장된다. 이러한 조정은 추가적인 계산을 수행하기 전에 반드시 이루어져야 한다.

시간 편이 보정이 완료된 후, 초기 공분산(covariance)을 계산할 수 있다. 이 과정은 계산 시간이 가장 많이 소요되는 단계이므로, 초기 공분산 값을 저장해 두는 것이 유용하다. 다음 단계는 좌표계를 회전하는 과정이다. 현재 가장 널리 사용되는 방법은 평면근사법(planar-fit method)으로 Wilczak et al.(2001)이 제안한 방식이다. 이 회전 방법은 전체 관측 기간의 데이터를 기반으로 적용되므로, 실험이 종료될 때까지는 예비 결과만 얻을 수 있다.

이후 적용되는 보정 방법들은 순차적으로 적용된다. 일부 값, 예를 들어 대기 안정도(stability) 매개변수는 보정된 데이터에서 계산해야 하지만, 동시에 보정 과정에서도 필요하다. 따라서 보정은 반복적으로 갱신된 값을 이용하여 계산해야 한다. 일반적으로 몇 번의 반복(iteration)만으로도 충분하며, 이를 통해 플럭스 값을 약 1% 정도 개선할 수 있다(Mauder et al. 2006).

1) 좌표회전(경사 보정)

에디-공분산 방법을 적용하기 위한 기본 조건은 평균 연직 바람 성분이 무시할 수 있을 정도로 작다는 가정이다(식 2.5 참조). 만약 이 조건이 충족되지 않으면, 이류(advection) 플럭스를 보정해야 한다. 이러한 보정을 경사 보정(tilt correction)라고 하며, 수평 축을 평균바람 방향으로 회전시키는 과정이다. 이 방법은 Tanner와 Thurtell(1969), 그리고 Hyson et al.(1977)의 연구를 기반으로 한다. 첫 번째 보정은 좌표계를 z축을 중심으로 평균 바람 방향으로 회전시키는 것이다. 관측된 바람 성분(첨자 m 사용)을 이용하면, 새로운 바람 성분은 다음과 같이 표현된다(Kaimal and Finnigan 1994).

$$u_1 = u_m \cos\theta + v_m \sin\theta,$$
$$v_1 = -u_m \sin\theta + v_m \cos\theta, \tag{4.5}$$
$$w_1 = w_m,$$

여기서

$$\theta = \tan^{-1}\left(\frac{\overline{v_m}}{\overline{u_m}}\right). \tag{4.6}$$

풍속계를 평균 풍향으로 정확히 정렬하되 풍향의 변동이 작은 경우(< 30°), 회전은 필요하지 않다(Foken, 1990). 마찰 속도는 평균 풍향으로 정렬된 수평 바람 성분을 사용하여 계산할 수 있으며, 그렇지 않은 경우 식 (2.24)를 적용해야 한다. 오늘날의 높은 컴퓨터 성능을 고려하면, 이러한 특별한 경우는 큰 의미를 갖지 않는다.

두 번째 회전은 새로운 y축을 중심으로 이루어지며, 이때 평균 연직 바람 성분이 사라질 때까지 회전한다(Kaimal and Finnigan, 1994).

$$u_2 = u_1 \cos\phi + w_1 \sin\phi,$$
$$v_2 = v_1, \tag{4.7}$$
$$w_2 = -u_1 \sin\phi + w_1 \cos\phi,$$

여기서

$$\phi = \tan^{-1}\left(\frac{\overline{w_1}}{\overline{u_1}}\right). \tag{4.8}$$

두 회전 모두 그림 4.2a(위 그림)에 그래프로 나타내었다.

이러한 회전을 통해 음파풍속계의 좌표계가 유선(streamlines)으로 이동하게 된다. 평탄한 지형에서는 이러한 회전이 음파풍속계의 수직 정렬 오류를 보정하는 역할을 한다. 그러나 경사진 지형에서는 유선이 중력 방향과 반드시 수직을 이루지 않으며, 특히 짧은 평균화 기간 동안 이러한 회전이 적절한지에 대한 의문이 제기될 수 있다. 이는 짧은 대류 사건이나 센서의 유동 왜곡 문제에서 특히 두드러진다. 이러한 효과들은 관측된 바람 성분에 상당한 영향을 미치지만, 회전 자체와 직접적인 관련은 없다. 따라서 최근 들어 두 번째 회전에 대한 논란이 커지고 있다.

주된 문제는 이러한 회전을 어떻게 적용할 것인가이다. McMillen(1988)이 개발한 자주 사용되는 소프트웨어는 원시 데이터를 저장할 필요 없이 약 5분 동안 저주파역 통과 필터링을 수행하여 평균 연직 바람을 결정한 뒤, 이를 이용해 좌표계를 회전시킨다. 하지만 평균화 기간이 길어질 경우, 이 방법이 항상 신뢰할 수 있는 것은 아니다. 대류가 발생하거나 풍속이 낮은 기간에는 회전 각도가 20~40°에 이르는 경우도 흔하다.

세 번째 회전(그림 4.2a 아래)은 McMillen(1988)에 의해 제안되었으며, 이는 연직 바람 성분과 평균 풍향에 수직한 수평 바람 성분 간의 공분산을 제거하기 위한 것이다 (Kaimal and Finnigan, 1994).

$$\begin{aligned} u_3 &= u_2, \\ v_3 &= v_2 \cos\psi + w_2 \sin\psi, \\ w_3 &= -v_2 \sin\psi + w_2 \cos\psi, \end{aligned} \tag{4.9}$$

여기서

$$\psi = \tan^{-1}\left(\frac{\overline{v_2 w_2}}{\overline{v_2^2} - \overline{w_2^2}}\right). \tag{4.10}$$

이 회전은 플럭스에 큰 영향을 미치지 않으나 몇 가지 문제를 야기한다. 따라서 첫 번째와 두 번째 회전만 사용하는 것이 권장된다(Aubinet et al. 2000).

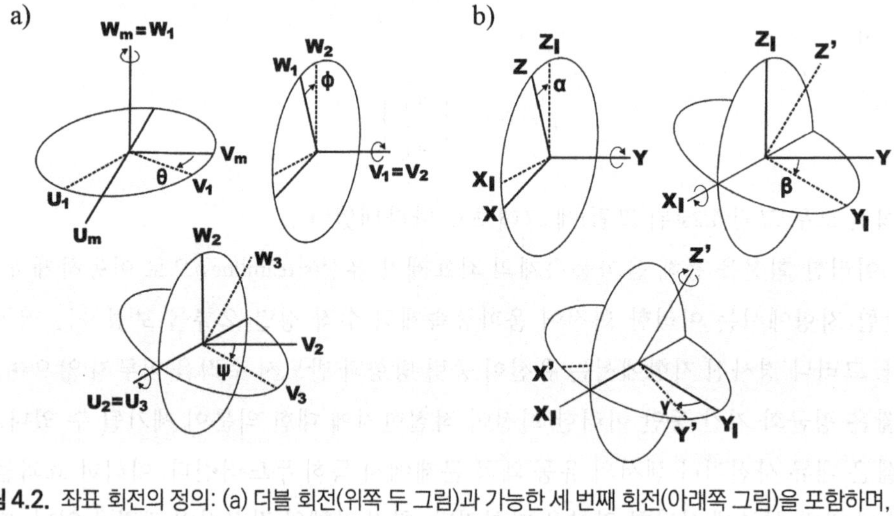

그림 4.2. 좌표 회전의 정의: (a) 더블 회전(위쪽 두 그림)과 가능한 세 번째 회전(아래쪽 그림)을 포함하며, 관측 매개변수는 m 으로 표시되고, 숫자는 회전을 나타낸다. (b) Wilczak et al. (2001)에 따른 평면 근사(planar-fit) 방법으로, 선형 다중 회귀 이후 두 번의 회전(위쪽 두 그림)과 평균 풍향으로의 회전(아래쪽 그림)으로 구성된다. 인덱스 I는 부분 회전을 나타내며, 아포스트로피(')는 회전 후의 좌표를 의미한다

Paw U et al. (2000)와 Wilczak et al. (2001)은 평균 유선(streamlines) 방향으로의 회전을 제안했다. 이른바 평면근사법에서는, 풍속계의 설치 각도가 변하지 않는 조건에서 관측 장비와 평균 유선장 사이의 차이를 오랜 기간(며칠에서 몇 주) 동안 특정 관측 지점에서 추정한다. 즉, 이 기간 동안 관측 장비의 방향이 변경되지 않아야 한다. 따라서 음파풍속계를 경사계(inclinometer)와 함께 사용하고, 경사계 데이터를 정기적으로 확인하는 것이 권장된다. 필요할 경우, 풍속계를 초기 방향으로 다시 맞춰야 한다.

행렬 형식(matrix form)은 평면근사법을 기술하는데 적절하다.

$$\vec{u}_p = P(\vec{u}_m - \vec{c}), \tag{4.11}$$

여기서 $\vec{u}_m$은 관측 바람 벡터이고, $\vec{u}_p$는 평면근사 회전풍속이고, $\vec{c}$는 오프셋 벡터(offset vector), $\boldsymbol{P}$는 변환 행렬이다. 이 경우 회전 방정식들은 다음과 같다:

$$\begin{aligned}
\overline{u_p} &= P_{11}(\overline{u_m} - c_1) + p_{12}(\overline{v_m} - c_2) + p_{12}(\overline{w_m} - c_3) \\
\overline{v_p} &= P_{21}(\overline{u_m} - c_1) + p_{22}(\overline{v_m} - c_2) + p_{23}(\overline{w_m} - c_3) \\
\overline{w_p} &= P_{31}(\overline{u_m} - c_1) + p_{32}(\overline{v_m} - c_2) + p_{33}(\overline{w_m} - c_3)
\end{aligned} \tag{4.12}$$

오프셋 벡터는 필수적인 요소인데, 예를 들어 음파풍속계의 유동 왜곡으로 인해 연직 바람 속도가 약간 양의 값을 가지게 되기 때문이다(Dyer, 1981). 따라서 c_3값은 0이 아닌 특정값을 요구된다. 반면, 수평 바람 성분의 오프셋은 무시할 수 있는 수준으로 가정할 수 있다. 그럼에도 불구하고, 음파풍속계를 사용하기 전에 조용한 조건(혹은 밀폐된 상자 내부)에서 오프셋 값을 점검하고, 필요하면 보정해야 한다.

평균 유선에 맞춰진 평면근사 좌표계에서는 $\overline{w_p} = 0$가 되며 되며, 기울기 각도는 다중 선형 회귀를 이용한 식 (4.12)에 따라 계산할 수 있다.

$$\overline{w_m} = c_3 - \frac{p_{31}}{p_{33}}\overline{u_m} - \frac{p_{32}}{p_{33}}\overline{v_m}, \tag{4.13}$$

여기서 $p_{31} = \sin\alpha$, $p_{32} = -\cos\alpha \sin\beta$ 그리고 $p_{33} = \cos\alpha \cos\beta$이다. 이 각도를 알면, 제안된 순서에 따라 Fig. 4.2b에 나타난 방식으로 좌표계를 회전시킬 수 있다. 즉, 먼저 각도 α를 중심으로 회전한 후, 각도 β를 중심으로 회전한다. 이 방법에서의 회전 각도는 몇 도 정도에 불과하다. 만약 회전 각도가 풍향과 풍속에 따라 다르게 나타난다면,

이 방법은 개별 풍향 구간과 풍속 범주별로 적용해야 한다.

평균 유선 수준으로 회전한 후, 각 개별 관측값을 평균 풍향으로 다시 회전해야 한다(그림 4.2b 아래 참조).

$$\gamma = \arctan\left(\frac{\overline{v_p}}{\overline{u_p}}\right) \tag{4.14}$$

이 과정은 다른 회전 방법과 완전히 동일하지만, 마지막 단계에 해당한다. 일반적으로 개별 관측값에는 30분 간격의 블록 평균(block averaging)이 사용된다.

2) 고주파수 범위 내의 스펙트럼 보정

실제 사용 가능한 난류 스펙트럼에 대한 중요한 보정은 관측 시스템의 스펙트럼 해상도 조정이다. 따라서 시간 해상도(시간 상수), 관측 경로 길이, 그리고 서로 다른 관측 경로 간의 간격을 보정해야 한다. 현재는 Moore (1986)에 따른 보정법이 일반적으로 적용된다. 다만, 공개된 소프트웨어 프로그램에는 오류가 있으므로 주의해야 한다. 안정성 의존적인 스펙트럼 함수는 원본 자료(Kaimal et al. 1972)에서 가져와야 하며, 2.5장에서 참고할 수 있다. 또한, 공개된 앨리어싱 보정은 적용하지 말아야 한다. 스펙트럼 함수는 Kansas 실험의 몇 가지 관측값을 기반으로 하므로, 그 보편적인 유효성에는 제한이 있음을 염두에 두어야 한다.

스펙트럼 보정은 전달 함수(6.1.3장 참조)를 사용하여 수행된다. 음파풍속계의 연직 풍속(w)과 관련된 플럭스 매개변수를 결정하는 센서(x)에 대한 경로 길이 조합마다 결정해야 할 사항이 존재한다. 즉, 각 조합에 상응하는 시간 상수(τ), 관측 경로 길이(d), 센서 간 간격(s)에 대한 개별 필터가 존재하며, 이들을 각각 결정해야 한다. 이 때 이들 단일 함수의 곱이 전체 전달 함수가 된다:

$$T_{w,x}(f) = \sqrt{T_{\tau,w}(f)}\,\sqrt{T_{\tau,x}(f)}\,\sqrt{T_{d,w}(f)}\,\sqrt{T_{d,x}(f)}\;T_{s,w,x}(f) \tag{4.15}$$

센서가 평균 풍향에 평행하게 정렬되어 있으면, 스펙트럼 보정은 위에서 언급한 교차 상관 보정을 사용하여 부분적으로 수행된다. 적용된 관측 시스템에 대해서는, 관측 지점에 대해 간단한 분석적 보정을 사용할 수도 있다(Massman 2000). Eugster와 Senn(1995)에서는 전자 감폭회로(electronic damping circuit)를 기반으로 한 방법을 제안했다.

3) 저주파수 범위내의 스펙트럼 보정

보통 30 min의 샘플링 시간은 플럭스의 저주파 부분을 관측하기에 충분하지 않다. 원칙적으로 평균화 간격은 추세를 제거함으로써 연장할 수 있으며, 대부분의 경우 선형 추세만 제거하는 것으로 충분하다. 물론 이것은 난류플럭스와 관련이 없는 저주파 사건이 계산된 플럭스에 영향을 줄 위험이 있다(Finnigan et al. 2003).

따라서 플럭스가 일반적인 평균화 시간 내에서 최대값을 갖는지 확인하는 것이 권장된다. 이는 이른바 누적도수분포도 테스트(ogive test)를 사용하여 수행된다 (Desjardins et al. 1989; Foken et al. 1995; Oncley et al. 1990). 이는 난류플럭스의 공 스펙트럼(co-spectrum)의 누적 적분을 사용하여 계산되며, 가장 높은 주파수부터 시작된다.

$$Og_{w,x}(f_0) = \int_{\infty}^{f_0} Co_{w,x}(f)\,df \tag{4.16}$$

적분값이 저주파에서 일정 값(플럭스)에 수렴하고, 평균화 간격을 늘려도 큰 변화가 없다면 추가적인 보정은 필요하지 않다.

Foken et al. (2006b)은 LITFASS-2003 실험에서 약 80%의 경우에서 누적도수분포도가 30 min 평균화 시간 내에 수렴한다고 보여주었다. 나머지 경우, 주로 하루의 전환 기간에서는 누적도수분포도가 수렴하지 않거나 30 min의 적분 시간 이전에 최대값에 도달하고, 그 이후로 감소했다. 조사된 데이터 세트에 대해 저주파 플럭스에 누적도수분포도 보정을 적용하면 플럭스는 5% 미만으로 증가한다. 누적도수분포도 보정은 최근에는 일상적으로 적용되지는 않는다(그림 4.3).

4) 부력플럭스의 보정

음파풍속계로 관측된 온도는 음파온도(sonic temperature)로 불리게 된다(Kaimal and Gaynor 1991):

$$T_s = T(1 + 0.32\,e/p) \tag{4.17}$$

이 온도는 가온도(식 2.6.9 참조)와 거의 차이가 없다:

$$T_v = T(1 + 0.38\,e/p) \tag{4.18}$$

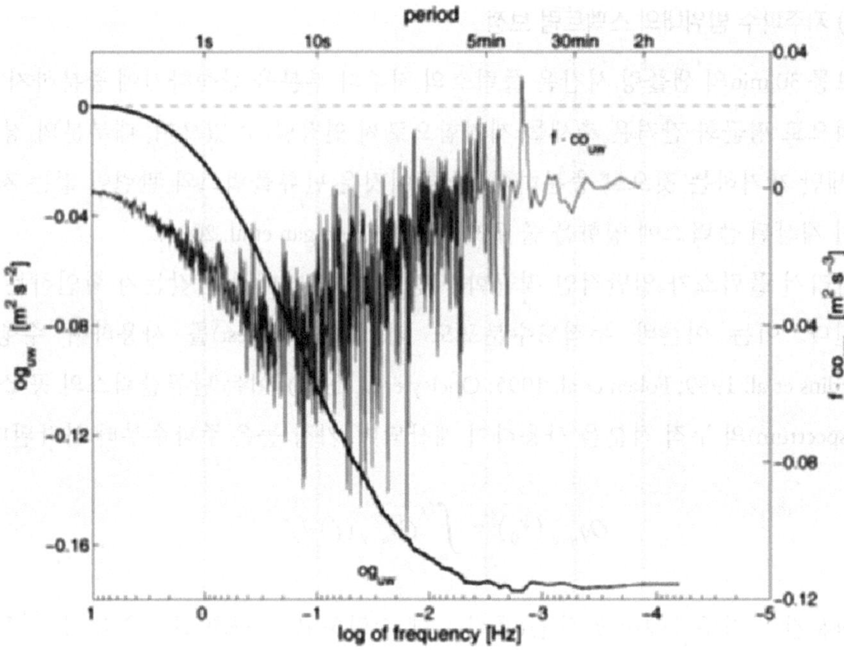

그림 4.3. LITFASS-2003 실험 기간의 운동량 플럭스 수렴 누적도수분포도(Og_{uw})와 공 스펙트럼($f\,CO_{uw}$) (2003년 6월 9일, 12:30~16:30 UTC, Foken et al. 2006b)

따라서 음파 온도로 관측된 열 플럭스는 대체로 부력플럭스와 같다. 관측된 부력플럭스를 현열플럭스로 변환하려면, 식 (4.17)의 Reynolds 분해를 식 (4.1)에 적용해야 한다. 이 때 음파풍속계의 구조와 풍속에 따라 음향 신호가 변할 것이라는 점을 유의해야 한다. Schotanus et al. (1983)은 널리 사용되는 보정법을 개발했다. 이 방법은 연직 관측 경로에만 유효하다. 최근에 사용 가능한 음파풍속계에 대해서는 Liu et al. (2001)이 이 보정을 적용시켰으며, 여기에는 이른바 교차풍 보정(crosswind correction)이 포함된다.

$$\rho c_p(\overline{w'T'}) = \rho c_p \frac{\overline{w'T_s'} + \dfrac{2\overline{T}}{\overline{c}^2}\left(\overline{u}\,\overline{u'w'}A + \overline{v}\,\overline{v'w'}B\right)}{1 + \dfrac{0.1\,\overline{T}c_p}{\lambda\,Bo}} \qquad (4.19)$$

대부분의 제조업체가 센서 소프트웨어에 교차풍 보정을 포함시키기 때문에, 식 (4.19) 분자에서 두 번째 항은 무시할 수 있다(표 4.1).

표 4.1. 식 (4.19)에 사용되는 계수 A와 B의 값. 이때 Liu et al. (2001)의 수식을 사용하였고, ϕ는 현재 사용되는 다양한 음파풍속계 유형에서 관측 축과 수평선 사이의 각도를 나타낸다. USA-1의 난류 모듈이 없는 경우를 제외하고, 이러한 보정은 이미 센서 소프트웨어에 포함되어 있다.

factor	CSAT3	USA-1	Solent	Solent-R2
A	7/8	3/4	$1-1/2 \cdot \cos^2\phi$	1/2
B	7/8	3/4	$1-1/2 \cdot \cos^2\phi$	1

5) WPL 보정

Webb et al. (1980)은 밀도 변동을 무시하는 것, 표면에서의 유한한 습도 플럭스, 기체 농도를 질량 단위가 아닌 부피 단위로 관측하는 것 때문에 발생하는 밀도 보정(오스트레일리아 대기과학자인 Webb, Pearman, Leuing의 첫 자를 따서 WPL 보정이라 하며 이전에는 Webb 보정으로 불림)의 필요성을 논의하였다. 지난 20년 동안 이어진 논의에 대한 리뷰는 Fuehrer and Friehe (2002)에 의해 재조명되었다. 여러 다른 접근 방식으로는 Hesselberg (1926), Kramm et al. (1995), Kramm and Meixner (2000)이 제안한 밀도 가중 평균법이 있다. 그러나 이 방식을 적용하면 본서에서 일관성이 깨질 수 있으므로, 이후 논의에서는 Webb et al. (1980)의 방식을 따르기로 한다.

Webb et al. (1980)는 건조 공기를 가정하여 유도 과정을 시작한 반면, Bernhardt and and Piazena (1988)는 습윤 공기를 가정하였다. 두 방법 간의 차이는 무시할 수 있을 정도로 작다. 그러나 습윤 공기 접근법을 사용할 경우, Liu (2005)는 적어도 이산화탄소 플럭스 보정에서 유의미한 차이가 나타난다고 밝혔다. 이 복잡한 보정에 대한 논의는 여전히 진행 중이다. 따라서 현재로서는 기존의 WPL 보정을 변경 없이 사용하는 것이 바람직하다.

단위 질량 당 관측되는 총 플럭스는 다음 관계식에 따라 비(specific) 물질양 q_c의 함량으로 표현되어야 한다.

$$F_c = \overline{\rho w q_c} = \overline{\rho w}\,\overline{q_c} + \overline{(\rho w)' q_c'} \tag{4.20}$$

부분 밀도(partial density)를 사용하여

$$\rho_c = \rho q_c \tag{4.21}$$

을 대입하면, 단위 체적 당 관계식은 다음과 같다.

$$F_c = \overline{\rho w q_c} = \overline{w}\,\overline{\rho_c} + \overline{w'\rho_c'}, \tag{4.22}$$

위의 식은 관측에서 적용된다. 평균 연직 풍속은 아래의 보정 항에 포함된다:

$$F_c = \overline{w'\rho_c'} + \overline{q_c}\frac{Q_H}{c_p\overline{\overline{T}}}\cdot\left[1 + 1.61\frac{c_p\overline{T}}{\lambda}\left(1 - 0.61\overline{q}\right)\frac{1}{Bo}\right] \tag{4.23}$$

WPL 보정은 난류 변동이 평균 농도에 비해 작은 경우 크게 나타난다. 예를 들어, 이산화탄소의 경우 보정 값이 최대 50%까지 이르는 것이 일반적이다. 반면, 수증기 플럭스의 경우 보정 값은 몇 퍼센트에 불과한데, 이는 보웬비와 현열플럭스의 영향이 서로 반대 방향으로 작용하기 때문이다 (Liebethal and Foken 2003; 2004).

WPL 보정을 사용하여 부피 단위 값을 질량 단위 값으로 변환하는 것은, 수증기 농도나 다른 기체의 농도가 에디-공분산(eddy-covariance) 계산 전에 건조 공기 1몰당 몰 농도(mol per mol dry air)로 변환된 경우에는 적용할 수 없다. 그러나 변환 여부는 센서 유형과 제조업체에서 제공하는 기능에 따라 달라질 수 있다.

6) 비열 보정

Stull(1988)은 Brook(1978)이 제안한 비열의 습도 의존성의 수정안을 발표하였고 이 수정안은 플럭스의 백분율 개념으로 자주 사용된다. 그러나 이 수정안이 발표된 직후, 여러 연구자들(Leuning and Legg 1982; Nicholls and Smith 1982; Webb 1982)은 이 비열 보정이 잘못된 조건에 기반하고 있어서, 사용하여서는 안 된다고 지적하였다.

7) 이류 보정

비균질적인 지형에서 수행된 최근의 광범위한 관측에서, 에디-공분산 방법을 적용할 때 이류(advection)를 완전히 무시할 수 없다는 것이 밝혀졌다. 그림 4.4에서처럼 평탄한 지형과 경사진 지형 모두에서, 부피 요소의 상단 경계에서 관측된 플럭스 외에도 연직 및 수평 플럭스가 존재하며, 가장 단순한 경우에는 이들끼리 균형을 이루는 것이 나타난다. 복잡한 지형에서의 물질 변환, 특히 연직 플럭스는 Lee(1998)가 제안한 특별한 보정을 사용해야 하는 이유가 된다. 그 출발점은 부피 요소에서의 순 플럭스에 대한 균형 방정식이다.

$$F_n = \overline{w'\rho_c'(h)} + \int_0^h \frac{\partial \overline{\rho_c}}{\partial t} dz + \int_0^h \left(\overline{w} \frac{\partial \overline{\rho_c}}{\partial z} + \overline{\rho_c} \frac{\partial \overline{w}}{\partial z} \right) dz \tag{4.24}$$

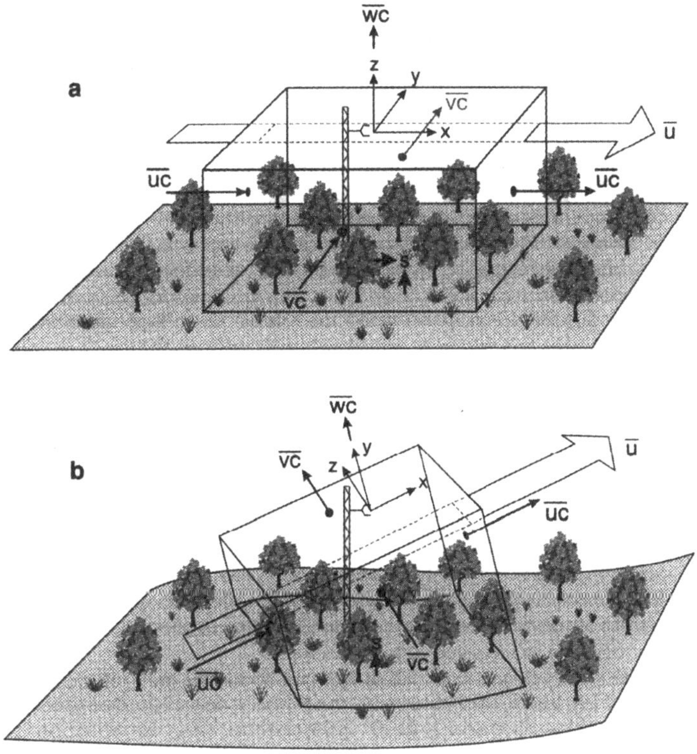

그림 4.4. (a) 균질한 지형과 (b) 복잡한 지형에서 부피 요소를 통하여 일어나는 이류의 개략도. x-y 평면은 바람 벡터의 앙상블 평균으로 정의되며, 이류되는 부피요소는 지표면의 평균 높이와 평행하지 않다(Finnigan et al. 2003).

순 플럭스(net flux)는 다음 세 가지 항의 합으로 구성된다. 첫 번째는 부피 요소 상단에서의 플럭스(1번째 항), 두 번째는 조사 대상 물질의 부분 밀도 변화에 따른 생성 및 소멸 항(2번째 항), 마지막으로 이류 항(3번째 항)이다.

Paw U et al. (2000)은 이 이류 항이 Lee (1998)가 논의한 연직 이류 플럭스를 포함할 뿐만 아니라, WPL 보정(Webb et al. 1980)에 의해 추가적인 연직 플럭스 효과도 포함하고 있음을 보여주었다.

유선(streamline)에 적응된 좌표계를 선택하면, 두 번째 영향을 평균적으로 제거할 수 있다. 현재의 권장 사항은 어떠한 이류 보정도 사용하지 않고, 순 플럭스에 생성 및 소멸 항을 포함한 후 WPL 보정을 적용하는 것이다 (Finnigan et al. 2003; Paw U et al. 2000). 그러나 이를 위해서는 평면근사법(Wilczak et al. 2001)을 사용해야 하며, 따라서 관측은 평균 유선에 맞춘 좌표계를 기반으로 이루어져야 한다. 이 문제는 여전히 복잡한 지형에서 진행 중인 연구 주제이다 (Aubinet et al. 2003b; 2005).

4.1.3 품질보증

에디-공분산법을 이용한 난류 관측은 단순한 타당성 검사(plausibility test)만으로 쉽게 검증할 수 없다(6.3.1절 참조). 난류 관측의 품질 보증은 모든 보정을 완전히 적용하는 것과 함께, 내부 경계층(internal boundary layers), 중력파(gravity waves), 간헐적 난류(intermittent turbulence)와 같은 기상적 영향을 배제하는 과정의 조합으로 이루어진다. 데이터 품질 관리를 수행하는 주된 목적은, 주어진 기상 조건에서 식 (4.1)의 단순화과정이 정당한지를 검증하는 것이다(2.1.2절 참조). 품질 검사(Foken and Wichura 1996; Foken et al. 2004; Kaimal and Finnigan 1994)는 정상 상태(steady-state) 조건, 균질한 표면(homogeneous surfaces), 발달된 난류(developed turbulence)와 같은 이론적 가정을 검증하는 데 사용된다.

에디-공분산법에서는 정상상태가 요구된다. 그러나 기상 관측은 짧게는 1시간 이내의 기간 동안만 이러한 조건을 대략적으로 만족한다. 이에 대해 직접적 또는 간접적으로 사용할 수 있는 여러 가지 검사 방법이 존재한다. 예를 들어, 정상상태 여부는 서로 다른 평균 시간에 대해 플럭스를 분석함으로써 확인할 수 있다(Foken and Wichura 1996; Gurjanov et al. 1984). 이를 통해, 플럭스를 약 5분 길이의 짧은 M개의 구간에서 각각 계산한 후, 이들 짧은 구간의 평균을 산출하는 방식으로 평가할 수 있다.

$$\left(\overline{u'w'}\right)_i = \frac{1}{N-1}\left[\sum_j x_j y_j - \frac{1}{N}\left(\sum_j x_j \sum_j y_j\right)\right] \tag{4.25}$$

$$\overline{x'y'} = \frac{1}{M}\sum_i \left(\overline{x'y'}\right)_i$$

다음으로, 전체 평균 구간(예: 30분) 동안의 플럭스를 계산한다

$$\overline{x'y'} = \frac{1}{MN-1}\left[\sum_i\left(\sum_j x_j y_j\right)_i - \frac{1}{MN}\sum_i\left(\sum_j x_j \sum_j y_j\right)_i\right] \tag{4.26}$$

정상상태 조건은 두 결과가 30% 이상 차이가 나지 않으면 가정할 수 있다. 차이의 정도를 구분하여 데이터 품질을 분류할 수 있다.

Vickers and Mahrt (1997)는 비슷한 결과를 주는 두 가지 검사를 제안하였다. 이들은 시계열 자료에서 왜도(skewness)와 과잉(excess)을 계산하여, 왜도 값이 > |2|이고 과잉 값이 < 1 또는 > 8인 경우, 저조한 데이터 품질로 간주하며, 왜도 값이 > |1|이고 과잉 값이 < 2 또는 > 5인 경우 중간 수준의 데이터 품질로 분류할 것을 제안하였다.

바람 성분에 대해서는 시계열의 시작과 끝 데이터를 비교한다. 이 값들의 차이는 평균 풍속으로 정규화하여 다음 관계식을 충족하여야 시계열에서 정상상태로 받아들여질 수 있다.

$$\left[\frac{u_1 - u_N}{\overline{u}}\right] < 0.5\,, \tag{4.27}$$

정상 상태 테스트는 종종 신호에서 갑작스러운 큰 변화, 일정 시간 동안의 일정한 신호, 또는 신호 수준의 변화를 식별한다. 이러한 사건의 원인은 종종 전자적인 문제에서 기인한다. Mahrt (1991)는 Haar 웨이블릿을 사용하여 사선의 시간을 살 찾을 수 있는 테스트를 제안하였다. 이 테스트는 간헐적 난류(periods of intermittent turbulence)도 식별할 수 있다.

난류의 발달은 2.4절에서 설명한 플럭스-분산 유사성(flux-variance similarity)을 사용하여 조사할 수 있다 (Foken and Wichura 1996). 이 경우, 관측된 전체 난류 특성은 표 2.10과 2.11에 따른 모델링된 특성과 비교된다. 약 30% 미만의 차이에 대해 좋은 데이터 품질을 가정한다. 비슷한 방식으로, 플럭스 계산에 사용된 값들과 평균 값 간의 상관 계수(correlation coefficient)를 비교하는 것도 품질보증 테스트에 사용할 수 있다 (Kaimal and Finnigan 1994).

또한, 풍속 성분은 품질관리테스트 시스템에 포함되어야 한다. 평균 연직 풍속은 낮아야 하는데, 평탄한 지형에서 수평 풍속이 < 5 m/s일 때 평균 연직 풍속은 0.15-0.20 m/s 미만이어야 한다. 수평 풍속 범위가 제한된 음파풍속계(풍향에 따른 표준 편차와 위치 및 미기상 조건에 따라 관측값이 inflow 범위와 일치하는 경우)에 대해서는 일반적으로 유입 범위(inflow sector)를 ±30~40°로 줄여야 한다. 유입 각도가 제한되지 않은

음파풍속계(전방위적)의 경우, 지지대와 센서 헤드를 통한 유속이 전체 데이터 품질을 저하시킬 수 있다.

난류플럭스 평가시스템은 두 가지 단계로 구성된다. 첫 번째 단계에서는 개별 테스트를 임계값과 데이터 품질 단계를 기준으로 평가하고(표 4.2), 두 번째 단계에서는 관측된 데이터의 전체 품질이 개별 테스트의 적절한 조합으로 표현된다(표 4.3). 가장 중요한 테스트는 정상상태 테스트여야 한다. 중립성층에서의 전체 난류 특성에 대한 테스트에서는 스칼라 특성의 결정에서 오류가 매우 클 수 있다는 점을 유의해야 한다. 이 테스트는 과도하게 해석하지 말아야 하며, 풍향 매개변수의 특성에 대한 테스트가 우선해야 한다. 의심스러운 경우에는 개별 테스트의 순위를 확인할 수 있어야 한다. 표 4.3에 따른 분류는 1-3등급이 높은 정확도를 가지며, 이 데이터는 기초 연구에 사용될 수 있도록 설정되었다. 1-6등급의 데이터는 플럭스의 장기 관측에 제한 없이 사용할 수 있다. 7-8등급의 관측값은 방향을 제시하는 용도로만 사용해야 하며, 필요 시 삭제해야 한다. 9등급은 항상 취소된다.

표 4.2. 정상상태 테스트의 데이터 품질 범위. 이 범위는 식 (4.21) 및 (4.22)에 따라 결정되었으며, 적분 난류 특성의 모델 가정과의 비교는 표 2.10 및 2.11을 참조하고, 바람 기준은 음파풍속계 CSAT3를 예를 들어 사용하였다.

steady state according Eqs. (4.21) and (4.22), differences		integral turbulence characteristics, differences		horizontal inflow sector	
class	range (%)	class	range (%)	class	range (%)
1	0~15	1	0~15	1	± 0~30°
2	16~30	2	16~30	2	± 31~60°
3	31~50	3	31~50	3	± 60~100°
4	51~75	4	51~75	4	± 101~150°
5	76~100	5	76~100	5	± 101~150°
6	101~250	6	101~250	6	± 151~170°
7	251~500	7	251~500	7	± 151~170°
8	501~1000	8	501~1000	8	± 151~170°
9	> 1000	9	> 1000	9	> ± 171°

표 4.3. 단일 품질 테스트(표 4.2)의 조합을 통한 플럭스 관측의 전체 데이터 품질을 제안 방법 (Foken et al. 2004)

overall quality	steady state	integral turbulence characteristics	horizontal inflow sector
1	1	1~2	1~5
2	2	1~2	1~5
3	1~2	3~4	1~5
4	3~4	1~2	1~5
5	1~4	3~5	1~5
6	5	≤5	1~5
7	≤6	≤6	≤8
8	≤8	≤8	≤8
	≤8	6~8	≤8
9	one ranging 9		

4.1.4 갭 채우기(Gap Filling)

장기관측 프로그램에서 에디-공분산법의 적용은 국제 FLUXNET 프로그램(Baldocchi et al. 2001)과 같은 경우, 결측 데이터를 처리하는 객관적인 방법이 필요하다. 이는 이러한 관측 프로그램에서 순 생태계 교환(Net Ecosystem Exchange, NEE)과 같은 연간 합계를 산출해야 하기 때문이다. 본질적으로, 두 가지 유형의 결측 데이터를 수정해야 한다. 첫 번째 유형은 강우와 같은 기상 영향이나 전체 시스템의 고장으로 인해 단일 시스템에서 발생한 결측 데이터이다. 두 번째 유형은 대체해야 할 데이터로, 예를 들어 야간 난류 교환 조건이 존재하지 않으면 관측 방법이 더 이상 만족스럽게 작동하지 않는다. 이산화탄소 플럭스 관측에 대한 갭 채우기(gap filling) 방법은 잘 개발되어 있다(Falge et al. 2001; Gu et al. 2005; Hui et al. 2004). 그럼에도 불구하고, 주간의 탄소 동화와 호흡에 대해 다른 접근법을 사용하는 이 방법들은 여전히 논의 중에 있다. 최근에는 모델을 이용한 갭 채우기 방법(Papale and Valentini 2003)이 적용되고 있다.

주간의 탄소 흡수(carbon uptake)의 결정은 이른바 Michaelis-Menton 함수(Falge et al. 2001; Michaelis and Menton 1913)를 사용하여 이루어지며, 이 함수는 서로 다른 온도 등급과 지구복사량 기준으로 평가해야 한다:

$$Q_{c,day} = \frac{a K\downarrow \cdot Q_{c,sat}}{a K\downarrow + Q_{c,sat}} + Q_{R,day} \tag{4.28}$$

여기서 $Q_{c,sat}$는 빛 포화($K\downarrow = \infty$)상태에서의 탄소 플럭스이고, $Q_{R,day}$는 주간 호흡이고, a와 $Q_{c,sat}$는 특정 관측 장소에 사용 가능한 데이터 세트를 이용하한 다중 회귀 분석을 통해 결정해야 한다.

생태계의 호흡은 Lloyd-Taylor 함수(Falge et al. 2001; Lloyd and Taylor 1994)를 사용하여 결정할 수 있다.

$$Q_R = Q_{R,10}\ e^{E_0\left(\frac{1}{283.15 - T_0} - \frac{1}{T - T_0}\right)} \tag{4.29}$$

여기서 $Q_{R,10}$는 10 ℃에서의 호흡이고, $T_0 = 227.13$K (Lloyd and Taylor 1994), E_0는 호흡의 온도 의존성을 나타낸다. 이 방정식의 매개변수들은 야간 에디-공분산 관측 ($K\downarrow < 10\ \mathrm{W\ m^{-2}}$)을 통해 결정되며, 이때 낮은 복사 플럭스에서는 호흡만 관측될 수 있다는 가정이 적용된다. 이 계수들은 온도 등급에 따라 결정된다. 두 방법 모두 주간의 탄소 플럭스와 야간의 호흡에 대한 방정식은 기후학적 매개변수화 과정임을 주의해야 한다. 따라서 이 값들은 개별 값들과 상당한 차이를 보일 수 있다.

Michaelis-Menton 함수는 일반적으로 주간의 갭 채우기에 사용되며, Lloyd-Taylor 함수는 낮은 난류활동 때문에 야간에 사용해야 한다. 적용 여부에 대한 결정은 이른바 u_* -기준(Goulden et al. 1996)에 따른다. 따라서 호흡은 식 (4.29)에 따른 모델 계산을 사용하여 온도 민감도를 제외한 후 정규화되고, 마찰 속도 u_*의 함수로 표시된다. 일정 마찰 속도 이상에서는 정규화된 호흡이 일정하게 유지된다. 마찰 속도가 더 낮은 관측값은 갭 채우기가 필요하다. 일반적인 임계값은 $u_* = 0.3 - 0.4\mathrm{m\ s^{-1}}$의 범위에 있다. 모든 관측소에서 이러한 임계값을 결정할 수 있는 것은 아니다 (Gu et al. 2005).

더 객관적인 접근법은 4.1.3절에서 소개된 난류플럭스에 대한 품질 기준을 적용하는 것처럼 보인다(Ruppert et al. 2006a). 이에 따르면, 매우 높은 데이터 품질을 사용하여 Michaelis-Menton 함수와 Lloyd-Taylor 함수를 결정하고, 그 후 두 함수를 사용하여 낮은 데이터 품질을 가진 데이터의 갭을 채운다. 이 방법의 장점은 고품질의 야간 데이터를 낮은 마찰 속도와 함께 사용하여 Lloyd-Taylor 함수를 매개변수화할 수 있다는 것이다. 반면, 주간의 데이터 품질이 낮은 값들은 갭 채우기가 필요하다

4.1.5 종합 평가

다양한 방법들의 비용을 개괄적으로 보기 위해, 다음에서는 모든 방법의 비용과 관측 결과의 품질을 제시한다. 에디-공분산법(표 4.4)은 유일한 직접 관측 방법이며 가장 높은 정확도와 가장 큰 시간 해상도를 가진 방법임을 알 수 있다. 그러나 이 방법은 가장 포괄적인 지식과 큰 실험적 노력이 필요하다.

에디-공분산법의 매우 복잡한 알고리즘은 오차 전파 법칙에 따라 오차를 결정하는 데 사용될 수 없다. 그럼에도 불구하고 Mauder et al. (2006)은 실험 EBEX-2000과 LITFASS-2003 중 센서와 소프트웨어 비교를 사용하여 관측 방법의 정확도를 결정하려고 시도했다. 중요한 의존성이 음파풍속계의 종류(표 6.10 참조)와 데이터 품질에 따라 달라짐을 발견했다. 결과는 표 4.5에 요약되어 있다

표 4.4. 에디-공분산법의 평가

criterion	evaluation
area of application	basic research and expensive continuously measuring programs
financial expense	10∼50 k€ per system
personal expense	continuous scientific and technical support
education	good micrometeorological and measuring technique knowledge
error	depending on the micrometeorological conditions 5∼10%
sampling	10∼20 Hz
time resolution of fluxes	10∼60 min
application for chemical compounds	selected inert gases (gas analyzers with high time resolution)
restrictions in the application	sufficient footprint area, turbulent conditions necessary, depending on the senor, possible precipitation

표 4.5. 실험 EBEX-2000과 LITFASS-2003 결과를 기반으로 한 에디-공분산법의 정확성 평가: 자료 품질(제4.1.3장)과 음파풍속계의 유형과 밀접하게 연계된다(표 6.9 및 Foken and Oncley (1995) 참조)

sonic anemometer	data quality class	sensible heat flux	latent heat flux
type A,	1∼3	5% or 10 W m^{-2}	10% or 20 W m^{-2}
e.g., CSAT3	4∼6	10% or 20 W m^{-2}	15% or 30 W m^{-2}
type B,	1∼3	10% or 20 W m^{-2}	15% or 30 W m^{-2}
e.g., USA-1	4∼6	15% or 30 W m^{-2}	20% or 40 W m^{-2}

4.2 프로파일 방법

프로파일 방법(profile method)이라는 일반적인 용어 하에, 플럭스-경도상사(flux-gradient similarity)(2.3장 참조)에 기반한 모든 방법들이 결합된다. 에디-공분산법의 관측 기술 발전으로 인해, 여러 높이에서 관측을 하는 프로파일 방법은 지난 10~15년 동안 점차 중요성이 감소했다. 내부 경계층의 방해 영향으로 인해 이 기술은 균일한 취주거리(fetch)를 가진 균질한 지형에서만 적용 가능하다. 반면에, 두 개의 수준에서만 관측을 하는 간단한 접근 방식은 일반적이며, 이러한 접근 방식은 컴퓨터 기술적인 이유로 대체 버전이 불가능한 많은 모델의 일부이기도 하다.

4.2.1 총체접근법

에너지 교환을 결정하는 가장 간단한 프로파일 방법은 총체접근법(bulk approach으로, 이는 제로 차수의 모델 종결 접근법으로도 사용된다. 총체접근법은 주어진 층에 대해 균일한 (선형) 경도가 가정되며, 상단과 하단 경계에서만 값을 사용한다 (Mahrt 1996). 만약 이 층의 하단 경계가 표면과 동일하다면, 이 방법은 엄밀히 말하면 물체 위에서만 적용될 수 있다. 왜냐하면 그곳에서만 표면 값과 특정 관측 높이(대부분 10m)에서의 관측 데이터 간의 경도가 명확하게 결정될 수 있기 때문이다. 예를 들어, 육상 표면의 표면 온도와 습도는 거칠기 요소(식물 덮개 등) 때문에 정확하게 결정할 수 없다. 그럼에도 불구하고 이 방법은 위성으로 관측한 표면 정보를 계산할 때 부분적으로 적용되며, 그럴 때 정확도에서 상당한 손실을 감수해야 한다. 또한 가장 낮은 수준을 표면에서 일정한 거리 위에 고정하는 것도 가능하다. 일반적으로 이는 캐노피 높이의 두 배이며, 4.2.2장부터 4.2.4장에서 설명한 방법들이 적용된다.

물체 위에서 실제 총체법을 적용하는 것은 문제가 없다. 왜냐하면 보통 관측하는 것은 수면(물) 온도가 아니라 수면 아래 몇 센티미터의 온도이기 때문이다. 증발에 의한 냉각으로 수면에 차가운 필름(cold film)이 형성되어 이 온도는 관측 수준에서의 온도보다 약 0.5 K 낮다. 원격탐사법을 통한 지표면 온도의 절대 정확도도 비슷한 정도이다. 난류 확산 계수 대신 총체 계수(bulk coeffieient)를 사용하게 되면, 마찰속도가 항력계수(C_D)와 풍속(u)을 사용하여 결정할 수 있다.

$$u_* = \sqrt{C_D(z)}\, u(z) \tag{4.30}$$

여기서 지면에서의 풍속이 0이라고 가정한다.

현열플럭스와 잠열플럭스는 각각 스탠턴 수(C_H)와 돌턴 수(C_E)로 아래와 같이 매개변수화 된다.

$$\frac{Q_H}{\rho c_p} = C_H(z)u(z)[T(z) - T(0)], \tag{4.31}$$

$$\frac{Q_E}{\rho \lambda} = C_E(z)u(z)[e(z) - e(0)] \tag{4.32}$$

일반적인 총체 계수(bulk coefficient)는 안정도과 풍속에 의존한다(표 4.6). 주로 중립 성층인 해양에서는 첫 번째 민감도가 문제가 되지 않지만, 육지에서는 비중립 성층에 대한 적용이 동역학 아층(dynamical sublayer)으로 제한되어야 한다. 이는 일반적인 총체계수가 성층에 따라 크게 달라지며, 최대 50%까지 차이가 날 수 있기 때문이다(Brocks and Krügermeyer 1970; Foken 1990; Panin 1983). 문헌에서는 항력 계수에 대한 여러 관계가 제시되어 있다(Geernaert 1999; Smith et al. 1996). 현재, 10 m 기준 고도에 대한 풍속 의존적인 매개변수화가 가장 유용한 버전이다. 많은 실험에서 얻은 평균 값에 대한 계수는 다음 방정식에 대하여 (표 4.6)에 주어져 있다.

$$C_{D10} = [a + b(u_{10} - c)]10^{-3} \tag{4.33}$$

표 4.6. $u_{10} < 20\,m\,s^{-1}$인 경우 식 (4.33)의 수면 위 항력계수 결정을 위한 계수

author	a	b	c in m s^{-1}	u_{10} in m s^{-1}
Foken (1990)	1.2	0	0	< 7
	1.2	0.065	7	≥ 7
Garratt (1992)	1.0	0	0	< 3.5
	0.75	0.067	0	≥ 3.5

강한 풍속에서는 일반적인 총체계수가 급격히 증가하지만, 그 정확한 값은 더 이상 명확하게 정의되지 않는다. 그 이유는 폭풍 조건에서 에너지 플럭스의 흐름이 정상 조건보다 더 크기 때문이다. 호수 위에서의 값은 약간 더 높고, 육지에서는 거의 데이터가 없는 상태에서 바다보다 최소한 한 자릿수 더 높은 값이 나온다.

물 위에서의 Stanton 수와 Dalton 수는 항력 계수보다 약 20% 낮다. (표 4.6)에 주어진 바와 같이 풍속 등급에 대하여 Foken (1990)에 따르면 $a=1.0$, $b=0.054$, $c=7\ \mathrm{m\ s^{-1}}$과 같은 계수들이 식 (4.33)에서 나온다. 거칠기가 증가함에 따라 항력 계수의 차이는 커진다 (Garratt 1992).

식 (4.33)과 중립 성층에 대한 프로파일 방정식을 비교하면, 항력 계수와 거칠기 높이 간의 관계는 다음과 같다.

$$C_D = \frac{k^2}{\left[\ln\left(\frac{z}{z_0}\right)\right]^2} \tag{4.34}$$

Stanton 수를 결정하는 경우, 기온의 거칠기 길이가 고려되어야만 한다(Dalton 수는 비습의 거칠기 길이를 사용한다).

$$C_H = \frac{(\alpha_0 k)^2}{\ln\left(\frac{z}{z_0}\right)\ln\left(\frac{z}{z_{0T}}\right)} \tag{4.35}$$

유사한 방식으로, 총체계수의 안정도 의존성을 구할 수 있다. 거칠기 길이의 결정에서 나타나는 작은 오차가 총체 계수에 큰 영향을 미친다는 점에 유의해야 한다. 따라서 이러한 총체계수는 실험적 매개변수화의 대안이 될 수 없다.

물 위에서의 운동량과 에너지 교환을 결정하기 위한 총체 접근법은 입력 데이터가 일반적으로 이용가능하거나 쉽게 결정될 수 있기 때문에 널리 사용된다. 이러한 데이터는 모델에 포함되어 사용되고 있다. 따라서 거칠기 매개변수는 종종 차녹 접근법(Charnock approach)으로 식 (3.5)를 사용하여 결정된다. 이 접근법에 대한 전체적인 평가는 (표 4.7)에 제시되어 있다.

표 4.7. 총체법의 평가

criterion	evaluation
area of application	application over water, modelling, if no other possibilities
financial expense	1~3 k€ per system
personal expense	low technical maintenance
education	introduction
error	according to the micrometeorological conditions 10~50%
sampling	1~10 s
time resolution of fluxes	10~30 min, higher accuracy for daily averages
application for chemical compounds	selected inert gases qualified possible
restrictions in the application	turbulent conditions necessary

4.2.2 보웬비법

보웬비법(Bowen-ratio method)은 현열플럭스와 잠열플럭스를 결정하는데 사용되는 가장 일반적인 방법들 중 하나이다. 이 방법은 보웬비상사(2.3.3장 참조)와 에너지 평형 방정식에 기초한다.

$$Bo = \gamma \frac{\Delta T}{\Delta e}, \tag{4.36}$$

$$-Q_s^* = Q_H + Q_E + Q_G, \tag{4.37}$$

여기서 p=1000 hPa이고 t=20 ℃인 경우 건습계상수(psychrometric constant) γ=0.667 K hPa^{-1} 이다. 두 개의 방정식으로부터, 현열플럭스와 잠열플럭스는 다음과 같이 결정된다.

$$Q_H = \left(-Q_s^* - Q_G\right)\frac{Bo}{1+Bo} \tag{4.38}$$

$$Q_E = \frac{-Q_s^* - Q_G}{1+Bo} \tag{4.39}$$

2.3.3장에서 논의된 단순화 외에도, 식 (4.38)과 (4.39)는 풍속을 포함하지 않으며, 관측 높이 간의 특정 차이를 규정하지 않는다. 충분한 난류 상태가 존재하도록 보장하기 위해, Foken et al. (1997b)은 상층 높이에서의 풍속이 1 m/s 이상이고, 두 높이 간의 풍속 차이가 0.3 m/s 이상인 관측값만 사용해야 한다고 권장한다. 이는 추가적인 풍속관측 장비가 필요함을 의미한다. 비록 식에 관측 높이 차이(Δz)가 방정식에 포함되지 않지만, Δz가 증가하면 온도와 습도의 차이가 증가하게 된다. 이에 따라 관측 오차의 영향이 감소한다. 따라서 관측 높이 비율이 4~8 이상인 값을 선택하는 것이 권장된다 (Foken et al. 1997b). 이러한 요구 사항은 실제로 잘 고려되지 않는데, 왜냐하면 키가 큰 식물 군락지에서의 공기역학적 높이(aerodynamical height)의 비율은 약 1.5 정도이기 때문이다 (Barr et al. 1994; Bernhofer 1992). 식 (4.38)과 (4.39)는 $Bo=-1$ 일 때 특이점이 발생한다. 결괴적으로 아침과 저녁 시간에는 해석 가능한 값이 발생하지 않는다. 따라서 범위$-1.25 < Bo < -0.75$는 추가 분석에서 제외해야 한다. $Bo < 0$인 경우, 플럭스의 정확한 부호를 결정하기 위해서는 다음과 같은 결정 기준이 필요하다 (Ohmura 1982):

$$\begin{aligned} &if\left(-Q_s^* - Q_G\right) > 0 \ then \left(\lambda \Delta q + c_p \Delta T\right) > 0 \\ &if\left(-Q_s^* - Q_G\right) < 0 \ then \left(\lambda \Delta q + c_p \Delta T\right) < 0 \end{aligned} \tag{4.40}$$

만약 기준이 충족되지 않으며, 플럭스는 삭제해야 한다.

보웬비법의 결정적인 단점은 에너지 평형이 명백하게 닫히지 않기 때문에(3.7장 참조), 잔차(residual)가 순복사량에 더해지거나 혹은 보웬비에 따라 현열플럭스와 잠열플럭스로 분배된다는 점입니다. 일반적으로 보웬비법으로 결정된 플럭스는 에디-공분산법으로 결정된 플럭스보다 더 크게 나타난다. 그러나 이 방법의 일부분인 에너지 평형 방정식을 만족시킨다. 그러나 플럭스의 정량적 정확성은 제한적일 수 있다.

보웬비법에 대한 오차 분석은 광범위하게 이루어져 있으며(Foken et al. 1997b; Fuchs and Tanner 1970; Sinclair et al. 1975), 주어진 참고문헌에서 추가 연구의 출처들이 제시되어 있다. 그러나 여러 연구 중 다수는 단일 관측이나 잘못된 가정에 기반을 두고 있다. 흔히 센서의 전기적 오차(약 0.01~0.001 K)만을 사용하고, 복사, 환기 및 기타 영향과 함께 센서가 주변 매개물과 대기에 적응하는 과정에서 발생하는 오차는 고려하지 않는다. 동일한 기상 조건에서 가까이 설치된 센서들이 0.05~0.1 K 또는 hPa의 차이를 보이도록 하기 위해서는 관측 기술에 많은 노력이 필요합니다. 따라서, 대기

중 온도와 습도 관측 오차는 순수한 전기적 오차보다 상당히 더 크다(Dugas et al. 1991).

(그림 4.5)의 오차 도표는 Foken et al. (1997b)에서 가져온 것으로, ± 0.005 K 또는 hPa의 허용 측관측 오차를 기반으로 한다. (그림 4.5)에서는 보웬비의 20%와 40% 오차가 각각 현열과 잠열플럭스에서 약 10%와 20%의 오차에 해당한다는 것을 알 수 있다. (그림 4.5)의 세 가지 보웬비를 고려할 때, $Bo = 0.677$에서 최적 조건이 존재하며, 보웬비는 이 값에서 크게 벗어나서는 안 된다. 보웬비 오차를 20% 미만(40% 미만)으로 실현하기 위해서는, 온도와 습도 차이가 0.6 이상(0.4 이상) K 또는 hPa보다 커야 한다. 이는 관측 높이 간의 큰 차이가 필요하다는 요구사항을 강조한다. 관측 높이 사이에서 제외되어야 하는 내부 경계층과 가능한 거칠기 아층으로 인한 제한이 발생한다. 이 때 이러한 오차 분석에서는 에너지 불균형으로 인한 가능한 오차들이 고려되지 않았음을 주목할 필요가 있다.

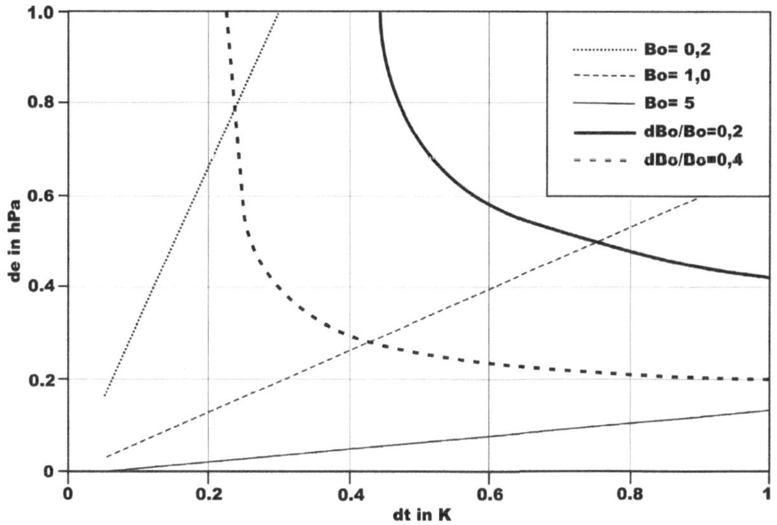

그림 4.5. 관측된 온도와 수증기 차이에 의존하는 보웬비의 오차 분포(20과 40%)(Foken et al. 1997b).

이 방법에 대한 전반적인 평가는 (표 4.8)에 제시되어 있다. 여기서의 오차 평가는 최소 4,000유로의 센서 비용이 드는 양호한 순복사계 관측(6.2.1장 참조)에 기반하여 수행하였다. 또한, 에너지 평형 종결의 잔차 영향을 줄이기 위해 토양의 열저장량을 매우 정확하게 계산해야 한다(그림 4.6).

표 4.8. 보웬비법의 평가

criterion	evaluation
area of application	applied research, partly continuously running programs
financial expense	10~15 k€ per system
personal expense	continuous scientific and technical support
education	knowledge in micrometeorology and measuring technique
error	according to the micrometeorological conditions 10~30% (assumption of a closed energy balance)
sampling	1~5 s
time resolution of fluxes	10~30 min
application for chemical compounds	principle possible (see Chap. 4.2.3)
restrictions in the application	sufficient footprint area, turbulent conditions necessary

그림 4.6. 보웬비 관측 시스템
(사진제공 : Campbell Scientific, Inc.
Logan UT, USA)

4.2.3 수정 보웬비법

Businger (1986)에 따르면, 보웬비 유사성(2.3.3장 참조)을 적용하고 에너지 평형 방정식을 배제하는 것이 수정된 보웬비법의 기초가 된다(2.89식 참조). 한편으로는 보웬비 유사성(식 (2.88))의 이점을 수정된 보웬비법에 활용할 수 있으며, 다른 한편으로는 음파풍속계와 부력플럭스의 수정을 통해 민감한 현열플럭스를 직접 관측할 수 있다 (Liu and Foken 2001). 이러한 관측 시스템은 (그림 4.7)에 나타나 있다. 수정된 보웬비법을 사용할 경우 일반적인 보웬비법의 한계는 적용되지 않는다. 그러나 관측 오차를 줄이기 위해 $z_2/z_1 = 4-8$이어야 한다는 조건은 여전히 필요하다. 또한 마찰 속도 $u_* < 0.07$ m/s 및 보웬비 $Bo \sim 0$일 경우, 관측된 데이터는 유효하지 않다. 음파풍속계의 가격이 하락함에 따라 이제 좋은 순복사 센서의 가격 범위 내에 있으며, 따라서 전체 관측 시스템 비용 증가는 거의 없다. 또한, 토양열플럭스와 토양 내 열 저장에 대한 비용이 높은 관측은 필요하지 않게 된다. 음파 온도 T_s를 가지고 부력플럭스를 사용하는 열 플럭스 방정식은 다음과 같다.

$$Q_H = \rho c_p \frac{\overline{w'T'} + \frac{2\overline{T}}{c^2}\left(\bar{u}\,\overline{u'w'}\,A + \bar{v}\,\overline{v'w'}\,B\right)}{1 + \frac{0.51 c_p \overline{T}}{\lambda Bo}}, \tag{4.41}$$

여기서 음파풍속계 유형에 따라 달라지는 상수는 (표 4.1)에 제시되어 있다.

그림 4.7. 수정 보웬비법을 위한 관측 시스템 (METEK GmbH Elmshorn and Th. Friedrichs & Co. Schenefeld near Hamburg; 사진 제공 Foken)

만약 u가 대략적으로 평균 수평 바람 방향과 일치한다면, 식 (4.41)의 분자에 있는 두 번째 합은 무시할 수 있다. 대부분의 풍속계 유형에서는 이미 풍속계 소프트웨어에 횡단풍 보정이 포함되어 있기 때문에 이 합은 무시할 수 있다. 보웬비는 식 (4.36)으로 계산할 수 있으며, 잠열플럭스는 다음과 같이 계산할 수 있다:

$$Q_E = Q_H / Bo \tag{4.42}$$

수정된 보웬비법은 원래 미량 기체 플럭스를 결정하기 위해 개발되었다(Businger 1986; Müller et al. 1993). 방정식 (2.92)에 따르면 난류플럭스, 예를 들어 현열플럭스를 직접 결정할 수 있으며, 두 관측 수준 사이의 관련 차이 즉, 온도 차이 (ΔT)와 농도 차이 (Δc)로부터 미량 기체 플럭스(건성 침적)를 아래와 같이 계산할 수 있다:

$$Q_c = Q_H \frac{\Delta c}{\Delta T} \tag{4.43}$$

보웬비법과 유사하게, 침적되거나 배출되는 물질에 따라 달라지는 방법의 기준과 제한조건이 개발되어야 한다. 바람 또는 마찰속도 기준을 사용할 수 있으며, 두 스칼라의 난류 규모도 유사해야 한다(2.5장 및 4.4장 참조). 방법에 대한 종합적인 평가는 (표 4.9)에 제시되어 있다.

표 4.9. 수정 보웬비법의 평가

criterion	evaluation
area of application	applied research, partly continuously running programs
financial expense	10~15 k€ per system
personal expense	continuous scientific and technical support
education	knowledge in micrometeorology and measuring technique
error	according to the micrometeorological conditions 10~30%
sampling	1~5 s, 10~20 Hz for turbulent flux
time resolution of fluxes	10~30 min
application for chemical compounds	for selected inert gases possible
restrictions in the application	sufficient footprint area, turbulent conditions necessary, similarity of the turbulence characteristics necessary

4.2.4 추가적인 매개변수화 방법

단 2곳의 높이에서의 관측만으로 난류플럭스를 결정하는 것은 흥미로운 관측 방법이다. 이는 플럭스를 간단한 방식으로 추정할 수 있기 때문이다. 총체 방법(표 4.2.1 참조)은 두 관측 높이 사이에 균일한(선형적인) 경도가 존재할 것을 요구하며, 보웬비 법(4.2.2장 및 4.2.3장 참조)은 두 변수의 경도가 유사할 것을 필요로 한다. 그러나 안정도 영향을 고려한 프로파일 방정식(식 2.71~2.73)을 두 개의 높이에 대해 해석하는 것도 또 다른 가능성이다.

이에 대한 연구로 Itier(1980)와 Lege(1981)가 제안한 방법이 있으며, 이를 기반으로 Richter and Skeib(1984)는 난류플럭스를 반복적으로 결정하는 방법을 개발하였다. 이들은 임계 높이(z_c)를 도입하였는데, 이는 대략적으로 동역학 아층(dynamical sublayer)의 높이와 같다. 이 높이 이하에서는 중립성층에서의 방정식을 적용할 수 있다. Skeib(1980)의 보편적 함수(universal functions)를 사용하면, 층별(layer-wise) 적분이 가능해져 해당 방법을 보다 단순하게 적용할 수 있으며, 이에 따라 난류플럭스 계산을 위한 다음과 같은 풍속 방정식이 도출된다(Richter and Skeib 1991).

$$u(z_2)-u(z_1)=\frac{u_*}{k}\begin{Bmatrix}\ln\left(\dfrac{z_2}{z_1}\right) & z_1<z_2<z_c\\ \ln\left(\dfrac{z_c}{z_1}\right)+\dfrac{1}{n_u}\left[1-\left(\dfrac{z_2}{z_c}\right)^{-n_u}\right] & z_1\le z_c\le z_2\\ \dfrac{1}{n_u}\left[\left(\dfrac{z_1}{z_c}\right)^{-n_u}-\left(\dfrac{z_2}{z_c}\right)^{-n_u}\right] & z_c<z_1<z_2\end{Bmatrix}\tag{4.44}$$

유사한 방식으로, 아래의 방정식들은 현열플럭스와 잠열플럭스인 경우이다.

$$T(z_2)-T(z_1)=\frac{\overline{w'T'}}{\alpha_0 k u_*}\begin{Bmatrix}\ln\left(\dfrac{z_2}{z_1}\right) & z_1<z_2<z_c\\ \ln\left(\dfrac{z_c}{z_1}\right)+\dfrac{1}{n_T}\left[1-\left(\dfrac{z_2}{z_c}\right)^{-n_T}\right] & z_1\le z_c\le z_2\\ \dfrac{1}{n_T}\left[\left(\dfrac{z_1}{z_c}\right)^{-n_T}-\left(\dfrac{z_2}{z_c}\right)^{-n_T}\right] & z_c<z_1<z_2\end{Bmatrix}\tag{4.45}$$

식 (4.44)와 (4.45)에 사용된 계수들은 (표 4.10)에 주어져 있다. 임계높이는 총체리처드슨 수(식 2.80)의 함수와 가중인자 R (표 4.11에서 안정도에 따른 프로파일 곡률)과 관계되어 다음과 같이 표현된다.

$$z_c=\frac{\zeta_c}{\zeta_1}z_1=\frac{\zeta_c z_1}{R\,Ri_B}\tag{4.46}$$

표 4.10. 식 (4.44)와 (4.45)에서 사용되는 계수

stability range	$\zeta < 0$	$\zeta < 0$
ζ_c	−0.0625	0.125
n_u	0.25	−1
n_T	0.5	−2

표 4.11. 식 (4.46)을 위한 가중인자 *R* (Richter and Skeib 1984)

z_2/z_1	2	4	8	16
$-0.0625 \le \zeta \le 0.125$	0.693	0.462	0.297	0.185
$-1 < \zeta < -0.0625$	0.691	0.456	0.290	0.178
$0.125 < \zeta < 1$	0.667	0.400	0.222	0.118

식 (4.46)을 풀기 위해서는 반복적인 방정식 풀이를 요구한다. ζ의 초기추정 값으로 시작하여, 마찰속도를 계산하고 그 다음 현열플럭스를 계산한다. 이러한 값을 이용하여, ζ에 대한 새로운 값이 계산되고, 과정들이 다시 반복된다. 약 3~6 회의 반복 과정 후에는 수렴하게 된다. 관측 기법으로는 순복사계를 사용하지 않고 두 개의 관측 높이에 풍속계를 설치한 보웬비 시스템을 활용할 수 있다. 또한, 보웬비 방법에서 난류가 충분히 발달했는지 확인하는 풍속 기준을 이와 유사한 방식으로 적용해야 한다. 아울러, 두 높이 간 관측값 차이가 관측 오차 수준과 비슷한 경우에는 해당 데이터를 제외해야 한다. 본 방법은 원칙적으로 습도 또는 농도 관측을 추가하여 잠열 또는 침적 플럭스를 평가하는 방식으로 확장될 수 있다. 전체적인 평가 결과는 (표 4.12)에 제시되어 있다.

표 4.12. Richter and Skeib (1991)에 의한 매개변수화 접근법의 평가

criterion	evaluation
area of application	applied research, partly continuously running programs
financial expense	10~15 k€ per system
personal expense	continuous scientific and technical support
education	knowledge in micrometeorology and measuring technique
error	according to the micrometeorological conditions 10~30%
sampling	1~5 s
time resolution of fluxes	10~30 min
application for chemical compounds	for selected inert gases possible
restrictions in the application	sufficient footprint area, turbulent conditions necessary

4.2.5 프로파일 계산

4.2.1~4.2.4장에서, 단 두 개의 관측 높이만을 사용하는 프로파일법의 특수한 사례들을 다루었다. 고전적인 프로파일법(그림 4.8)은 풍속, 기온, 습도를 36개의 높이에서 관측하는 방식이며, 최적의 조건은 46개의 높이를 사용하는 것이다(Foken and Skeib, 1980). 이러한 관측 방법은 약 10년 이상 사용되었는데, 이는 에디-공분산법이 비용 측면에서 부담이 컸기 때문이다. 현재 프로파일 관측은 주로 기본 연구에서 프로파일 방정식의 매개변수를 결정하거나 내부 경계층에 의한 교란을 분석하는 데 활용되고 있다.

중립 조건에서의 프로파일법은 식 (2.46)~(2.48) 또는 식 (2.59)와 같이 적분 형태로 표현될 수 있다. 가장 단순한 경우는 선형 근사이며, 이는 총체법과 보웬비법의 기초가 되기도 한다.

$$\left(\frac{\partial X}{\partial z}\right)_{z_a} \cong \frac{\Delta X}{\Delta z} = \frac{X_2 - X_1}{z_2 - z_1} \tag{4.47}$$

$$z_a = \frac{(z_1 - z_2)}{2}$$

그림 4.8. 프로파일 관측을 위한 관측 마스트

식 (4.47)에 대한 로그 근사(logarithmic approximation)는 높이의 기하 평균을 사용하여 물리적 사실을 훨씬 더 잘 나타낸다.

$$\left(\frac{\partial X}{\partial \ln z}\right)_{z_m} \cong \frac{\Delta X}{\Delta \ln z} = \frac{X_2 - X_1}{\ln(z_2/z_1)} \tag{4.48}$$

$$z_m = (z_1 z_2)^{1/2}$$

비 단열 조건에서 프로파일 법의 기초는 식 (2.71)에서 (2.74)까지이다. 간단한 그래프 분석을 위해, 적분 형태(식 2.83)가 사용되며, 여기서 세로좌표에는 ln z - $\psi(z/L)$, 가로좌표에 u 또는 T가 사용된다(Arya 2001):

$$\ln z - \psi_m(z/L) = \frac{k}{u_*}u + \ln z_0 \tag{4.49}$$

$$\ln z - \psi_H(z/L) = \frac{\alpha_0 k}{T_*}T - \frac{\alpha_0 k}{T_*}T_0 + \ln z_{0T} \tag{4.50}$$

위의 두 방정식을 계산하기 전에, 리처드슨 수(식 2.79) 또는 오브코프 길이(식 2.68과 식 2.70)를 먼저 결정하여야 한다. 이 방법은 반복법으로 해를 구할 수 있다.

프로파일 방정식을 직접적으로 기반하지 않는 근사법도 존재한다. 가장 간단한 방법은 다음과 같은 급수 전개이다.

$$u(z) = a_0 + a_1 \ln z + a_2 z \tag{4.51}$$

더 일반적으로 사용되는 확장식은 Kader and Perepelkin(1984)에 의해 개발된 다음의 방정식이다.

$$u(z) = a_0 + \frac{a_1 \ln z + a_3 + a_4 z^{2/3}}{5 + z} \tag{4.52}$$

프로파일의 내삽을 위해 여러 가지 방법들이 사용되며, 그 예로 스플라인법(spline method)이 있다. 이러한 방법들이 관측 오차를 과도하게 수정하거나 결과를 왜곡하지 않도록 하기 위해, 이웃한 격자점들 사이에서 특별한 3차 내삽법(cubic interpolation method)을 사용하는 것이 좋다(예: Akima 1970).

강력한 개인용 컴퓨터의 보급으로 인해, Nieuwstadt-Marquardt 방법과 같은 고급 내삽 방법이 사용된다. 이 방법에서는 프로파일 방정식을 기반으로 한 모델과 관측된 데이터 간의 허용오차(tolerance)를 산정하기 위해 2차 비용 함수가 계산된다(Nieuwstadt

1978). 비용 함수를 최소화하기 위한 비선형 방정식 시스템은 Marquardt(1983)에서 기술한 방법을 사용하여 풀 수 있다.

보웬비법과 마찬가지로, 프로파일법은 관측 데이터의 높은 정확도를 요구한다. 상위와 하위 관측 높이의 비율이 높고, 지표면으로부터의 영향이 미미해야 한다. 비난류 상황을 배제하기 위한 보웬비법의 풍속 기준도 사용할 수 있다. Foken and Skeib(1980)은 매우 상세한 오차 분석을 수행한 바 있으며, 전체적인 평가 결과는 (표 4.13)에 제시되어 있다.

표 4.13. 4~6개의 관측 높이를 이용한 프로파일 법의 전반적인 평가

criterion	evaluation
area of application	basic and applied research, partly continuously running programs
financial expense	10~15 k€ per system
personal expense	continuous scientific and technical support
education	good knowledge in micrometeorology and measuring technique
error	according to the micrometeorological conditions 5~20%
sampling	1~5 s
time resolution of fluxes	10~30 min
application for chemical compounds	for selected inert gases possible
restrictions in the application	sufficient footprint area, turbulent conditions necessary

4.2.6 품질보증

모든 프로파일 관측에서, 관측 정확도가 두 관측 높이 간의 예상 차이보다 최소한 10배 더 크다는 것이 입증되어야 한다. 이는 플럭스를 최소한 20%의 정확도로 결정할 수 있도록 하기 위함이다(관측 오차는 양의 오차와 음의 오차가 있다고 가정). 또한, 풍속과 기온 관측이 충분한 정확도가 확보될 수 있다고 가정한다. Foken(1998)이 제안한 방법에 따르면, 프로파일 방정식(식 2.71~2.73)은 난류에 의한 부분과 두 높이 간의 상태 매개변수 차이로 나누어 표현할 수 있다.

$$Q_c = Q_N(u_*,\ \psi(z/L),\ \ln(z-d))\,\Delta_c \tag{4.53}$$

정규화된 플럭스 Q_N은 (그림 4.9)에 나타내었다. 20% 정확도로 관측 가능한 최소 플럭스는 관측 시스템의 10배 해상도인 최소값 $c_{\min}$이다.

$$Q_{c,\min} = Q_N 10\, c_{\min} \tag{4.54}$$

키가 작거나 큰 다양한 식생 위의 여전히 관측 가능한 플럭스의 전형적인 값들이 표 4.14에 제시되어 있다.

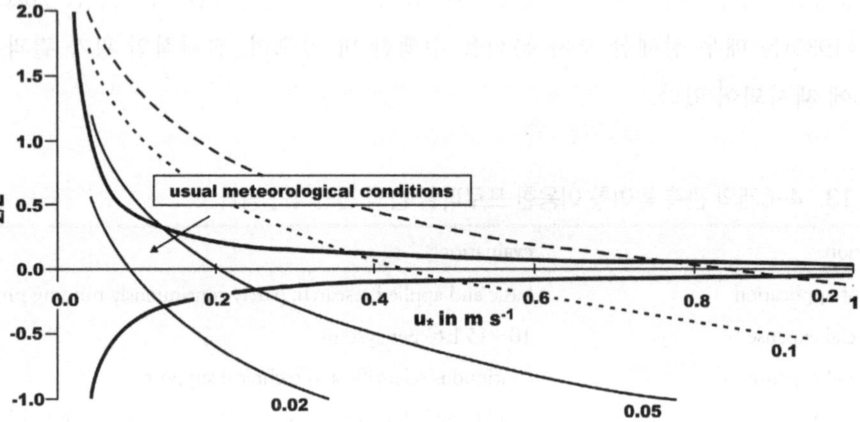

그림 4.9. 플럭스 Q_N의 표준화 과정: $m = z_2/z_1 = 8$인 경우 Q_N의 표준화 과정에는 성층과 마찰속도의 의존성을 가진다(UBA 1996)

표 4.14. 중립 성층에서 $u_* = 0.2\,\mathrm{m\,s^{-1}}$인 경우 키가 작은($m = z_2/z_1 = 8$) 식생과 키가 큰($m$=1.25) 식생 위에서의 최소관측가능 플럭스(20% 오차). 이텔릭체로 표시된 플럭스는 일반적인 플럭스보다 크다(Foken 1998).

energy or matter flux	c_{min}	$\Delta_{c.min}$	flux m = 8	flux m = 1.25
sensible heat	0.05 K	0.5 K	0.025 m K s^{-1} 30 W m^{-2}	0.05 m K s^{-1} 60 W m^{-2}
latent heat	0.05 hPa	0.5 hPa	0.025 hPa m s^{-1} 45 W m^{-2}	0.05 hPa m s^{-1} 90 W m^{-2}
nitrate particles	0.01	0.1	0.005	0.01
ammonium particles	0.02	0.2	0.01	0.02
CO_2	100	1000	50	100
NO	0.06	0.6	0.03	0.06
NO_2	0.1	1.0	0.05	0.1
O_3	1.0	10.0	0.5	1.0
NH_3	0.014	0.14	0.007	0.014
HNO_3	0.2	2.0	0.1	0.2
HNO_2	0.25	2.5	0.125	0.25

4.2.7 멱 접근법

많은 응용 방법에서, 풍속 분포를 결정하기 위해 멱 접근법(power approach)이 널리 사용되고 있다. 이것은 지표층 뿐만 아니라 대기경계층의 하부에서도 적용된다(Doran and Verholek 1978; Hsu et al. 1994; Joffre 1984; Sedefian 1980; Wieringa 1989):

$$\frac{u_1}{u_2} = \left(\frac{z_1}{z_2}\right)^p \tag{4.55}$$

풍력 발전에 사용하는 경우, $p = 1/7$의 지수가 자주 적용된다(Peterson and Hennessey jr. 1978). 상세한 접근법에서는 지수 p는 안정도와 거칠기의 의존성을 갖는다. 식 (4.55)을 미분한 후, Huang (1979)에 따르면 아래와 같은 결과가 도출된다.

$$p = \frac{z}{u}\left(\frac{\partial u}{\partial z}\right) \tag{4.56}$$

이 버전은 지면 거칠기와 보편함수로 표현되는 성층을 포함한 복잡한 접근법을 허용한다. 예를 들어 Irvin (1978)은 아래의 접근법을 제안하였다.

$$p = \frac{u_*}{u\,k}\phi_m(\zeta) \tag{4.57}$$

유사한 접근법으로서 Sedefian (1980)은 아래의 식을 제안하였다.

$$p = \frac{\phi_m\left(\frac{\bar{z}}{L}\right)}{\left[\ln\left(\frac{\bar{z}}{z_0}\right) - \phi_m\left(\frac{\bar{z}}{L}\right)\right]} \tag{4.58}$$

Huang(1979)은 Webb(1970)과 Dyer(1974)가 제시한 보편함수와 큰 거칠기 요소에 대한 특별한 적분을 사용하여 이 지수 형태를 적용하였다. 불안정한 성층에서는 다음과 같은 결과가 도출된다.

$$p = \frac{\left(1 - 19.3\frac{z}{L}\right)^{-1/4}}{\ln\frac{(\eta-1)(\eta_0+1)}{(\eta+1)(\eta_0-1)} + 2\tan^{-1}\eta - 2\tan^{-1}\eta_0}$$

$$\eta = \left(1 - 19.3\frac{z}{L}\right)^{1/4} \qquad \eta_0 = \left(1 - 19.3\frac{z_0}{L}\right)^{1/4} \tag{4.59}$$

그리고 안정 성층인 경우는 다음과 같다.

$$p = \frac{1 + 6\dfrac{z}{L}}{\ln\dfrac{z}{z_0} + 6\dfrac{z}{L}} \tag{4.60}$$

두 방정식에 사용된 숫자는 Högström(1988)의 연구에 따라 원본 참조의 숫자와 다르다. 이 접근법은 예를 들어 Kormann과 Meixner(2001)의 유효영향면적모델에서 사용된다.

이 방법의 적용에 문제가 없sms 것은 아니다. 아침 여명 시간대에는 이 접근법들이 관측값과 잘 일치하지만, 이른 오후, 예를 들어 열적 내부 경계층이 시작될 때(3.2.3장 참조)는 지표층에서 관측된 성층 값은 전체 프로파일에 적용할 수 없다. 이 방법에 대한 전체적인 평가는 (표 4.15)에 제시되어 있다.

표 4.15. 최하층 100m에서 바람 프로파일을 결정하기 위한 지수 접근법 평가

criterion	evaluation
area of application	engineer-technical applications, continuously running programs
financial expense	1~3 k€ per system
personal expense	continuous technical support
education	experiences in measuring technique
error	according to the micrometeorological conditions 5~20% (unstable stratification), otherwise significant larger errors
sampling	1~5 s
time resolution of the gradients	10~30 min
restrictions in the application	only for unstable stratification sufficient accuracy, significant influences by internal boundary layers band thermal internal boundary layers at the afternoon for near surface measurements, turbulent conditions necessary

흥미로운 접근법이 기수 층(radix layer)의 정의로 제시되었다(Santoso and Stull 1998). 기수 층은 대기경계층의 약 1/5에 해당한다(지표층과 상층 사이의 하부 영역). 기수 층 위의 균일한 층에서는 풍속이 증가하지 않으며, 일정한 풍속 u_{RS}가 지배적이다.

$$\frac{u(z)}{u_{RS}} = \begin{cases} \left(\dfrac{z}{z_{RS}}\right)^A \exp\left[A\left(1-\dfrac{z}{z_{RS}}\right)\right] & z \le z_{RS} \\ 1 & z > z_{RS} \end{cases} \tag{4.61}$$

이 방법의 적용은 대류 조건에서 제한된다. 또한 기수 층의 높이 z_{RS}를 결정하는 데에도 어려움이 있다.

4.3 플럭스 분산법

2.4장에 따른 플럭스-분산 관계(분산법)로부터 기상 매개변수들의 관측된 분산과 적분된 난류 특성을 사용하여 플럭스를 계산할 수 있다. 이 방법에 대한 많은 연구들이 이루어졌다. 그러나 분산 방법은 에디-공분산법과 비교할 만한 정확도를 가지고 있음에도 불구하고 실용적인 관련성을 가지지 못하였다(Tsvang et al. 1985). 따라서 분산법은 식(2.98)과 (2.99) 및 (표 2.11)과 (표 2.12)에 따라 적용이 가능하다.

또한, 이 방정식들은 상관 계수 또는 공분산의 정의에서 유도될 수도 있다. 따라서 이 방법은 종종 에디-상관법(eddy-correlation method)이라고 불리며, 이는 에디-공분산법과 혼동해서는 안된다.

$$r_{xX} = \frac{\overline{w'X'}}{\sigma_w \sigma_X} = \frac{F_X}{\sigma_w \sigma_X} \tag{4.62}$$

$$r_{wY} = \frac{\overline{w'Y'}}{\sigma_w \sigma_X} = \frac{F_Y}{\sigma_w \sigma_X} \tag{4.63}$$

상관 계수의 가정된 값들(표 4.16), 잘 알려진 표준편차들, 그리고 하나의 잘 알려진 플럭스를 사용해서 두 번째 플럭스를 구할 수 있다. 플럭스의 부호는 추가적인 관측, 예를 들어, 온도 경도의 관측을 통해서 결정되어야 한다.

$$|F_X| = |F_Y| \frac{\sigma_X}{\sigma_Y} \tag{4.64}$$

표 4.16. 상관계수의 전형적인 값

author	r_{uw}	r_{wT}
Kaimal and. Finnigan (1994)	−0.35	0.5 (unstable) 0.4 (stabile)
Arya (2001)	−0.15	0.6 (unstable)

표준편차는 저주파 스펙트럼 범위에서만 결정될 수 있으며, 이는 기준 플럭스를 위한 에디-공분산법의 필요한 스펙트럼 범위와 다르다. 이 방법은 예를 들어, 두 개의 기체살 물질의 플럭스 중 하나를 에디-공분산법을 사용해 높은 시간 해상도로 관측할 수 있는 경우에만 적용될 수 있다.

또한, 상관 계수가 잘 알려져 있으면 다음의 식(4.65)에 따라 플럭스를 결정할 수도 있다

$$F_X = r_{wX}\ \sigma_w\ \sigma_X \tag{4.65}$$

상관계수는 대략적으로 성층(표 4.16)에 따라 매개변수화할 수 있다.

$$r_{wX} = \tilde{\phi}(\zeta) \tag{4.66}$$

그러나 표는 충분한 데이터 기반을 제공하지는 못한다.

실제로 잘 사용되지는 않지만 플럭스-분산법에 대한 전반적인 평가는 표 4.17에 주어져 있다.

표 4.17. 플럭스분산법의 평가

criterion	evaluation
area of application	basic research
financial expense	2~10 k€ per system
personal expense	continuous scientific and technical support
education	good micrometeorological and measuring technique knowledge
error	depending on the micrometeorological conditions 10~30%
sampling	10~20 Hz (probably lower)
time resolution of fluxes	10~30 min
application for chemical compounds	selected inert gases (gas analyzers with high time resolution)
restrictions in the application	sufficient footprint area, turbulent conditions necessary, if necessary similarity of the scalars

4.4 축적법(Accumulation Methods)

4.4.1 에디 축적법(EA)

에디 축적법(eddy-accumulation method)(조건 샘플링)의 기본 아이디어는 1972년부터 시작된 Desjardins의 연구에서 유래한다(Desjardins 1977). 그는 난류플럭스의 공분산을 양(+)의 연직 풍속과 음(-)의 연직 풍속에 대해 분리하여 각각 평균할 수 있다고 가정하였다.

$$\overline{w'c'} = \overline{w^+ c} + \overline{w^- c} = \left(\overline{w^+} + \overline{w^-}\right)\overline{c} + \overline{w^+ c'} + \overline{w^- c'} \tag{4.67}$$

$$\left(\overline{w^+} + \overline{w^-}\right) = \overline{w} = 0$$

이 직접 관측 기법은 양의 연직 풍속과 음의 연직 풍속에 대해 실제 연직 풍속으로 가중된 두 개의 분리된 저장소에서 농도를 관측함으로써 실현되어야 한다(그림 4.10). 그러나 이를 위해 필요한 밸브 제어 기술은 아직 존재하지 않았다

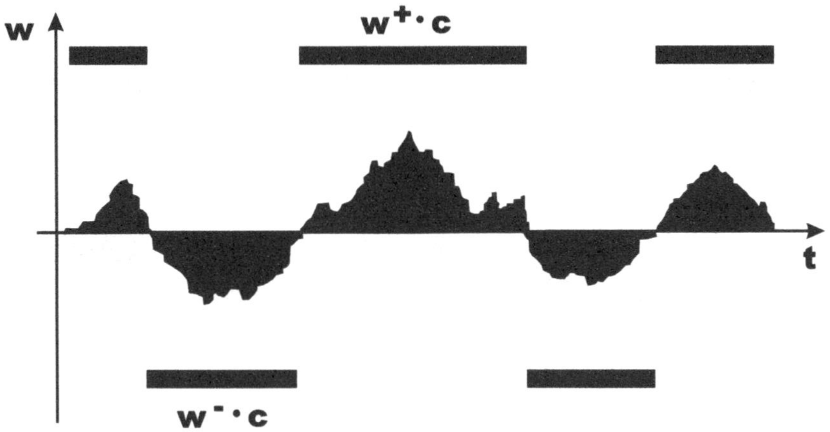

그림 4.10. 에디 축적법의 개념도 (Foken et al. 1995)

4.4.2 완화 에디 축적법(REA)

완화 에디 축적법은 Businger and Oncley(1990)의 연구에 의해 주목받게 된다. 그들은 식(4.67)에 따른 에디-축적법(EA)을 식(2.97)에 따른 플럭스-분산 유사성과 결합시켰다. 그들의 방법은 일종의 간접적인 접근법이다.

$$\overline{w'c'} = b\sigma_w\left(\overline{c^+} - \overline{c^-}\right) \tag{4.68}$$

여기서 계수 $b = 0.627$은 이상적인 가우시안 주파수 분포에 해당하는 경우이며 (Wyngaard and Moeng 1992), 그렇지 않을 경우 낮은 변동이 발생하며, 이는 아마도 서로 다른 기체에 대해 다르게 나타날 것이다(Businger and Oncley 1990; Oncley et al. 1993; Pattey et al. 1993):

$$b = \frac{r_{wc}\,\sigma_c}{\left(\overline{c^+} - \overline{c^-}\right)} = 0.6 \pm 0.06 \tag{4.69}$$

계수 b는 성층에 대하여 상당히 독립적이다. 이는 아마도 연직 바람과 물질에 대한 적분 난류 특성의 안정도 의존성의 반대일 가능성이 있다(Foken et al. 1995). 완화 에디 축적법(relaxed eddy-accumulation method; REA)은 그림 4.11에 도식적으로 나타나 있다. 농도의 가중치는 더 이상 필요하지 않지만, 연직 풍속의 제로 통과에 대한 밸브의 높은 전환 주파수는 여전히 필요하다.

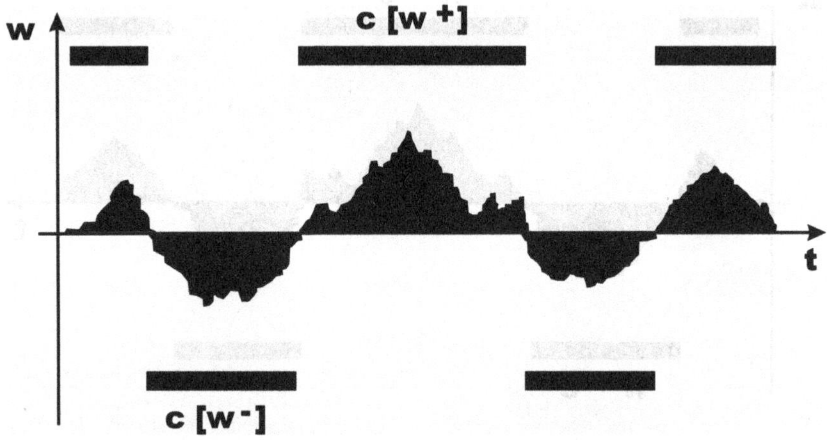

그림 4.11. 완화 에디 축적법의 개념도(Foken et al. 1995)

또 다른 개선은 Businger and Oncley(1990)에 의해 수정 완화 에디-축적법(modified relaxed eddy-accumulation method; MREA)으로 실현되었으며, 이는 실용적인 방법으로 일반적으로 REA라고 불린다. 이 방법에서는 연직 풍속의 양의 최대값과 음의 최대값에 대해 공기가 두 개의 분리된 저장소에 모이며, 0을 중심으로 한 변동에 대해서는 공기가 제어 부피에서 거부되거나 수집된다(그림 4.12).

이 때 식 (4.68)과 식 (4.69)는 다음과 같이 수정된다.

$$\overline{w'c'} = b\sigma_w\left(\overline{c^+(w > w_0)} - \overline{c^-(w < -w_0)}\right) \tag{4.70}$$

여기서

$$\frac{b(w_0/\sigma_w)}{b(0)} = e^{-\frac{3}{4}\frac{w_0}{\sigma_w}} \pm 0.012. \tag{4.71}$$

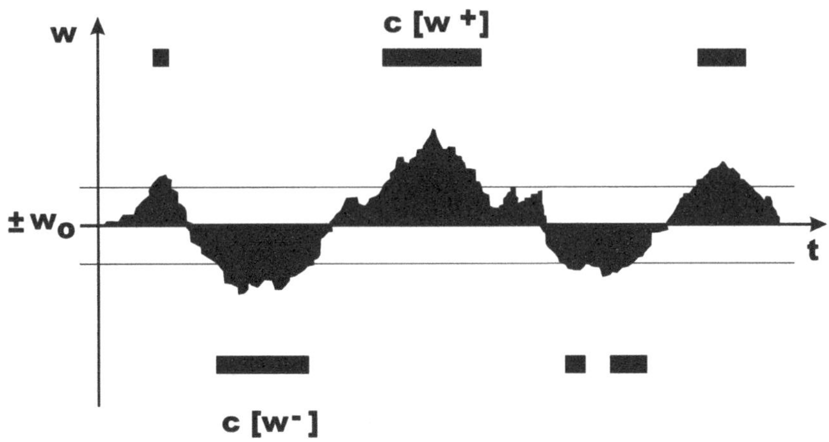

그림 4.12. 수정 완화 에디 축적법의 개념도(Foken et al. 1995)

임계값 w_0는 실험 조건과 기체에 따라 달라진다. 이는 온도나 수증기와 같은 대체 파라미터를 사용한 병행 시뮬레이션을 통해 b 값을 실제로 결정해야 한다는 것을 의미한다.

$$b = \frac{\overline{w'c_{proxy}'}}{\sigma_w\left(\overline{c_{proxy}^+(w > w_0)} - \overline{c_{proxy}^-(w < -w_0)}\right)} \tag{4.72}$$

모의 실험에서 b의 최적 값은 약 0.6임을 보였다 (Ruppert et al. 2006b). 만약 대체 값을 사용하여 결정하는 것에 비해 일정한 b 값을 사용할 경우, 방법의 정확도는 하나의 차수만큼 낮아진다. 작은 에디인 경우에는 스칼라양들이 유사하다는 점을 고려해야 한다(Pearson jr. et al. 1998). 이는 더 에디의 적용에는 해당되지 않는다(Ruppert et al.

2006b). 이른바 스칼라 상사(scalar similarity)는 일주기 동안 변할 수 있다(3.5.5장 참조). 따라서 대체 스칼라의 선택은 매우 신중하게 이루어져야 한다.

이 방법의 구현을 위해서는 관측 시스템이 좌표 변환을 통해 흐름장에 맞게 조정되어야 하며, 평면근사법(Wilczak et al. 2001)을 추천한다(4.1.2장 참조). 또한 연직 풍속의 적분 난류 특성이 알려진 의존성을 따라야 하므로, 관측 위치에 의해 특정하게 수정되지 않도록 주의해야 한다. 전체 평가는 표 4.18에 제공된다.

종종, 가스 분석기의 정확도가 두 저장소 간의 충분한 농도 차이를 관측할 만큼 충분히 높지 않다. 이는 Shaw(1985)의 아이디어를 기반으로 한 쌍곡선완화에디-축적법(hyperbolic relaxed eddy-accumulation method; HREA)을 통해 해결할 수 있다. Bowling et al. (1999)과 Wichura et al. (2000)은 이 방법을 이산화탄소 동위원소 플럭스를 위한 실용적인 방법으로 개발했다. 이 방법에서는 특정 관측의 경우에 대해 정의되어야 하는 쌍곡선 외부에서만 공기가 수집된다(그림 4.13 참조).

$$\left| \frac{w' \, c'}{\sigma_w \, \sigma_c} \right| > D \text{ for } w > 0, \tag{4.73}$$

$$\left| \frac{w' \, c'}{\sigma_w \, \sigma_c} \right| > D \text{ for } w > 0. \tag{4.74}$$

표 4.18. 완화에디축적법(REA)의 평가

criterion	evaluation
area of application	basic research and extravagant continuous measuring programs
financial expense	10~50 k€ per system
personal expense	continuous scientific and technical support
education	good micrometeorological and measuring technique and probably also chemical knowledge
error	depending on the micrometeorological conditions 5~20%
sampling	10~20 Hz
time resolution of fluxes	30~60 min
application for chemical compounds	selected inert gases (gas analyzers with high time resolution)
restrictions in the application	sufficient footprint area, turbulent conditions necessary, similarity of turbulent scales of the scalars, no local influences on integral turbulence characteristics

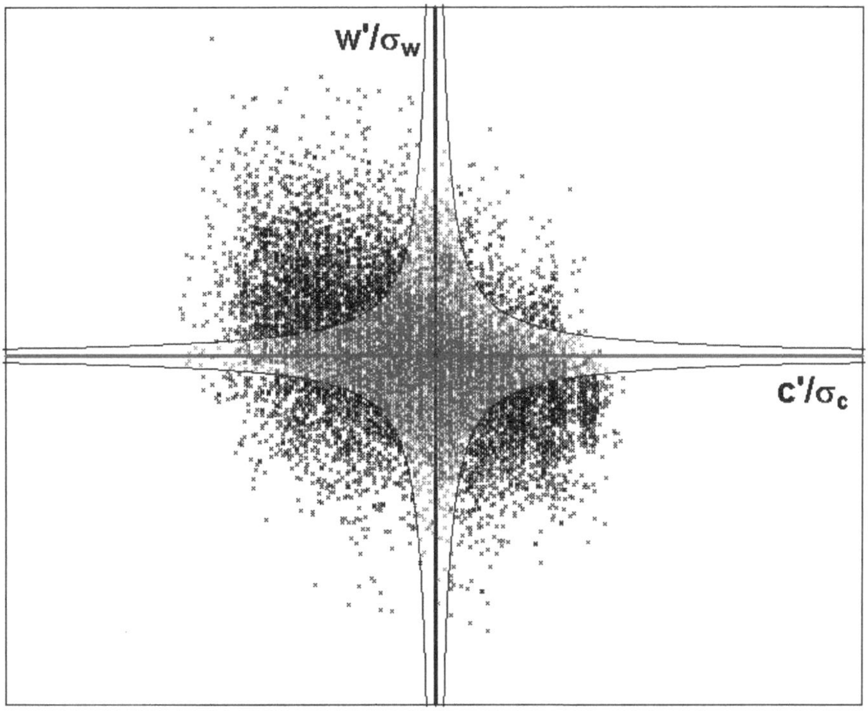

그림 4.13. 쌍곡선완화 에디축적법의 개념도(Ruppert et al. 2002)

쌍곡선완화에디-축적법은 불감대역(dead band)을 정확하게 결정하기 위해 상당한 비용이 필요하다. Bowling et al. (1999)에 의해 계산된 값 D = 1.1은 아마도 너무 커서 극단적 사건들만 수집되며, 그림에서 이들은 사분면 사이에 적절하게 분포되지 않는다. Ruppert et al. (2006b)의 모의 연구는 최적 값이 D～0.8임을 보여주었다. 이 때 중요한 것은 대체 스칼라의 올바른 선택과 관측 및 대체 파라미터의 스칼라 상사성을 조절하는 것이다. 편차는 단순 REA 방법보다 훨씬 더 큰 영향을 미친다.

쌍곡선완화에디-축적법의 장점은 두 저장소 간의 농도 차이를 상당히 증가시킬 수 있다는 것이며, 이는 난류 상사성 관계를 조절하는 데 드는 높은 노력으로 보상될 수 있다. 전체 평가는 표 4.19에 제시되어 있다.

표 4.19. 완화된 에디 축적법(REA)의 평가

criterion	evaluation
area of application	basic research
financial expense	10~50 k€ per system
personal expense	intensive scientific and technical support
education	good micrometeorological and measuring technique and probably also chemical knowledge
error	depending on the micrometeorological conditions 5~20%
sampling	10~20 Hz
time resolution of fluxes	30~60 min
application for chemical compounds	selected inert gases (gas analyzers with high time resolution)
restrictions in the application	sufficient footprint area, turbulent conditions necessary, similarity of turbulent scales of the scalars, no local influences on integral turbulence characteristics

완화된 에디-축적법은 아직 개발 중에 있다. 이 방법은 다른 방법으로는 관측할 수 없는 물질 플럭스에 대한 전망을 열기 때문에 추가적인 연구가 바람직하다. 이 간접적인 방법은 플럭스-분산 유사성이 충족될 경우에만 성공적으로 사용될 수 있다. 따라서 이러한 기초를 조절하는 방법들도 필요하다

4.4.3 분리형 에디-공분산법(DEC)

지금까지 논의된 방법들은 불활성 가스나 저장소에 머무는 동안 반응하지 않는 가스들에만 적용될 수 있는 방법들이다. 에디-공분산법을 이용한 난류플럭스 관측을 위해서는 샘플링 주파수가 약 10~20 Hz인 가스 분석기가 필요하다. 이러한 기기는 오존과 같은 몇몇 가스에만 사용가능하다. 분리형 에디-공분산법(disjunct eddy-covariance method; DEC)의 기본 아이디어는 항공 관측을 위한 에디-공분산법에서 차용된 것으로, 직접 관측법에 속한다. 항공기 속도와 지상 관측과 거의 동일한 샘플링 주파수 덕분에 샘플링 정리(sampling theorem) (6.1.2장 참조)에 따른 분해 가능한 난류 에디의 샘플링의 최적 주파수는 존재하지 않는다. Lenschow et al. (1994)의 연구에 따르면, 샘플링

주파수가 에디의 크기에 비해 낮더라도 완전히 발달된 난류 상태의 플럭스를 추정하는 것이 가능하다. 이는 각 샘플 시간이 더 많이 분리된다는 것을 의미한다(분리형).

이것이 분리형 에디-공분산법의 장점으로, 샘플은 특정 시간 간격에서만 취해진다(Rinne et al. 2000). 비록 직접 샘플링이 < 0.1초의 시간 간격으로 이루어지지만, 가스 분석기는 이 시간 동안 특별한 반응이 일어나지 않는다면 높은 관성 덕분에 몇 초 동안 데이터를 처리할 수 있다. 에디-공분산법과 비교하여 10% 이하로 오차를 줄이기 위해, 모의에 기반하여 볼 때 두 샘플링 간의 시간 차이는 1~5 s 범위여야 한다(Ruppert et al. 2002). 이 방법은 아직 개발 중에 있으며, 반응성 가스, 입자 등과 같은 플럭스에 적용 가능한 방법이 될 것으로 보인다. 이 방법에 대한 초기 평가는 표 4.20에 제시하였다.

표 4.20. 분리 에디-공분산법(DEC)의 평가

criterion	evaluation
area of application	In the moment only basic research
financial expense	10~20 k€ per system
personal expense	Intensive continuous scientific and technical support
education	good micrometeorological, measuring technique and chemical knowledge
error	depending on the micrometeorological conditions 5~20%
sampling	1~10 s, sampling duration < 0.1 s
time resolution of fluxes	30~60 min
application for chemical compounds	selected inert gases (gas analyzers with time resolution < 10 s)
restrictions in the application	sufficient footprint area, turbulent conditions necessary, influences of turbulent scales up to now not investigated

4.4.4 표면갱신법

표면갱신법(surface renewal method)은 에디 축적(조건부 표본추출)의 개념에 기초하고 있다(Paw U et al. 1995). 난류 관측은 사용되지 않고, 대신 식생 위에서 발생하는 경사 구조의 농도 관측(3.5.4장 참조)이 사용된다. 이 구조들은 지속적으로 갱신되기 때문에,

플럭스는 저장소 비우기를 통해 정의될 수 있다. 이 편차는 현열플럭스를 이용하여 이루어졌지만, 물질 플럭스에도 적용될 수 있다. 현열플럭스는 면적 A 위의 부피 V에서 시간에 따른 온도 변화로 정의되며, 여기서 V/A는 캐노피 높이 zB로 사용할 수 있다.

$$Q_H = \rho c_p \frac{dT}{dt}\left(\frac{V}{A}\right) \tag{4.75}$$

Snyder et al. (1996)은 안정과 불안정 성층에 대하여 그림 4.14와 같은 경사 구조를 기반으로 실용적인 방정식을 개발하였다. 이에 따라 식(4.75)에서 시간에 따른 온도 변화 dT/dt는 a/l로 대체될 수 있으며, 이는 가열 또는 냉각의 상대적인 지속 시간 $l/(l+s)$와 곱해진다.

$$Q_H = \rho c_p \frac{a}{l+s} z_B \tag{4.76}$$

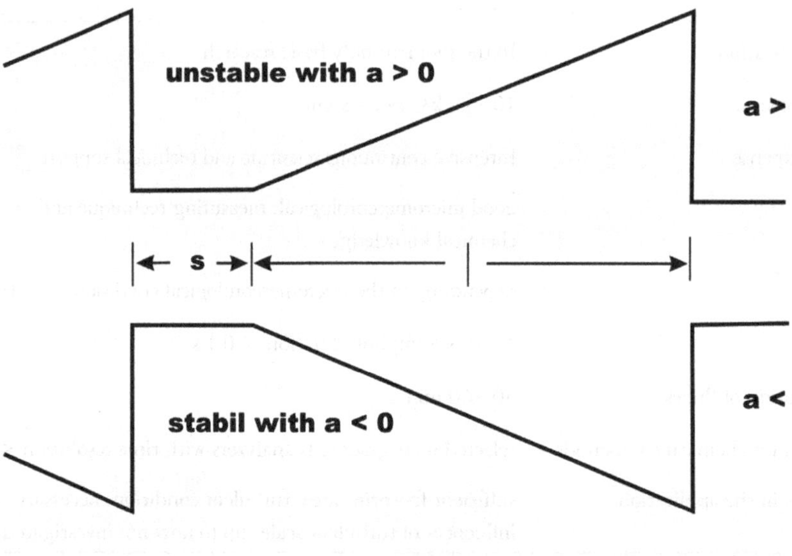

그림 4.14. 표면갱신법의 경사로구조 계산을 위한 개념도

이 방법은 난류 구조에 대한 신중한 분석이 필요하며, 특히 중요한 경사 구조를 가진 지배적인 안정 성층인 경우 키가 큰 식생 위의 플럭스 적용 가능성을 제공한다. 방법에 대한 초기 평가는 표 4.21에 제시되어 있다.

표 4.21. 표면갱신법의 평가

criterion	evaluation
area of application	basic research and extravagant continuous measuring programs for special cases
financial expense	5~10 k€ per system
personal expense	intensive continuous scientific and technical support
education	good micrometeorological and measuring technique and probably also chemical knowledge
error	depending on the micrometeorological conditions 10~30%
sampling	10~20 Hz
time resolution of fluxes	30~60 min
application for chemical compounds	selected inert gases (gas analyzers with high time resolution)
restrictions in the application	only over vegetation with ramp structures, influences of turbulent scales up to now not investigated

4.5 화학물질의 플럭스

화학물질의 침적에는 3가지 다른 방식으로 발생한다Finlayson-Pitts and Pitts 2000; Foken et al. 1995):

- 물 내의 용질가스와 물질들의 습성침적(wet deposition)
- 안개 수내의 용질가스와 물질들의 수분침적(moist deposition)
- 기체들과 입자들(에어로졸)의 난류 수송에 의한 건성침적(dry deposition)

여기서 건성 침적만이 이전에 설명한 에너지 및 물질 교환 방법으로 관측할 수 있다. 강수에 의한 습성침적은 소위 '강수 전용 수집기'로 관측되며, 이 수집기는 건성 침적과 퇴적물을 수집하는 것을 피하기 위하여 비가 올 때만 열리도록 설계되어 있다. 그러나 이런 관측 방법의 문제점은 강수 관측에서 나타나는 문제점과 유사하다(6.2.4장 참조). 안개 수적에 의한 침적은 언덕 지역과 같이 자주 안개가 발생하는 지역에서만 중요하다(Wrzesinsky and Klemm 2000).

생태학적 연구에서는 숲의 줄기 공간에 위치한 개방형 수집기를 사용하여 총체침적(bulk deposition)을 관측한다. 이때 관측되는 침적물은 강수에 의한 침적, 퇴적물, 나뭇잎에서 퇴적된 물질의 씻어내기, 그리고 일부 건성 침적의 합이다. 크라운 처마법(crown-eaves method)은 총 침적량을 숲 밖에서의 습성 침적량과 비교하고, 건성 침적량을 그 차이값으로 추정하는 연구를 시도하였다(Guderian 2000). 이 방법은 침적되는 물질이 식물 표면에 직접 흡수되거나 숲 속 또는 토양에도 침적되기 때문에 건성 침적량을 정량적으로 관측할 수는 없다.

3가지 침적 경로의 총 침적량 분포는 지표면의 특성에 크게 의존한다. 큰 지표면 거칠기를 가지는 키가 큰 식생에서는 습성침적 또는 수분침적보다 공기 중의 물질을 건조 침전으로 흡수하는 데 훨씬 더 능숙하다. 물질에 따라 건성침적은 키가 큰 식생 위에는 총 침전의 약 3/4, 키가 작은 식생 위에서는 저식생에서는 2/3를 차지한다(Foken et al. 1995). 물질에 따른 침적량의 차이는 표 4.22에 제시되어 있다.

표 4.22. 시골지역 위에서 습성침적(WD)에 대한 건성침적(DD)의 비와 건성입자침적(DPD)에 대한 건성침적의 비

matter	high roughness (forest)		low roughness (meadow)	
SO_2/SO_4^-	3–4 : 1	DD/WD	1–1.5 : 1	DD/WD
	1:1	DD/DPD	3–10 : 1	DD/DPD
$NO_2 + HNO_3$	1.8–4 : 1	DD/WD	1–2 : 1	DD/WD
NO_3^-	1.2–2 : 1	DD/DPD	2–10 : 1	DD/DPD
NH_3/NH_4^+	0.2–5 : 1	DD/WD	?	DD/WD
	0.2–5 : 1	DD/DPD	1 : 1	DD/DPD
metal	~ 1: 1	DD/WD	1 : 20	DD/WD

건성침적은 지금까지 설명한 모든 방법으로는 원칙적으로 관측할 수 있다. 그 이유 중 하나는 에디-공분산법에 사용할 수 있는 고주파수 가스 분석기의 수가 제한적이라는 점이다. 프로파일 관측의 경우, 가스 분석기의 절대 정확도가 필요한 해상도를 충족하지 못하거나 샘플링 시간이 일반적인 기상 평균 시간보다 긴 경우가 많다. 종종 수정된 보웬비법, 플럭스-분산 상사법, 또는 축적법들이 사용된다. 이 모든 방법은 연속적으로 운영되는 관측 프로그램에는 적합하지 않다. 건조침적 추정을 기록하기 위해

소위 침적속도가 사용된다. 전 세계적인 기후 연구에서는 에디-공분산법을 사용한 이산화탄소 교환 관측이 이루어지고 있다(Valentini et al. 2000). 따라서 광범위한 기술 가이드가 제공된다(Aubinet et al. 2000; Aubinet et al. 2003a; Moncrieff et al. 1997). 전 세계적으로 200개 이상의 관측소가 존재하지만(Baldocchi et al. 2001), 여전히 기술적 및 방법론적 문제가 존재한다는 사실은 간과되지 않는다.

지금까지 언급한 내용은 이산화탄소나 이산화황과 같은 비활성 기체에만 유효하다. 활성기체의 경우, 한 기체가 상당히 과잉된 상태여서 반응에 중요한 역할을 하지 못하는 경우에만 이 방법을 사용할 수 있다. 예를 들어, 농촌 지역에서 주간의 오존 침적이 그 예이다. 또한 물질 복합체를 결합할 수도 있다. 예를 들어, 일산화질소와 이산화질소를 구성하는 질소산화물(NOx), 그리고 오존 또는 암모니아, 암모늄이온, 질산암모니아로 구성된 암모늄산화물이 그 예이다. 프로파일 방법을 적용하게 되면, 반응으로 인해 기울기가 항상 플럭스의 방향을 나타내지 않는다는 점을 고려해야 한다(Kramm et al. 1996a). 에디-공분산법과 에디-축적법을 적용할 때, 화학 반응에 참여하는 전형적인 반응 시간이 101~104 s 범위에 있으며, 이는 난류 변동과 비슷한 범위에 있다는 점을 고려해야 한다(그림 4.15). 따라서 이 방법들은 다소나마 비등방성 난류라는 가정 하에서 다중지점 관측을 제외하고는 사용할 수 없다(Foken et al. 1995).

반응시간과 수송 시간 비율을 관측하는 지표는 담쾰러 수(Damkhöler number)이다(Molemaker and Vilà-Guerau de Arellano 1998).

$$Da_t = \frac{t_d}{t_c} k < c^* > \tag{4.77}$$

여기서 k는 운동 반응상수(kinematical reaction constant)이고, $< c^* >$는 평형 상태에서 반응 파트너 중 하나의 무차원 부피 평균 농도이다. 다른 정의는 배출 플럭스와 스케일을 맞춘다(Schumann 1989). 반응은 종종 가장 작은 에디 내에서 발생하므로, 콜모고로프-담쾰러(Kolmogorov-Damköhler) 수가 적용된다.

$$Da_k = \sqrt{\frac{\upsilon}{\varepsilon}} k < c^* > \tag{4.78}$$

여기서 υ는 운동 점도을 그리고 ε는 에너지 소멸율을 의미한다. 담쾰러 수와 화학반응속도와의 관계는 Bilger (1980)에 의해 아래와 같이 제시되었다.

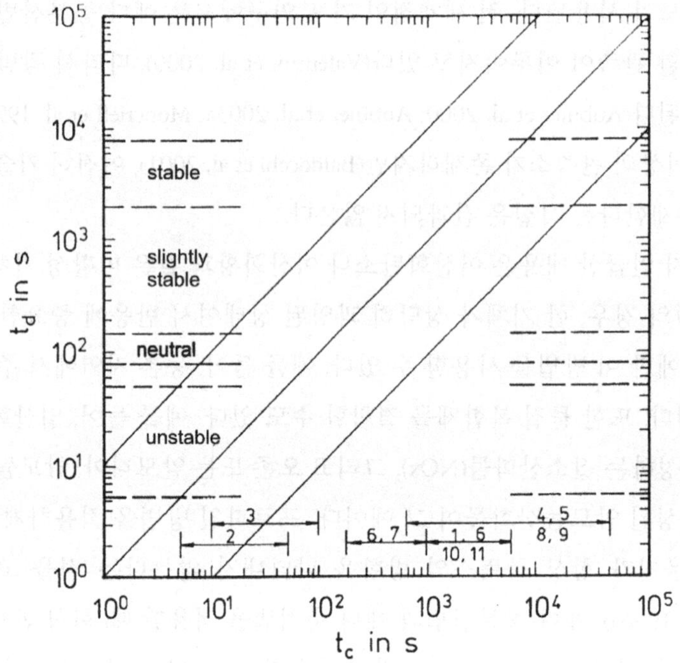

그림 4.15. 10 m 두께를 가진 하나의 층과 상이한 열적 성층인 경우 여러 가지 화학반응들에 대한 특성 수송시간(t_d)과 특성 반응시간(t_c) 사이의 관계(Dlugi 1993) 1: $HO_2 + HO_2 \rightarrow H_2O_2 + O_2$, 2: $HNO_3 + NH_3 \leftrightarrow NH_4NO_3$, 3: $O_3 + NO \rightarrow NO_2 + O_2$, 4: O_3 + 이소프렌 → 반응물(R), 5: O_3 + 모노이소프렌 → R, 6: NO_3 + 모노이소프렌 → R, 7: NO_3 + 이소프렌 – R, 8: OH + 이소프렌 → R, 9: OH + 모노이소프렌 → R, 10: O_3 + 올레핀 → R, 11: $O_3 + NO_2 \rightarrow NO_3 + O_2$

$$\begin{aligned} &Da_t \ll 1 && \text{slow chemistry} \\ &Da_k < 1 < Da_t && \text{moderate chemistry} \\ &Da_k \gg 1 && \text{fast chemistry} \end{aligned} \tag{4.79}$$

이 방법은 간단하면서 일상적으로 적용할 수 있지만, Chamberlain(1961)이 정의한 침적 속도를 기반으로 하고 있으므로 물리적으로는 비현실적이다(아래 참조).

$$v_D(z) = -\frac{Q_c}{c(z)} \tag{4.80}$$

이 침적속도의 정의는 경도 접근법과는 일치하지 않는다(Roth 1975). 그러나 침적속도는 역수송 저항으로 가정할 수 있다(5.3장 참조). 여기서 농도는 관측 높이와 두 번째 기준 높이(지면) 사이의 농도 차이로 대체할 수 있으며, 이때 지면에서 농도는 일정하거나 매우 낮다. 이 경우 물리적인 부정확성을 극복할 수 있다. 이 가정은 건성침적의 짧은 시간 변화(일일 주기 또는 그 이하)를 정확하게 재현할 수 없다는 단점이 있다. 따라서 이 방법은 장기적인 관측에 적합하다고 할 수 있다.

침적 속도는 10^{-3} m s^{-1} 정도이며, 지표면과 기상 조건에 따라 매우 변동성이 크다(표 4.23). 전국적인 조사의 경우, 관련 기관에서 나열한 침적속도는 평균 건성침적이 관측된 시기에 따라 달라진다.

표 4.23. 침적속도에 대한 예(Helbig et al. 1999)

gas	surface	v_D in 10^{-2} m s^{-1}	conditions
SO_2	grass	0.5	neutral stratification
	needle forest	0.3~0.6	averaged value
O_3	grass	0.55	neutral, 5 m s^{-1}
	spruce forest	0.4	averaged value
NO	grass	0.05	neutral, 5 m s^{-1}
	spruce forest	0.1~0.4	averaged value
NO_2	grass	0.6	neutral, 5 m s^{-1}
	spruce forest	1.2	in spring

식 (4.80)에서 플럭스와 농도 간의 비례 관계는 일반적으로 대기안정도가 불안정한 상태와 중립 상태에서만 성립된다. 그림 4.16은 큰 산포도를 보이지만 비례 관계가 실현될 수 있음을 보여준다. 안정된 상태에서는 농도의 변화가 플럭스와 거의 독립적이다.

침적 속도의 비물리적인 정의로 인해, 실험적 연구에서 결정해야 할 여러 문제도 발생한다. 우선 내려야 할 정확한 정의는 수송 또는 전달 속도일 것이다(Arya 1999; Roth 1975):

$$v_D(z) = -\frac{Q_c}{c(z) - c(0)} \tag{4.81}$$

$c(0)$인 경우, 즉 지표면에서 반응에 의해 물질이 완전히 사라지는 경우에만 침적 속도는 전달 속도와 동일하다. 그렇지 않을 경우 비현실적인 값이 도출된다(Businger 1986). 전달 속도의 결정은 이 장에서 설명된 모든 방법으로 가능하지만, 프로파일 방법(4.2 장 참조)이 가장 간단한 방법이다(표 4.24).

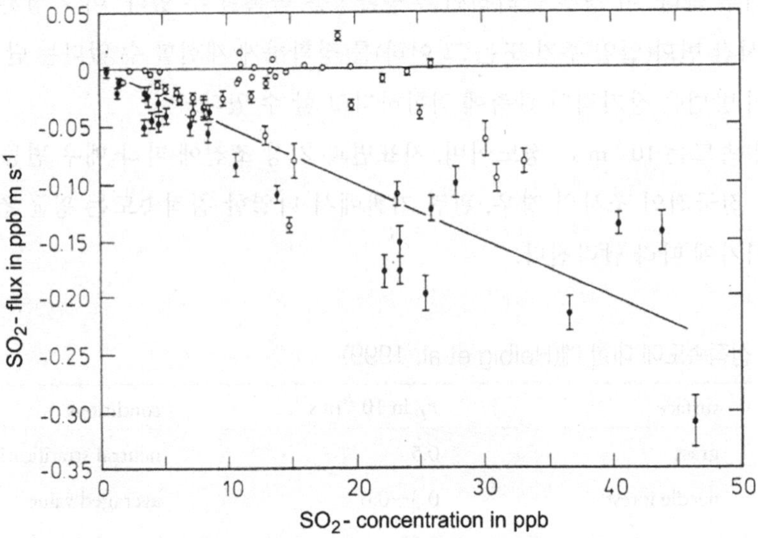

그림 4.16. 상수의 침적 속도를 가정한 경우의 이산화황 침적량과의 관계; 채워진 기호는 불안정한 성층에서 정오의 값이고 빈 기호는 안정한 성층에서의 값이다(Hicks and Matt 1988).

표 4.24. 침적속도에 따른 건성침적량 추정에 관한 평가

criterion	evaluation
area of application	routinely measuring programs
financial expense	2~15 k€ per system
personal expense	technical support
education	knowledge in measuring technique
error	according to the micrometeorological conditions 20~50%, partly > 50%
sampling	1~5 s, determination of averages over 10~30 min
time resolution of fluxes	decade and monthly averages
application for chemical compounds	selected inert gases
restrictions in the application	only for rough estimates usable

침적 속도를 결정하는 일반적인 방법은 저항 접근법이며(Seinfeld and Pandis 1998), 이것은 5.3장에서 자세히 설명된다. 따라서 간단한 모델을 사용하면 계산도 가능해진다(Hicks et al. 1987).

제5장 | 에너지와 물질 교환 모델링

미기상학에서 모델링(modeling)이라는 용어는 특별히 상세하게 정의되지 않으므로, 간단한 회귀 분석에서 복잡한 수치 모델에 이르기까지 다양한 복잡성을 포함한다. 응용 기상학(농업 기상학과 수문 기상학)에서는 이 범위에 걸쳐 간단한 분석 모델들이 널리 사용되고 있다. 중요한 문제 중 하나는 증발 모델링이다. 정교한 수치 모델은 이 분야에 거의 도입되지 않고 있다. 이번 장에서는 간단한 분석 방법부터 시작하여 지표층의 에너지와 물질 수송을 다룬 수치 모델에 이르기까지 다양한 유형의 모델을 설명한다. 또 비균질 지형에서의 모델 적용과 플럭스 평균화에 대해 특별한 하위 장(절)에서 다룬다.

5.1 에너지 평형법

에너지 교환 관측들과 모델링은 많은 응용 연구에서 기본틀을 형성한다. 관측과 관련된 방법론적 문제점들을 무시한다면(3.7 참조), 에너지 평형 방정식(energy balance equation)은 보웬비법(4.2.2)과 같은 방법들을 사용하여 나타낸다. 야외에서 만들어지는 많은 모델들은 비슷한 이론적인 배경에 기반을 둔다. 보통, 적용에서 일어나는 일반적인 문제점들은 사용자에게는 알려지지 않는다. 대부분 적용들은 불안정 성층에서 일평균 또는 주 평균을 가지는 것으로 정오에서 매시 값들인 경우에서만 사용할 수 있다. 다양한 모델들은 자유수체 또는 물 포화면으로부터의 가능증발량(potential evaporation)과 실제증발산량 사이를 구별한다. 실제 증발산은 토양의 증발과 식물로부터 증산의 합이다.

대부분의 모델에서는 실험에 의해서 경험적으로 결정되는 매개변수들이 사용된다. 엄격하게 말하면, 실험 지역의 기후조건들만이 유효하다. 매개변수들의 값들은 장소에 따라서 변동할 수 있고, 더 중요한 것은 그들이 단지 특별한 의미를 가지는 기후조건들인 경우에만 유효하다는 것이다. 따라서 매개변수들은 실험이 수행된 기간의 장소, 연 중의 시간, 날씨 또는 기후의 함수이다. 이 변수들은 최근에 결정되었거나 가까운 미래에 결정되는 것보다 더 이상 유효하지 못하게 될 것이다(Houghton et al. 2001). 따라서 매시 또는 매일 값들은 낮은 대표성을 가지게 되고,. 매개변수화의 민감도에 의존하면서도, 10년 또는 월별 평균값들은 받아들여지는 정확도를 지닌다. 그러므로 모델의 시간 규모를 사용범위와 지리적으로 유효한 지역들과 연결시키는 것이 필요하다.

5.1.1 가능증발량의 결정

1) 돌턴(Dalton) 접근법

개방수역 위의 가능증발량을 결정하는 가장 간단한 방법은 돌턴 접근법(Dalton approach)이다. 이것은 4.2.1에서 논의된 총체 접근법과 비교되는 것으로 에너지 평형 접근법을 지정할 수 없다. 돌턴 수 대신에, 간단한 보정 함수들이 풍속의 의존성을 포함하여 사용된다.

$$Q_E = f(u)\left[E(T_0) - e(z)\right],$$
$$f(u) = a + b\,u^c, \tag{5.1}$$

여기서 독일 북부 호수인 경우, $a = 0.16,\ b = 0.2,\ c = 0.5$이다(표 5.1)(Richter 1977).

표 5.1. 돌턴 접근법의 적용 가능성

criterion	evaluation
defining quantity	potential evaporation of free water bodies
area of application	according to the validity of the area specific constants (DVWK 1996)
resolution of ten input parameters	10~60 min averages
representiveness of the results	(daily-), decade and monthly averages
error	20~40%

2) 터크(Turc) 접근법

많은 접근법들은 복사 관측에 기반하고 있다. 예로서 기온(℃)과 지구복사(W m^{-2})만으로 이루어지는 증발 계산이 입력 매개변수로서 사용된다(Turc 1961):

$$Q_{E-TURC} = k(K\downarrow + 209)\frac{0.0933\,t}{t+15} \tag{5.2}$$

지중해인 경우에서 개발된 방법과 독일에서 적용하기 위해서 개발된 방법인 식 (5.2)는 약 $k = 1.1$의 보정인자를 필요로 한다(DVWK 1996) (표 5.2).

표 5.2. 터크 접근법의 적용

criterion	evaluation
defining quantity	potential evaporation of free water bodies, possible for well saturated meadows
area of application	Mediterranean Sea, Germany (lowlands) with correction factor k=1.1
resolution of ten input parameters	10~60 min averages
representiveness of the results	decade and monthly averages
error	20~40%

3) 프리스틀리-테일러(Priestley-Taylor) 접근법

현열플럭스와 잠열플럭스의 결정을 위한 여러 방법들의 유도과정에서 보웬비는 출발점이 된다. 프리스틀리-테일러 접근법(Priestley-Taylor approach)은 식 (2.91)과 함께 시작한다. 온위와 건조단열온도경도와 함께 다음과 같이 전개된다.

$$Bo=\gamma\frac{\partial\bar{\theta}/\partial z}{\partial\bar{q}/\partial z}=\frac{\gamma\left[(\partial\bar{T}/\partial z)+\Gamma_d\right]}{\partial\bar{q}/\partial z} \tag{5.3}$$

대기가 포화된 경우 클라우지우스-클라페롱 방정식(Clausius-Clapeyron equation)에 따라서 수증기압의 온도 의존성을 더히면 다음과 같은 식들을 구할 수 있다.

$$\frac{d\,q_s}{d\,T}=s_C(\bar{T}) \tag{5.4}$$

$$Bo=\frac{\gamma\left[(\partial\bar{T}//\partial z)+\Gamma_d\right]}{s_c(\partial\bar{T}/\partial z)}=\frac{\gamma}{s_c}+\frac{\gamma\Gamma_d}{s_c(\partial\bar{T}/\partial z)}. \tag{5.5}$$

위 방정식을 더 확장하기 위해서, 식 (5.5)의 우변 2번째 항은 무시해 보자. 그러나 만약 지표층이 건조단열경도(0.0098 K m^{-1})보다 월등히 큰 경우에만 이 가정은 유효하다. 이것은 중립 경우에는 가능하지 않지만, 그럴결루 플럭스들은 일반적으로 작은 값이 된다. 물로 포화된 지표면인 경우 프리스틀리-테일러 계수(α_{PT})가 약 1.25이고 에너지 평형방정식 식 (1.1)이 도입된다면, Priestley-Taylor 접근법은 다음과 같이 유도된다(Priestley and Taylor 1972):

$$Q_H=\frac{\left[(1-\alpha_{PT})s_c+\gamma\right](-Q_s^*-Q_G)}{s_c+\gamma} \tag{5.6}$$

$$Q_E = \alpha_{PT} s_c \frac{-Q_s^* - Q_G}{s_c + \gamma} \tag{5.7}$$

비 $c_p/\lambda = \gamma$와 $de_s/dT = s_c$에 대한 전형적인 값들이 표 5.3에 주어져 있고 아래의 관계식으로 대략적으로 계산될 수 있다(표 5.4).

$$\frac{s_c}{\gamma} = -0.40 + 1.042e^{0.0443t} \tag{5.8}$$

표 5.3. 비수분(specific moisture)에 기초한 온도 종속 매개변수 γ 와 s_c의 값(Stull 1988)

temperature in K	γ in K^{-1}	s_c in K^{-1}
270	0.00040	0.00022
280	0.00040	0.00042
290	0.00040	0.00078
300	0.00041	0.00132

표 5.4. 프리스틀리-테일러(Priestley-Taylor) 접근법의 적용

criterion	evaluation
defining quantity	potential evaporation of free water bodies
area of application	universally
resolution of ten input parameters	10~60 min averages
representiveness of the results	(daily-), decade and monthly averages
error	10~20%

4) 펜만(Penman) 접근법

가능증발량의 결정에 가장 일반적으로 사용되는 방법은 Penman (1948)에 의해서 제안되었다. 이 방법은 잉글랜드 남부지방을 위해서 개발된 것으로 건조지역인 경우에는 낮게 추정된다. 이것은 Dalton 접근법과 보웬비에 기초하여 유도된 반면, Priestley-Taylor 형태의 방정식은 그 중간 단계에 해당된다(DVWK 1996). 이 때 mm d^{-1}로 표시되는 증발량은 다음과 같다.

$$Q_E = \frac{s_c(-Q_s^* - Q_G) + \gamma E_a}{s_c + \gamma}, \tag{5.9}$$

여기서 유효에너지는 반드시 mm d^{-1}로 표시되어야 한다. mm d^{-1}에서 W m^{-2}로 변화하는 인자는 0.0347이다. 식 (5.9)의 분자 내 두번째 항은 mm d^{-1}로 표시되는 환기 항(ventilation term)으로 불리고 돌턴 접근법에 따라서 난류의 영향을 포함한다. 이 항은 첫번째 항보다는 매우 작고 보통 단순화된 펜만 접근법에서는 무시된다(Arya 2001). Priestley-Taylor 접근법은 $\alpha_{PT}=1.0$일 때 따르게 된다.

환기 항은 풍속과 포차(saturation deficit)의 함수이다.

$$E_a = (E-e)(f_1 + f_2 u) \tag{5.10}$$

식 (5.10)에서 일평균 값을 사용할 수 있지만, 10~60분 평균을 사용하는 것이 훨씬 더 의미가 있다. 그러나 이런 경우에서 단위들이 반드시 변환되어야 한다. 두 바람인자 f_1과 f_2 에 대한 전형적인 값들은 표 5.5에 주어져 있다. 이들 값들은 수면에서 유효하다. 또한 이 값들은 잘 포화된 풀잎 면인 경우에도 사용될 수 있다. 여기에서는 상당한 양이 실제증발량이다. 더 큰 거칠기의 효과를 포함시키기 위해서 van Bavel (1986)에 의해 개발된 접근법에 따라서 환기 항은 hPa m s^{-1}로 적용된다(표 5.6).

$$E_a = \frac{314\,K}{T}\frac{u}{[\ln(z/z_0)]^2}(E-e) \tag{5.11}$$

표 5.5. 식 (5.10)의 환기 항에서의 바람 인자

surface and reference	f_1 in mm d^{-1} hPa^{-1}	f_2 in mm d^{-1} hPa^{-1} m^{-1} s
original approach for water bodies (Hillel 1980)	0.131	0.141
small water bodies (DVWK 1996)	0.136	0.105
water bodies (Dommermuth and Trampf 1990)	0.0	0.182
grass surfaces (Schrödter 1985)	0.27	0.233

표 5.6. Penman 접근법의 적용

criterion	evaluation
defining quantity	potential evaporation of free water bodies
area of application	universally
resolution of ten input parameters	10~60 min averages
representiveness of the results	(daily-), decade and monthly averages
error	10~20%

5) 가능증발량을 결정하는 접근법에 대한 전반적인 평가

여기에 제시된 모든 접근법들은 긴 평균 시간간격을 가지는 경우에만 유효하다. 일부 정교한 접근법이라도 짧은 평균 시간간격인 경우에는 정확도가 낮다(표 5.7). 또한 30~60분 평균으로 계산이 이루어져야 하더라도, 비선형성 때문에 이러한 짧은 시간에 대해서는 의미있는 해석을 하기가 어렵다.

표 5.7. 물의 가능증발량을 결정하는 방법. 하단의 회색 스케일은 마지막 줄에 제시된 정확도를 나타낸다.

minute				
hour				
day				
decade	Dalton approach	Turc approach	Priestley-Taylor approach	Penman approach
month				

very good	good	satisfactory	rough estimate	inadequately
5~10%	10~20%	20~40%	40~100%	> 100%

5.1.2 실제증발량의 결정

증발량을 결정하는 경험적 방법들은 다양하게 사용되지만, 이 방법들은 개발된 지역에서만 제한적으로 적용될 수 있다. 따라서 아래 내용은 이러한 접근법들이 아니 경우만을 기술한 것이다. 독일에서 일반적으로 사용되고 있는 Haude (1955)와 Sponagel (1980)의 방법, 혹은 Wendling et al. (1991)에 따른 수정 터크 접근법(Turc approach)들은 이 책의 독일 판에서 널리 기술되고 있다(Foken 2006b).

1) 펜만-먼티스(Penman-Monteith) 접근법

Penman 접근법에서 Penman-Monteith 접근법(DeBruin and Holtslag 1982; Monteith 1965; Penman 1948)으로의 전환는 현열플럭스의 에너지를 감소시키는 비포화 지표면과 증발에 기인한 냉각과정을 고려하여야 한다. 두 가지 양상을 포함하게 되면 실제증발량(증발산)을 결정을 위한 Penman-Monteith 접근법이 유도된다.

$$Q_H = \frac{\gamma(-Q_s^* - Q_G) - F_w}{R_G\, s_c + \gamma}, \tag{5.12}$$

$$Q_E = \frac{R_G\, s_c(-Q_s^* - Q_G) + F_w}{R_G\, s_c + \gamma}, \tag{5.13}$$

환기 항으로 불리는 F_w는 다음과 같다.

$$F_w = C_E\, \bar{u}\, (R_G - R_s)\, q_{sat}, \tag{5.14}$$

여기서 R_G는 지표면에서의 상대습도이고, R_s는 지표면 부근의 상대습도이고, q_{sat}는 포화비습이다. 식 (5.14)는 또한 분자난류저항(molecular-turbulent resistance)을 고려하지 않는 저항개념에 따라서 수식이 유도될 수 있다.

$$F_w = \frac{q_{sat} - q_a}{r_a + r_c} \tag{5.15}$$

가장 간단한 경우에서, 캐노피 저항(r_c)은 기공저항(r_s)에 의해서 대체될 수 있다. 또한 기공저항은 단일 잎의 기공저항(r_{si})과 잎 면적지수(leaf-area index; LAI)로부터 계산될 수 있다.

$$r_s = \frac{r_{si}}{LAI_{active}} \tag{5.16}$$

여기서 LAI_{active}는 활성 햇빛 잎들의 LAI이다. 일반적으로, 이것은 이 과정이 일어나는 높이는 캐노피의 상부이기 때문에 $LAI_{active} = 0.5\, LAI$ 이다(Allen et al. 2004). 가장 간단한 경우, 난류저항은 다음과 같이 주어진다(Stull 1988).

$$r_a = \frac{1}{C_E\, \bar{u}}. \tag{5.17}$$

그러나 보통 r_a는 식 (2.61)과 (2.63)으로부터 계산된다.

$$r_a = \frac{\ln\left(\frac{z-d}{z_0}\right)\ln\left(\frac{z-d}{z_{0q}}\right)}{u(z)} \tag{5.18}$$

안정도가 중립이 아닌 경우, 보편함수들은 식 (5.18)에서 사용될 수 있다. 매개변수들의 전형적인 값들은 표 5.8에 주어져 있다.

표 5.8. 단일 잎의 LAI(Kaimal and Finnigan 1994)와 기공저항(Garratt 1992)의 전형적인 값

surface	height in m	LAI in m^2 m^{-2}	r_{si} in s m^{-1}
seat (begun to grow)	0.05	0.5	
cereal	2	3.0	50~320
forest	12~20	1~4	120~2700

국제연합 식량농업기구(The Food and Agriculture Organization; FAO)는 증발량을 결정하기 위한 균일한 방법을 개발하기 위해 부단한 노력을 기울이고 있으며, 제한된 입력 자료로부터 적용 가능한 아래 방정식을 추천하고 있다(Allen et al. 2004).

$$Q_E = \frac{s_c(-Q_s^* - Q_G) + \rho c_p \dfrac{0.622}{p} \dfrac{E-e}{r_a}}{s_c + \gamma \left(1 + \dfrac{r_s}{r_a}\right)}, \tag{5.19}$$

여기서 r_s와 r_a는 식 (5.16)과 식 (5.18)에 의해서 각각 주어진다. $0.622/p$ 인자는 원 참고문헌과는 다르게 포함되었으며, 일관성이 필요하다. 상수 s_c 와 γ는 차원 K^{-1}으로 사용되었으며 원 참고문헌에서 사용되었던 hPa K^{-1}으로는 사용되지 않는다(표 5.9).

표 5.9. Penman-Monteith 접근법의 적용

criterion	evaluation
defining quantity	actual evaporation
area of application	universally
resolution of ten input parameters	10~60 min averages
representiveness of the results	hourly and daily averages
error	10~40%

전 세계에 걸친 증발률을 비교하고 모든 장소에서 유용한 입력 매개변수로 사용하기 위해서, FAO는 하나의(초원) 기준 증발량을 수식화하였다. 이 식은 원리적으로 식 (5.19)에 기초하고 있지만, 표 5.10에 주어진 추정된 입력 매개변수들을 포함한다.

표 5.10. FAO-(초원)-기준 증발량을 위한 입력 매개변수들의 설정

parameter	value	remark
r_a	$d=2/3\ z_B; z_0=0.123\ z_B; z_{0q}=0.1\ z_0$ with $z_B=0.12$ m and $z=2$ m follows $r_a=208/u$ (2m)	it is $\varkappa=0.41$ applied
r_s	$LAI_{aktiv}=0.5LAI;\ LAI=24z_B$ with $r_{si}=100$ s m-1 and $z_B=0.12$ m follows $r_s=70$ s m-1	
$-Q_s^*-Q_G$	various simplifications possible with an albedo of 0.23	Allen et al. (2004)

Penman-Monteith 접근법은 다양한 응용분야에서 사용되고 있다. 예를 들면 많은 수문학 및 생태학 모델 내의 대기경계층 조건에 적용되고 있다. 이 방법은 적절한 정확도로 최소한 주간 동안 시간별 데이터를 계산할 수 있도록 하며, 일반적으로 일 증발량과 현열플럭스를 산정하는 데 사용된다.

사용 가능한 유효에너지가 주된 강제력(forcing)이지만, 대기 난류와 식물에 의한 조절이 환기 항에 영향을 미치므로, 난류 조건이 평균 상태와 다를 경우 이 방법의 정확도가 떨어진다. 따라서 이 접근법은 일반적으로 지표층 내 여러 층을 포함하는 기상 모델에서는 사용되지 않는다(장 5.3 참고)

여기서 언급하지 않은 다른 접근법들은 긴 평균 시간간격을 필요로 하기 때문에 짧은 평균 기간인 경우에는 낮은 정확도를 가진다. 물 균형 방법들은 물 균형방정식인 식 (1.23)을 사용한다. 반면 유출과 강수는 관측해야 하는 매개변수들이다.

5.1.3 정규 날씨 관측으로부터의 결정

앞서 제시된 방정식들은 일반적으로 일상적으로 얻을 수 있는 데이터로 에너지 교환을 결정하는 데 적합하지 않다. 이러한 배경에서 Holtslag and van Ulden (1983)은 Priestley-Taylor 접근법을 적용하여 현열플럭스를 결정하는 방법을 개발했다. 그들은 DeBruin and Holtslag (1982)에 따라 $\beta=20$ W m^{-2}의 이류 인자를 포함했고, 토양 수분에 따라 α_{PT}를 0.95에서 0.65 사이로 한정시켰다. 그러나 여름 조건에서 물 공급이 충분할 경우 $\alpha_{PT}=1$로 가정할 수 있다. 그 결과 식 (5.6)은 표 5.3에 따른 기온에 대한 종속 상수들로서 다음 형태로 표시할 수 있다.

$$Q_H = \frac{[(1-\alpha_{PT})s_c + \gamma](-Q_s^* - Q_G)}{s_c + \gamma} + \beta \tag{5.20}$$

유효에너지를 추정하기 위해서 아래와 같은 경험방정식이 사용된다.

$$(-Q_s^* - Q_G) = 0.9\,\frac{(1-\alpha)K\downarrow + c_1 T^6 - \sigma T^4 + c_2 N}{1 + c_3}, \tag{5.21}$$

여기서 T는 기온, N은 구름양, $K\downarrow$ 는 하방복사, α는 지표면 알베도, 상수들은 $c_1 = 5.3 \times 10^{-13}$ W m^{-2} K^{-6}, $c_2 = 60$ W m^{-2}, $c_3 = 0.12$이다. 이 방법의 단점은 정규 날씨 관측에서부터 구름양이 보통 유효하지 않다는 것이다. 적용은 중립 성층 또는 불안정 성층을 가지는 주간 시간에서만 제한되고 비 또는 안개가 존재하는 경우에는 적용되지 못한다.

Göckede and Foken (2001)은 입력 매개변수로서 구름양 대신에 자주 관측되는 지구복사를 사용하는 것을 시도하였다. 즉, 대기권 내의 복사 전달에 대한 일반적인 공식을 활용하기 위해서 식 (1.5)와 (1.7)를 참조하고, Burridge와 Gadd (1974)의 결과식에 따라서 구름 관측으로부터 복사 플럭스들을 매개변수화 하는 것을 제시하였다(Stull, 1988 참조). 그 결과 유효에너지는 다음과 같이 표현된다.

$$(-Q_s^* - Q_G) = 0.9K\downarrow\left(1 - \alpha - \frac{0.08Kms^{-1}}{K_G\downarrow}\right) \tag{5.22}$$

여기서 $K\downarrow$ 는 관측된 지구복사이고, $K_G\downarrow$ 는 외기복사(extraterrestrial radiation)와 입사각으로부터 계산될 수 있는 지표면 부근의 지구복사이다.

$$K_G\downarrow = K_{extr}\,(0.6 + 0.2\sin\psi) \tag{5.23}$$

식 (5.25)은 천문학적 관계식(부록 A4)으로 구한 매시 자료인 경우 입사의 각을 계산하는 데만 필요하다. 이 방법은 식 (5.20)과 식 (5.12)로 표시되는 Penman-Monteith 접근법에 잘 적용될 수 있다. 이 방법의 적용은 표 5.11에 제시된 바와 같은 Holtslag and van Ulden (1983)의 방법과 비슷하다.

표 5.11. 홀트스라그-반 울덴(Holtslag and van Ulden) 접근법의 적용

criterion	Evaluation
defining quantity	sensible heat flux and actual evaporation
important input parameters	cloud cover (original method) global radiation (modified method),
area of application	universally
resolution of ten input parameters	10~60 min averages
representiveness of the results	hourly and daily averages
error	10~30%

5.2 유체역학적 다층모델

다층모델의 개발은 유체역학 연구(hydrodynamic investigation)의 시작이후 바로 시작하였다(1.3 참조). 이 모델들에서 분자경계층, 점성완충층, 지표층의 난류층(그림 1.4) 내의 에너지 교환 과정이 특별한 교환 조건에 따라서 개별적으로 매개변수화가 이루어졌다. 현열의 교환은 무차원 높이 $z^{+} = zu_{*}/\upsilon$와 무차원 온도 $T^{+} = T/T_{*}$을 가지는 무차원 좌표(그림 5.1) 내의 온도 프로파일에 의존하는 것으로 나타날 수 있다. 이들은 무차원 속도 $u^{+} = zu/u_{*}$를 가지는 바람 프로파일과 비슷하다(Csanady 2001; Landau and Lifschitz 1987; Schlichting and Gersten 2003). 여기서 T_{*}는 역학 온도이다. 분자경계층인 경우, $T^{+} \sim z^{+}$이고, 층류경계층인 경우 $u^{+} \sim z^{+}$이다. 점성완충층 위에 나타나는 흐름은 난류이다. 그러므로 전형적인 대수 방정식들인 $T^{+} \sim \ln z^{+}$와 $u^{+} \sim \ln z^{+}$들이 분명하다. 매개변수화 하는데 가장 큰 문제점은 완충층에 대한 수식화이다. 여기에서는 경험 접근법이 적용되어야만 한다. 그림 5.1에 따르면, 자연에서의 프로파일들의 유사성은 유체역학 연구에서 적용될 수 있다(Foken 2002).

유체역학적 다층모델(hydrodynamical multilayer model)들은 총체 접근법에 기초한다. 여기에서는 총체 계수 대신에 소위 말하는 프로파일 계수인 Γ가 포함되는 것으로 모든 층을 적분함으로서 결정될 수 있다.

$$Q_H = -\Gamma\left[T(z) - T_0\right], \tag{5.24}$$

$$\Gamma = \left[\int_0^z \frac{dz}{K_T + \nu_{Tt} + \nu_T}\right], \tag{5.25}$$

여기서 K_T 는 열에 대한 난류확산계수이고, υ_{Tt} 는 버퍼층 내의 분자-난류확산계수이고, υ_T는 분자확산계수이다. 최초의 적분은 Sverdrup (1937/38)과 Montgomery (1940)에 의해 수행되었으며, 이들은 버퍼층과 분자 경계층으로 구성된 단일 점성 아층을 사용했다. 이 결합된 층에 대해 무차원 높이 $\delta_{\upsilon T^+} \approx 27.5$가 가정되었으며, 난류층에는 거칠기 길이 z_0를 사용하는 로그형 바람 프로파일이 적용되었다. 매끄러운 표면의 경우 거칠기 길이 대신 적분 상수가 사용되었다(von Kármán 1934).

난류층을 포함한 모든 층에 대한 하나의 적분 접근법은 Reichard (1951)에 의해 제시되었으며, 이 때 확산 계수와 운동 점성 계수(kinematic viscosity)의 비를 다음과 같이 매개변수화했다.

$$\frac{K_m}{\nu} = k\left(z^+ - z_T^+ \tanh \frac{z^+}{z_T^+}\right) \tag{5.26}$$

이 접근법은 그림 5.1에 나타낸 것과 같은 실험 자료들과 잘 일치하였고, 대기권과 지표면 사이의 교환 과정에서 매개변수화에 사용될 수 있다(Kramm et al. 1996b).

1960년대와 1970년대에는 세 개의 층 전체에 걸쳐 프로파일 계수를 적분한 여러 논문이 발표되었다(Bjutner 1974; Kitajgorodskij and Volkov 1965; Mangarella et al. 1972; 1973). 이러한 모델들은 새로운 유체역학 데이터 세트를 기반으로 하였으며, 물 표면의 파동 구조를 고려했다(Foken et al. 1978).

$$\delta_T^+ = 7.5\frac{u_*}{\nu}[2 + \sin(\zeta - \pi/2)] \tag{5.27}$$

여기서 풍상측에서는 $\zeta = 0$이고 풍하측에서는 $\zeta = \pi$가 유효하다.

해수면 근처에서 관측한 무차원 온도 프로파일을 통해 버퍼층 내의 무차원 온도 차이를 $\varDelta T^+ \approx 4$로서 결정하는 것이 가능하다(Foken et al. 1978; Foken 1984). 이 결과를 그림 5.1과 비교해보라. 이것에 기초하여 식 (5.27)을 $\zeta = 0$으로 적용하여(마찰 속도 $u_* < 0.23$ m/s인 경우에도 유효) 필요한 프로파일 계수를 다음과 같이 구할 수 있다.

$$\varGamma = \frac{ku_*}{(k\mathrm{Pr} - 1/6)\delta_T^+ + 5 + \ln\dfrac{u_* z}{30\nu}} \tag{5.28}$$

이 모델은 실험 데이터와 비교했을 때 좋은 결과를 보였으며(Foken 1984; 1986), 현열플럭스 양을 알 경우 지표면 온도를 계산할 수 있다. 그러나 이 접근법은 실제 적용에는 사용되지 않았으며, 지난 20년간의 연구에도 유용하지 못하였다. 그 이유는 접근법 자체에 결함이 있는 것이 아니라, 현재 사용되는 모델들에서 지표층의 에너지 교환에 대한 접근법이 전혀 다르기 때문이었으며(Geernaert 1999), 이는 5.5장에서 설명된다.

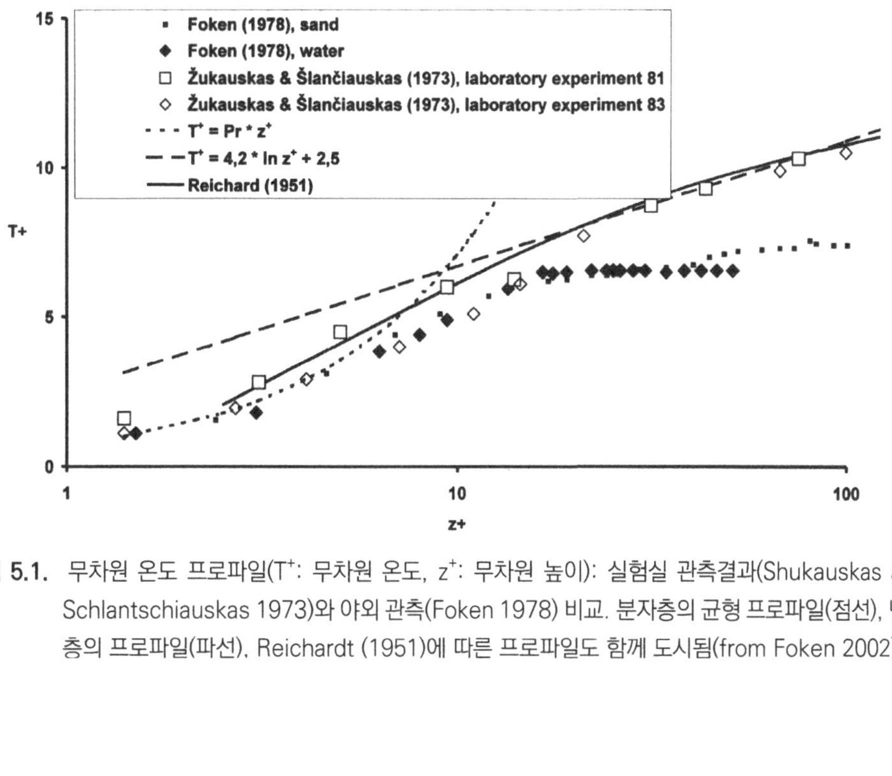

그림 5.1. 무차원 온도 프로파일(T^+: 무차원 온도, z^+: 무차원 높이): 실험실 관측결과(Shukauskas and Schlantschiauskas 1973)와 야외 관측(Foken 1978) 비교. 분자층의 균형 프로파일(점선), 난류층의 프로파일(파선), Reichardt (1951)에 따른 프로파일도 함께 도시됨(from Foken 2002).

5.3 저항(Registance) 접근법

난류교환을 결정하는 최근 모델들은 층 모델(layer model)들이다. 이 모델들은 일반적으로 대기권과 지면 사이의 에너지와 물질 교환을 위해서 저항접근법을 사용한다. 그 방법들은 3가지 형태로 분류될 수 있다.

1층 모델(one-layer model)은 가까운 범위에서 단지 토양, 식물, 대기들을 고려한다. 식물들은 여러 층들로 분리되지 않는다. 대신, 큰 잎이 토양을 덮고 있다고 가정한다.

이것을 큰 잎 모델(big leaf model)이라 한다. 소위 말하는 토양-식생-대기-전달모델(Soil-Vegetation-Atmosphere-Transfer (SVAT) model) 중의 대다수가 큰 잎 모델들로 불리지만, 때로는 다층 모델(multilayer model)로 불린다. 이 모델들은 주로 지표층 물리학으로 구성되는 것으로 그림 5.2에 도해되어 있다(Braden 1995; Hicks et al. 1987; Kramm et al. 1996a; Schädler et al. 1990; Sellers and Dorman 1987). Baldocchi et al. (1987)이 개발한 하이브리드 모델(hybrid model) 또한 독특하다.

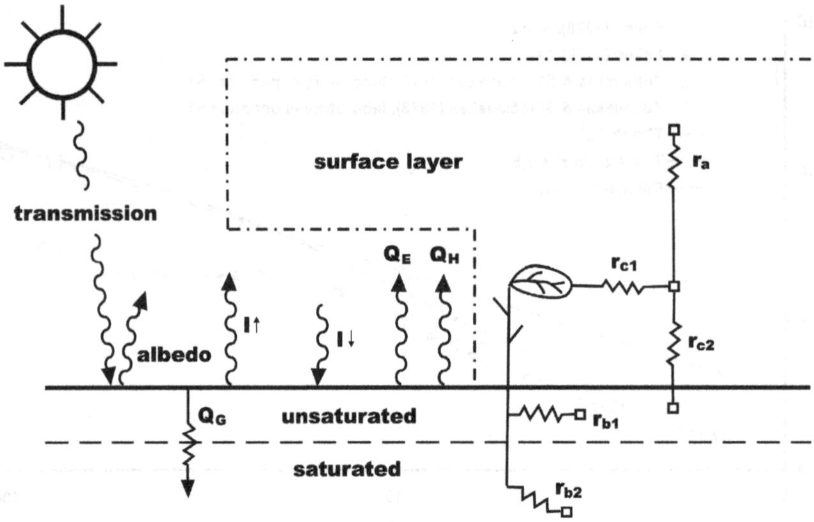

그림 5.2. 식물과 토양을 포함하는 대기 지표층 모델링 체계도 (Blackadar 1997)

다층 모델은 대기를 여러 층으로 모의한다. 가장 단순한 모델은 대기 경계층과 결합되지 않으며, 지표층만을 상세하게 해석한다. 이러한 모델은 간단한 종결 (1차 및 1.5차 종결)과정으로서 유용하고, 더 고차원의 종결도 유용하다(Baldocchi, 1988; Meyers and Paw U, 1986; 1987).

경계층이 결합된 다층 모델이 현재 모델 개발 상태를 가장 잘 반영한다. 이러한 모델에서 하층은 에너지평형 방정식을 다루며, 상층은 혼합 길이 접근법에 기반한 가정을 사용한다(그림 5.3, 장 2.1.3 참고). 또한, 이 모델들은 간단한 종결(1차와 1.5차 종결)과 고차 종결에서도 유효하다. 가장 널리 사용되는 모델은 1차 종결 모델로, 국지 혼합 길이 접근법(Mix et al. 1994) 또는 비국지 일시적(transient) 접근법(non-local transilient approach)(Inclan et al. 1996)(Inclan et al. 1996)을 사용한다.

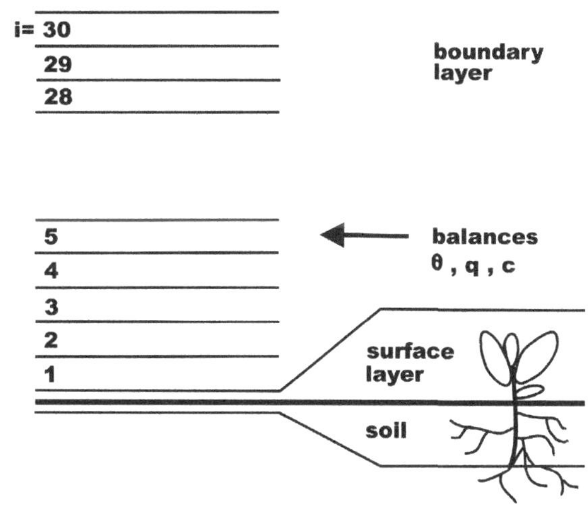

그림 5.3. 경계층 모델을 나타내는 체계도 (Blackadar 1997)

저항 개념은 난류층에서는 난류저항이 난류플럭스 활동을 방해하며, 점성과 분자층에서는 분자난류저항이 플럭스를 방해하고, 식물과 토양에서는 모든 저항들이 총저항(캐노피 저항)으로 결합될 수 있다고 가정에 기초를 두고 있다. 캐노피 저항은 여러 가지 전달 경로에 따라서 구분될 수 있다. 여기서 주 전달 경로는 기공-잎살, 제일 바깥 잎먼(cuticula) 또는 토양으로의 직접 진달이다. 이것들에 대해서는 그림 5.4에 도해하였다. 가장 간단한 그림은 옴의 법칙과 비교된다.

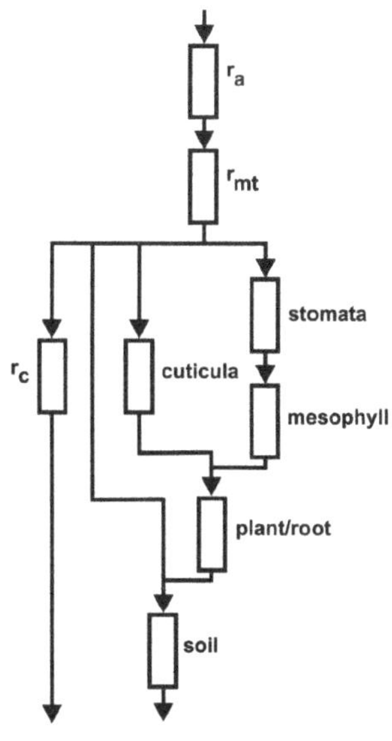

그림 5.4. 저항 개념을 나타내는 체계도

$$I = \frac{U}{R} \tag{5.29}$$

여기서, 플럭스는 전류 I와 비슷하고, 경도는 전류 U와 비슷하다. 저항 R은 개별 저항의 네트워크(그림 5.4)로서 다음과 같은 간단한 형태로 나타낼 수 있다.

$$r_g = r_a + r_{mt} + r_c \tag{5.30}$$

프로파일 방정식들인 식 (2.46)에서부터 식 (2.48)까지에서 저항 개념을 고려하게 되면 현열플럭스의 예를 유도할 수 있다.

$$Q_H = - K(z)\frac{\partial T}{\partial z} = - \frac{\int_0^z dT}{\int_0^z \frac{dz}{K(z)}} = - \frac{T(z) - T(0)}{\int_0^z \frac{dz}{K(z)}} \tag{5.31}$$

총체 접근방법(식 4.30에서 식 4.32까지)에서는 다음과 같이 현열플럭스를 계산한다.

$$Q_H = - C_H u(z)\,[T(z) - T_0] = - \Gamma_H [T(z) - T(0)] \tag{5.32}$$

여기서 총 저항은 다음과 같다.

$$r_{g(0,z)} = \int_0^z \frac{dz}{K(z)} \tag{5.33}$$

$$r_{g(0,z)} = \frac{1}{\Gamma_{H(0,z)}} \tag{5.34}$$

이 때 총 저항의 개별 부분들이 반드시 매개변수화 되어야만 한다. 식 (3.7)을 고려하면 난류 저항인 경우 식 (2.83)이 적용된다(Foken et al. 1995).

$$r_a = \int_0^{z_R} \frac{dz}{K(z)} = \frac{1}{ku_*}[\ln\frac{z_R - d}{\delta - d} - \psi_H(\zeta_{z_R}, \zeta_\delta)], \tag{5.35}$$

여기서 z_R은 모델의 기준 고도 즉, 지표층 내의 모델의 상층이다. 하층 경계인 δ는 분자-난류층의 상층 높이와 동일하다. 분자-난류 범위 내의 저항은 다음과 같다.

$$r_{mt} = \int_{z_0}^{\delta} \frac{dz}{(D + K_H)} = (u_* B)^{-1} \tag{5.36}$$

여기서 B는 소위 말하는 저층-스탠턴 수(sublayer-Stanton number)로서 다음과 같이 정의된다(Kramm et al. 1996b; Kramm et al. 2002).

$$B^{-1} = Sc\int_0^{\eta}\frac{d\eta}{1+Sc\,K_m/\upsilon}, \tag{5.37}$$

$$\eta = u_*\,(z-z_0)/\upsilon, \tag{5.38}$$

그리고 수증기를 포함하고 있는 기체들의 교환인 경우에서 슈미트 수(Schmidt number)는 다름과 같이 정의된다.

$$Sc = \nu\,/D. \tag{5.39}$$

현열의 교환인 경우, 식 (5.37)에 있는 슈미트 수는 프란틀 수로 치환된다.

다층 모델들을 가지고 이루어지는 타당한 매개변수화 대신에 현재 사용되는 보통 매개변수화는 거칠기 길이로서 이루어진다(Jacobson 2005).

$$r_{mt} = \ln\left(\frac{z_0}{z_{0q}}\right)\frac{(Sc/\mathrm{Pr})^{2/3}}{ku_*}, \tag{5.40}$$

온도 범위가 0~40 ℃에서는 Pr = 0.71이고 Sc = 0.60이 타당하다. 현열플럭스인 경우 식 (5.36)에서 식 (5.40)까지에 따라서 저층-스탠턴 수가 따르게 된다(Owen and Thomson 1963):

$$k\,B^{-1} = \ln\frac{z_0}{z_{0\,T}} \tag{5.41}$$

이 방정식은 단지 $z_0 > z_{0\,T}$인 경우에만 정의되고, 다른 경우에는 음의 난류 저항들이 비물리적인 방법(Kramm et al. 1996b; Kramm et al. 2002)으로 계산된다. 그럼에도 불구하고, 문헌에서 음의 값들이 발견될 수 있다 (Brutsaert 1982; Garratt 1992). 그것은 난류층과 캐노피 내에서 너무 큰 저항들을 보상할 수 있지만, 실제로 음의 값들은 스칼라인 경우 거칠기 길이의 부정확한 개념들에 기인한 것이다. κB^{-1}의 전형적인 값은 2~4이다. 이 값은 Reichardt (1951)의 접근법을 적용하면 4가 된다 (Kramm and Foken 1998).

캐노피 저항은 보통 기공 저항으로서 근사된다.

$$r_c \approx r_{st} = \frac{r_{st,\,\min}\left(1+\dfrac{b_{st}}{PAR}\right)}{g_\delta(\delta_e)\,g_\psi(\psi)\,g_T(T_f)g_c(c_{co_2})g_D} \tag{5.42}$$

이 매개변수화에서는 최소 기공 저항(표 5.8)과 광합성 활성 복사(PAR)를 경험 상수 b_{st}와 함께 사용한다. 식 (5.42)의 분모에 있는 보정 인자는 0에서부터 1까지의 값들을 가지고, 대기와 잎면들 사이의 포차(δ_e), 물 스트레스(ψ), 잎 온도(T_f), 국지 이산화탄소 농도(c_{co_2})를 포함한다. 더군다나 g_D는 여러 가지 다른 기체들의 분자 확산도에 대한 보정 인자이다. 매개변수화들은 매우 복잡하고 별도의 모델이 필요하다(Blümel 1998; Falge et al. 1997; Jacobson 2005; Müller 1999). 그러므로 추가 문헌을 더 참고하는 것이 바람직하다.

5.4 수면의 모델링

수면 위의 에너지와 물질 교환 모델링 접근법은 육지보다 일반적으로 더 간단하다.(Csanady 2001; Geernaert 1999; Smith et al. 1996). 그러나 풍속이 강한 경우($> 20\,m\,s^{-2}$) 이러한 방법은 매우 부정확하다. 보통의 접근법들은 총체 접근법(bulk approaches)과 비교된다(4.2.1 참조). 따라서 식 (4.30)에서 식 (4.32)까지는 수온과 기온이 매우 비슷해지고 근 중립 성층이 발생하는 외해(open ocean)인 경우에 직접적으로 사용될 수 있다. 이와 다른 경우에는 보편 함수를 사용하는 프로파일 방정식들을 사용하는 것이 권고된다. 나아가, 표면파의 영향이 거칠기-레이놀즈수에 포함되어야만 한다(식 3.4 참조)(Rutgersson and Sullivan 2005). 잘 검증된 접근법은 Panin (1985)에 의해서 주어졌고, 식 (4.31)과 식 (4.32)에 따라서 아래의 인자들이 각각 곱해져야 한다.

$$\begin{Bmatrix} (1 - z/L)\left[1 + 10^{-2}(z_0\,u_*/V)^{3/4}\right] & z/L < 0 \\ \left[1/(1 + 3.5z/L)\right]\left[1 + 10^{-2}(z_0\,u_*/V)^{3/4}\right] & z/L < 0 \end{Bmatrix} \tag{5.43}$$

Stanton 수와 Dalton 수들은 중립성층인 경우에만 적용된다.

유체역학에서 사용되는 접근법들은 액체 상에서도 유사한 방식으로 적용될 수 있다. 예를 들면 식 (5.28)은 $u\,C_H$ 대신에 식 (4.31)에 대입되고 $u\,C_E$ 대신에 식 (4.32)에 대입될 수 있다.

이 접근법들은 얕은 수면인 경우에는 적용되지 않는다. 얕은 호수인 경우의 플럭스는 온도 체계로부터 계산될 수 있다(Jacobs et al. 1998). 위에 주어진 접근법들은 평탄한 물 위에서 교환이 급준파(steep wave)과 물의 더 많은 혼합에 의해서 증가된다는 가정 하에서는 불안정하다. Panin et al. (1996a)에 따르면, 물 깊이와 파고에 종속되는 보정 함수가 수심이 20 m 미만인 얕은 물 지역 내에서의 플럭스들을 결정하는데 포함되어야 한다.

$$Q_H^{FlW} \approx Q_H(1 + 2h/H),$$
$$Q_E^{FlW} \approx Q_E(1 + 2h/H), \tag{5.44}$$

여기서 H 는 수심이고 h는 파고로서 다음과 같이 계산된다.

$$h = \frac{0.07\, u_{10}^2 (gH/u_{10}^2)^{3/5}}{g}, \tag{5.45}$$

여기서 u_{10}은 10 m 에서 관측된 풍속이다(Davidan et al. 1985). 이 접근법은 또한 독일 호수들이 경우에 잘 검증되었다(Panin et al. 2006).

5.5 대규모 모델 내의 모델링

지구순환 모델 내에서 이루어지는 운동량, 에너지, 물질 교환의 모델링은 저항 모델들과 비교할 때 매우 간단하다(Beljaars and Viterbo 1998; Brutsaert 1982; Jacobson 2005; Zilitinkevich et al. 2002). 제한된 컴퓨터 시간은 복잡한 방법과 반복법들의 적용을 허용하지 않는다. 운동량과 에너지의 교환에 대한 결정은 총체 접근법을 사용한다(4.2.1 참조). 이 때 지표층(지수 s)과 첫번째 모델층(지수 1) 사이의 층에 대해서 계산된다. 그 다음 지표면 플럭스들이 다음과 같이 주어진다.

$$u_*^2 = C_m \left|\overrightarrow{u_1}\right|^2 \tag{5.46}$$

$$(w'\theta')_0 = C_h \left|\overrightarrow{u_1}\right| (\theta_s - \theta_1) \tag{5.47}$$

$$(\overline{w'q'})_0 = C_q \left|\overrightarrow{u_1}\right| (q_s - q_1) \tag{5.48}$$

이 식에서는 지표면과 첫 모델층(즉, 30 m) 사이의 플럭스가 일정하다고 가정한다. 그러나 안정 성층인 경우, 이 가정은 의문스럽다. 전달계수 $C_{m,h,q}$는 Louis (1979)의 접근법이나 Louis et al. (1982)의 수정된 형태에 따라 계산할 수 있으며, 이는 중립 성층인 경우 계수 $C_{mn,hn,qn}$와 성층 상태 및 지표면의 거칠기에 따라 결정되는 보정 인자들을 이용하여 계산할 수 있다.

$$C_m = C_{mn} F_m (Ri_B, z_1/z_0) \tag{5.49}$$

$$C_h = C_{hn} F_h (Ri_B, z_1/z_0, z_1/z_{oT}) \tag{5.50}$$

$$C_q = C_{qn} F_q (Ri_B, z_1/z_0, z_1/z_{0q}) \tag{5.51}$$

중립인 경우, 전달계수들은 오직 거칠기 길이에만 종속된다.

$$C_{mn} = \left(\frac{\varkappa}{\ln \dfrac{z_1 + z_0}{z_0}} \right)^2 \tag{5.52}$$

C_{hn}과 C_{qn}은 z_{oT}을 가지는 식 (4.31)과 z_{oq}을 가지는 식 (4.32)에 따라서 결정된다. 총체-리처드슨 수(bulk-Richardson number)인 Ri_B는 다음과 같이 정의된다.

$$Ri_B = \frac{g}{\theta_v} \frac{\theta_{v1} - \theta_{vs}}{|\overrightarrow{u_1}|^2} \tag{5.53}$$

실험 자료의 제한된 개수에 기초한 보정함수들에 대한 초기의 접근법은 다음과 같다(Louis 1979; Louis et al. 1982).

$$F_m = \left(\frac{1 + 2b\, Ri_B}{\sqrt{1 + d\, Ri_B}} \right)^{-1} \tag{5.54}$$

$$F_h = \left(\frac{1 + 3b\, Ri_B}{\sqrt{1 + d\, Ri_B}} \right)^{-1} \tag{5.55}$$

여기서 적응 매개변수들은 $b = 5$이고 $d = 5$이다. 이러한 방법들은 의문이 제기되었음에도 불구하고(Beljaars and Holtslag 1991) 여전히 사용되고 있다. 또한 안정도 함수를 고려(Högström, 1988)하는 일부 보정들이 사용되기도 하였다. 그러나 현대 미기상학의 잠재력은 충분히 활용되지 않았다. Louis(1979) 방식에 대한 중요한 비판 중 하나는 스칼라에 대한 거칠기 길이 적용이다. 이는 물리적으로 논란이 있으며, 공기역학적 거칠기 길이와 거의 동일하다. 해양 위에서는 Charnock 방정식 또는 보다 나은 결합 접근법을 사용하여 거칠기가 결정된다(3.1.1장 및 표 3.3 참고). 스칼라에 대한 거칠기 길이는 Roll(1948)의 매끄러운 지표에 대한 접근법을 따라 매개변수화된다(Beljaars 1995):

$$z_{oT} = 0.40 \frac{\nu}{u_*}, \quad z_{0q} = 0.62 \frac{\nu}{u_*} \tag{5.56}$$

대류 경우를 더 잘 고려하기 위해(Beljaars 1995) 바람 벡터는 돌풍 성분으로 강화될 수 있다. 돌풍성분은 다음과 같이 결정된다.

$$\left|\overrightarrow{u_1}\right| = \left(u_1^2 + v_1^2 + \beta w_*^2\right)^{1/2} \tag{5.57}$$

여기서 $\beta = 1$이다. Deardorff의 속도 규모인 w_*(식 2.42)는 혼합층 높이를 $z_i = 1\,\mathrm{km}$으로 사용하여 간단하게 만들 수 있다. 이 접근법은 실험 자료와 잘 일치하고 수분 교환을 잘 나타낸다.

안정 성층의 매개변수화는 특히 어렵다. 왜냐하면 안정 성층인 경우 첫번째 모델 층을 가진다는 가정을 할 수 없고 보편 함수들이 외부 매개변수들에 종속되기 때문이다(Handorf et al. 1999; Zilitinkevich and Mironov 1996). 안정 성층에서는 가장 간단한 경우, 수정된 보정 함수인 식 (5.54)와 식 (5.55)가 가정된다(Louis et al. 1982).

$$F_m = \frac{1}{1 + 2b\,Ri_B\,(1 + d\,Ri_B)^{-1/2}}, \tag{5.58}$$

$$F_h = \frac{1}{1 + 3b\,Ri_B\,(1 + d\,Ri_B)^{1/2}} \tag{5.59}$$

여기서 $b = 5$이고 $d = 5$이다.

외부 매개변수들을 적용한 매개변수화 방법은 Zilitinkevich and Calanca (2000)에 의해서 제시되었다.

$$F_m = \left(\frac{1 - \alpha_u Fi_0}{1 + \dfrac{C_u}{\ln z/z_0}\dfrac{z}{L}}\right)^2 \tag{5.60}$$

$$F_h = \left(\frac{1 - \alpha_\theta Fi\,\dfrac{Fi_0^2}{Ri_B}}{1 + \dfrac{C_\theta}{\ln z/z_0}\dfrac{z}{L}}\right)^2 \tag{5.61}$$

여기서 Fi는 역 프라우드 수이고, Fi_0는 역 외부 Froude 수이다. 즉,

$$Fi_0 = \frac{Nz}{u} \tag{5.62}$$

여기서 N은 브런트-바이샬랴 진동수(식 3.36), $C_u = \alpha_u \varkappa / C_{uN}$이고, $C_\theta = \alpha_\theta \alpha_0 \varkappa / C_{\theta N}$이다. 계수들에 대한 첫번째 실험 평가들이 표 5.12에 제시되었다.

표 5.12. 식 (5.60)과 (5.61)에서 사용되는 상수들의 매개변수화(Zilitinkevich and Calanca 2000)

author	experiment	C_{uN}	$C_{\theta N}$
Zilitinkevich and Calanca (2000)	Greenland experiment (Ohmura *et al.* 1992)	0.2⋯0.5	
Zilitinkevich *et al.* (2002)	Greenland experiment (Ohmura *et al.* 1992)	0.3	0.3
Zilitinkevich et al. (2002)	Cabauw tower, The Netherlands	0.04⋯0.9	
Sodemann and Foken (2004)	FINTUREX, Antarctica (Foken 1996), Golden days	0.51±0.03	0.040±0.001
Sodemann and Foken (2004)	FINTUREX, Antarctica (Foken 1996)	2.26±0.08	0.022±0.002

5.6 큰 에디 모의(Large-Eddy Simulation)

지금까지 모델 접근법들은 주로 평균 관계식들과 평균된 입력 매개변수들에 기초하고 있다. 이러한 접근법에서는 단일 에디들의 효과들을 볼 수 있는 스펙트럼의 종속적 견해를 허용하지 않는다. 그 이유는 스펙트럼 모델링과 대기경계층 내의 대규모 차이를 알아내는데 뚜렷한 어려움에 있기 때문이다. 공간 규모는 약 1000 m의 혼합층 높이에서부터 콜모고로프 미규모(Kolmogorov microscale)까지 작은 쪽으로 확장된다. 콜모고로프 미규모는 다음과 같이 정의되고 그 값은 10^{-3} m 이다.

$$\eta = \left(\frac{\nu^3}{\varepsilon} \right)^{1/4} \tag{5.63}$$

에너지 소산인 ε는 에너지 보존 규모인 $l \sim z_i$과 적절한 특성 속도로부터 에너지 입력 자료로부터 다음과 같이 구해진다.

$$\varepsilon = u^3 / l \tag{5.64}$$

대류경계층인 경우, 에너지 소산(energy dissipation)은 대략 10^{-3} m^2 s^{-3}이다. 대기경계층 내의 난류 에디들은 수 km에서 수 mm까지 범위를 가진다. 따라서 나비에-스토크스 방정식의 수치 해는 10^{18} 개의 격자점을 필요로 하게 된다. 수치 모델 내에서 쉽게 해를 구할 수 있는 큰 에디들이 운동량, 열, 수분의 수송을 책임지기 때문에, 쉽게 풀리지 않는 작은 소산성 에디들의 효과들을 추정하는 것이 필요하다. 큰 에디에 대한 모의 기술(Large-Eddy Simulation; LES)는 난류 흐름의 중요한 공헌의 모델링과 작은 에디들의 적분 효과들을 매개변수화 하는 것으로 구성된다(Moeng 1998). 낮은 Reynolds 수로서 기술적으로 적용하는 경우, 거의 모든 에디 크기들이 포함될 수 있다. 이 방법을 직접수치모의(direct numerical simulation; DNS)라고 한다.

LES에 대한 기본 방정식들은 나비에-스트커스 방정식들이지만, 단일 항들이 아래와 같은 체적 평균으로 전환되어야만 한다.

$$\tilde{u_1} = \iiint (u_i\, G)\, dx\, dy\, dz, \tag{5.65}$$

여기서 G는 작은 에디들을 걸러내고 큰 에디들만을 고려하는 여과함수이다. 작은 에디들의 전체 기여도는 부피 평균 나비에-스토크스 방정식의 추가 항으로 고려되며, 특수 모델을 사용하여 매개변수화된다. 널리 사용되는 접근법은 Smagorinsky-Lilly에 따르는 매개변수화이다(Lilly 1967; Smagorinsky 1963). 여기에서는 확산계수가 바람과 온도 경도들의 항들로 기술된다. 관성 소영역(inertial sub-range) 내의 작은 에디들인 경우, – 5/3 법칙이 가정되어 적절한 상수들이 결정되어야만 한다(Moeng and Wyngaard 1989. 작은 규모 현상들이 중요한 영향을 미치는 경우, LES 모델링 적용시 많은 주의를 요한다. 예를 들면 지표면 부근 또는 화학반응을 포함할 때 그렇다.

LES 모델링은 현재 고해상도의 공간과 시간에서 단순한 상황을 조사할 수 있는 연구 도구에 불과하지만, 그 대가로 긴 계산 시간이 소요된다. 이 방법은 대기 경계층에 대한 이해에 중요한 기여를 하였다. (Deardorff 1972)의 첫 번째 시뮬레이션을 시작으로, LES는 주로 대류 사례에 적용되었다(Schmidt and Schumann 1989; Schumann 1989). 대부분의 경우, 지표면은 균일하거나 간단한 구조로 가정된다. 최근에는 안정한 성층 경계층이 연구 주제로 떠오르고 있다. 현재 LES는 많은 논문이 발표된 빠르게 발전하는 연구 분야이다(Garratt 1992; Kantha and Clayson 2000; Moeng 1998; Moeng et al. 2004; Raasch and Schröter 2001, and others).

5.7 면적 평균

난류 운동량과 에너지 플럭스를 결정하는 모든 방법은 플럭스가 관측되는 표면과 관련이 있다. 그러나 대부분의 경우 문제는 예를 들어 유역 내에서 또는 대규모 농업 지역이나 심지어 전체 경관에 걸쳐 증발산을 결정하는 데 있다. 면적 평균 플럭스는 수치 예보 및 기후 예측 모델에서 입력 또는 검증 매개변수로 필요하다. 입력 매개변수의 단순 평균을 통해 이를 계산하는 것은 불가능하다. 왜냐하면 복잡한 비선형 관계가 큰 오차를 초래할 수 있기 때문이다. 그럼에도 불구하고 이 방법은 최근에 대기와 지표 상호작용의 단순한 매개변수화를 사용하는 기상 및 기후 모델에 적용되었다. 면적 평균의 다양한 방법에 대한 개요는 표 5.13에 나와 있다. 이 표에는 통계적 역학적 접근법이 나열되지 않으며, 따라서 토지 이용 유형에 대한 대략적인 근사치만 제시된다.

표 5.13. 면적 평균의 방법

averaging method	procedure	example/reference
parameter aggregation	averaging for example of the roughness length	$\overline{z_0} = \frac{1}{N}\sum_{i}^{N} Z_{0i}$
	averaging of *effective* parameters	*i.e.* Troen and Peterson (1989), see Chap. 3.1.1
flux aggregation	averaging for example of theroughness length with Fourier analysis	Hasager and Jensen (1999), Hasager *et al.* (2003)
	mixing method for resistances flux determination for dominant areas	Mölders *et al.* (1996)
	mosaic approach	Avissar and Pielke (1989), Mölders *et al.* (1996)
	- *tile* approach - subgrid approach	

식 (5.30)의 형태에서 저항 개념을 사용하게 되면, 면적의 총 저항은 상이한 토지 이용에 따른 면적들의 총 저항을 병렬로 연결(parallel connection)한 아래의 형태가 된다.

$$\frac{1}{r_g} = \frac{1}{r_{g1}} + \frac{1}{r_{g2}} + \frac{1}{r_{g3}} + \ldots \qquad (5.66)$$

매개변수 집합의 방법을 적용하게 되면, 식 (5.30)과 같은 개별 저항의 평균화를 위해서 식 (5.66)은 다음과 같이 된다.

$$\frac{1}{r_g} = \frac{1}{\frac{1}{N}\sum_i r_{a_i}} + \frac{1}{\frac{1}{N}\sum_i r_{mt_i}} + \frac{1}{\frac{1}{N}\sum_i r_{c_i}} \tag{5.67}$$

식 (5.67)이 물리적으로 부정확하다는 사실이 즉각 판명되었다. 그럼에도 불구하고 이 버전은 크게 활용되고 있다. 그 이유는 예를 들어 난류층의 평균 저항은 날씨예측모델과 기후모델의 대부분에서 시행되고 있는 것처럼 개별 면적의 거칠기 길이를 평균함으로서 결정할 수 있기 때문이다. 그러나 비선형 관계로 인해 난류플럭스를 잘못 해석할 가능성이 크다는 점을 인식해야 한다(Stull and Santoso 2000).

반대로, 각 개별 지역의 플럭스 집합을 위한 경우, 전체 저항을 계산해야 하며, 이는 각기 다른 지역에 대해 서로 다른 경계 조건을 사용하는 것을 의미한다

$$\frac{1}{r_g} = \sum_i \frac{1}{r_{a_i} + r_{mt_i} + r_{c_i}} \tag{5.68}$$

플럭스 평균화의 간단한 방법들은 식 (5.68)을 각 지역에 적용하는 방식에서 차이를 보이며 그 원리는 동일하다.

5.7.1 간단면적평균법

매우 간단하지만 여전히 사용되고 있는 방법은 우세 지역을 위한 플럭스들의 계산이다. 수치모델의 개별 격자점인 경우, 우세한 토지 이용은 플럭스들이 계산된 곳 위에서 반드시 결정되어야만 한다. 모든 격자 요소(grid element)들 상에서 상이한 토지 이용들이 통계적으로 균형을 맞추고 있다고 가정된다. 그러므로 각 격자 요소는 오직 하나의 토지 이용 형태를 가지게 된다. 하나의 격자 요소 내의 평균은 준 매개변수 평균화 과정이다. 왜냐하면 격자 요소들에서 매개변수들의 개별 추정들이 크게 직관적이고 따라서 매개변수가 평균되기 때문이다.

블렌딩 높이(blending-height) 개념(3.2.4 참조) 또한 면적 평균에서 사용될 수 있다. 지면 위 어떤 높이(예를 들어 50 m)에서 지표면의 비균질성 위의 플럭스들이 상이하지 않고 평균된 플럭스들로서 제시될 수 있다는 점들이 가정된다. 이 높이에서의 플럭스

들은 유효 매개변수를 이용하여 매개변수화 될 수 있다. 전형적인 경우는 유효 거칠기 길이의 적용이다. 여기에서는 마찰속도가 거칠기 길이 대신에 평균된다(Blyth 1995; Hasager and Jensen 1999; Hasager et al. 2003; Mahrt 1996; Schmid and Bünzli 1995a; 1995b; Taylor 1987). 식 (2.61)로부터, 개별 면적들의 마찰속도를 평균하게 되면 유효 거칠기 길이가 다음과 같이 주어진다.

$$z_{0eff} = \frac{\overline{u_* \ln z_0}}{\overline{u_*}} \tag{5.69}$$

유럽풍력자원지도(표 3.2)를 위해서 Petersen and Troen (1990)에 의해서 제시된 거칠기 길이의 더 나은 경험적인 평균은 앞서 주어진 방법의 초기 단계로서 분류될 수 있다. 좋은 유효 평균은 많은 실용적인 이유로 중요성이 증대되고 있다. 예를 들면 도시 경계층 내의 미기상학 과정이다(Grimmond et al. 1998).

유효 거칠기 길이를 가지고 이루어지는 거칠기 평균화의 진행은 혼합법(mixing method)에서 널리 적용된다. 여기에서는 단지 그러한 저항들이 상이한 개별 면적들과는 확연하게 다르게 평균될 것이다. 일반적으로 난류 저항과 분자-난류 저항이 가정되며, 토지 이용(그림 5.5)에 따라 캐노피 저항만 평균화된다. 이 방법은 대부분의 경우 기상 정보가 그리드 요소 내에서 서로 다른 지표 이용에 대해 제공되지 않는다는 사실을 이용한다. 그러나 난류 저항과 분자-난류 저항을 결정하기 위해서는 매개변수 평균화가 사용되는데, 이는 종종 특정 기저 지표면에 대해 매개변수화되지 않기 때문이다.

5.7.2 복잡면적평균(Complex Area-Averaging)법

모자이크 접근법(mosaic approach)은 복잡한 방법에 속한다(Avissar and Pielke 1989; Mölders et al. 1996). 현재 이 설명은 다양한 응용을 포괄하는 일반적인 용어로 자주 사용된다. 가장 간단한 경우(타일 접근법)는 각 그리드 셀에서 유사한 토지 이용 유형의 기여를 결합하고, 각 유형에 대한 저항 및 플럭스의 매개변수를 별도로 계산한다. 평균 플럭스는 각 토지 이용의 기여도에 따라 가중 평균된다(그림 5.6). 이 방법은 공간 해상도가 높은 모델(100m 그리드 크기)에 널리 사용되지만, 지역 간의 수평 플럭스(대류)를 허용하지 않는다.

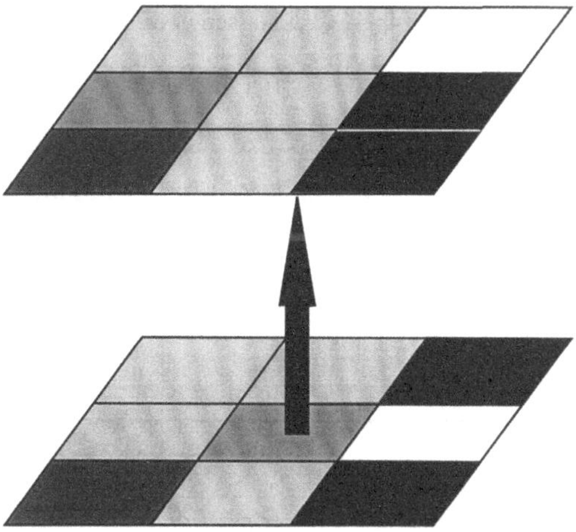

그림 5.6. 모자이크 접근법의 개념도(Mölders et al. 1996). 초기 표면 구조 분포는 기여도에 따라 결합되어 추가 계산을 위해 사용된다.

이 방법의 단점은 아격자법(subgrid method)으로 극복된다(그림 5.7). 여기에서는 개별 토지 이용인 경우 하나의 작은 다층모델이 사용되어 이류를 설명하도록 한다. 블렌딩 높이 개념에 따라서 어떤 높이인 경우, 하나의 격자 요소에 대한 플럭스들의 평균이 가정된다. 이러한 모델은 현실과 잘 일치하지만, 매우 큰 컴퓨터 용량을 요구한다. 따라서 아격자법은 단일 과정 연구에만 적용되었다.

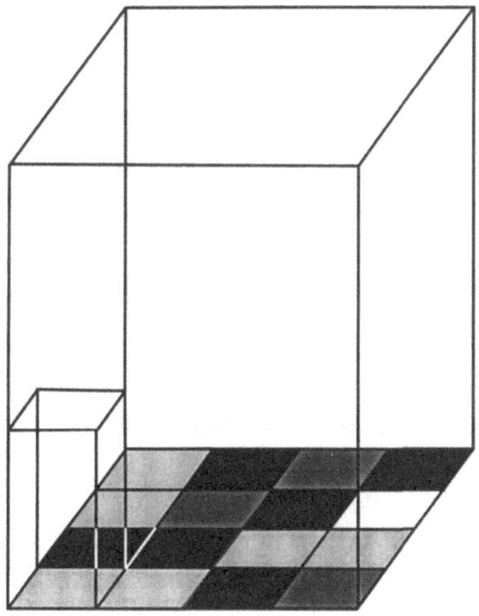

그림 5.7. 아격자법을 나타내는 개념도 (Mölders et al. 1996). 표면 구조는 선택된 모델 계산을 위해 추가로 사용된다.

아격자 모델을 사용한 모델 계산과 실험(Klaassen et al. 2002; Panin et al. 1996b)은 한 지표면 위의 플럭스가 인근 지표면과 독립적이지 않음을 보여준다. 이에 따라 고도로 비균질적인 표면에 대한 이러한 모델 연구들은 총 면적에 대한 플럭스가 증가하는 결과를 보여주었다(Friedrich et al. 2000). von Schmid and Bünzli(1995b)의 수치 연구에 따르면, 플럭스의 이러한 증가 현상은 단일 지표면들 사이의 풍하측 경계에서 발생하는 것으로 알려져 있다(그림 5.8).

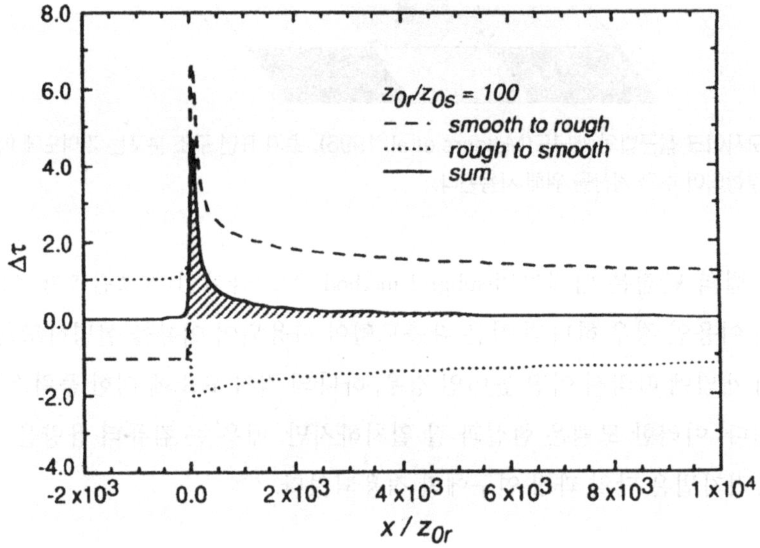

그림 5.8. 거칠기들이 변화하는 흐름에 대한 두 지표면 위의 마찰속도들의 비($\Delta\tau = \tau_r/\tau_s$). 거칠기 변화 직후 마찰 속도가 증가하는 것이 관찰된다(Schmid and Bünzli 1995b).

5.7.3 모델결합

평균 개념들은 보통 모델들을 결합시키는데 사용된다. 모델결합(model coupling)인 경우, 상이한 접근법들이 조사되고 있고 기약되고 있다(Mölders 2001). 가장 간단한 판들은 직접자료전달이고 일방결합(one-way coupling)이다. 여기에서는 식물, 토양, 또는 수문모델(SVAT와 다른 모델)들이 기상모델로부터 그들의 강제를 받는다. 양방결합(two-way coupling)에서, 예를 들어 SVAT 모델은 기상모델에 계산된 플럭스들을 되돌려준다. 만약 충분한 컴퓨터 시간이 있다면, 완전한 결합은 가능하다.

유효 매개변수들로 결합하는 대신, 플럭스를 사용한 결합방식도 선호된다(Best et

al. 2004). 이는 유효 매개변수가 플럭스의 높은 비선형성을 적절하게 설명할 수 없기 때문이다. 면적 평균 플럭스로 결합(Herzog et al. 2002)하는 대신, 모델 간에 모듈(module)을 포함시켜야 한다(Mölders 2001). 이는 비균질적인 지표면을 다양한 모델에서 적합하게 결합할 수 있게 해준다. 예를 들어, 모자이크 접근법 또는 아격자 접근법에 따른 적절한 평균화 방법(Albertson and Parlange 1999; Mölders et al. 1996)이 있다.

모델결합에 있어서, 미해결 문제점은 충분한 격자 구조들의 취급이다. 기상모델들은 사각형 격자들을 기반으로 하는 반면, 토지 이용 모델들은 다각형에 기반을 둔다. 각 모델의 표면 조건에 따라 스스로 조정되는 적응형 그리드(Behrens et al. 2005)의 사용은 모델링에서 큰 발전을 이루고 있다. 이를 통해 모델링이 중요한 지역이나 비질성이 큰 지역에서 고해상도를 구현할 수 있다.

제6장 | 관측기술

기상 관측은 주로 지표층 근처에서 이루어지기 때문에, 미기상학적 규모에 속한다. 기상 관측기술에 대한 참고 문헌이 부족하다는 점은 명확하며, Kleinschmidt (1935)의 고전적인 저서 이후로 기본적인 교과서가 출판되지 않았다. 그러나 Brock and Richardson (2001), DeFelice (1998)와 같은 개괄적인 교과서들은 존재한다. 이러한 이유로, 미기상학적 관측에 대한 특별한 장을 마련하였다. 다른 책들에서 관측 장비에 대한 광범위한 설명이 있는 것과는 달리, 이 책에서는 미기상학적 관측 기술의 일반적인 원칙만을 설명하였다. 특히, 관측 센서를 주변 환경, 즉 난류 대기에 최적으로 적응시키기 위한 기술을 기술하였으며, 관측 데이터의 품질 보증에 특별한 초점을 두고 있다.

6.1 자료 수집

디지털 자료 수집 시스템들이 최근 들어 아날로그 시스템을 대체하고 있다. 아날로그 시스템은 그 특성상 간단한 여과 기능만을 필요로 하지만, 디지털 기록 시스템은 훨씬 복잡한 기능을 요구한다. 이는 사용자 측의 문제로, 범용 기록 저장소를 개발하는 생산자의 책임이 아니다. 미기상학 관측 시스템을 개발하기 위해서는 다음과 같은 기본 고려 사항들이 반드시 이루어져야 한다.

6.1.1 디지털 자료 수집의 원리

현대 자료 수집 시스템은 자료 저장기(data logger)를 사용한다. 자료 저장기는 준병렬 신호를 받아 이를 직렬 디지털 신호(serial digital signal)로 변환하여 컴퓨터나 저장장치로 전송한다. 따라서 개별 신호는 일정 시간 간격으로 표본화되며, 이를 샘플링 주파수(sampling frequency)라고 한다. 샘플링 주파수는 관측 신호의 주파수와 매우 정확하게 일치해야 한다. 특히, 높은 시간 분해능을 가진 센서(예: 음파 풍속계)의 경우, 센서 자체는 저주파수통과 필터(low pass (LP) filter)가 아닐 수 있다. 이 경우, 추가적인 저주파수 통과 필터링(6.1.1 참조)이 필요하다. 따라서 자료 저장기 입력에서는 샘플링 주파수의 절반보다 높은 주파수가 발생하지 않도록 해야 한다. 보통, 저주파수 통과 필터링은 센서의 소프트웨어와 함께 이루어지며, 이로 인해 센서의 신호는 필요한 것보다 훨씬 높은 주파수로 표본화된다. 그런 다음 신호는 여러 샘플링에서 평균화된다. 이 저주파수통과 필터링은 전원에서 발생할 수 있는 60(50) Hz의 잡음이 자료 저장기 입력 신호에 영향을 미치지 않도록 하는 장점이 있다.

집중화장치(multiplexer; MUX)를 사용하면, 단일 센서의 관측 신호들이 순차적으로 표본화된다. 그런 다음 샘플링 과정은 다시 처음부터 시작된다. 난류 관측의 경우, 공분산은 보통 서로 다른 자료 저장기 채널 간에 계산되며, 자료 저장기는 공분산 계산을 위해 신호들이 주변 채널에서 표본화되도록 프로그래밍되어야 한다고 권장된다. 사용되지 않는 자료 저장기 채널은 시스템에 영향을 미치는 잡음으로부터 보호하기 위해 접지되어야 한다. 자료 저장기는 샘플-앤-홀드 회로(sample and hold (SH) circuit)에서 순차적으로 관측 신호를 수집하여 아날로그-디지털 변환기(analogue to digital (A/D) converter)로 전송한다. 이들 장치의 배치는 시스템의 정확도에 영향을 미친다. 과거에는 보통 11비트에서 12비트 해상도가 사용되었으나, 현재 변환기는 대부분 16비트 신호 분해능을 갖는다. 자료 저장 시스템의 배치에서는 샘플링 주파수와 신호 변환 간의 충분한 시간을 확보해야 한다. 난류 관측에 필요한 높은 샘플링 주파수는 자료 저장기의 한계에 가까울 수 있다. 자료 샘플링 시스템의 기본 회로도는 그림 6.1에 제시되어 있다.

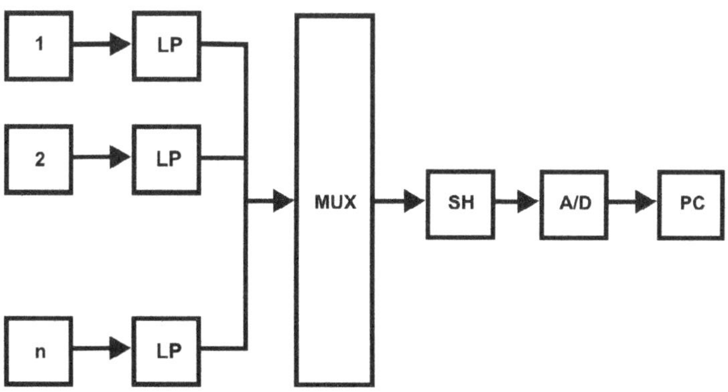

그림 6.1. 1에서 n개의 신호, 저주파수통과필터(LP), 집중화장치(MUX), 샘플-앤-홀드 회로(SH), 아날로그 디지털 변환기(A/D), 현대 자료저장기 내의 모든 집적회로, 자료 수집 컴퓨터(PC) 또는 저장 매체를 가지는 자료 샘플링 시스템의 기본 회로도.

보충자료 6.1. 데시벨로 표시되는 증폭과 감쇠의 명세서

관측시스템의 증폭 또는 감쇠는 대수 비례에 의해서 주어진다(Bentley 2005):

$$X_{dB} = 20\log\frac{X_2}{X_1} \tag{6.1}$$

이 비는 필터들의 감쇠를 위해서 출력 전압 X_2와 입력 전압 X_1을 가지는 증폭기(amplifier)에 적용된다. 계량단위(measuring unit)는 데시벨(decibel; dB)로 표시되는 대수 비례이다. 전력(전압과 전류의 곱)인 경우, 사람들은 다음 식으로 사용한다.

$$P_{dB} = 10\log\frac{P_2}{P_1} \tag{6.2}$$

이 관측값은 잡음 레벨을 표시하는데 사용된다. 만약 신호가 10^6 인자에 의해서 잡음 레벨과 다르다면, 잡음 레벨까지의 거리는 60 dB이다.

A/D 변환기는 신호 진폭의 이산(discretization)을 담당한다. 사양(specification)은 신호 레벨과 평균 잡음 레벨 사이의 잡음 레벨에 따라야만 하고 대수 관측값인 $S_{dB} = 10\log S$가 사용된다.

$$S_{dB} = 1.76 + 6.02\,n \tag{6.3}$$

에 따라서, 데시벨(dB, 참고자료 6.1 참조)로 표시되는 잡음 레벨까지의 최소 거리인 A/D 변환기 비트 n의 분해능이 결정되거나 잡음 레벨로부터 분리된다(Profos and Pfeifer 1993).

6.1.2 신호 샘플링

미기상학적 데이터는 부분적으로 높은 시간 해상도로 샘플링되어야 한다. 예를 들어, 에디-공분산 방법을 위한 샘플링 주파수는 약 20 Hz이다. 표준 기상 자료의 샘플링 추출률(sampling rate)은 1 Hz이다. 샘플링 추출률은 시간 내에서의 분할 가능성을 결정할 수 있다. 따라서 관측되는 신호는 충분한 시간을 두고 A/D 변환기를 통과해야 하며, 이를 통해 신호 레벨이 조정되고 디지털화된다.

두 샘플 간의 시간 차이는 변환 시간과 관측 채널 수에 따라 달라진다. 주기 함수 $g(t)$의 샘플링은 주어진 샘플링 시간 Δt에 대해 관측 데이터를 재구성할 수 있도록 이

루어져야 한다. 필요한 샘플 수는 샘플링 원칙(theorem)에 의해 결정되어야 한다 (Lexikon 1998).

> 샘플링 정리에 따르면 시간 주기 Δt 내에서 샘플링 값인 $g(x_i)$을 가지는 함수 $g(t)$는, $k > \pi/\Delta t$인 경우 그들의 푸리에 스펙트럼 $S(k)$가 사라지면, 정확하게 재구축될 수 있다. 샘플링 주기 Δt는 $\Delta t < 1/(2f_g)$인 조건을 만족해야 하며, 여기서 f_g는 해상도가 가장 높은 주파수를 의미한다.

이는 주기적인 진동이 주기 당 두 번 이상 샘플링되어야 하며, 또는 샘플링 주파수가 관측 주파수의 두 배여야 함을 의미한다(Bentley 2005). 이 주파수는 나이퀴스트 주파수(Nyquist frequency)로 불리고 다음과 같이 정의된다.

$$f_N = \frac{1}{2\Delta t} > f_g \tag{6.4}$$

그러므로 가장 높은 주파수 f_g는 저주파수통과필터링(low pass filtering)을 통해 제한되어야 하며, 이는 3 dB의 감쇠가 발생하는 주파수와 동일하다. 그럼에도 불구하고 더 높은 주파수가 발생할 경우, 예를 들어 전원 주파수의 잡음으로 인해 발생하면 소위 말하는 엘리어싱(aliasing) 효과가 나타난다(Bentley 2005).

> 엘리어싱 효과는 연속 함수 $g(t)$를 이산적으로 샘플링된 값 $g(x_i)$와 시간 해상도 Δt를 사용하여 잘못 재구성함으로써 발생하며, 그 결과 더 높은 주파수가 낮은 주파수로 나타나는 현상이다.

그림 6.2에서 정확한 샘플링을 위해 함수 (f1)는 올바르게 복원될 수 있지만, 더 높은 주파수(f2)를 가진 함수는 재구성될 수 없음을 보여준다. 엘리어싱이 발생한 신호의 스펙트럼에서는 낮은 주파수($< f_g$)의 에너지가 증가한다. 이 증가는 f_g이상의 주파수에서 포함되지 않은 에너지와 동일하다. 따라서 에너지 손실은 발생하지 않지만, 주파수가 올바르게 재구성되지 않는다. 관측 과정과 관련이 없는 주파수(전력 주파수)의 경우 잘못된 관측이 발생할 수 있다. 전력 주파수를 필터링할 수 없는 경우, 샘플링 주파수는 전력 주파수가 서로 상쇄되도록 선택해야 한다. 예를 들어, 60 Hz 전력 주파수에서는 30 Hz 샘플링 주파수, 50 Hz 전력 주파수에서는 25 Hz 샘플링 주파수가 적절하다 (Kaimal and Finnigan 1994).

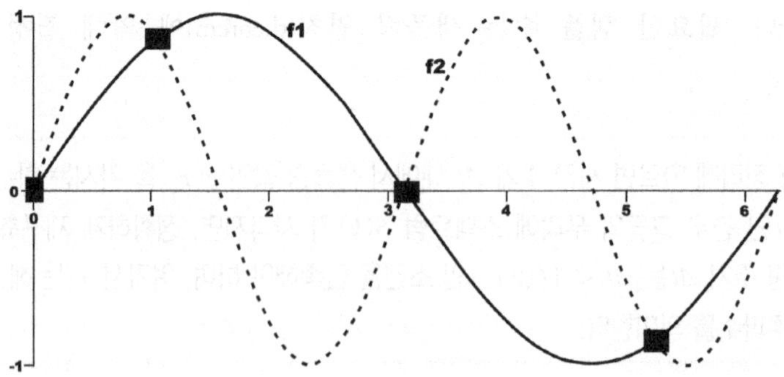

그림 6.2. 주기 신호의 샘플링: f1은 올바르게 표현된 반면 f2는 다르게 표현된다.

기상관측시스템은 이미 저주파수통과필터들이다(4.1.2 참조). 센서들의 유한 확장 때문에, 관측될 수 있는 유일한 난류 요소들은 관측 경로 d 보다 더 크거나 동일하다. 또한 난류 스펙트럼에 기인하는 필터 주파수들은 풍속과 관측 높이에 의존한다. 10% 감쇠를 가지고 높이 5~10 m에서의 주파수 상한에 대한 간단한 근사를 적용시킨다면, 다음 식을 사용할 수 있다(Mitsuta 1966).

$$f_{g_{10\%}} = \frac{u}{d} \tag{6.5}$$

풍속과 관측 높이를 가지고 이루어진 또 다른 근사는 다음과 같다(Kaimal and Finnigan 1994).

$$f_g = 8\frac{\overline{u}}{z} \tag{6.6}$$

관측 계열의 길이는 구축되는 난류 스펙트럼의 가장 낮은 주파수에 의존한다. 표준편차와 공분산의 허용 가능한 정확도를 위해서는 최소한의 샘플 개수가 필요하다는 점에 주목해야 한다. Haugen (1978)에 따르면, 이는 적어도 1000개의 샘플을 의미하며, 그림 6.3에서는 서로 다른 양에 대해 나타내고 있다. 통계적 의존성이 있는 경우, 오차는 대략 $N^{-1/2}$ 로 나타난다, 여기서 N은 샘플의 개수이다. 일반적으로 시계열의 의존성은 불확실하기 때문에, 더 큰 오차를 가정해야 한다(Bartels 1935; Taubenheim 1969).

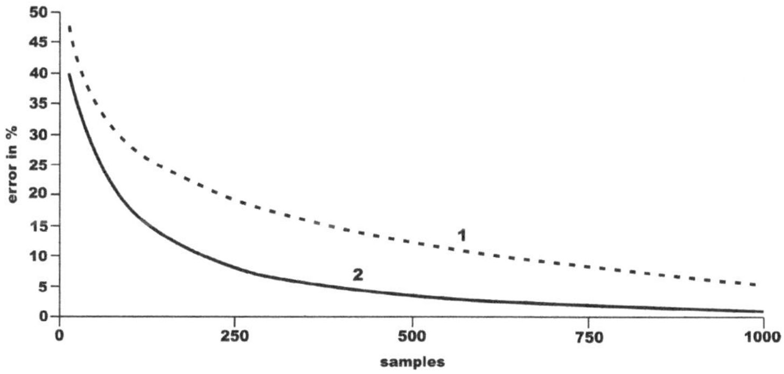

그림 6.3. (1) 마찰 속도 또는 현열플럭스 관측 오차; (2) von Haugen (1978)의 그래프에 따라 샘플 수에 따른 연직바람성분 표준 편차의 오차

스펙트럼 분석을 위해 필요한 시계열의 길이는 스펙트럼의 저주파 부분의 정확도에 의해 결정된다. 오차를 10%로 가정할 때, 길이 T는 재구성할 가장 긴 주기의 10배이거나 $f_{g_l} = 10/T$로 주어지는 저주파수 한계에 맞추어 선택되어야 한다(Taubenheim 1969). 이 관측 길이는 일반적으로 표준 편차와 공분산의 오차 계산을 위한 길이보다 훨씬 길다.

6.1.3 전이함수

관측시의 오류의 원인은 신호의 불충분한 샘플링이 원인이 될 수 있을 뿐만 아니라, 센서의 시간 및 공간 해상도가 불충분한 것도 그 원인이 될 수 있다. 관측 시스템의 전이함수(transfer function)는 출력 신호와 입력 신호 사이의 시간 지연(위상 이동) 및 진폭의 감쇠를 설명한다. 전이함수는 감쇠 매개변수로서 δ을 가지는 복소수 라플라스 연산자(complex Laplace operator) $s = \delta + i\omega$의 공간으로 정의될 수 있다(보충자료 6-2).

$$T(s) = \frac{LX_a(T)}{LX_e(T)} \tag{6.7}$$

입력 신호의 라플라스 변환으로부터 출력 신호의 라플라스 변환의 결정은 다음과 같은 식으로 주어진다.

$$X_a(s) = X_e(s)\,T(s) \tag{6.8}$$

이 설명은 많은 실용적인 적용에서 매우 간단하다. 예를 들면, 단일 함수들의 곱은 관측 시스템의 전이함수를 결정할 수 있다. 난류 복합체인 경우, 전이함수는 시간 반응에 대한 전이함수, 공간 내의 센서에 의한 평균 전이함수, 어떤 거리 내에서 에디-공분산 관측에 의해서 사용되는 센서들의 공간 내의 평균에 의한 전이함수들의 곱으로 결정될 수 있다(식 4.15).

보충자료 6.2. 라플라스 변환

원 주파수의 함수인 푸리에 변환(보충자료 2-3)과는 정반대로, t < 0인 경우 사라지는 비주기 신호를 변환하는 라플라스 변환(Laplace transformation)은 복소수 연산자 $s = \delta + i\omega$의 함수이다(Bentley 2005). 라플라스 변환 L은 다음과 같이 정의된다.

$$X(s) = LX(t) = \int_0^{\infty} X(t)e^{-st}dt \tag{6.9}$$

후방변환인 경우는 다음과 같다.

$$X(t) = L^{-1}X(s) = \frac{1}{2\pi i}\int_{s=\delta-i\omega}^{\delta+i\omega} X(s)e^{st}ds \tag{6.10}$$

라플라스 변환의 장점은 변환의 결정을 위한 광범위한 표들과 소프트웨어가 유용하다는 것이다(Doetsch 1985; Graf 2004).

표준편차 또는 플럭스의 오차는 감쇠되지 않은 스펙트럼에 대한 전이함수로 곱해지는 스펙트럼의 비에 의해서 주어진다.

$$\frac{\Delta F}{F} = 1 - \frac{\int_0^{\infty} T_{x(y)}(f)S_{x(y)}(f)df}{\int_0^{\infty} S_{x(y)}(f)df} \tag{6.11}$$

그림 6.4는 만약 전이함수가 1보다 적다면 난류 스펙트럼은 감소한다는 점을 체계적으로 보여주고 있다. 대부분의 경우에서 감쇠가 관성 소영역 내에서 시작하기 때문에, 잘 알려진 난류 스펙트럼에 대한 난류 관측의 보정은 비교적 간단하다. 관성 소영역 내의 스펙트럼은 외삽 되거나 모델로 된 스펙트럼에 비교되어 보정된다(Moore 1986).

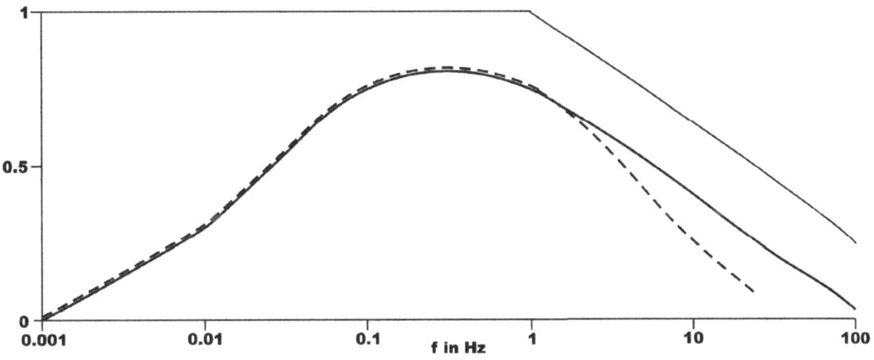

그림 6.4. 전이함수 T(얇은 선)와 난류 스펙트럼 S(굵은 선)의 체계적인 그래프. 그 결과로 나타나는 스펙트럼 T S(점선)을 나타낸다.

6.1.4 관측시스템의 관성

전이함수의 특별한 경우는 $t \le t_0$인 경우 $X = X_a$에서부터 $t > t_0$인 경우 $X = X_\infty$까지 신호의 날카로운 변화이다. 첫번째 차수의 관측 시스템인 경우 예로서 온도 관측인 경우에는 아래의 미분 방정식을 따른다(Brock and Richardson 2001):

$$X_e(t) = X_a(t) + \tau \frac{dX_a}{dt} \tag{6.12}$$

입력신호인 X_a와 출력신호인 X_e 의 의존성은 시간상수(time constant) τ로 제시된다. 센서에만 의존하고 다른 기상시스템에 대한 양의 크기에는 의존하지 않는 하나의 지시 수(indicator number)를 가지기 위해서, 상이한 지시 수들이 사용된다.

1) 시간상수

첫번째 차수 관측 시스템들인 경우, 미분방정식인 식 (6.12)은 다음과 같은 하나의 지수 해를 가진다.

$$X(t) = X_\infty (1 - e^{-t/\tau}) \tag{6.13}$$

여기서 X_∞는 주변 조건들과 완전하게 조정된 후의 최종 값이고 τ는 관측 시스템의 관성의 관측값인 시간상수이다.

관측 시스템의 시간 상수는 관측 시스템이 최종 또는 평형 값의 63%에 도달하는 데 필요한 시간이다. 63%의 값은 $1-1/e$의 의미이다.

입력 신호의 급격한 변화로 인해 실제 최종 값을 정확히 결정하려면 시간 상수보다 훨씬 더 오랜 시간을 관측해야 한다. 이 값은 요구되는 정확도에 따라 달라지며, 최소한 시간 상수의 5배 이상이어야 한다. 급격한 변화 이후 관측 신호의 응답은 그림 6.5에 도식적으로 나타나 있다.

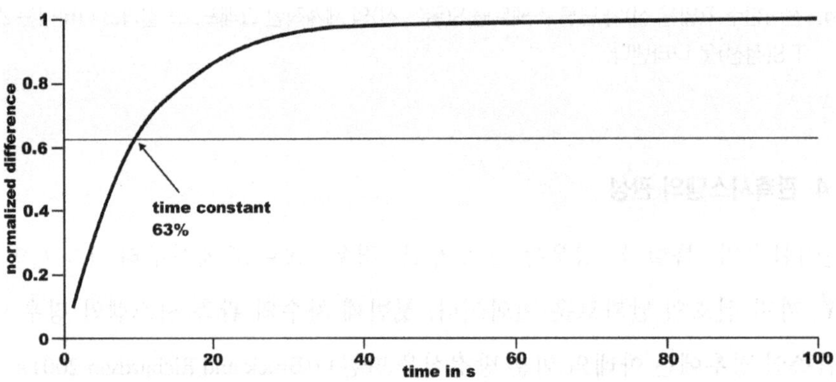

그림 6.5. 관측 신호의 변화에 따른 표준화된 시간상수를 나타내는 체계도

2) 거리상수

풍속계들은 풍속 종속 시간상수를 가진다. 모든 풍속계들과 풍속에 적용하기 위해서, 비교 관측값인 거리상수(distance constant)가 다음과 같이 정의된다.

거리상수는 풍속계인 경우 최종 속도의 63%에 도달하는데 필요한 바람 경로의 길이이다.

시간상수 τ와 거리상수 L 사이의 관계식은 최종 속도인 V_∞을 통해 계산된다.

$$L = V_\infty \cdot \tau \tag{6.14}$$

3) 역학오차

시간상수는 관측시스템의 역학오차(dynamic error)를 기술한다. 역학오차의 기상학에서의 전형적인 경우는 기상요소의 거의 선형적인 변화가 주어진 시간 간격 상에서 발생할 때이다. 시간적인 변화 대신에, 공간적인 변화 또한 가능하다. 그것은 라디오존데(radiosonde)와 계류존데(tethersonde)와 같은 이동하는 관측 시스템인 경우에서 전형적으로 나타난다. 이 경우에서, 식 (6.12)는 아래의 형태로 표현된다(Brock and Richardson 2001):

$$a \cdot t = X_a(t) + \tau \frac{dX_a}{dt} \tag{6.15}$$

이 방정식의 해는 다음과 같다.

$$X(t) = at - a\tau\,(1 - e^{t/\tau}) \tag{6.16}$$

식 (6.16)의 우변 2번째 항은 입력신호에 대한 관측 신호의 지연에 해당하는 것으로 역학오차라 부른다.

$$X_d(t) = a\tau\,(1 - e^{t/\tau}) \tag{6.17}$$

정상상태인 경우, 출력신호는 시간 차이 $\Delta t = \tau$에 의한 입력신호에 관련되어 편이 된다. 역학오차는 그림 6.5에 체계적으로 나타나 있다. 입력신호 함수들이 알려진 경우, 역학오차는 쉽게 수학적으로 보정되거나 보정 네트워크에 의해서 보정된다. 이것은 작은 연직 두/게의 역전층의 온도경도의 정확한 결정에 적절하게 될 것이다. 보통 역학오차는 이력현상(hysteresis)으로 일어난다.

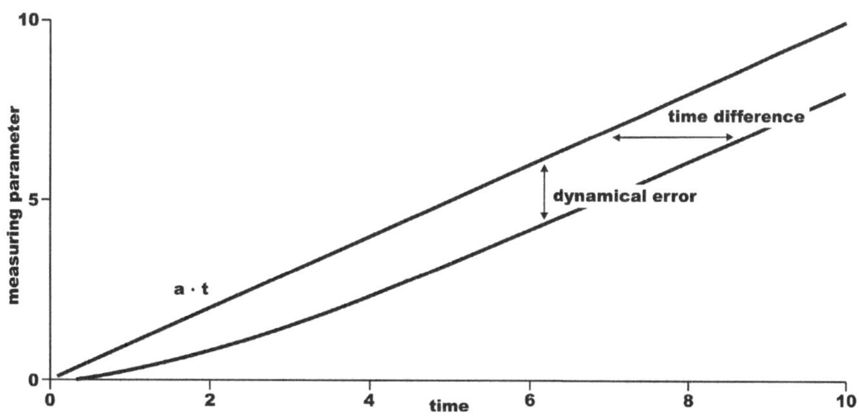

그림 6.6. 입력신호의 선형 변화에 의한 역학오차와 시간 차이를 나타내는 체계도

6.2 기상요소 관측

기상 관측망에서 시행되는 표준관측은 세계기상기구(World Meteorological Organization; WMO)가 제시하는 국제 가이드에 따라서 이루어진다(WMO 1996). 보통, 그러한 규칙들은 기후와 환경 감시 관측소를 위한 높고 일정한 자료 품질을 보증하기 위해서 광범위하게 적용된다(부록 A6 참조). 이와는 대조적으로, 날씨예보 또는 현재의 날씨상태(nowcasting)를 위한 자료만을 제공하는 날씨관측소에서는 더 간단한 정성적인 센서들을 사용한다. 연구와 특별한 실용적인 적용들이 이루어지는 경우에는 특별관측관측소(VDI 2006a)들이 필요하다. 그것들을 표 6.1에 나열하였다. 전형적인 관측 매개변수들은 부록 A6에 제시하였다.

미기상학 관측들은 Orlanski (1975)에 따른 기상규모와 관련된다(그림 1.2 참조). 이들 관련성은 직접관측기술 뿐만 아니라 원격탐사 관측기술에서도 적절하다(표 6.2). 직접기술인 경우 마스트 등이 이 규모를 담당한다.

표 6.1. 기상관측관측소의 분류로서, 1996년 WMO에 의해서 분류된 국가 기상대의 관측소들은 제외하였다.

number	indication	feature
1	agrometeorological station	agrometeorological basic parameters *e.g.* for the determination of evaporation
2	microclimatological or micro-meteorological station	miscellaneous application with different instrumentations, *e.g.* biometeorological measurements
3	micrometeorological station with turbulence measurements	including eddy-covariance measurements for research purposes
4	air pollution measuring stations	determination of parameters for air pollution calculations
5	immission measuring station	additional meteorological measurements to immission measurements
6	disposal site measuring stations	mainly for the determination of the water balance
7	noise measuring station	determination of parameters (mainly wind) fort he meteorological influence (ISO 1996)
8	road measuring station	measurement of meteorological elements which may affect the traffic
9	hydrological station	mainly precipitation measurements
10	forest climate station	measurement of meteorological elements in clearing and below trees
11	nowcasting station	measurement of the actual weather state, *e.g.* with present weather sensors
12	"hobby station"	measurement of meteorological elements with simple sensors but according the relevant installation instructions

표 6.2. 기상규모들에 대한 직접 및 원격관측시스템의 평가(회색 음영은 규모 맞춤의 정도를 나타냄)

measuring system	macro	meso			micro		
	β	α	β	γ	α	β	γ
radio sonde							
boundary layer sonde							
tower > 100 m							
mast < 50 m							
turbulence measuring technique							
satellite (vertical resolved)							
wind profiler							
Sodar							
RASS							
LIDAR							

관측 시스템의 규모를 아는 것은 데이터가 모델의 입력 매개변수로 사용될 때 매우 중요하다. 모델의 규모가 작을수록 연직 구조, 경계층 구조, 지표층 구조 등의 중요성이 더욱 커진다(표 6.3).

표 6.3. 입력매개변수들의 필요한 분해능에 대한 모델의 평가(회색 음영은 규모 맞춤의 정도를 나타냄)

resolving structures	macro	meso			micro		
	β	α	β	γ	α	β	γ
horizontal fields							
vertical distributions							
boundary layer parameters							
specified surface layer parameters							

6.2.1 복사관측

복사관측센서는 복사에 의해 가열되는 원리를 기반으로 하며, 이로 인해 수신기(receptor)의 표면 온도가 상승한다. 절대 장치(교정을 위해 사용되는 장치)에서는 검은 수신 표면에서 직접 온도를 관측하며, 필터 없이 직접 태양에 의해 조사된다. 직접 태양 복사의 선택적 관측으로 인해 장파 복사는 무시할 수 있으며, 따라서 절대 장치는 오직 단파 복사만을 관측할 수 있다. 상대 장치는 두 개의 서로 다른 조사된 영역(하나는 검은색, 하나는 흰색) 간의 온도 차이를 관측한다.

또한 복사관측장비들은 절반 공간 또는 직달로 복사를 관측하였는지, 관측 대상이 태양에서 오는 단파복사인지 혹은 장파 복사인지에 따라 분류된다. 단파 확산 복사를 관측할 때는 태양이 가려져야 한다. 순 복사계는 위와 아래의 공간들을 절반씩 관측한다. 가능한 스펙트럼 범위는 돔(수신기 보호)에 사용되는 재료에 의해 선택된다. 석영유리로 만들어진 돔은 단파 복사(0.29~3.0 μm)만 투과하며, 단파와 장파 복사(0.29~100 μm)를 관측하기 위해서는 Lupolen(특수 폴리에틸렌)으로 만들어진 돔이 사용되며, 장파 복사(4.0~100 μm)를 관측하기 위해서는 실리콘으로 만들어진 돔이 사용된다. 단파와 장파 복사 사이의 간격(틈새)은 이 범위에서의 에너지 양이 적기 때문에 관측에 큰 영향을 미치지 않는다. 특수 필터 세트나 스펙트럼 감응형 광전지를 사용하게 되면 광합성유효복사(photosynthetic active radiation; PAR)가 관측될 수 있다. PAR의 단위는 mmol m^{-2} s^{-1}이며, 그 값은 전 세계 복사량(W m^{-2})의 약 2 배가 된다. 표면 온도를 관측하기 위해서는 소규모 또는 대규모 장파 범위의 대기 창에서 작동하는 복사관측 장비와 상대적으로 작은 이등각으로 작동하는 장비가 사용된다. 전체 개관은 표 6.4에 제시되어 있다.

표 6.4. 복사관측장비들의 분류

measuring device	sensor type		wave length		opening angle	
	absolute	relative	short wave	long wave	half space	directed
pyrheliometer	×		×			×
aktinometer		×	×			×
pyranometer		×	×		×	
albedometer		×	×		×*	
ayrgeometer		×		×	×	
net pyrgeometer		×		×	×*	
radiometer		×	×	×	×	
net radiometer		×	×	×	×*	
IR radiation thermometer		×		×		×

* upper and lower half space

과거 10~15년 이내에서, 괄목한 개선이 복사센서들의 정확도를 고려하는데 이룩되었다(표 6.5). 이 성공은 WMO에 의한 복사센서들의 분류에 기초를 두고 있다(Brock and Richardson 2001; Kasten 1985). 여기에는 오차 한계에 대한 명백한 가이드라인(표 6.6)과 잘 공식화된 품질 조절 방식을 가진 세계기후연구프로그램(World Climate Research Program; WCRP)의 기본지표면복사네트워크(Basic Surface Radiation Network; BSRN)의 구축이다(Gilgen et al. 1994). 그러므로 스위스 다보스에 위치한 세계복사센터는 세계복사기준(World Radiation Reference)이라 불리는 센서의 수집을 유지한다. 다른 세계 센터들은 그들이 1차 표준 측기들을 이 기준 측기와 정규적으로 비교한다. 지역과 국가 복사센터들은 적어도 매 5년마다 2차 표준 측기들과 세계 센터들의 기준 측기들과 비교해야만 한다. 현재에는 널리 사용되는 전천일사계들인 PSP(미국 에플리 연구소 제품), CM11, 특히 CM21(네덜란드 Kipp & Zonen 제품)들이 2차 표준으로 허용되고 있다.

표 6.5. BSRN 관측소들에서 사용되는 복사관측장비의 정확도(Ohmura et al. 1998)

parameter	device	accuracy in 1990 in W m^{-2}	accuracy in 1995 in W m^{-2}
global radiation	pyranometer	15	5
direct solar radiation	aktinometer, sun photometer	3	2
diffuse radiation	pyranometer with shaddow ring	10	5
longwave down welling radiation	pyrgeometer	30	10

표 6.6. 전천일사계에 대한 품질 요구사항(Brock and Richardson 2001). %는 전체 관측 범위와 관련된다.

property	secondary standard	first class	second class
time constant (99%)	< 25 s	< 60 s	< 4 min
offset (200 W m^{-2})	± 10 W m^{-2}	± 15 W m^{-2}	± 40 W m^{-2}
Resolution	± 1 W m^{-2}	± 5 W m^{-2}	± 10 W m^{-2}
Stability	± 1%	± 2%	± 5%
non-linearity cosine response	± 0.5%	± 2%	± 5%
10° solar elevation, clear	± 3%	± 7%	± 15%
spectral sensitivity	± 2%	± 5%	± 10%
temperature response	± 1%	± 2%	± 5%

복사 센서들인 경우, 코사인 보정이 특히 중요하다. 왜냐하면 복사 전력(radiation power)이 입사 태양각의 코사인을 정확하게 따르지 않기 때문이다. 보정을 하는 이유는 돔들의 동일하지 않는 두께와 입사각의 변화에 따른 대기권의 두께의 변화에 있다. 그러므로 센서의 정확한 수평 맞추기와 돔의 청결성이 조절되어야만 한다.

어떤 경우에서, 복사 측기들은 비교(etalon) 용인 국가 센서들과 비교할 때 영구적(1~3년)이어야 한다. 2차 표준 측기들이 널리 사용되기 때문에, 상이한 사용자들의 센서들과의 비교가 가능하다.

단파복사센서와는 대조적으로, 장파복사센서들은 충분하게 검정되지 못하고 있다. Halldin과 Lindroth (1992)에 의해 심각한 차이가 지적되었다. 단파복사 센서들이 태양이나 특정한 복사량을 가지는 방사선의 램프를 사용하여 상대적으로 간단하게 교정할 수 있지만, 장파복사 센서들의 검정은 센서 그 자체의 복사량이 고려되어야 한다. 관측 신호는 단순히 입사하는 장파복사와 하우징(housing) 장파복사와의 차이로서 다음과 같이 정의된다.

$$I\downarrow = \frac{U_{rec}}{C} + k\sigma_{SB}T_G^4 \tag{6.18}$$

여기서 U_{rec}는 수신기에서의 전압이고, C와 k는 검정 계수들이고, T_G는 관측해야하는 하우징 온도이다.

센서 개발의 진전은 Philipona et al. (1995)에 의해 이루어졌으며, 이들은 장파 복사 센서의 실리콘 돔에 서미스터를 설치하여 돔의 온도를 관측하고 돔 온도와 단파 방사선에 의한 국부적 가열의 영향을 보정하였다. 이 보정을 위해서는 하우징 온도(T_G)와 돔의 온도(T_D)가 필요하다.

$$I\downarrow = \frac{U_{rec}}{C}(1 + k_1\sigma_{SB}T_G^3) + k_2\sigma_{SB}T_G^4 - k_3\sigma_{SB}(T_D^4 - T_G^4) \tag{6.19}$$

단파복사의 영향을 설명하기 위해서, 소위 말하는 f-보정(f-correction)이 식 (6.19)에 더해져야 한다.

$$f = \frac{I\downarrow_{shade} - I\downarrow_{sun}}{(\Delta T_{S-N})_{sun}} \tag{6.21}$$

f-보정은 위치와 계절에 따라 달라지며, 정기적으로 점검해야 한다. 이 보정은

태양이 가장 높은 고도에 있을 때 5분 동안 해가림(그림자 막대)을 사용하여 수행하여 f-계수의 실제 계산을 수행함으로써 이루어질 수 있다.

미기상학에서, 순 복사의 중요성은 매우 중요하기 때문에 높은 정확도가 필요하게 된다. 이전의 단파와 장파복사를 함께 관측하였던 복사계 대신에, 최근에는 모든 4개 복사 성분들을 별도로 관측된다. 표 6.7에 나타난 바와 같이, 이는 원칙적으로 가능하지만 상대적으로 높은 비용이 소요된다. 순 복사에서 매우 정확하게 계산되는 값들은 일반적으로 복사계로 관측된 값보다 크다.

표 6.7. 순 복사계의 정확도와 단가(Foken 1998a, modified)

classification	measuring principle	device (for example)	error, costs
basic research, BSRN-recommendation since 1996 (Gilgen *et al.* 1994)	short and long wave radiation (above and below) separately measured	sw: Kipp & Zonen CM21(2x), ventilated, 1x temperature; lw: Eppley PIR*, ventilated, 4 x temp.	< 3% ~ 15.000 €
basic research, recommendation up to 1996 (Halldin and Lindroth 1992)	shortwave and whole radiation (above and below) separately measured	sw: Kipp & Zonen CM21(2x), ventilated sw+lw: Schulze-Däke 1x temp., ventilated	< 5% ~ 12.000 €
agrometeorological measurements	short and longwave radiation (above and below) separately measured	sw/lw: Kipp & Zonen CNR1, 1 x temp., unventilated	5-10% ~ 4.000 €
simple methods	whole radiation (above and below) together measured	Funk, Fritschen (Q7), NR-lite	>10% ~ 1.000 €

* Probably better accuracy with CG 4 (Kipp & Zonen), but increasing costs up to larger than 20.000 €

6.2.2 바람 관측

전통적인 바람관측장비는 기계적 원리를 기반으로 하며, 바람의 경로가 회전 운동으로 변환된다 (그림 6.7). 최근에는 음파를 이용한 방법이나 레이더를 활용한 원격탐사방법 등 바람 관측 기술이 점점 발전하고 있다. 센서가 에디-공분산 방법을 사용하여 난류 관측에 사용되는 경우에는 추가 분류가 가능하다. 개요는 표 6.8에 제시되어 있다.

그림 6.7. 컵 풍속계

표 6.8. 바람관측센서(풍속계)들의 분류

measuring device	measuring principle				application	
	mech.	sound	therm.	other	mean	turb.
cup anemometer	×				×	
propeller anemometer	×				×	(×)
hot wire anemometer			×			×
sonic anemometer		×			×	×
laser anemometer				×	(×)	×

기계식 풍속계인 경우, 풍동 내의 속도와 풍속계로 관측된 속도 사이의 전이함수의 지식은 매우 중요하다.

> 전이함수는 정의된 작동 범위 내에서 풍속과 풍속계의 회전속도 사이의 선형 의존성을 나타낸다.

이 검증 관계는 폭넓은 속도 범위 상에서 선형이지만, 낮은 속도(< 2^{-4} m s^{-1})인 경우에는 지수함수이다. 이것은 그림 6.8에 나타나 있고 여기서 c는 임계속도(threshold velocity)이다. 이것은 영의 분해능 a를 가지는 점에 선형적으로 외삽되는 전이함수의 교차로서 혼돈하지 말아야 한다.

> 회전 풍속계의 임계속도는 회전 풍속계를 지속적인 움직임으로 전환시키는 가장 낮은 풍속이다.

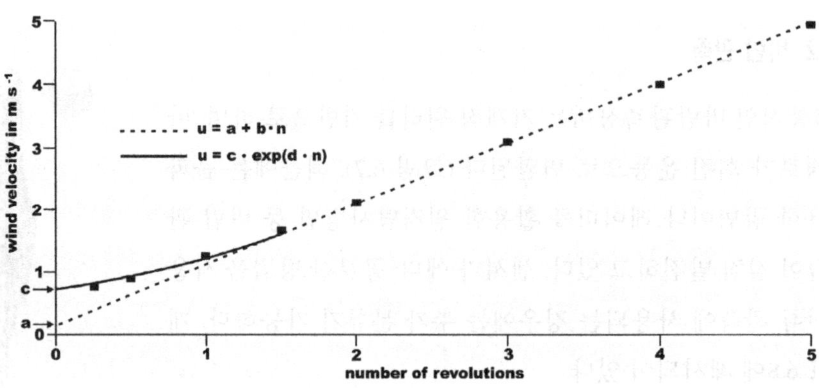

그림 6.8. 풍속계의 회전 개수(n), 풍속(u), 상수 a, b, c, d를 가지는 컵 풍속계의 전이함수

임계속도(약 0.1~0.3 m s^{-1})를 넘는 경우에는 소위 말하는 거리상수가 중요하다. 그것은 관성의 관측값이고, 풍속 차이의 63%를 기록하는 어떤 풍속계인 경우에 필요한 바람 경로를 주게 된다(6.1.4 참조). 거리상수는 기계식 풍속계인 경우 중요한 매개변수이다. 민감한 프로펠러 풍속계인 경우 거리상수는 약 1 m이고, 작은 컵 풍속계인 경우 약 2~3 m 이고, 더 큰 풍속계인 경우 약 5 m이다. 보통 적용되는 범위에서 음파 풍속계와 열선 풍속계는 관성과는 무관하다는 점에 유의해야 한다. 거리상수는 임계속도 대신에 관측 품질의 평가를 위해서 사용되어야만 한다. 왜냐하면 출발 속도가 일반적으로 난류 바람장이 충분하게 발달하지 못하는 범위 내에 존재하기 때문이다.

난류 흐름 내에서, 기계식 풍속계에 대한 부수적인 문제점이 존재한다(Kristensen 1998). 거리상수가 증가함에 따라서, 풍속은 기계적인 관성 때문에 높게 추정(over speeding)될 것이다.

배속(overspeeding)이란 난류로 인해 관측된 풍속이 실제 풍속에 비해 과대평가되는 현상이다.

돌풍들은 기계식 풍속계를 빠르게 회전시키도록 한다. 그러나 돌풍이 지나간 후 풍속계는 더 약한 바람 속력에 조정되는데 약간의 시간을 필요로 할 것이다. 약한 바람 속력이 경우에서 이들 부수적인 회전들의 보상은 존재하지 않는다. 배속은 풍속의 10% 이상으로 될 수 있고, 약한 풍속과 큰 거리상수인 경우 특히 크다. 값은 $(\sigma_u/u)^2$에 비례한다. 미기상학 관측인 경우 배속이 작은 것이 특히 중요하다. 왜냐하면 그렇지 않으면 지면 부근의 바람 경도들이 부정확하게 될 것이기 때문이다.

풍속계의 코사인 반응이 중요하다:

코사인 반응은 특정 입사각에서 관측된 풍속을 수평 바람장 풍속에 코사인 각도를 곱한 값에 대한 비율이다

$$F(\alpha) = \frac{u(\alpha)}{u(0) \cdot \cos\alpha} \tag{6.22}$$

이상적인 코사인 반응은 $F(\alpha) = 1$에 의해서 주어진다. 프로펠러 풍속계인 경우, 15%에 달하는 편차가 약 45°의 입사각인 경우에 발생한다(그림 6.9와 그림 6.10). 이들 편차들은 다음의 관계식으로 비교적 간단하게 보정될 수 있다.

$$u_{corr}(\alpha) = u_{meas}(\alpha) \cdot [\cos\alpha - a \cdot sin(2\alpha)] \tag{6.23}$$

여기서 a = 0.085 (Drinkov 1972) 또는 a = 0.140 − 0.009 (Foken et al. 1983)이다. 옆바람인 경우, 프로펠러가 회전하지 않는 약 ±2°의 사각지대가 존재한다. 연직바람의 관측들인 경우, 사각지대는 2개의 경사진 센서들을 가지고 극복된다. 자루 확장이 정면으로부터 흐르도록 권고되고 있어서(Bowen and Teunissen 1986) 정면과 뒷면에서의 흐름에 대한 프로펠러의 역학조건들이 거의 동일하게 된다.

음파 풍속계들은 흐름 왜곡을 가지는 각들을 제외하고는 거의 코사인 반응을 가진다. 컵 풍속계인 경우, 코사인 반응이 가정할 수 없다. 만약 흐름의 경사가 매우 크지 않다면, 동일한 풍속이 항상 관측된다. 이것은 경사된 흐름인 경우 컵 풍속계들은 풍속을 과도하게 추정한다는 의미이다.

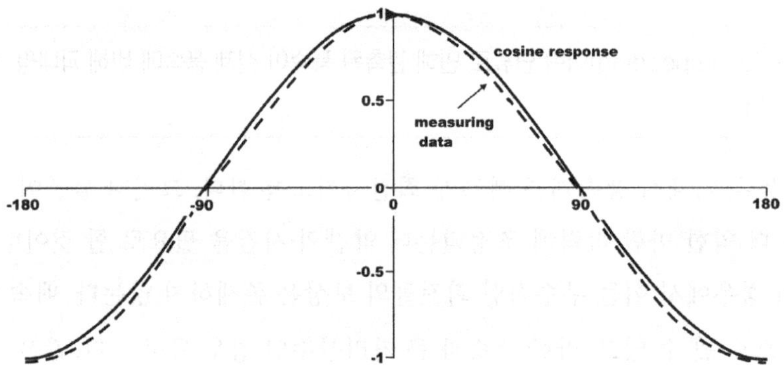

그림 6.9. 프로펠러 풍속계의 코사인 반응

그림 6.10.
길에 의해 발명된 UVW 3가지 성분 프로펠러 풍속계

최초의 음파풍속계는 위상변위법(phase shift method)을 사용하였다(Bovscheverov and Voronov 1960; Kaimal and Businger 1963). 이 방법에서, 전송기의 초음파 신호가 여러 점들에서 수신되었고, 전송신호와 수신신호 사이의 위상차는 풍속의 함수이다. 이 방법의 단점은 상이한 풍속들인 경우(5~10 m s^{-1}) 동일한 관측값들이 관측되지만, 음파는 2π의 여러 배로 변위된다는 것이다.

현대 음파풍속계는 이동시간 원리(travel time principle)와 직접시간 결정을 사용한다(Hanafusa et al. 1982). 이 방법에서는 약 100 Hz에 달하는 음파 신호가 관측 경로의 양쪽으로부터 전송되고 반대쪽에서 수신된다. 풍속 때문에, 하나의 신호는 다른 신호보다 더 빠르다. 음파신호의 정확한 이동시간은 풍속의 결정으로 사용된다.

$$t_{1,2} = \frac{\sqrt{c^2 - u_n^2} \pm u_d}{c^2 - u_n^2}\, d \tag{6.24}$$

여기서 d는 경로 길이이고, u_d는 경로를 따르는 바람성분이고, u_n은 바람의 법선성분이고, c는 음속이다. 이 관계식은 음파풍속계 내의 흐름이 일반적으로 관측 경로로부터 이루어지는 각 γ에 의해서 약간 이동한다는 가정(그림 6.11)에 기초한 것으로 이동시간은 다음의 식에 따른다(Brock and Richardson 2001; Kaimal and Finnigan 1994):

$$t_{1,2} = \frac{d}{c\cos\gamma \pm u_d} \tag{6.25}$$

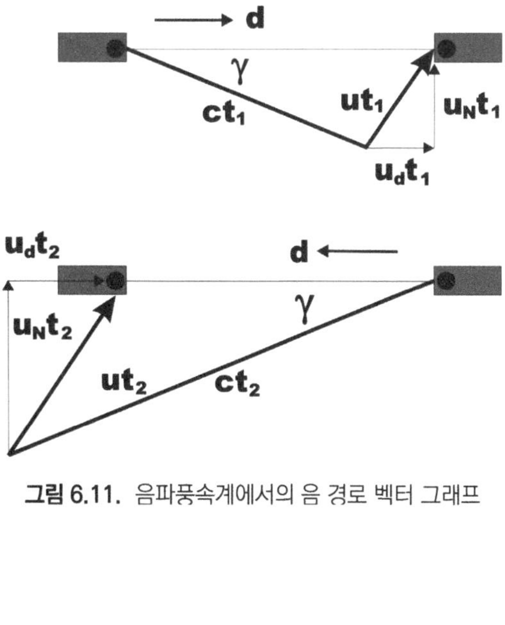

그림 6.11. 음파풍속계에서의 음 경로 벡터 그래프

역 이동시간(reciprocal travel time)의 차이는 풍속을 주고 역 이동시간의 합은 음속을 준다.

$$\frac{1}{t_1}-\frac{1}{t_2}=\frac{2}{d}u_d \tag{6.26}$$

$$\frac{1}{t_1}-\frac{1}{t_2}=\frac{2}{d}c\sqrt{1-\frac{u_n^2}{c^2}}\approx\frac{2}{d}c \tag{6.27}$$

이동시간 원리로 만들어진 최초의 음파풍속계(Mitsuta 1966)는 오직 시간차이만을 관측하였다. 풍속의 관측은 음속에 의존하기 때문에 결과적으로 온도와 수분에 의존하게 된다.

$$c^2 = 403\,T(1+0.32\,e/p) \tag{6.28}$$

이 방정식으로부터 소위 말하는 음파온도(sonic temperature)가 계산되고(Kaimal and Gaynor 1991), 이것은 가온도와 유사하다.

$$T_s = T(1+0.32\,e/p) = \frac{d^2}{1612}\left(\frac{1}{t_1}+\frac{1}{t_2}\right) \tag{6.29}$$

실제 온도로의 재계산은 음파풍속계의 기하매개변수(geometric parameter)를 적용시킴으로서 가능하게 된다(4.1.2 참조).

초기에, 음파풍속계의 관측 경로는 직교좌표로서 주로 방향이 이루어졌다(Hanafusa et al. 1982; Mitsuta 1966). 현대 음파풍속계는 관측경로의 각들을 증가 시키고 있다. 예를 들어 모든 유동 왜곡을 낮추기 위해서 120°로 증가시켰다(그림 6.12). 또한, 모든 흐름 방향(omni-directional)에서 사용할 수 있는 센서들이 개발되었다. 여전히 조사되고 있는 문제점은 경사진 바람 성분들로부터 직교좌표 바람 성분들의 유의미한 자기상관(self-correlation)이다. 이것은 공분산의 계산에 대한 통계의존성에 영향을 미친다.

바람장의 요란은 음파풍속계에서 가장 중요한 오차 발생원이다. 그 이유는 센서의 설치와 송신기/수신기의 크기이다. 신 센서들인 경우, 송신기/수신기의 지름 a에 대한 경로 길이 d의 비 즉 d/a =50이 요구된다. 왜냐하면 이런 상황에서 유동 왜곡의 영향이 적기 때문이다. 나아가 바람 벡터와 송신기-수신기 경로 사이의 각인 θ 는 커야만 한다. d/a =15인 경우, 편차는 다음과 같은 경우에 따른다(Kaimal and Finnigan 1994).

$$(u_d)_{mess} = \begin{cases} u_d(0{,}82 + 0{,}18 \cdot \theta/75, & 0° \le \theta \le 75° \\ u_d, & 73° \le \theta \le 90° \end{cases} \tag{6.30}$$

기본 연구에서 주로 사용되는 측기들은 센서로부터 영향을 줄이기 위해서 단지 제한된 개방 각을 가진다(그림 6.13). 정규적인 적용인 경우, 전 방향 음파풍속계들이 보통 사용된다(그림 6.14). 이들은 풍동 내에서 검정되어야만 하거나, 제작자들이 보정을 위한 검정 곡선에 따르도록 해야만 한다.

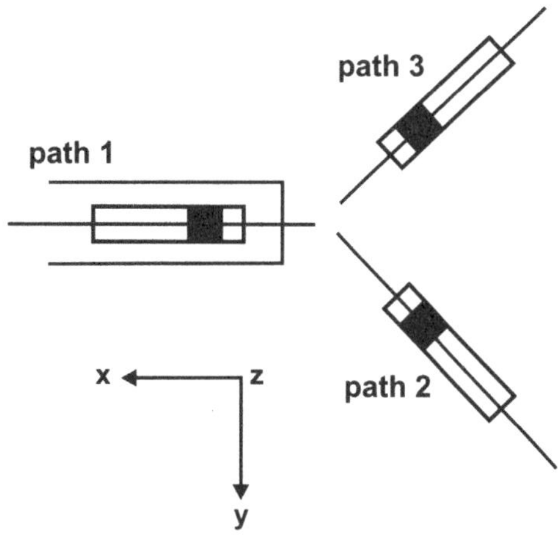

그림 6.12. 음파풍속계 CSAT3의 관측 경로의 경사 위치(Liu et al. 2001)

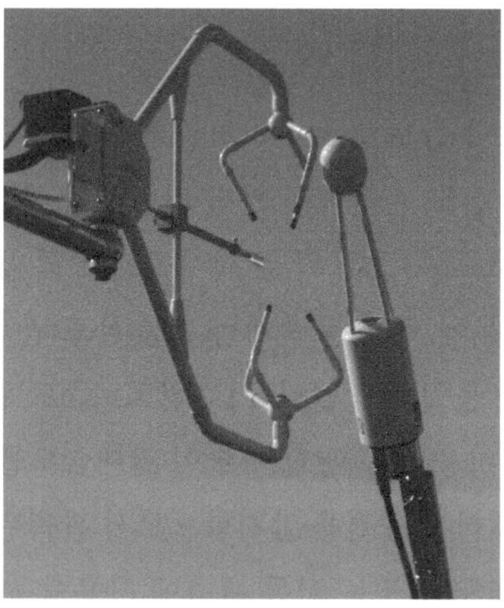

그림 6.13. 경사진 관측 경로와 큰 유입 센서를 가진 음파풍속계 CSAT3. IR 가스 분석기와 민감한 온도 센서가 추가로 장착되어 있다.

그림 6.14. 경사진 경로와 전 방향으로 관측하는 음파풍속계 USA-1.

난류 흐름인 경우, 유동 왜곡에 의한 오차들은 보통 풍동 내의 층류 흐름보다 더 작다. 그러므로 풍동 보정의 적용은 과잉보정(overcorrection)을 일으킬 수 있다. 플럭스 관측인 경우, 연직 바람 성분에서 관측 경로 아래에는 센서 장착이 존재하지 않는 것이 중요하다. 그렇지 않는 경우에는 10%에 달하는 흐름 보정이 가능하다.

여러 가지 음파풍속계의 형태들의 개수는 지난 수년 동안에 증가하고 있다. 따라서 분류의 형태가 필요하고 이들을 표 6.9에 제시하였다.

표 6.9. 음파풍속계의 분류. Foken and Oncley (1995)와 Mauder et al. (2006)의 분류 방법에 따름.

anemometer class		sensor type
A	basic research	Kaijo-Denki typ A, Campbell CSAT3, Solent HS
B	general use for flux measurements	Kaijo-Denki typ B, Solent Wind Master, R2, R3 , METEK USA-1, Young 81000
C	general use for wind measurements	sensors of class B, 2D-anemometer of different producers

6.2.3 온도와 습도 관측

1) 일반 사항

고전적인 수은 온도계, 바이메탈 온도계, 모발 습도계들이 전기관측 원리들에 의해서 빠르게 대체되고 있다. 전기 저항의 관측은 온도 관측에서 가장 빈번하게 사용되고 있다. 열전기쌍(thermocouple)과 서미스터(thermistor)들은 작은 센서들로서 특별 관측에서 대부분 사용된다. 음속의 온도 민감도 때문에, 음파 풍속계는 보통 온도 관측으로도 사용된다. 그러나 음파 온도는 실제 온도와 동일하지 않다(4.1.2 참조). 습도 관측인 경우, 세라믹 재질이 상대습도를 관측하는데 사용되고, 광학 기술이 절대습도를 관측하는데 사용된다, 이슬점온도는 냉각거울에 맺히는 응결을 감지함으로서 관측된다. 개관이 표 6.10에 나타나 있고, 이 표에는 센서가 평균 또는 난류 관측에 사용할 수 있는지도 각각 표시되어 있다.

표 6.10. 온도(T)와 습도(H) 센서들의 분류

measuring device	measuring principle				application	
	therm.	electr.	optical	other	mean	turb.
psychrometer (T,H)	×	×			×	
mercury thermometer (T)	×				×	
resistance thermometer (T)		×			×	(×)
thermistor (T)		×			×	
thermocouple (T)		×			×	(×)
sonic thermometer (T)				×	×	×
hair hygrometer (H)				×	×	
capacity hygrometer (H)		×			×	
dew point hygrometer (H)		×		×	×	
infrared hygrometer ((H)			×		(×)	×
ultraviolet hygrometer (H)			×			×

온도 및 습도 센서의 중요한 매개변수는 시간 상수이다(6.1.4절 참조). 전형적인 시간 상수는 표 6.11에 제시되어 있다. 습윤 센서(예, 건습계)는 건조한 센서보다 덜 관성저임을 알 수 있다.

표 6.11. 온도와 습도관측 시스템의 시간상수

measuring device	time constant in s
sonic thermometer	< 0.01
optical humidity measuring system	< 0.01
thin resistance wires (< 20 μm)	< 0.01
thermocouples (< 20 μm)	< 0.01
thermistors	0.1~1
mercury and resistance thermometers(3~5 mm diameter)	10~30

2) 온도관측

실제 대기 온도의 관측은 기상학에서 가장 어려운 관측 문제 중 하나이다. 오늘날에도 Albrecht (1927)의 논문을 읽어볼 가치가 있다. 기술적 가능성이 개선되었음에도 불구하고 관측 문제는 종종 심각하게 과소평가된다. 온도 센서는 방사선에 노출되면

온도가 상승하기 때문에, 온도 센서보다는 방사선 센서로서 더 잘 작동한다. 따라서 센서에 직접적인 태양 복사가 닿지 않도록 해야 한다. 또한, 센서의 가열을 방지하고 열의 난류 교환을 막기 위해 온도계는 환기가 되어야 한다. 이 두 가지 요구 사항은 Assmann의 통풍건습계(Assmann's aspiration psychrometer)에서 (이상적으로) 실현되었다(Assmann 1887; 1888; Sonntag 1966-1968; 1994). 이 장치는 두 개의 온도계로 구성되며, 환기 속도는 > 2.5 m s^{-1}이고 이중 방사선 차폐 장치가 장착되어 있다. 여러 복제 센서가 있지만, 원래 센서의 품질에는 미치지 못한다. 전기식 버전의 센서도 Assmann의 이중 방사선 차폐 장치와 환기 속도 > 2.5 m s^{-1}의 치수를 충족할 때 가장 좋은 결과를 얻는다(Frankenberger 1951).

온도 관측의 어려운 이유는 밀폐된 실외에서 관측 정확도가 약 0.1 K이며, 매우 잘 유지된 장치에서만 정확도가 0.05 K에 이를 수 있기 때문이다. 따라서 방사선 및 난류 조건으로 인한 오차는 최근의 전기적 관측 기술(< 0.001 K)의 가능성보다 훨씬 크다(그림 6.15)

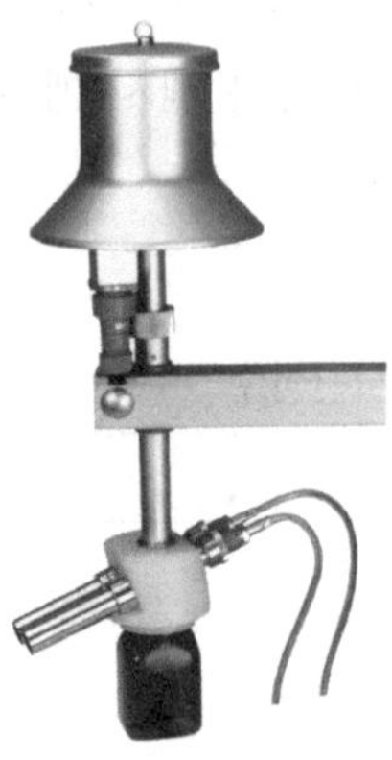

그림 6.15. 1951년 프랑켄베르거가 제작한 전기통풍 건습계(Frankenberger 1951)

온도 관측에 대한 복사 영향은 복사오차라고 하며, 이는 센서가 복사량을 흡수하여 추가적인 가열을 발생시키는 것으로 추정할 수 있다. 이 가열은 다음과 같은 프란틀 수(Prandtl number)에 의존한다.

$$\mathrm{Pr} = \nu / a_T \tag{6.31}$$

프란틀 수는 분자열전도도에 대한 동점성의 비로서 공기인 경우 0.71이다. 레이놀즈 수(식 2.19)는 마찰력에 대한 관성력의 비이다(2.1.2 참조). 그리고 너셀 수(Nusselt number)는 다음과 같이 정의된다.

$$N = f(Re, \mathrm{Pr}) \tag{6.32}$$

이것은 열 컨덕턴스(heat conductance)와 흐름 특성들의 함수이다. 그러므로 복사오차는 센서 표면에서의 복사 균형 Q_s, 센서 표면 F, 열전달성질 α의 함수이다.

$$Sf = \frac{Q_s}{\alpha F_s} \tag{6.33}$$

여기서

$$\alpha = \frac{N\lambda}{d} \tag{6.34}$$

$$Q_s = a K\downarrow F_R, \tag{6.35}$$

그리고 a 는 지표면의 흡수용량이고, λ 는 분자 열 전달 수이고, d 는 센서 길이이고, F_R 은 복사에 의해서 직접적으로 영향을 받는 넓이이다. 강제 대류(0.01<Re<10000)인 경우 다음의 식들에 따르게 된다(van der Hegge Zijnen 1956).

$$\begin{aligned} Nu &= 0.42\,\mathrm{Pr}^{0.2} + 0.57\,\mathrm{Pr}^{0.33} Re^{0.3} \\ Nu &= 0.39 + 0.51 Re^{0.5} \end{aligned} \tag{6.36}$$

백금의 흡수용량인 경우($a = 0.5$), 복사오차들이 그림 6.16에 나타나 있다. 따라서 0.1 K 미만의 복사오차들은 단지 20 μm 미만의 선 지름인 경우에만 실현가능하다.

복사 오차는 매우 얇고 넓게 펼쳐진 저항선과 같은 크기의 열전기쌍에서만 제외할 수 있다. 난류 관측을 위해 얇은 저항선을 사용하는 것은 Kretschmer(1954)에 기반을 두고 있다. 저항선의 사용에 대한 광범위한 연구는 예를 들어 Tsvang(1960), Foken(1979), Jacobs와 McNaughton(1994)에 의해 수행되었다. 오랫동안 12 μm 백금선 센서 'AIR-150'이 상업적으로 판매되었으나, 오늘날에는 Campbell Scientific에서 만든 열전기쌍만이 동일한 직경을 가지고 있다. 얇은 백금선인 경우 직경이 <50 μm, 특히 <10 μm일 때 직경이 전자의 자유 경로 길이와 비슷해져서 $\Omega \cdot m$ 단위의 저항이 증가하는 것을 고려해야 한다.

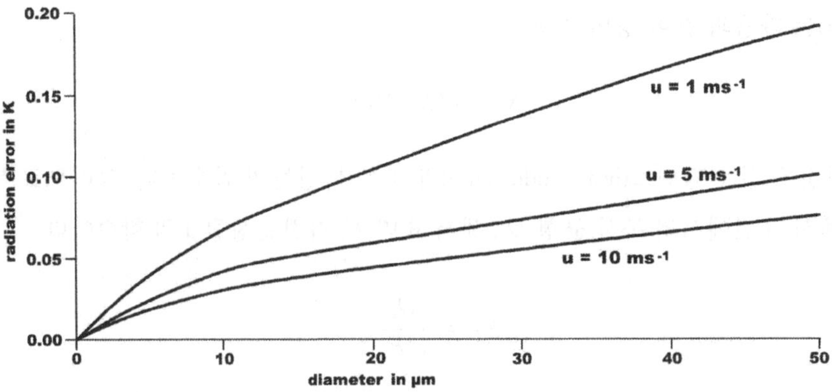

그림 6.16. $K\downarrow = 800\ Wm^{-2}$이고 $a = 0.5$인 경우 가는 백금선의 복사오차(Foken 1979)

평균 온도를 관측하는 경우, 적절한 복사 가리개 예를 들어 이중 보호 튜브 또는 이중 베네치아 풍 블라인드를 가진 날씨 보호 상자(weather hut)가 복사오차를 줄이는 데 필요하다. 날씨 보호 상자들은 그들이 가열되는 단점이 있고, 1 K 이상의 소위 말하는 날씨 보호 상자 오차가 발생할 수 있다(WMO 1996). 미기상학 관측인 경우, Gill (그림 6.17참조)에 의해서 고안된 작은 실린더 모양의 날씨 보호 상자(그림 6.17)가 보통 사용된다. 사용된 작은 실린더 모양의 날씨 보호 상자의 동적 특성과 복사 특성은 Richardson et al. (1999)에 의해 설명되어 있다 (그림 6.17 참조). 날씨 보호 상자 오차는 충분한 통풍에 의해서 제거될 수 있다. 그러므로 레이놀즈수는 난류 흐름을 얻기 위해서 임계 레이놀즈수 위에 있어야만 한다.

$$Re = \frac{LV}{v} \geq Re_{krit} = \begin{pmatrix} 2300 & tube \\ 2800 & plate \end{pmatrix} \tag{6.37}$$

임계 레이놀즈수 아래에서, 층류 흐름이 센서 주변에서 발생하고, 관측의 반응시간이 증가한다. 층류흐름경계층은 분자온도경계층 보다 더 얇다(von Driest 1959).

$$\frac{\delta}{\delta_T} = \sqrt{\Pr} = 0.85\,(air) \tag{6.38}$$

열전기쌍 이외에도, 백금 선들은 안정된 온도-저항 의존성 때문에 모든 온도 관측을 망아하여 널리 사용된다. 저항은 아래의 방정식으로 계산된다.

$$R(T) = R(0°C) \cdot (1 + \alpha T + \beta T^2) \quad (6.39)$$

여기서 α는 0.00385 K에서부터 0.00392 K^{-1}의 범위를 가지는 온도종속 계수로서 백금의 순도에 의존한다. 이리듐(iridium)을 첨가함으로서. 선의 취성(brittleness)이 낮아질 수 있기 때문에 더 낮은 온도 계수들이 전형적으로 나타난다. 이들 상황 하에서, β 는 약 -5.85×10^{-7} K^{-2}이다. - 50 ℃에서 +50 ℃의 기상관측 범위에서, 거의 선형 온도 의존성이 얻어지게 된다. 전형적으로, 백금 온도계는 $R(0℃) = 100\,\Omega$ (또한 1000 Ω 도 유용함)의 저항을 가지도록 생산된다. 독일과 다른 나라에서의 저항 온도계의 품질은 표준화 되어 있다(DIN-EN 1996). 센서들은 A 등급과 B 등급으로 분리된다(표 6.12). 여기에서는 DIN 등급과 단지 1/3 또는 1/10의 차이를 가지는 선택된 저항 온도계들이 또한 유용하다. 대체로 온도계들은 1/3DIN B 등급으로 사용되며, 이 등급은 A 등급보다 상대적으로 더 나은 평가를 받는다.

저항에 대한 전기계측(electrical measurement)은 브리지 회로(bridge circuit)로 이루어진다. 2개와 3개의 선 회호들로 구성되는 고전적인 휘트스톤 브리지(Wheatstone bridge)는 선 저항에 대한 비 선형성과 좋지 않은 보상 때문에 좀처럼 사용되지 않는다. 최근에는 예를 들어 4개의 선 회로들을 가진 톰프슨 브리지(Thompson bridge)가 사용되고 있다.

그림 6.17. 미기상학 조사를 위해 Gill이 고안한 온도 보호 상자 (사진: R. M. YOUNG Company/ GWU-Umwelttechnik GmbH)

표 6.12. 100 Ω 저항 온도계에 대한 최대 차이

temperature	maximal difference			
	class A		class B	
℃	K	Ω	K	Ω
−100	± 0.35	± 0.14	± 0.8	± 0.32
0	± 0.15	± 0.06	± 0.3	± 0.12
100	± 0.35	± 0.13	± 0.8	± 0.30

집적전자회로(integrated electronic circuit)를 사용하는 저항관측의 발전은 관측 센서로서 서미스터를 널리 대체하고 있다(Rink 1961). 왜냐하면 비록 그것이 10배 이상의 온도 민감도를 가지고 있다고 하더라고, 그것은 비선형 특성을 가지기 때문이다. 서미스터는 그것이 사용될 수 있기 전에 높은 온도와 낮은 온도를 번갈아 가면서 경화되어야만 하고, 그것들이 사용되는 동안 검정이 보통 필요하다. 온도 의존성은 다음과 같이 주어진다.

$$R(T) = R(0^\circ C) \cdot e^{(\frac{\alpha}{T} + \frac{\beta}{T^3})} \tag{6.40}$$

여기서 전형적인 값들은 $\alpha \sim 4500$ K이고, $\beta \sim 1.5 \cdot 10^7$ K3이다(Brock and Richardson 2001). 가장 중요한 적용분야는 라디오존데, 물체의 관측, 복사 센서 내의 돔 온도들이다.

3) 습도관측

습도를 관측하기 위한 신뢰할 수 있는 장비로, 비교 관측에도 사용될 수 있는 것은 Assmann의 통풍 건습계이다(온도 관측 참조). 이 기기는 습구가 있는 두 번째 온도계를 사용하여 습온을 관측한다. 이 원리는 수증기의 증발 냉각의 효과를 이용하는 것인데 수증기는 건구 온도(t)와 습구 온도(t') 사이의 온도 차이로부터 다음의 Sprung의 건습방정식(Sprung's psychrometric equation)을 사용하여 결정된다.

$$e = E(t') - \gamma \frac{p}{p_0}(t - t') \tag{6.41}$$

여기서 $p_0 = 1000\, hPa$, t=20C, 건습상수 $\gamma = 0.666\, hPa\, K^{-1}$이다.

높은 정확도를 요구하는 경우에는 이슬점 습도계(dew point hygrometer)가 사용된다. 이 비싼 센서는 비교 실험에도 사용할 수 있다(Sonntag 1994). 기상 네트워크에서는 정전용량 센서가 널리 사용되고 있으며, 이는 0°C 이하의 온도에서 정확도가 여전히 부족한 모발 습도계를 대체하였다

많은 미기상학적 난류플럭스 관측에서는 절대 습도가 필요하다. 용량형 습도계와 모발습도계와 같은 상대 습도 센서의 경우, 절대 습도는 온도로서만 계산해야 한다. 이로 인해 온도에 대한 민감도가 생기며, 온도에 종속되지 않은 습도 관측이 불가능해진다.

난류 습도 요동(turbulent humidity fluctuation)들을 관측하는 경우 광학관측법들이 값싸게 사용된다. 이 원리는 람베르트-베르의 법칙(Lambert-Beer's law)에 기초한다.

$$I = I_0 \, e^{-kd\frac{c}{c_0}} \tag{6.42}$$

여기서 k는 흡수계수이고, d는 경로 길이이고, I0는 흡수체 농도 c0에서 복사 강도이다. 관측은 단위 부피당으로 이루어진다. 관측 원리를 그림 6.18에 체계적으로 나타내었다. UV와 IR 복사들을 관측하는 측기들이 사용된다(표 6.13). UV 범위를 관측하는 측기들은 낮은 절대습도의 관측에 선호되고, 수증기압이 10 hPa 이상인 경우에서는 IR 범위가 선호된다. IR 범위에서는 흡수도가 낮기 때문에 0.12 m 보다 큰 비교적 긴 관측 경로들이 필요하다. 적합한 파장인 경우, IR 측기들은 이산화탄소 농도를 관측하는데 사용될 수 있다. UV 측기들의 수명은 약 1000 h가 지난 후 램프의 변화 때문에 제한적이다. 이들 센서들인 경우, 광학 창들의 표면들은 마그네슘 플로라이드(magnesium fluoride)와 같은 흡습성 재질들로 처치된다. 그렇게 되면 높은 습도들을 유지하도록 한다.

검증특성들은 적용시간 동안 변할 수 있고, UV 범위 내에서 작동하는 측기들이 IR 범위 내에서 작동하는 측기들보다 더 영향을 받는다. 2가지 검정법이 일반적으로 사용된다. 하나의 방법은 수증기의 일정한 농도 또는 다른 미량기체로서 기체 흐름 내에서 검정을 사용하고, 다른 방법은 인공기후실험실(climate chamber)을 사용한다. 또한 현검정이 거의 일정한 배경습도에 대한 경로 길이를 변화시킴으로서 현장검정(in-situ calibration)이 가능하다(Foken et al. 1998). 이 방법은 식 (6.42)에 따라서 미량기체 농도뿐만 아니라 경로 길이도 지수 내에 있기 때문에 작동한다.

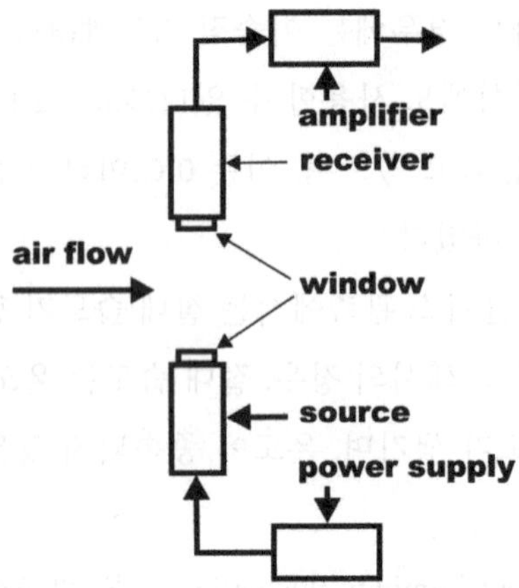

그림 6.18. 흡수습도계의 체계적인 구성도

표 6.13. 수증기 흡수에 대한 선택된 스펙트럼 선

range	wave length	radiation source	measuring length	absorber
UV	0.12156 μm	atomic hydrogen (Lyman-α)	3~10 mm	H_2O
	0.12358 μm	krypton	5~15 mm	H_2O,
	0.11647 μm			(O_2, O_3)
IRA.B	different wave length	stable electric light bulb	0.125~1 m	H_2O, CO_2

매우 민감한 파장가변다이오드레이저(tuneable diode laser)들의 적용(Edwards et al. 1994)은 지난 수년 동안 증가하였다. 그 이유는 메테인, 질소산화물, 탄소 동위원소들과 같은 여러 가지 기체들이 관측 될 수 있기 때문이다.

이 기술들이 난류 관측에 적용된 것은 IR 범위에서는 Elagina (1962)에 기반하고, UV 범위에서는 Buck (1973), Kretschmer와 Karpovitsch (1973), Martini et al. (1973)에 기반하고 있다. 이후 많은 상업적 개발이 이루어졌으며, Foken et al. (1995)에 의해 요약되었다. 현재는 상업적 센서만 사용되며, 가장 중요한 센서들은 표 6.14에 제시되어 있다.

IR 관측 기술의 또 다른 형태는 공기가 음파풍속계 근처에서 추출되어 몇 미터 떨어진 IR 관측 셀에서 관측되는 시스템이다. 이는 일반적인 개방형 경로 습도계 대신에 소위 폐쇄형 경로 센서를 사용한다(Leuning and Judd 1996; Moncrieff et al. 1997). 이러한 시스템의 장점은 가열된 튜브를 사용하여 밀도 변동이 발생하지 않으며, WPL 보정(4.1.2절 참조)을 생략할 수 있다는 것이다. 그러나 이러한 시스템은 매우 복잡한 역학 시스템으로 저주파 특성을 가진다. 바람과 농도 관측 사이의 시간 지연이 특히 중요하며, 플럭스 계산에 반영해야 한다. 이러한 시스템은 국제 이산화탄소 플럭스 네트워크(Aubinet et al. 2000)에서 널리 사용된다.

표 6.14. 최근 널리 사용되고 있는 상업적인 UV와 IR 습도계(Foken et al. 1995, modified)

range	sensor type	Producer	gases
UV	KH20-Krypton hygrometer	Campbell Sci. (USA)	H_2O
UV	Lyman-alpha hygrometer	MIERIJ METEO (NL)	H_2O
UV	Lyman-alpha hygrometer	Wittich and Visser (NL)	H_2O
UV	AIR-LA-1 Lyman-alpha hygrometer	AIR (USA) now: Vaisala (Finland)	H_2O
IR	LI 6262 (closed-path)	LI-COR Inc. (USA)	H_2O, CO_2
IR	LI 7500 (open-path)	LI-COR Inc. (USA)	H_2O, CO_2
IR	OP-2 (open-path)	ATC Bioscientific Ltd. (U.K.)	H_2O, CO_2
IR	Ophir IR-2000 (open-path, very large)	Ophir Corporation (USA)	H_2O
IR	Gas Analyzer E-009 (open-path, very large)	Kysei Maschin. Trading Co. Ltd. (Japan)	H_2O, CO_2

6.2.4 강수관측

강수관측(precipitation measurement)들은 표준기상관측기술들 중의 하나이다. 독일에서는, 헬만(Hellmann)에 따르는 우량계(rain gauge)가 200 cm^2 수집 면적을 가져야만 하지만, 다른 나라인 경우 그것은 500 cm^{2}이다. 집수 통(collection bucket)을 하루마다 비우는 우량계가 자동우량계로 대체되고 있다. 관측 원리들은 매우 다양하다. 전도형 우량계(tipping-bucket rain gauge)는 버킷 내에 어떤 양의 빗물을 수집하고 버킷에 빗물이 가득 차게 되면 기울여져 비우게 되면서 전기 충격을 가한다. 빗방울 계수기(droplet counter)는 균일한 크기의 빗방울의 개수를 센다. 최근에는, 칭량형 우량계(weight scale rain gauge)가 사용된다. 이 형태는 결빙의 위험이 낮다는 이점을 가진다.

강수관측은 물 균형의 계산에서 중요하다. 기후표에서 강수자료는 보정되지 않는다는 점을 명심해야한다. 수분오차와 바람오차(Richter 1995; Sevruk 1981)들은 반드시 보정되어야만 한다. 고체 강수인 경우, 바람오차는 매우 클 수 있다(그림 6.19). 양쪽 오차들에 대한 보정 방정식은 다음과 같다.

$$N_{corr} = N_{meas} + b\,N_{meas}^{\varepsilon} \tag{6.43}$$

계수들은 표 6.15에 나타내었다. 보정 값들은 상이한 센서들과 독일 내의 지역들이다(Richter 1995).

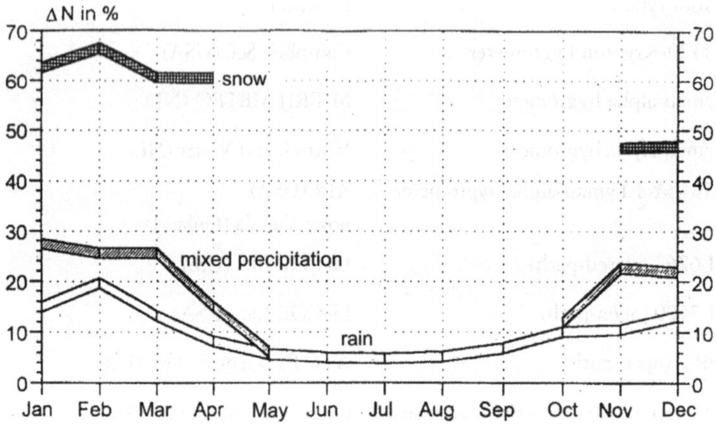

그림 6.19. 강수관측의 관측오차(Richter 1995)

표 6.15. 식 (6.43)에 따르는 강수 보정의 계수

type of precipitation	ε	horizontal shading (b-value)			
		2°	5°	9,5°	16°
rain (summer)	0.38	0.345	0.310	0.280	0.245
rain (winter)	0.46	0.340	0.280	0.240	0.190
mixed precipitation	0.55	0.535	0.390	0.305	0.185
Snow	0.82	0.720	0.510	0.330	0.210

40%에 달하는 경사들에 바람이 노출되는 경우, 10% 이상의 더 많은 강수가 수평분포의 증가로 인하여 예상될 수 있다. 이 효과의 계산은 Junghans (1967)에 의해서 제시되었다.

$$\frac{N_H}{N} = 1 + 0.113\, g \sin A_j \tag{6.44}$$

여기서 N_H는 경사면 상의 강수량이고, N는 수평면 상에서 관측된 강수량이고, g는 경사각이고, A_j는 j번째 풍향의 방위각이다.

6.2.5 원격탐사법

원격탐사기술(remote sensing techniques)이 미기상학 및 응용 기상학에서 점점 더 많이 사용되고 있다. 이러한 기술들은 음파(Sodar)나 전파(RADAR)를 사용하며, 도플러 효과를 적용하여 풍속을 원격으로 관측할 수 있다. 레이저와 마이크로파를 사용하면 습도 관측도 가능하다. 이러한 방법들은 지면에서 약 20~50m 상공의 관측된 데이터를 제공한다. 그러나 미기상학자에게는 이 범위가 대기경계층의 중요한 영역이다. 또한, 하층 PBL에서는 섬광계(scintillometer)를 사용하여 수평 경로 길이에서 굴절지수의 구조 함수를 관측하고, 이를 통해 플럭스를 간접적으로 결정할 수 있다. 원격탐사법에 의해서 사용되는 전자기 스펙트럼들이 표 6.16에 요약하였다.

표 6.16. 대기경계층 내에서 원격탐사기법에서 사용되는 전자기 스펙트럼의 범위

frequency/wave length	description	sounding technique
1~5 kHz	sound	Sodar
100 MHz ~ 3 GHz	ultra short waves (VHF), decimetre waves (UHF)	RASS, windprofiler
3~30 GHz	centimetre waves	microwave scintillometer
0.8~5 μm	infrared	scintillometer

1) 음파레이더와 전파음파탐측시스템(Sodar-RASS)

음파를 사용하여 프로파일하는 기법들의 개발은 대기 중의 음 전파에 대한 러시아 과학자들의 연구(예를 들어 Tatarski 1961)에 기반하고 있고, 반면 Kallistratova (1959) and McAllister et al. (1969)에 의한 최초의 음파레이더(Sonic detecting and ranging; Sodar) 측기들이 제작되고 사용되었다. 관측 원리는 대기 중으로 방출된 음 펄서가 온도 이질성에 의해서 후방 산란된다는 사실에 기초하고 있다. 후방산란의 정도는 직접적으로 온도구조함수 매개변수들에 비례한다. 이들 단일 안테나 음파레이더(monostatic Sodar) 적용에 관한 고전적인 범위는 대기오염목적을 위한 역전층의 감지였다. 이들 측기들을 검정함으로서, 식 (2.139)을 사용하게 되면 현열플럭스를 결정하는 것이 가능하다.

그 후, 도플러 효과가 3차원 바람장을 관측하는 하나의 방법으로 탐구되었다. 이러한 연구는 낮은 연직 작동 범위를 가진 송수신 분리 측기(bistatic device)와 하나의 연직 안테나와 2개의 경사 안테나를 가진 단일 안테나 측기로 이어졌다. 이들 Sodar의 정확도는 기계식 센서의 범위 내에 있다(표 6.17). 그러나 이러한 관측은 부피 평균 관측

값으로, 수평 바람 성분이 서로 다른 부피에서 관측되며, 이는 높은 고도에서는 서로 멀리 떨어져 있을 수 있다. 연직 바람의 표준 편차에 대해서는 높은 값은 과소평가되고 낮은 값은 과대평가되는 경향이 있으며, 이는 수정이 가능하다.

표 6.17. 도플러 음파레이더와 RASS 시스템의 관측 범위와 정확도

parameter	max. height in m	resolution in m	accuracy
horizontal wind velocity	1000	15~50	± 0.5 m s^{-1}
vertical wind velocity	1000	15~50	± 0.2 m s^{-1}
structure function parameter	1500	2~10	± 30%
temperature (RASS)	600	15~50	± 0.5 K
boundary layer height	600	2~10	±10%
sensible heat flux	500	15~50	±50 W m^{-2}

현대 Sodar는 위상단열관측시스템(phased-array measuring system)을 사용하여, 많은 수의 스피커를 특정 방식으로 작동시켜 소리의 펄스를 원하는 방향으로 발사할 수 있다. 이로 인해 지면 반사와 장애물을 배제할 수 있다. 또한, 단일 주파수 펄스의 방출은 연속적인 다중 주파수 방출로 대체될 수 있다. 관측 주파수는 습도에 대한 교차 민감도가 최소화되도록 선택해야 한다.

Sodar와 RADAR의 조합(그림. 6.20)은 온도장 관측이 가능한 전파음파탐측시스템인 RASS(Radio Acoustic Sounding System)가 만들었다. RASS 시스템에서는 Sodar가 연직으로 음향파를 발사하고, 이 음향파는 레이더에 의해 관측된다. 음향파의 전파 속도를 사용하여 소리 온도를 Eqs. (4.17) 및 (6.28)로 결정할 수 있다. 주기적인 불균일성(난류 요소)은 그 크기가 음향 신호의 파장 절반 정도일 때만 감지할 수 있다(브래그 조건).

그림 6.20. Sodar-RASS 시스템은 위상단열 Sodar(가운데)와 2개의 레이더 안테나로 구성된다.

Sodar와 Sodar-RASS 시스템은 10~30m 높이에서 신뢰할 수 있는 데이터를 제공하는 반면, 바람 프로파일러는 더 높은 고도에서 첫 번째 값을 제공한다. 경계층 바람 프로파일러는 UHF 범위에서 작동하며, 미기상학적 응용에 여전히 흥미롭다. 그러나 대류권 바람 프로파일러는 VHF 범위에서 작동하며 500m 이하에서는 데이터가 거의 없다.

2) 섬광계

이른바 스킨틸로미터(Scintillometer, Hill 1997; Hill et al. 1980)는 굴절 구조 함수 파라미터 C_n^2 를 관측하며, 현열플럭스를 결정하는 방법을 제공한다. 이와 관련된 기초는 식 (2.137) 및 (2.139)와 유용한 열 플럭스와 온도 구조 함수 파라미터인 C_T^2 의 현열플럭스 의존성에 대한 다른 매개변수화들이다. 관측 원리는 그림 6.21에 도식적으로 나타나 있다. 온도나 습도 이질성(IR 섬광계 또는 마이크로파 섬광계)이 관측 빔의 섬광을 유발하며, 이는 평가되어야 한다.

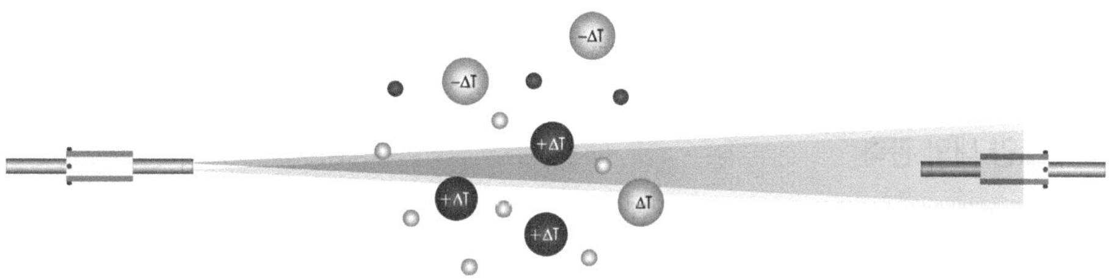

그림 6.21. 섬광계의 관측 원리: 레이저 빔(왼쪽 송신기, 오른쪽 수신기)의 온도 이질성(왼쪽 송신기, 오른쪽 수신기)은 빛의 섬광을 유발한다.

섬광계는 필수적으로 2개의 등급으로 구분(DeBruin 2002)되며, 이는 대 개구섬광계(large aperture scintillometer; LAS)와 소 개구섬광계(small aperture scintillometer; SAS)이다. 후자는 빔 편향 소 개구섬광계(displaced-beam small aperture scintillometer; DBSAS)로서 상업적으로 유효하다. IR 범위 내에서 작동하는 LAS는 수 km의 관측 경로 길이를 가지고 있고, 오직 현열플럭스만을 결정할 수 있다. 이와 대조적으로, DBSAS는 약 100 m의 거리상에서 2개의 레이저 빔으로 작동된다(Andreas 1989). 이들 시스템들은 또한 식 (2.105)와 식 (5.65)에 따라서 에너지 소산과 연관되는 경로 길이 평균 난류 규모를 결정할 수 있다. TKE 방정식인 식 (2.41)을 사용하고 안정도 의존성이 설명된다면, 마찰속도를 직접 결정하는 것이 가능하다(Thiermann and Grassl 1992). 섬광계들은 현열플럭스들의 부호를 결정할 수 없다는 점을 주목해야 한다. 만약 부호가 일주기에 의해서 간단히 결정되지 못한다면, 추가적인 관측(온도경도)들이 필요하다. 왜냐하면 가능한 흐린 상황이 오후에 발생하기 때문이다. 섬광계들은 송신기와 수신기 부근에서보다 관측 경로의 중간 부분 내에 존재하는 민감도를 가진다. 이것은 관측 영역의 유효영향면적 분석(footprint analysis)에 대한 설명이 이루어져야만 한다(Meijninger et al. 2002). 양 섬광계 형태들은 장기 관측 프로그램에서 성공적으로 사용되고 있다(Beyrich et al. 2002a; DeBruin et al. 2002). 비교적 새로운 마이크로파 섬광계(microwave scintillometer)는 습도 구조함수매개변수인 C_q^2(식 2.136 참조)를 관측하고 잠열플럭스를 결정하는 가능성을 지니고 있다(Meijninger et al. 2002; 2006).

6.2.6 기타 관측기술

미기상학 관점으로부터, 앞서 논의된 것보다 다른 매개변수들이 특별한 관심을 받는다. 이 장에서는 중요한 관측 항목에 대한 개요를 간단하게 기술하였다. 그러나 경우에 따라 추가 문헌을 참고하는 것이 필요하다(Brock and Richardson 2001; DeFelice 1998).

1) 토양 내의 관측

토양 온도, 토양 수분, 토양열플럭스는 미기상학 매우 중요한 매개변수이다 (1.4.2 참조). 토양 온도(soil temperature)는 5, 10, 20, 50, 100cm 깊이에서 계방수온도계로 표준 관측된다. 미기상학 연구에서는 종종 지표면 근처, 예를 들어 2cm 깊이에서 집중적인 관측이 필요하게 된다. 이 때 토양과 식물피복의 비균질성으로 인하여 센서의 배치가 어려워질 수 있다.

증발에 대한 조절 매개변수로서의 토양수분(soil moisture)은 특히 중요하다. 가장 정확한 관측 방법은 중량법(gravimetric method)으로서, 토양 코어 샘플러로 채취한 토양을 105°C에서 건조한 후 무게를 관측한다. 이 때 결정된 물의 양이 부피함수량(volumetric water content)(θ_v)이다. 부피를 알고 있는 실린더를 사용하면 부피 수분 함량(θ_v)을 결정할 수 있다. 두 매개변수를 변환하려면 건조 토양 밀도에 대한 정보가 필요하다.

$$\theta_v = \theta_g \frac{\rho_b}{\rho_w} \tag{6.45}$$

여기서 ρ_b는 건조 토양 밀도이고, ρ_w는 물의 밀도이다.

건조토양에 대한 특별한 전기 방법은 전기 전도도를 관측하기 위한 전극들을 포함하고 있는 석고블록들의 사용이다. 그렇지만 이들 측기들은 실험실 내에서 개별적으로 검정을 받아야만 한다. 석고블록들은 습윤과 건조 사이에서 강한 이력현상을 가진다.

건조하지 않은 토양인 경우, 장력계(tensiometer)가 표면장력파에 의한 토양수분장력의 결정에 널리 사용되고 있다. 관측 기술은 물로 채워진 미세 다공질 세라믹 컵(fine porous ceramic cup)을 사용하고 그들을 습윤 토양과 접촉하기 좋은 장소에 놓는다. 수압의 균형이 컵의 안과 바깥 면 사이에서 발달하게 된다. 컵 안으로 확장된 유리관을 사용하게 되면, 압력은 직접적으로 관측될 수 있거나 유리관이 격막(septum)으로 닫히게 되면 압력은 천자장치(puncture device)로서 관측된다. 깊이 L(컵의 중간과 장력계의 꼭대기 사이의 거리) 내의 행렬 퍼텐셜(matrix potential) ψ은 다음과 같이 계산된다.

$$\psi = \psi_0 + (L - L_{bubble}) \tag{6.46}$$

여기서 L은 유리관 내의 공기 방울의 높이 L_{bubble}에 의해서 줄어진다. 방울 내에서 관측된 압력(음의 부호)은 하나의 길이(ψ_0)로서 표시된다. 행렬 퍼텐셜과 부피함수량 사이에는 토양 형을 규정하고 특성 관계(물 장력 곡선)를 나타내고 그들은 계산에 사용된다. 관측에 대한 노력이 많이 들고 간접계산이기 때문에 장력계의 사용은 사라지고 있다.

현재 널리 사용되고 있는 방법은 용량형 시간영역반사(capacitive time domain reflection; TDR)법이다. 이 측기는 2개 또는 그 이상의 전극들이 2~5 cm 간격으로 분리되어 구성된 것으로 토양 내로 꼽는다. 유전상수(dielectric constant)는 매질 내의 전기파의 이동시간에 의해서 관측된다. 반사 성질들은 토양수분에 의한 특성적인 방식으로 영향을 받는다. 전기장이 대형 토양 부피 상에서 발달하기 때문에, 관측 높이의 절대적으로 정확한 결정은 불가능하다. 이런 방법으로는 단지 부피 토양수분만이 관측된다.

토양열플럭스는 토양열플럭스 관측판(soil heat flux plate)을 사용하여 관측될 수 있다. 이들은 수지(resin)의 한 층에 의해서 분리되는 2개의 금속판들로 구성된다. 이들 판들은 토양인 경우 동일한 열 컨덕턴스가 가정된다. 양 판들 사이의 온도 차이 관측은 열전기쌍으로 이루어진다. 여기에서는 식 (1.12)에 따라서 출력 신호가 토양열플럭스에 비례한다. 관측판들은 검정이 필요하다.

토양열플럭스 관측판인 경우 수많은 오차 발생원들이 존재한다. 특히 중요한 것은 관측판과 판 사이와 토양과 관측판의 가장자리 사이에서 나타나는 열전도도들의 차이이다. 그것들은 온도관측에서 충분하게 포함되지 않는다(van Loon et al. 1998). 최초로 발표되었고 널리 사용되었던 보정법은 필립보정(Philip correction)이다(Philip 1961). 관측된 토양열플럭스 $Q_G{}'$와 주변 토양을 통한 토양열플럭스 Q_G 사이의 보정인자 f는 다음과 같이 주어진다.

$$f = \frac{Q_G{}'}{Q_G} = \frac{\varepsilon}{1+(\varepsilon-1)H} \tag{6.47}$$

여기서 ϵ는 열전도도들인 비인 $\lambda_{plate}/\lambda_{soil}$이다. H는 열플럭스 관측판의 기하학에 의존하고 사각형 관측판인 경우에는 다음과 같고,

$$H = 1 - \frac{1.70\ T}{L} \tag{6.48}$$

원형 관측판인 경우에는 다음과 같다.

$$H = 1 - \frac{1.92\ T}{D} \tag{6.49}$$

여기서 T는 관측판의 두께이고, L은 사각형 관측판의 길이이고, D는 원형 관측판의 지름이다. 필립보정은 Fuchs (1986)에 의해 제안되었으나, 다른 연구자들에 의해서는 공인을 받지 못하였다(van Loon et al. 1998). 다른 형태의 관측판들은 뚜렷한 차이를 가진다(Sauer et al. 2002). 짧지만 잘 정의된 가열을 사용하여 보정값들을 결정하는 자동검정 열플럭스 관측판(self-calibrating heat flux plate)을 적용시키는 경우, 필립보정이 다소간 적용가능하게 된다(Liebethal and Foken 2006). 이와는 대조적으로, 이들 센서(Hukseflux HFP01SC와 TF01)들은 현장 관측에 의한 열 컨덕턴스와 부피열용량을 결정하는 데는 적절함이 덜하다.

일반적으로, 미기상학 관측인 경우에서만 지표면에서의 토양열플럭스가 필요하다. 그럼으로 식 (1.14)에 따라서 열플럭스 관측판 위의 저장 항이 추가적인 온도관측에 의해서 결정되어져야만 한다. 또한 만약 식 (1.12)에 따라서 어떤 깊이 내의 열플럭스가 온도경도로부터 결정된다면, 열플럭스 관측판을 제거하는 것이 가능하다. 온도경도를 결정하거나 오차를 줄이기 위해서 10~20 cm의 깊이에 열플럭스 관측판을 설치하는 것이 권고되고 있다. 토양열플럭스 관측판 또는 저장을 결정하기 위한 온도경도를 사용하는 양 방법들은 교란되지 않는 토양 프로파일 내에서는 대략적으로 동일한 정확도를 가진다(Liebethal et al. 2005).

저장 항을 결정하는데 필요한 부피열용량은 de Vries (1963)의 방법으로 다음과 같이 결정될 수 있다.

$$C_G = C_{G,m}x_m + C_{G,0}x_0 + C_{G,w}\theta \tag{6.50}$$

여기에서 광물과 유기화합물의 열용량은 각각 $C_{G,m} = 1.9 \times 10^6 Jm^{-3}K^{-1}$, $C_{G,0} = 2.479 \times 10^6 Jm^{-3}K^{-1}$이다. 그리고 물인 경우에는 $C_{G,w} = 4.12 \times 10^6 Jm^{-3}K^{-1}$이다. x_m은 광물성분들의(광물 양이 2650 kg m^{-3}으로 가정됨) 기여로서 토양의 부피관측들에 의해서 결정될 수 있다. 깊이가 20 cm 이상인 경우, x_0는 보통 무시된다. 토양의 부피수분은 θ이고 x_m에서처럼 m^3 m^{-3}로 주어진다.

온도경도로부터 토양열플럭스를 계산하는 경우, 열 컨덕턴스의 계수 a_G가 필요하다.

$$a_G = C_G v_T \tag{6.51}$$

여기서 v_T는 열확산계수이고 C_G 는 식 (6.50)에 의해서 주어진다.

열확산계수는 또한 Horton et al. (1983)에 의한 방법을 사용하면 결정될 수 있다. 여기에서는 온도센서들이 3개의 깊이(10, 15, 20 cm)에 설치되었고 2번의 시간 단계 사이의 온도 차이를 다음과 같이 결정한다.

$$\frac{T_{15cm}^{n+1}}{\nu_T \Delta t} = \frac{T_{20cm}^{n} - 2T_{15cm}^{n} + T_{10cm}^{n}}{(\Delta z)^2} \tag{6.52}$$

토양열플럭스의 결정을 위해서 비교적 간단하지만 실현가능한 접근법(Liebethal and Foken 2007)이 Braud et al. (1993)에 의해서 제시되었다. 이 방법은 z = 10 cm 깊이에서 시행된 열플럭스 관측과 1 cm와 10 cm 깊이에서 시행된 온도관측뿐만 아니라 부피열용량의 결정을 위한 토양수분의 추정에 기초한다.

$$\begin{aligned} Q_G(0,t) &= Q_G(-z,t) + \\ &C_G z \frac{T_1(t) - T_1(t-\Delta t) + 0.5[\Delta T(t-\Delta t) - \Delta T(t)]}{\Delta t} \end{aligned} \tag{6.53}$$

그러한 연구에서 시간간격은 10 m이다.

2) 식물에서의 관측

식물에서의 관측은 기상학자들의 주요 업무는 아니지만, 많은 식물 매개변수가 에너지와 물질의 교환 모델링에 사용된다(5장 참조). 가장 중요한 매개변수 중 하나는 잎 면적 지수(Leaf Area Index; LAI)로, 단위 면적당 잎 표면의 기여도를 나타낸다(표 5.11 참조). LAI는 광합성유효복사(photosynthetic active radiation; PAR)의 스펙트럼 복사 관측으로 결정될 수 있다. 이 방법으로 잎 아래의 복사량과 생물량의 영향을 받지 않는 복사량을 비교한다. LAI 값이 5~6을 초과하면 잎의 기능적 반응이 포화 상태에 도달하므로, 높은 LAI 값은 광학적 방법으로 신뢰성 있게 추정하기 어려울 수 있다

잎 면적 지수(LAI)는 원격탐사 방법으로 상대적으로 간단하게 결정할 수 있다. 위성 이미지는 여러 사진의 비교 가능성을 보장하기 위해 적용 이전에 대기 영향을 보정해야 한다. 단일 사진의 평가에서는 보정 없이 진행할 수 있다(Song et al. 2001). LAI 값을 결정하기 위해, 정규식생지수(Normalized Difference Vegetation Index; NDVI)를 사용한다. NDVI는 적색광(0.63~0.69 μm)과 근적외선(0.76~0.90 μm) 스펙트럼 채널의 차이로 아래와 같이 계산된다.

$$NDVI = \frac{\text{근적외선} - \text{적색광}}{\text{근적외선} + \text{적색광}} \tag{6.54}$$

이 때, 일반적으로 잎 면적 밀도(leaf area density; LAD)의 연직 분포가 필요하며, 때로는 유효 잎 질량(avaliable leaf mass)이 중요할 수도 있다. 그러나 이를 결정하려면 잎의 수확량이 필요하다.

3) 직접 증발 관측

증발량의 결정은 매우 중요한 작업이다. 미기상학적 방법을 적용하기 전, 특히 농업 기상학에서는 다양한 장치가 개발되었다. 예를 들어, 흡수지를 사용하는 피셰(Piche) 증발계(evaporimeter) 및 다공 진흙 판들을 사용하여 증발 면적 또는 증발을 관측하는 체라츠키(Czeratzki) 증발계가 있지만 이러한 장치들은 현재는 사용되지 않는다.

농업 기상학에서 증발량 관측을 위해 사용되는 증발산계(lysimeter)는 정확하게 사용하면 좋은 직접 관측 방법이 된다. 이 방법은 미기상학적 관측과 달리 작은 면적만 필요하다는 장점이 있다.

특히 수문학적 네트워크에서는 여전히 증발 팬(evaporation pan)이 사용되며, 주로

A 등급 팬이 사용된다(DeFelice 1998). 이 팬은 1.14 m^2의 수면과 0.2 m의 물 깊이를 가진 원형 팬이다. 증발량은 팬에서의 물 손실을 통해 관측되며, 풍속, 습도, 물 온도에 기반한 복잡한 보정이 필요하다(Linacre 1994; Sentelhas and Folegatti 2003).

매일의 증발량 합계를 구하는 매우 단순하지만 신뢰할 수 있는 방법(Smajstrla et al. 2000)은 강수로 보정되는 증발에 의한 증발 팬의 수위 차이를 이용하고, 아래의 식 (6.55)를 이용하여 강수량으로 보정하는 방법이다.

$$Q_E = Kp(h_{day\,before} - h_{measuring\,day}) \quad (6.55)$$

여기서 단위는 mm d^{-1}이다. 풍속, 최소 상대습도, 팬의 주변 환경 내의 조건들의 함수들인 보정인자들이 표 6.18에 주어져 있다.

표 6.18. A 등급 증발 팬(Class-A-Pan)을 사용하여 증발량을 구할 때 식 (6.55)에 사용되는 계수 Kp(Doorenbos and Pruitt 1977; Smajstrla et al. 2000). 이 때 기기 주변 환경은 초원이나 곡물(괄호 안은 맨땅)의 경우이다.

관측 일에서 평균풍속	주변 지역의 확장(m)	관측 일에서 최저 상대습도	
		> 40%	< 40%
약	1	0.65 (0.80)	0.75 (0.85)
$\leq 2\ m\ s^{-1}$	10	0.75 (0.70)	0.85 (0.80)
	100	0.80 (0.65)	0.85 (0.75)
	1000	0.85 (0.60)	0.85 (0.70)
중	1	0.60 (0.75)	0.65 (0.80)
$2.1\sim4.4\ m\ s^{-1}$	10	0.70 (0.65)	0.75 (0.70)
	100	0.75 (0.60)	0.80 (0.65)
	1000	0.80 (0.55)	0.80 (0.60)
강	1	0.50 (0.65)	0.60 (0.70)
$\geq 4.5\ m\ s^{-1}$	10	0.60 (0.55)	0.65 (0.65)
	100	0.65 (0.50)	0.70 (0.60)
	1000	0.70 (0.45)	0.75 (0.55)

6.3 품질 보증

관측장비들이 현재 자동화되고 있으며, 현대 관측 장치와 전자 데이터 저장 기술을 기반으로 첨단화되고 있다. 그러나 자동화가 인력 절감으로 이어진다고 믿는 것은 오류이다. 왜냐하면 통제되지 않은 관측 데이터는 신뢰성이 낮거나 무용할 수 있기 때문이다. 관측의 비용은 관측을 위한 인력에서 품질 보증(quality assurance; QA) 인력으로 이동했으며, QA는 시각적 관측을 통해 공식적으로 다뤄지는 조치를 필요로 한다. 품질 보증은 서로 연결된 여러 고려 사항의 패키지이다(DeFelice 1998; Shearman 1992).

관측 시스템을 계획할 때는 여러 가지 질문을 고려해야 한다. 데이터 사용자로부터 시간과 공간에서의 관측 해상도, 요구되는 대표성, 정확도 및 데이터 가용성 등에 대한 명확한 지침을 받아야 한다. 이는 쉬운 일처럼 보이지만, 사용자들이 관측 방법론과 기술에 대한 지식이 부족하여 비현실적인 요구가 발생할 수 있기 때문에 종종 큰 문제가 된다. 따라서 매개변수의 명세서가 만들어지기 전에 학제 간 수많은 계획이 필요하다. 여기에는 센서의 기술적 매개변수, 전체 데이터 샘플링, 데이터 전송 및 저장, 데이터 사용자에게의 전송이 포함된다.

이후에는 적합한 센서, 관측 위치 및 데이터 시스템을 선택해야 한다. 종종 비슷해 보이는 센서들 사이에 큰 가격 차이가 존재하므로 센서 특성과 전체 프로젝트에 대한 영향을 잘 알아야 한다. 보통 제품 설명서(brochure)에는 중요한 정보가 부족할 때가 많으며, 저렴한 기기들은 충분히 조사되지 않은 경우가 많다. 센서의 수명, 유지 관리 비용 및 예상되거나 극단적인 기상 조건에서의 적용이 고급 기기 선택의 결정 요소가 된다. 때로는 특별한 관측 센서를 개발해야 할 수도 있다. 미기상학적 요구 사항이 매우 커서 바람 방향 구역이나 안정적인 기온층이 있는 야간 조건의 제외와 같은 타협이 필요할 수 있으며, 이는 사용자 요구와 협의하여야 한다. 비싼 관측 프로그램의 경우, 사전 실험을 통해 관측 장소를 시험해 보는 것이 필요하다.

실험 운영에서 가장 큰 비용은 검증과 유지 관리에 대한 필요성이다. 따라서 대부분의 시스템에 대해 검증(6~12개월마다) 및 유지 관리(특정 유지 관리 작업에 따라 며칠에서 몇 주까지) 기간을 정해야 하며, 데이터 손실 없이 유지 관리 유형도 결정해야 한다. 이는 부분적으로 교정 시스템에 대한 조사를 필요로 한다. 작업 안전 고려 사항도 중요하다. 이 복잡한 과정에서 필요한 보정 사항은 검증뿐만 아니라 날씨조건에 기초하여서도 반드시 포함되어져야만 한다.

품질 관리(QC)의 정의는 매우 중요하다. 이는 데이터 실패나 기타 결함을 즉시 발견할 수 있도록 가능한 경우 매일 시각적 또는 부분적으로 자동화된 점검을 포함한다. 오직 확인된 데이터만이 데이터베이스에 저장되거나 사용자에게 전달되어야 한다. 적절한 가능성은 6.3.1에서 자세히 논의된다.

데이터 품질은 센서의 상태뿐만 아니라 기상 조건에 따라 달라지므로 복잡한 품질 관리가 필요하다. 따라서 데이터 제어에 따라 데이터에 플래그를 지정하여 데이터가 사용하기에 충분한 품질을 갖추었는지, 아니면 단지 방향성을 제공할 수 있는 것인지 구분해야 한다. Eddy-Covarience 방법을 위한 관측시스템은 4.1.3에 나와 있다.

데이터 사용자의 피드백은 시스템의 추가적인 자격 부여에서 과소평가해서는 안 된다. 데이터가 관측의 종류와 품질에 대한 원하는 목표를 충족하는지 확인하는 것은 사용자와 관측 프로그램의 주최자의 의무이다. 이는 일부 개선 또는 비용 절감이 필요할 수 있다.

품질 보증은 실험의 범위에 대해 과소평가해서는 안 되는 작업 패키지이다. 시스템 운영에 대한 세심한 주의는 모든 경우에 도움이 된다.

6.3.1 품질관리

품질 관리(quality contro; QC)는 매우 중요한 고려 사항을 포함한다. 이는 다양한 관점에서 관측 데이터를 검토하고, 센서와 기상 조건에 따라 데이터 품질에 서명을 하는 과정이다. 최종적으로 관측값에는 품질 마크가 부여된다.

품질 관리는 여러 단계로 진행될 수 있다. 첫 번째 단계는 전자적인 타당성을 기반으로 결측 데이터(missing data)와 명백히 잘못된 데이터를 배제하는 것이다. 두 번째 단계는 관측값이 관측기기의 범위와 계절에 따라 변할 수 있는 가능한 기상조건의 범위 내에 있는지를 확인하는 것이다. 관측 신호의 해상도와 디지털화에 대한 의존성도 검토해야 한다.

관측 기상 변수 테스트가 이어지며, 일반적으로 다른 관측 데이터와 비교가 이루어져야 한다. 복잡한 기상 변수 관측은 모든 관측된 매개변수의 조합을 테스트하는 경계층 모델과 같은 테스트 모델이 필요하다. 테스트 결과에 따라 수동 또는 자동 데이터 수정 사용 여부와 데이터의 추가 사용에 대한 결정이 필요하다. 이후 데이터는 충분한 플래깅과 함께 데이터베이스에 저장되며, 수행된 테스트와 품질 마크에 대한 정보가 포함된다.

자동화된 초기 테스트 후에는 개별 매개변수에 대한 특별 테스트가 필요하다(Fiebrich and Crawford 2001). 가장 간단한 경우는 관측된 풍향 및 풍속에 대한 타당성 테스트와 같은 것이다(표 6.19 참조). 복사량 구성 요소에 대한 테스트는 기상 매개변수에 따라 다른 테스트가 필요하며(Gilgen et al. 1994), 특히 장파 복사의 구성 요소는 시각적으로 접근하기 어렵다. 상승 장파 복사에 대한 테스트는 복사가 센서의 체온과 Stefan-Boltzmann 법칙에 따른 복사와 일정 차이 내에 있는지를 확인하여야 한다. 즉

$$\sigma(T_G - 5\,K)^4 \le I\uparrow \le \sigma(T_G + 5\,K)^4 \tag{6.56}$$

강한 장파 상승 복사에 의한 야간 또는 건조한 토양의 강한 가열이 있을 경우, 5 K의 임계값을 증가시켜야 한다. 대기에서 내려오는 장파 복사에 대한 테스트는 흑체(물로 덮인 돔)와 회색체(복사 온도가 −55°C인 맑은 하늘)와 관련된다.

$$0.7\,\sigma T_G^4 \le I\downarrow \le \sigma T_G^4 \tag{6.57}$$

표 6.19. 풍속과 풍향에 대한 타당성 조사(DeGaetano 1997). 관측값이 주어진 임계값을 초과하거나 미달할 경우, 해당 데이터를 삭제해야 한다.

wind velocity	wind direction
< 0 m s^{-1}	
	$< 0°$ or $> 360°$
< threshold velocity	for 1° to 360°
> threshold velocity	for 0° (calm)
> 60 m s^{-1} (height < 600 m a.s.l.)	

단파 복사의 경우 천문학적 파라미터와 대기의 투과성에 대한 의존성을 테스트한다. 반사된 단파 복사량의 경우, 알베도(표 1.1)를 사용하여 테스트를 수행하며, 반사된 복사량이 20~50 W m^{-2}를 초과할 때만 알베도를 계산해야 한다. 그렇지 않으면 관측 오류가 크게 발생할 수 있다.

많은 미기상학적 관측에서는 발달된 난류 체계가 존재하는지 확인할 필요가 있

다. 에디-공분산 관측에서는, 플럭스-분산(Foken and Wichura 1996) 유사성 테스트를 통해 이를 수행할 수 있으며, 이는 4.1.3 장에서 이미 설명되었다.

대규모 관측 프로그램에서는 서로 다른 관측값을 비교할 수 있다. 가장 간단한 경우는 모든 바람과 온도 자료를 순수하게 비교하는 것으로, 여기서 임계값이나 고도 의존 함수가 필요하다. 에너지 균형을 제어하는 것도 유용하지만, 관측 장소, 센서, 및 기저 표면을 선택하기 전에 잔여값을 테스트해야 한다. 이는 기준을 개발할 때 고려해야 한다(3.7 참조). 분석적 모델에서 중규모 모델에 이르기까지 모델을 사용하여 관측값이 모델과 일치하는지 테스트할 수 있다(Gandin 1988).

기상 관측, 특히 대규모 연속 관측 시스템의 품질 관리는 여전히 개발 중인 문제이다. 반자동 및 완전 자동 시스템은 부분적으로만 유용하며, 이는 소프트웨어의 문제뿐만 아니라 연구의 문제이기도 하다. 그럼에도 불구하고, 사용 가능한 시스템에서는 전문가만이 기상 효과들을 오차 정확하게 구별할 수 있는 경우가 있을 것이다.

6.3.2 측기들의 상호비교

상호 비교 실험은 센서의 적용에 있어 중요한 요구 사항이다. 바람 터널과 기후 챔버에서의 검징은 난류 대기 내에서는 제한직인 의미만을 가지기 때문이다. 이러한 실험은 장애물 없는 지형과 센서의 방해받지 않는 설치를 보장해야 하는 높은 요구 사항을 가진다. 관측 높이는 지표면 기울기가 작고 관측 결과에 영향을 미치지 않도록 선택해야 한다. 비교를 위한 센서는 우수한 상태여야 하며 기본적인 검정을 받았어야 한다.

기상학에서는 비교를 위한 절대적인 관측기기가 존재하지 않기 때문에 기준을 적용해야 한다. 이러한 기준 장비는 국제적으로 오랜 시간 동안 검증되어야 하며 이전 비교에서 일관된 결과를 보여주는 장비들이어야 한다. 따라서 해당 센서의 검정 명세서가 반드시 필요하다.

비교된 평가의 결과는 통계 숫자들로 기술된다. 그 중 하나가 바이어스(bias)이다.

$$b = \overline{(x_1 - x_2)} = \frac{1}{N}\sum_{i=1}^{N}(x_{1i} - x_{2i}) \tag{6.58}$$

여기서 아래첨자 1은 비교되는 측기이고 아래첨자 2는 표준측기(etalon)이다.

$$c = \left(\frac{1}{N} \sum_{i=1}^{N} (x_{1i} - x_{2i})^2 \right)^{1/2} \tag{6.59}$$

정밀성(precision)은 체계적인 차이를 보여준다.

$$s = (c^2 - b^2)^{1/2} \tag{6.60}$$

관측 정확도와 주변 매체의 영향이 두 장비에서 거의 동일하다면, 검증 목적으로 사용할 수 있는 평균 회귀선을 이용할 수 있다. 그러나 진정한 독립된 관측 장비가 없고 상관 계수가 0.99보다 작다면, 두 개의 회귀선을 계산하여 평균해야 한다.

현장 비교 실험의 결과는 실험실 관측과 비교할 수 없다. 대기의 난수적 특성과 많은 통제되지 않은 영향 요소들이 항상 산포를 발생시키기 때문이다. 따라서 그림 6.22와 6.23은 실험 EBEX-2000 실험(Mauder et al. 2007b) 기간에 이상적인 조건에서 수행된 비교 실험의 예를 보여준다. 모든 비교에서 연직 바람 성분의 표준 편차가 가장 좋은 결과를 보였다. 반면, 플럭스의 비교는 현저히 낮은 결과를 보이며, 마찰 속도에서 가장 큰 산포가 발생한다. 이는 연직 및 수평 풍속의 스펙트럼이 다르기 때문이며, 특히 에너지 최대 주파수에 대한 차이가 있다. 음파 풍속계의 전형적인 차이는 표 6.20에 제시되어 있다.

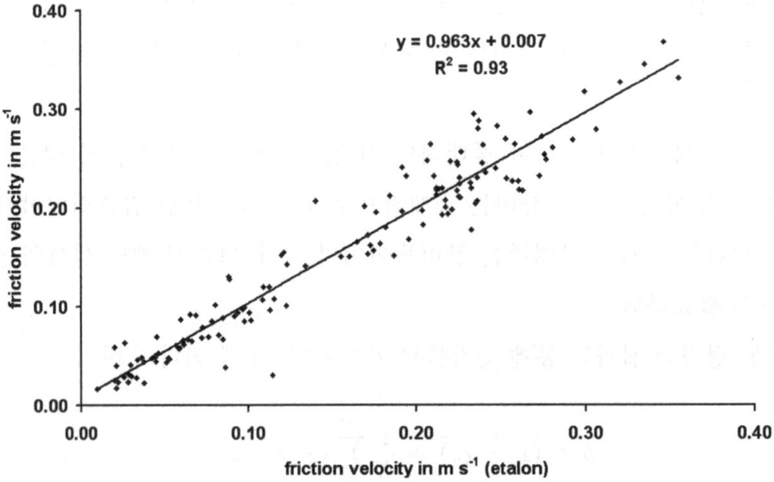

그림 6.22. EEBEX-2000 동안 CSAT3 유형의 두 음파 풍속계로 관측한 연직 바람의 표준편차 비교 (Mauder 2002)

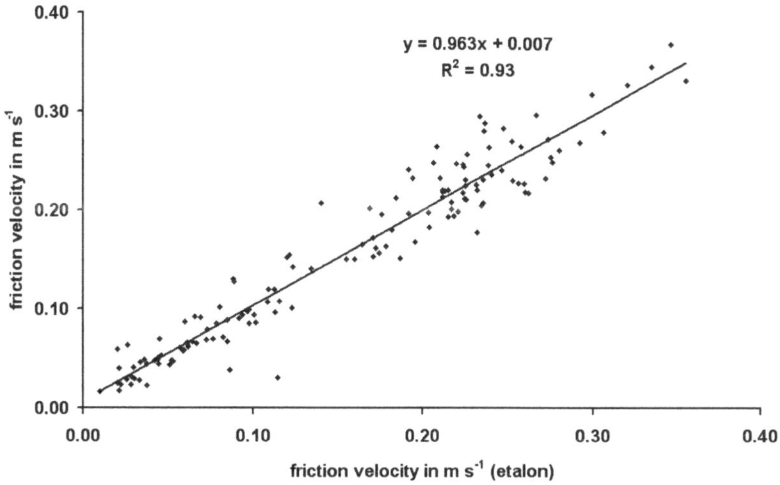

그림 6.23. EBEX-2000 동안 CSAT3 유형의 두 음파 풍속계로 관측한 마찰 속도 비교(Mauder 2002)

표 6.20. 음파 풍속계들의 비교실험기간의 여러 가지 매개변수들의 전형적인 차이. 괄호 안의 값은 동일한 센서 타입인 경우이다(Foken 1990, modified)

measuring parameter	difference in %	correlation coefficient
σ_w^2	0~10 (0~3)	0.90~0.99 (0.95~0.99)
σ_u^2	0~15 (0~5)	0.90~0.95 (0.95~0.98)
σ_T^2	5~20 (0~5)	0.90~0.95 (0.95~0.98)
$-\overline{w'u'}$	5~25 (2~5)	0.80~0.90 (0.90~0.95)
$\overline{w'T'}$	5~20 (0~5)	0.90~0.95 (0.95~0.98)
$\overline{w'q'}$	5~20 (0~5)	0.85~0.95 (0.95~0.98)

제7장 | 미기후학

미기후학(microclimatology)은 평균 상태와 미기상학 규모로 영구히 반복되는 현상을 연구한다. 여기에는 산곡풍, 해륙풍 순환, 활강바람과 같은 소규모 순환 시스템을 포함한다. 이들 현상들은 많은 교과서(Bailey et al. 1997; Hupfer and Kuttler 2005; Oke 1987; Stull 1988)의 주제이다. 이 장에서는 포괄적인 개관을 제공하기 보다는 일부 전형적인 미기후학적 현상들을 논의하고자 한다. 이들 현상들은 특별한 날씨 상태 하에서 나타나고 전형적인 방식으로 소규모 기후에 영향을 미친다. 이들 국지적인 효과들에 대한 많은 내용이 지역적인 연구출판물 내에서만 설명된다. 여기서 푄의 인상적인 바람 시스템은 설명되지 않는데 그 이유는 이 시스템은 더 큰 기상 규모 상에서 존재하기 때문이다.

7.1 기후학적 규모

기후의 규모는 Orlanski (1975)가 제안한 기상학의 규모처럼 엄격하고 일관되지 않다. 미기후(microclimate)라는 용어는 보통 미기상학에서와 같이 최대 100m의 공간 규모까지 적용된다. 따라서 중기후(mesoclimate)는 최대 100km의 범위를 가지며, 이는 Orlanski (1975)의 기상학적 규모 분류에 의한 것보다 약 한 등급 낮은 수준이다(Hupfer 1991). 소규모 범위에서는 도시 기후, 지형 혹은 지역 기후(Knoch 1949), 생태 기후, 국지 기후 등과 같은 용어가 일반적으로 사용된다. 다양한 분류의 비교는 표 7.1에 나와 있으며, 서독에서 사용되었던 Kraus (1983)와 Hupfer (1989)의 분류가 Orlanski (1975)의 분류와 가장 유사하다. 미규모(microscale)라는 용어는 훨씬 작은 규모를 가리킬 때 자주 사용된다. 동독에서는 미규모 분류가 1m 이하의 규모에 적용되었다(Böer 1959).

그림 7.1은 다양한 기후 규모들과 이와 관련되는 현상들에 대한 설명이다. 미기후는 주로 지표층 내의 과정들(예, 에너지와 물질 교환, 지면과 근접하게 나타나는 복사 과정, 기저면의 효과 등)과 연관된다. 그러나 적운 대류는 미기후의 한 부분으로 고려되지 않는다.

표 7.1. 기후학적 규모들의 상이한 분류(Hupfer 1991)

km	Orlanski (1975)	Böer (1959)	Kraus (1983)	Hupfer (1989)
10^{4}	makro-β	large climate	macro range	global climate
10^{3}	meso-α	range	synopt. range	zonal climate
10^{2}	meso-β		meso-	landscape climate
10^{1}	meso-γ	local climate	range	
10^{0}	mikro-α	range	micro range	plot climate
10^{-1}	mikro-β		topo range	small scale climate
10^{-2}	mikro-γ			
10^{-3}		micro climate range		border layer climate
10^{-4}				

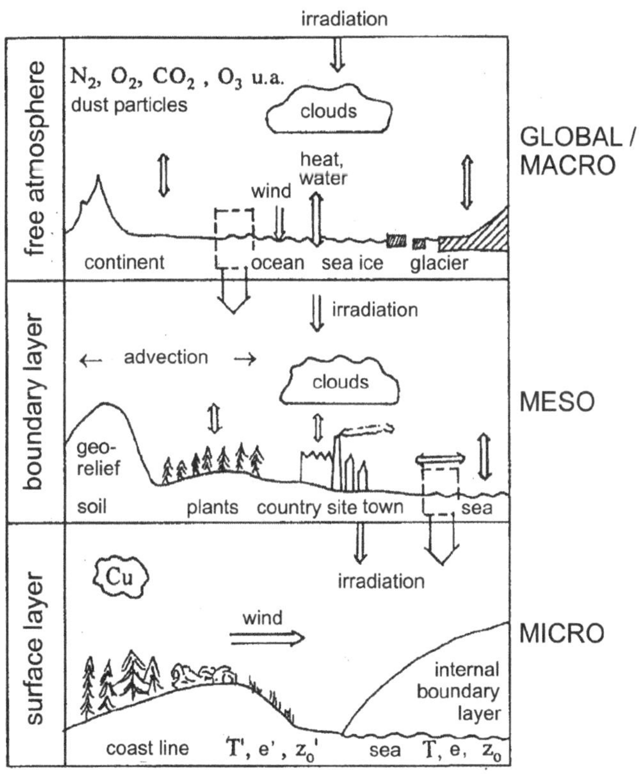

그림 7.1. 대규모, 중규모, 미규모로 구성되는 기후 시스템(Hupfer 1996)

7.2 기후요소의 소규모 변화

만약 기후요소가 어떤 날씨 상황 또는 어떤 기간 동안 관련된 차이를 가진다면 미기후학 효과들은 보통 현저하게 상이한 현상들을 일으킨다. 구름이 없는 경우의 전 지구 복사와 확산 복사와 같은 요소들은 기후학적으로는 적은 차이를 보여준다. 그러나 그 차이는 산악지역 내에서 발생할 수 있다. 만약 긴 존속기간을 가진 국지 순환 시스템이 구름과 연결된다면 예외가 발생하게 될 것이다(7.3 참조). 예를 들면, 여름의 적운 구름들은 해륙풍이 발생하는 동안 육상에서만 발달할 것이다. 겨울에서는 정반대 효과가 발생하여 구름이 온난한 바다 위에서 더 많이 발달할 것이다.

대규모 기압장은 풍속과 풍향을 일으킨다. 그러나 관측소 부근의 지형 또는 장애물도 바람에 영향을 미치고, 이들은 소규모 기후 차이를 유발시킬 수 있다. 유사한 효과들은 그 차이가 보통 관측 오차로부터 명백하게 분리할 수 없는 곳의 강수량에서 발생한다.

균일한 기단 내와 동일한 고도에서의 기온과 수분은 거의 차이를 보여주지 못한다. 단지 방출 장파복사가 크고 냉각이 많이 일어난 야간인 경우는 예외이다. 따라서 지면 부근의 최저 기온은 뚜렷하게 차이를 보여준다(7.4 참조). 유사한 결과들이 순 복사인 경우에서도 발견된다. 이것은 알베도와 지표면 습도에 의존하기 때문에 소규모 상에서는 매우 변동하기 쉽다.

미기후학 내의 적절한 기후요소들은 표 7.2에 제시되어 있다. 이 표에서는 미기상학적으로 유발되는 차이가 거의 없는 상황 하에서도 기후요소의 차이는 발생한다는 사실을 보여주고 있다.

표 7.2. 미기후학 관련 기후요소

climate element	range and reason of microclimatological differences	hardly microclimatological differences
global and diffuse radiation	hardly available	unlimited horizon, no climatological caused clouds
net radiation	partly significant due to differences in albedo and surface temperature	unlimited horizon and uniform underlying surface
wind velocity and wind direction	partly significant in complex terrain and in the case of obstacles	large fetch over uniform surfaces and no obstacles
temperature (general) and air humidity	often small	open location
minimum of the temperature	partly significant, especially in valleys and hollows (also in very small scales)	open location
precipitation	partly significant but mostly in the range of the measuring error	open location

7.3 미기후 관련 순환

7.3.1 해륙풍 순환

해륙풍 순환은 약한 배경바람과 육지와 바다 사이의 큰 온도 차이로 일어난다. 육상에서의 가열은 상승하는 공기를 가지는 저기압 지역을 발생시킨다. 보상을 위해서, 바다로부터 한랭한 공기가 해풍을 형성한다. 해상에서는 하강하는 공기 즉 침강을 가진 고기압 지역이 된다. 해풍 전선은 수 10 m에서부터 수 km까지의 범위로서 내륙으로 침입하고, 그림 7.2에서 도해된 바와 같이 작은 면적 위에서 뚜렷한 온도 차이를 발생시킨다. 해륙풍 순환의 시작 이후, 해변에서의 온도는 기분 나쁘게 서늘한 반면, 멀리 떨어지지 않은 내륙의 상쾌한 온도가 발견된다. 밤 동안, 이들 관계는 정반대로 나타나지만 덜 발달한다.

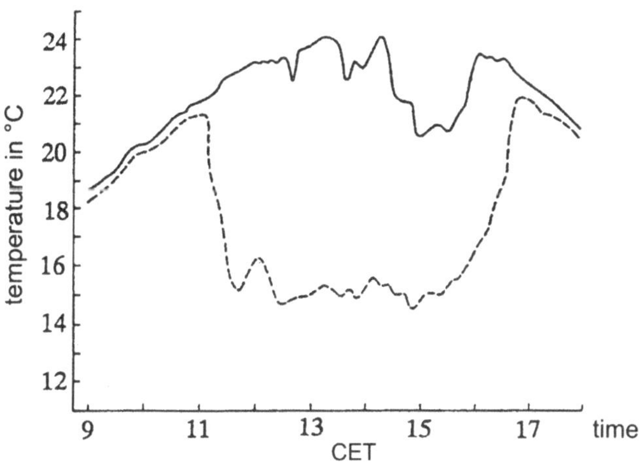

그림 7.2. 1966년 5월 17일 발트 해의 징스트 해변(대시선)과 4~7 m s^{-1}의 해풍을 가진 200 m 내륙(실선)에서의 온도 시계열 분포(Nitzschke 1970 와 Hupfer 1996)

7.3.2 산곡풍 순환

복사에 의해서 밤 동안 일어나는 냉각은 중력으로 인해 산 정상과 경사면으로부터 계곡 내로 한랭 공기를 아래로 내려 한랭공기 저수지를 채우는 이유이다. 만약 배출풍(drainage wind)들이 좁은 계곡을 통하여 통과한다면, 상당한 활강바람이 발생할 수 있다. 가장 강한 활강바람은 남극대륙에서 발견된다(King and Turner 1997). 더 작은 규모에서, 활강흐름은 의미 있는 역할을 가진다(7.4 참조).

낮 동안, 계곡과 경사면들은 산 정상보다 더 빠르게 가열되고, 온난 공기는 경사면을 따라서 위로 이동한다. 이들 흐름들은 혼합층이 완전히 발달되기 전까지 역전층을 천천히 들어 올린다. 이 과정은 Defant (1949)의 고전적인 논문에 따라서 그림 7.3에 도해되어 있다.

활강바람의 세기는 아래경사면을 따라서 흐르고 있는 한랭공기와 주변 지역 사이의 온도 차이로부터 결정될 수 있다. 부력(또는 억압)과 응력 사이의 국지 평형을 적용시키면 활강흐름의 속도는 다음과 같이 결정된다.

$$u_k = \left(\frac{g \cdot (T - T_k)}{T} \cdot \frac{h}{C_D} \cdot \sin\alpha \right)^{1/2}, \tag{7.1}$$

여기서 h는 한랭공기층의 깊이, C_D는 항력계수, α는 경사면의 사면각, g는 중력에 기인한 가속도, T는 주변 기온, T_k는 한랭공기층의 온도이다. 또한 식 (7.1)은 나비에-스토크스 방정식인 식 (2.1)에 부력 항으로서 추가될 수 있다.

7.4 국지 한랭공기 흐름

한랭공기 흐름은 미기후학 현상 중 가장 폭넓은 것 중 하나다. 예를 들어, 발생 원지역으로는 탁 트인 언덕 꼭대기, 산림으로 덮인 경사면, 그리고 기타 경사진 지표면 지역이 포함된다. 한랭공기 흐름은 장애물에 의해 방해받거나 댐처럼 막힐 수 있는 밀도가 높은 공기 덩어리들의 흐름으로 이해할 수 있다. 시력 훈련이 이루어진다면, 경관과 식생의 형태에 따라 적절한 한랭공기 흐름을 파악할 수 있다. 이러한 평가는 분류체계를 사용하여 이뤄질 수 있으며, 분류 단계는 표 7.3과 7.4에 자세히 나와 있다. 검증은 적절한 관측을 통해 수행된다(7.5 참조). 매우 높은 위험은 구름이 없는 하늘로 인한 강한 장파복사로 인해 한랭한 밤에 발생하며, 이는 특히 종관기상학적으로 유발된 한랭공기 이류가 뒤따르는 경우에 더욱 두드러진다. 예를 들어, 이는 5월에 발생하는 유럽 날씨 현상 중 하나인 '삼성절(Three Saints' Days)'이다. 이에 대한 두 가지 유용한 예방책으로는 많은 에너지가 필요한 작은 물방울을 얼리는 살포법(sprinkling)과 장파복사에 의한 냉각이 식물 캐노피 위에서 일어나도록 연기를 피우는 안개법(fogging)이 있다.

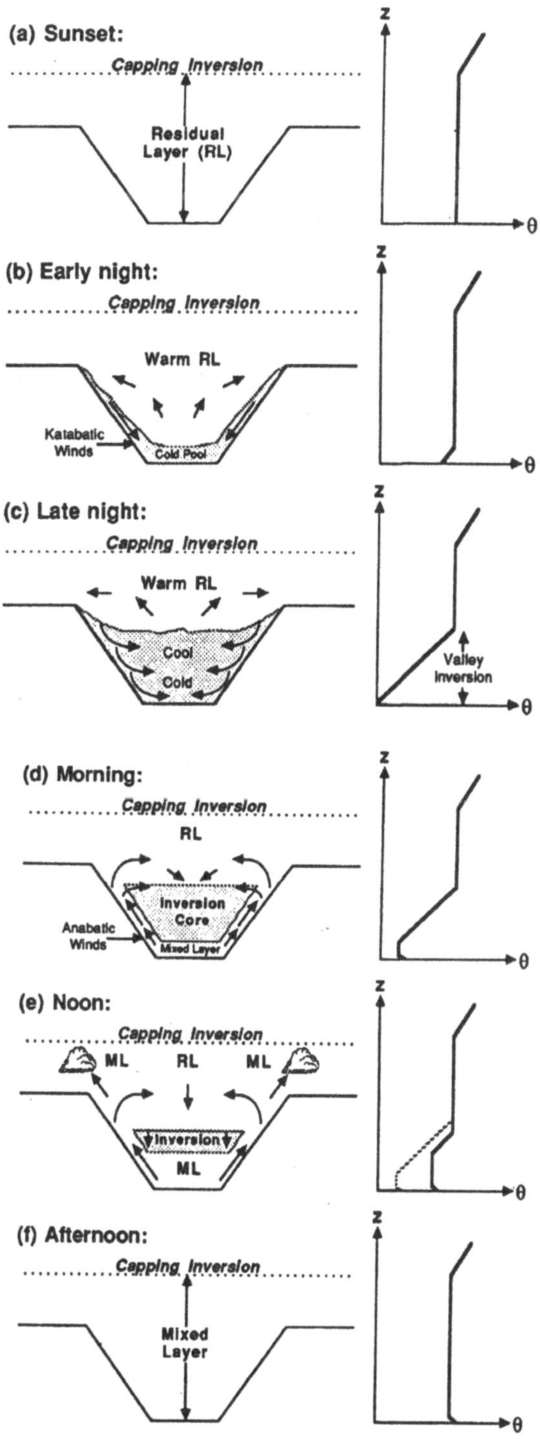

그림 7.3. 산곡풍 순환의 체계적인 개념도(Stull 1988)

표 7.3. 서리 위험의 분류(구름 양 < 2/8, 풍속 〈 3 m s^{-1}) (Schumann의 개인 통신)

risk class	indication	comparison to normal conditions
1	favored	+1 to +5 K
2	normal condition	- 1 to +1 K
3	weak to moderate frost risk	- 2 to - 4 K
4	high to very high frost risk	- 5 to - 8 K

표 7.4. 지형의 기복에 따른 위험 등급(Schumann 개인 교신)

relief form	cold air inflow, production	cold air drainage	risk class*
closed basin	existing	–	3
ground of the valley, low slope	existing	weak	3
ground of the valley, moderate slope	existing	moderate	3
plates, Δh > 10m	–	–	2
slope, low inclination (1~3°)	–	moderate	2
slope, high inclination (>15°)	–	very good	1
hills h > 50 m, inclination > 10°	–	very good	1

* marshy soil +1

한랭공기 흐름은 도시 기후에 강한 영향을 미칠 수 있다. 도시 내의 빌딩과 도로는 높은 열용량을 가지고 있어, 도시의 공기는 주변 시골 지역보다 더 천천히 차가워져서 열섬(heat island)을 형성하게 된다. 그러나 한랭공기가 도시로 흘러들어올 수 있다면, 열섬 효과를 감소시킬 수 있다. 다만, 도시 내의 녹지들은 보통 작고 빌딩들로 분리되어 있어 주변 지역으로 한랭공기가 흐르기에 충분하지 않다. 도시 공원과 초지는 최소한 200 × 200 m^2 이상 넓고 습윤해야 효과적으로 작용할 수 있다(Spronken-Smith and Oke 1999; Spronken-Smith et al. 2000).

도시기후 내에서 한랭공기 흐름의 중요성 이외에도, 열섬의 성질들이 관련된다. 이들 둘을 조사하기 위해서, 7.5에서 기술되는 바와 같이 특별 관측이 필요하다. 왜냐하면 고전적인 기후도들은 모든 과정들을 기술하지 못하기 때문이다. 특별한 생기후학 조사인 경우, 표 7.5는 열, 압력, 환기의 중첩에 의해서 기준을 평가하는데 필요한 일부 제안을 제시한다(Gerth 1986).

소규모 한랭공기 흐름의 흥미로운 예를 그림 7.4에 나타내었다. 2°의 경사각을 가진 경사면인 경우, 5 cm 높이에서 관측된 온도는 복사 냉각 숲에서부터 탁 트인 목초지 내의 둥그런 언덕까지 그리고 고랑(groove)까지 100 m을 따라서 횡단하는 것을 보여준다. 장파복사의 냉각효과는 약 6 K이고 부수적인 한랭공기흐름을 더한 8 K인 경우에는 지면에 서리가 관측되었다. 그러나 탁 트인 목초지 내에서 2 m 높이에서의 기온은 결코 7 ℃ 이하로 나타나지 않았다. 그러한 한랭공기 흐름은 시각평가에 의해서도 발견될 수 있다.

표 7.5. 하나의 생기후학 평가를 위한 기준의 중첩(Gerth 1986)

	high	moderate	low
bioclimatological			
pressure:			
heat pressure	> 25 days	all other	≤ 25 days
wind velocity	< 2 m s^{-1}	combinations	≥ 2 m s^{-1}
frequency of inversions	> 30% a^{-1}		≤ 30% a^{-1}
ventilation:			
wind velocity	≥ 2 m s^{-1}	all other combinations	< 2 m s^{-1}

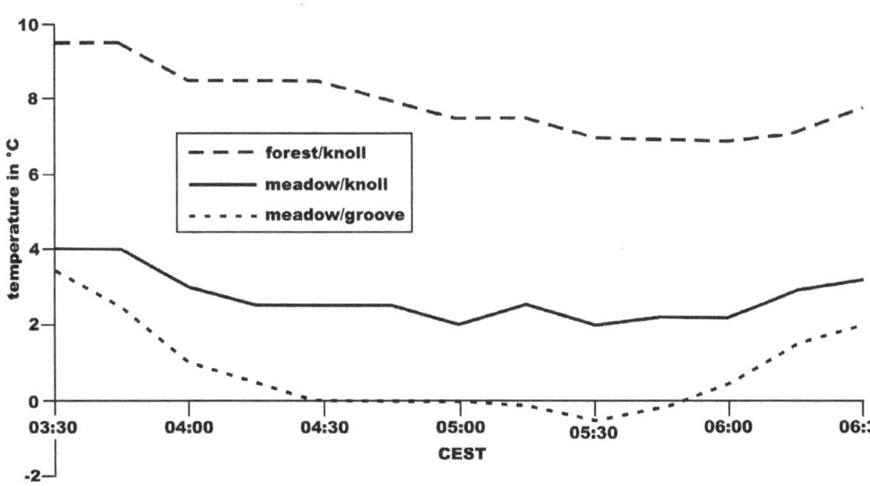

그림 7.4. 1998년 5월 14일 바리루스 대학교 생태식물원 내의 둥그런 언덕과 고랑(150 m 떨어진) 사이에서 2°의 경사각을 가진 경사면에서 야간에 관측된 온도의 기록.

한랭공기 흐름으로 인해 계곡 내에서 한랭공기가 많아지면, 공기가 이슬점 이하로 냉각될 경우 복사안개가 발생할 수 있다. 안개가 발생한 후, 가장 강한 복사에 의한 냉각은 안개의 꼭대기에서 일어난다. 이로 인해 가장 낮은 온도는 더 이상 계곡 내에서가 아니라, 안개 위의 경사면을 따라 나타나게 된다. 지면에서 감소된 장파복사는 안개를 상승시킨다. 이는 낮은 복사 계절 동안 닫힌 계곡이나 분지에서 온종일 낮은 층운을 발생시키는 원인이 된다.

안개의 특별한 형태로는 바다증기안개가 있다. 이는 수 미터의 두께를 가지며 적운과 유사한 구름으로, 더 따뜻한 물 위를 흐르는 한랭공기에 의해 발생한다. 이 대류효과는 물과 공기의 온도 차이가 10 K 이상일 때만 발생할 수 있기 때문에(Tiesel and Foken 1987), 바다안개는 일반적으로 작은 호수가 이미 온난해진 늦은 봄에 발생하지만, 큰 호수나 해상에서는 가을과 이른 겨울에 발생한다.

7.5 미기후학 관측

미기후학 관측은 자문 활동에 매우 중요한 역할을 한다(7.4 참조). 이들은 도시 기후 및 건강 온천장 기후 평가에 필수적이며, 농업, 특히 과수원과 포도원에서 서리 위험을 평가하는 데에도 많이 활용된다. 이러한 평가들은 보통 경험 수준이 다양한 공학자들에 의해 수행된다. 단일 상황에서의 평가는 일반화하기 어렵기 때문에, 관측과 적절하게 연관된 과정들을 파악하는 것이 중요하다. 따라서 3장에서 논의된 지표층 부근의 특정 조건들을 설명에 포함시켜야 한다. 특히, 적절한 상태 매개변수(예: 한랭공기 흐름 또는 도심의 열섬 현상)만이 지도에 기재된다. 대기 안정도와 난류플럭스를 고려하는 접근법은 많지 않으며, 이들은 침적 퍼텐셜을 평가하는 데 중요한 매개변수로 비교되어야 한다.

미기후학 관측은 기후학적 관측과 독립적으로 수행될 수 없다. 이는 먼저 기후학적 관측이 이루어져야 함을 의미한다. 이를 위해서는 오랜 기간 관측을 수행해온 적절한 기본 기후관측소나 기상대에서의 관측값을 선택해야 한다. 또한, 조사 지역에서 1~2년 정도의 관측이 이루어져야 기후학 자료를 해당 지역으로 전이시킬 수 있다. 이러한 관측소는 소형 자동 기상 관측기로서 경관 분류에 따라 적절한 지점에 배치되어야 한다. 실제 미기후 관측은 자동차나 밴 같은 이동 차량에 탑재된 관측 장비로 수행되거나, 집중적인 야외 캠페인을 통해 이루어진다. 따라서 조사하려는 현상을 명확히 볼 수 있는 날씨 상황을 선택하는 것이 중요하다. 예를 들어 한랭공기 위험을 조사할 경우, 한랭공기 이류 후의 청명한 밤이 필요하다. 이러한 이동 관측 중에는 항공기에서 촬영한 열 영상(thermal picture)으로 지원받을 수 있다. 하지만 이 방법은 바람 정보가 결여되어 있어 과정의 역학을 파악하기 어려우므로 이동 관측을 대체할 수 없다. 그렇지 않으면 단일 관측 결과를 과도하게 해석할 위험이 있다. 이는 다른 바람 조건에서는 전혀 다를 수 있다.

기구 혹은 간접 관측 기술(Sodar)을 사용한 대기경계층의 연직 탐측도 유용할 것이다. 이는 역전층의 국지적 발달을 연구하여 대기오염의 희석과 교환 부피의 깊이를 파악하는 데 도움을 줄 수 있다.

고층 건물이 많은 지역에서는 복사 관측도 필요하다. 예를 들어, 반사 단파복사나 빌딩 근처에서 방출되는 장파복사의 관측이 해당된다. 기후 변화로 인해 이러한 효과는 뜨거운 여름날 동안 더욱 중요해질 것이다. 최근 몇 년 동안, 난류플럭스의 중요성이 잘 이해되고 있으며, 많은 도시 실험에서 관측되고 있다(Rotach et al. 2005).

제8장 | 응용기상학

앞서 1.1장에서 응용기상학(applied meteorology)이 정의되었다. 이 장에서는 응용기상학의 기본 원칙들이 제시되고 실제 작업에서 적용되는 예시들을 소개한다. 물론, 모든 국가들은 전문 보고서, 방법론, 소프트웨어 프로그램에 대한 나름의 자체 표준과 규정을 가지고 있다. 따라서 이 장에서는 독일의 규정과 크게 다르지 않은 몇 가지 지침을 제공하며, 이는 영국에서도 유용하게 사용할 수 있다. 추가적인 내용은 부록 A 7에 포함되어 있다.

8.1 대기오염의 분포

대기오염의 분포에 대한 가장 간단한 모델은 가우시안 모델(Gaussian model)이다. 더 정확한 계산은 여러 문헌들(Arya 1999; Blackadar 1997)에서 기술된 바와 같이 더 복잡한 경계층 모델을 필요로 한다. 미기상학적 적절성은 성층의 결정이고 따라서 지표층 내의 관측이 필요하다. 풍속과 성층에 의존하는 아래의 대기오염 상황은 전형적이고 관측될 수 있다(Blackadar 1997; Kraus 2004):

- 풍속이 강한 경우 난류 에디들은 작고 대기권 내의 오염물질들의 플룸(plume)은 빠르게 팽창된다. 풍속이 6 m s^{-1} 이상인 경우 거의 항상 중립 성층이 가정될 수 있다는 점에 유의해야 한다.
- 만약 난류 맴돌이들의 크기가 플룸의 폭과 대략적으로 동일하다면, 플룸의 옆면과 위아래 움직임에서 구불구불한 모양들이 발생한다. 이것은 약한 바람과 햇빛이 비치는 조건인 경우 전형적이고 고리모양(*looping*)으로 언급되고 있다.
- 더 작은 맴돌이인 경우, 고리모양 대신에 플룸 모양이 원뿔이고 원뿔모양(*coning*)으로 언급되고 있다.
- 플룸의 거의 수평적인 분포가 공기의 적은 움직임과 맑은 밤인 경우에서 존재한다. 이 조건은 부채모양(*fanning*)으로 언급된다.
- 역전층의 사례와 아침 시간대에서 나타나는 중립 또는 약간 불안정 성층인 경우, 플룸은 지면과 접촉하게 된다. 이 조건은 훈증모양(*fumigation*)으로 언급되고 있다.

성층의 추정은 안정도 등급을 사용하여 만들어진다. 이 등급들은 기상관측에 기초하거나 풍향의 안정도 종속 요동에 기초한다. 만약 풍향 요동 매개변수들이 관측되지 않는다면, 혼합층(z_i), 거칠기 매개변수(z_0), 오부코프 길이(L)에 종속되는 적분 안정도 함수($\psi(z/L)$)를 가지는 매개변수화가 가능하게 된다(Blackadar 1997):

$$\sigma_\varphi \approx \frac{\sigma_v}{\bar{u}} = \frac{\varkappa(12 - 0.5 z_i/L)^{1/3}}{\ln(z/z_0) - \psi(z/L)} \tag{8.1}$$

식 (8.1)과 표 8.1를 가지고, Pasquill (1961)에 따르면 안정도 등급들이 결정될 수 있다. 복잡한 지형 내에서 풍향의 표준편차는 평탄한 지형보다는 더 크고 더 불안정 성층이 예측된다는 점에 주목할 필요가 있다. 성층의 유용한 직접적인 관측 사례에서, 이들이 최우선적으로 수행되어야만 한다.

표 8.1. 풍향의 표준편차에 따른 파스퀼 등급의 정의

Pasquill class	description	σ_φ
A	extreme unstable	25
B	unstable	20
C	light unstable	15
D	neutral	10
E	light stable	5
F	stable	2.5

성층의 추정은 또한 풍속, 복사, 구름양에 따라서 가능하다(표 8.2). 상이한 안정도 등급들의 비교가 특히 흥미롭다. 왜냐하면 파스퀼 등급들이 모든 나라에서 사용되지 않기 때문이다. 예를 들어 독일인 경우, Klug (1969)와 Manier (1975)에 따른 Klug-Manier 안정도 등급들이 사용된다. 오부코프 길이를 포함하는 매개변수를 사용한 안정도 등급을 비교한 결과는 표 8.3에 제시되어 있다. 4장에 주어진 에너지 교환 관측 방법 또는 5장에 주어진 모델들을 사용한다면, 분산 모델에 필요한 성층이 결정될 수 있을 것이다.

대기오염의 분산은 확률밀도함수에 따라서 설명될 수 있다(Arya 1999; Blackadar 1997):

$$\int_{-\infty}^{\infty} F(x)\,dx = 1 \tag{8.2}$$

표 8.2. 기상학 매개변수들로부터 구한 파스퀼 안정도의 결정(Blackadar 1997)

surface wind m s^{-1}	irradiation at day			cloudiness at night	
	strong	moderate	low	thin clouds or ≥ 4/8	≤ 3/8
< 2	A	A–B	B		
2	A–B	B	C	E	F
4	B	B–C	C	D	E
6	C	C–D	D	D	D
> 6	C	D	D	D	D

표 8.3. 서로 다른 안정도 등급들의 비교

	Klug/Manier	Pasquill	Obukhov length L	z/L for $z = 10m$
very unstable	V	A	− 30	− 0.33
unstable	IV	B	− 100	− 0.1
neutral to light unstable	III/2	C	− 300	− 0.033
neutral to light stable	III/1	D (neutral)	5000	0.002
stable	II	E (light stable)	250	0.04
very stable	I	F (stable)	60	0.17

3차원 분포인 경우는 다음과 같다.

$$\int_{-\infty}^{\infty}\int_{-\infty}^{\infty}\int_{-\infty}^{\infty} F(x)G(y)H(z)\,dx\,dy\,dz \tag{8.3}$$

일정한 배출 율 Qdt와 일정한 수평 풍속을 가지는 점 오염원인 경우 분포 밀도 함수는 다음과 같다.

$$F(x) = \frac{1}{\overline{u}\,dt} \tag{8.4}$$

횡단하는 수평 및 연직 분포인 경우, 가우스 분포 함수들이 사용된다.

$$G(y) = \frac{1}{\sqrt{2\pi}\,\sigma_v}\exp\left(-\frac{y^2}{2\sigma_v}\right) \tag{8.5}$$

$$H(z) = \frac{1}{\sqrt{2\pi}\,\sigma_w} \exp\left(-\frac{z^2}{2\sigma_w}\right) \tag{8.6}$$

농도 분포는 또한 픽의 확산 법칙(Fick's diffusion law)으로 계산될 수 있다.

$$\frac{\partial \chi}{\partial t} + \bar{u}\frac{\partial \chi}{\partial x} = \frac{\partial}{\partial x}\left(K_x \frac{\partial \chi}{\partial x}\right) + \frac{\partial}{\partial y}\left(K_y \frac{\partial \chi}{\partial y}\right) + \frac{\partial}{\partial z}\left(K_z \frac{\partial \chi}{\partial z}\right) \tag{8.7}$$

확산 계수들의 매개변수화는 오차 함수로서 만들어진다(식 (3.2) 참조).

$$\sigma_{u_x}^2 = 2K_x t \qquad \sigma_{u_y}^2 = 2K_y t \qquad \sigma_{u_z}^2 = 2K_z t \tag{8.8}$$

일정한 오염원 세기와 x 방향의 수평 풍속에 대한 농도 분포는 다음과 같이 주어진다.

$$\chi(x, y, z) = \frac{Q}{2\pi \bar{u}\, \sigma_{u_y} \sigma_{u_z}} \exp\left(-\frac{y^2}{2\sigma_{u_y}} - \frac{z^2}{2\sigma_{u_z}}\right) \tag{8.9}$$

기상자료가 없는 경우, 바람 성분들의 표준편차는 2.4.1에서 기술된 바와 같이 미기상학 접근법으로 매개변수화가 될 수 있다.

현재 수많은 분산모델들이 유용하다. 널리 배포되는 하나의 모델은 Gryning et al. (1983)에 의해서 개발된 것으로 Schmid (1997)에 의한 유효면적 모델에 기초를 두고 있다. 여러 가지 모델들의 차이는 바람 성분들의 매개변수화와 평탄하고 복잡한 지형 내의 3차원 바람 장들의 적용이다. 최근 더욱더 정교한 모델들이 가우스 분포 함수들보다는 난류 바람 성분들의 프로파일을 매개변수화하는 수치모델을 통한 경계층 접근법을 사용한다.

8.2 바람 에너지 사용의 기상조건

바람 에너지 사용(wind energy use)의 시작에서, 기상학은 운용 필요조건과 효율성을 조사하는데 특히 중요하다. 그 이유는 풍속(u)의 3제곱에 의존하는 풍력발전소의 용량에 있다. 따라서 약간 더 강해진 풍속은 뚜렷하게 더 강한 풍력 용량(P)을 만든다.

$$P = \frac{\rho}{2} F u^3 \tag{8.10}$$

여기서 F는 회전자에 의해 덮이는 면적이고, ρ는 공기 밀도이다.

바람 에너지 사용의 기상학적 관점에 대한 첫 번째 포괄적인 연구(WMO 1981)가 1981년 세계기상기구(WMO)에 의해서 제시되었다. 이 연구에서, 지표면 거칠기와 내부 경계층의 주목할 만한 영향이 주로 논의되었다(3.1과 3.2 참조).

바람 에너지의 기상지원을 위한 주요한 이득들은 유럽 풍력자원지도(European Wind Atlas)로서 만들어졌다(Troen and Peterson 1989). 풍력발전소의 용량에 대한 전문가 보고서를 위한 기본은 와이블 주파수 분포(Weibull frequency distribution)이다. 여기서 풍속 분포의 왜도(skewness)는 $k < 3.6$인 경우 잘 제시된다. 이 분포 함수를 사용하면, 멱 밀도(power density)가 다음과 같이 결정될 수 있다.

$$P = A^3 F_p(k) \tag{8.11}$$

와이블 매개변수들인 A와 k와 분포 $F_p(k)$들은 모든 적절한 기상관측소에 대한 풍향 등급들을 표로 작성된다. 풍력자원지도의 기본 아이디어는 국지 영향을 고려하여 기상기준관측소의 장기간 기후 관측을 보정하고, 이들 기준 관측소인 경우 이들 영향들을 받지 않는 와이블 분포들을 결정하는 것이다. 풍력발전소의 새로운 부지 조성을 위한 전문가 재검토인 경우, 가장 인근 기준 관측소가 사용되고 와이블 분포는 부지의 국지 영향들에 의해서 보정될 것이다. 이것으로부터, 새로운 발전소의 가능한 풍력용량이 결정 될 수 있다.

사용되는 보정법들의 일부가 일반적으로 관심을 가진다. 하나의 방법은 지표면 거칠기의 결정으로 장애물의 분포에 의존된다. 장애물들이 균일하게 분포되는 경우, 지표면 거칠기는 다음과 같이 계산된다.

$$z_0 = 0.5 \frac{hS}{A_H} \tag{8.12}$$

여기서 h는 장애물 높이이고, S는 풍향에 대한 장애물 단면적이고, A_H는 평균 수평 면적이다. 여기서 $A_H \gg S$ 이다. 해상인 경우에는 차녹 방정식인 식 (3.5)가 사용되고, 육상인 경우에는 단지 4개의 거칠기 등급(모래와 물, 탁 뜨인 농지, 복잡한 모습을 보이는 농지, 건물이 서있는 지역과 교외지역)만이 적용된다. 거칠기 매개변수의 평균을 하는 경우, 특별한 지역에 대한 평균법이 개발되었다(표 3.2). 한 장애물의 뒤에 생기는 바람 그늘의 결정을 위해 사용되는 방법은 이미 3.3에서 논의되었다. 더군다나, 풍력자원지도는 기류 모델(current model)을 포함한다. 여기에서는 언덕 위의 풍속의 증가를 또한 계산할 수 있다.

유럽과 다른 지역 내에서, 응용 소프트웨어와 함께 유럽 풍력자원지도는 현재 전문가 재검토에 적용된다. 그것은 평탄한 육지용으로 고안되었고, 단지 산악 지역인 경우에만 사용이 제한된다. 산악 지역에서는 매우 복잡한 난류와 흐름 구조들이 풍력발전소에 높은 기계적인 압력을 일으켜 운용이 난류 스펙트럼에 대해서 항상 최적이 되지는 않는다(Hierteis et al. 2000).

넓은 지역 위의 바람 에너지 퍼텐셜의 결정은 중규모 모델들로 이루어진다(Mengelkamp 1999). 언덕이 있는 지역, 대단지 바람 공원, 연안 밖에서 이루어지는 바람 에너지 생산의 증가하는 사용은 더 나은 기상연구와 임의적인 권고를 필요로 한다. 왜냐하면 이들 의문들이 풍력자원지도 내에서 충분하게 망라되지 않기 때문이다.

8.3 대기권 내의 소리 전파

대기권 내의 소리 전파는 도로상의 자동차 통행과 항공기에 의한 것과 같은 증가하는 소음오염 때문에 중요한 이슈이다. 소음은 밤 동안 매우 방해하고 있다. 그러나 이들 주기들은 법 조항에 포함되지 않고 또한 고학적인 관점에서 불충분하게 조사되고 있다.

음속은 건조대기 내에서 아래의 라플라스 방정식으로 결정될 수 있다.

$$c = \sqrt{\gamma_d \, p/\rho} \qquad (8.13)$$

여기서 $\gamma_d = c_p/c_v$, p는 기압이다. 이상기체방정식을 적용시키면, 소리 압력은 기압보다 훨씬 작게($p_s \ll p$)되고, 자유분자움직임의 주파수는 $f_s \ll 10^5$ kHz, $\mu_d = 28.97$ kg kmol^{-1}를 요구하게 된다.

$$c_d = \sqrt{\gamma_d R_L T/\mu_d} \qquad (8.14)$$

습윤 공기인 경우,

$$c_m = \sqrt{\gamma_d \frac{R_L T}{\mu_d}\left(1 + 0.28\frac{e}{p}\right)} \qquad (8.15)$$

습윤 공기의 음속은 또한 건조공기인 경우 음속 내의 부수적인 항으로서 결정될 수 있다.

$$c_m = c_d\sqrt{1+0.28\frac{e}{p}} \tag{8.16}$$

$T < 30℃$, $e/p < 4\%$ 인 경우,

$$c_m = c_d\left(1+0.14\frac{e}{p}\right).$$

지면 부근에서 나타나는 바람과 온도의 강한 연작 경도 때문에, 음속의 경도가 존재하게 된다. 이것은 지표면으로 또는 지표면으로부터 소리의 굴절을 일으킬 수 있다.

$$\frac{dc}{dz} = 0.6\frac{dT}{dz} + \cos\phi\frac{du}{dz} \tag{8.17}$$

여기서 ϕ는 연직 방향에 대한 소리 방향의 각이다.

결과적으로, 지면에 대한 소리 굴절은 높이에 따른 음속의 증가와 연결된다. 이것은 높이에 따라 온도가 증가(역전)될 때 발생하고, 굴절은 풍상층보다는 음원의 풍하측에서 더 강하다. 정반대의 경우도 불안정 성층인 경우에 발생한다. 여기에서 소리 굴절은 위로 향하고 풍하측보다는 음원의 풍상측에서 더 증가한다. 음원의 풍하측에서 그림자대(shadow zone)들이 지면 부근에서 발견된다. 이런 상황들을 그림 8.1에 제시하였다.

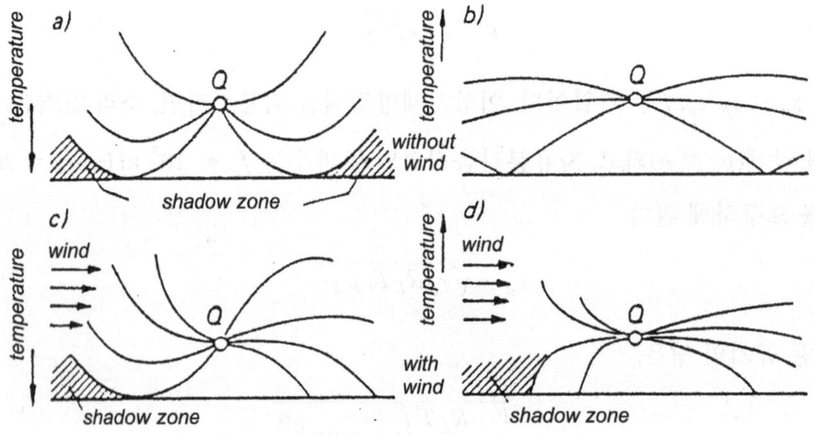

그림 8.1. 지표면 근처에서의 소리 전파(VDI 1988)

1996년 국제표준화기구(International Standard Organization; ISO)는 음속에 대한 기상영향을 평균 관측값에 결합시켰다(ISO 1996). 이것은 중립과 약한 불안정 성층을 대표한다. 그러나 안정 경우의 소리 전파는 복잡하고 특히 소리가 지면에서 굴절되고 대기가 많은 엷은 층으로 나누어질 때 더 복잡하다. 소리는 뚜렷한 감쇠 없이 이들 층들을 따를 수 있다. 증가하는 차량통행으로 발생하는 소리는 특히 밤에 소음을 증가시키는 것으로 연관된다. 이런 관련성은 법칙과 평가 과정으로 충분하게 반영되지는 않는다. 미기상학자들은 그러한 문제점을 해소하는데 도움을 줄 수 있지만, 안정 성층 조건들을 설명하는 능력에는 제한이 있다(3.6 참조).

8.4 인간생기상학

인간생기상학(human biometeorology)은 사람들에 대한 날씨와 기후의 특정한 영향들을 설명한다(Hentschel 1982; Tromp 1963). 이것은 효과 복합체로서 나누어진다. 열 효과(thermo effect) 복합체에는 온도, 습도, 풍속, 단파복사와 장파복사를 포함한다. 광화학 효과(actinic effect) 복합체는 가열 없이 직접 생물학적 효율성에 따른 가시광선 복사와 자외선 복사를 포함한다. 공기 위생 효과(air hygienic effect) 복합체는 고체, 액체, 기체상의 자연과 인공 대기오염을 포함한다. 더군다나 바람과 냄새들도 인간에게 영향을 준다.

Fanger (1972)는 인간에 대한 이들 모든 효과들을 하나의 경험 열 균형 방정식으로서 결합시켜 예상평균온열감(Predicted Mean Vote; PMV)을 개발하였다. 이것은 매우 복잡한 경험함수로서 내부 열 생산, 의복에 의한 열 절연, 기온, 수증기압, 지표면의 복사온도, 풍속을 포함한다.

$$PMV = \left[0.028 + 0.303\exp\left(-0.036\frac{M}{A_{Du}}\right)\right] \cdot \left[\frac{H}{A_{Du}} - Q_{Ed} - Q_{Esw} - Q_{Ea} - Q_{Ha} - Q_H - I\uparrow\right] \tag{8.18}$$

PMV를 결정하는 경우, 단위 면적 당 내부 열 생산은 H/A_{Du}(W m^{-2})이다. 여기서 H는 총 에너지 전환 양(신진대사 값)의 합계이고, M은 기계적 에너지이다. 이들 값들로부터, 피부를 통한 수증기의 확산에 의한 에너지 손실(Q_{Ed}), 땀의 증발(Q_{Esw}), 호흡

에 의한 잠열(Q_{Ea}) 과 현열(Q_{Ha}) 손실, 대류 열 손실(Q_H), 장파복사 손실($I\uparrow$)이 공제된다. 방정식들은 식 (4.24)에서 (4.26)까지와 유사한 총체 방정식들과 식 (1.4)인 슈테판-볼츠만 방정식이지만, 사용된 계수들은 비교가 되지 않는다. 방정식의 표준화는 ± 0.5의 *PMV* 값들이 안락 조건과 관련된다는 것과 같은 방법으로 이루어진다. 0에서 -3.5까지의 범위는 한랭 스트레스를 증가시키는 것으로 연관되고, 0에서부터 3.5까지의 범위는 열 스트레스를 증가시키는 것으로 관련된다.

독일에서는 PMV 계산을 위한 모델을 "Klimamichel model"로 부른다(Höppe 1984, 1992; Jendritzky et al. 1990). 이 단어는 평범하고 정직한 독일 사람이라는 의미이다. 그림 8.2에서 이것을 체계적으로 보여주고 있다. 계산들은 균일한 남자 또는 여자에 의존한다. 그러므로 단일 값들은 크게 유의성이 없다. 그러나 주파수 분포들은 상이한 지역 내의 열 스트레스에 관한 정보를 준다. PMV 지수를 인간에 대한 열 스트레스를 위한 단일 값으로의 변환이 생리 상당온도(physiological equivalent temperature; PET)(Höppe 1999)로서 ℃로 주어진다. 양쪽 매개변수들의 비교가 표 8.4에 주어져 있다. 또한 이들 값들은 연관되는 느낌 등급과 스트레스 인자들을 포함한다. PET 지수를 가지고, 더 넓은 지역의 도시 기후학적 분류와 기후학적 분류들이 설명될 수 있다(Matzarakis et al. 1999).

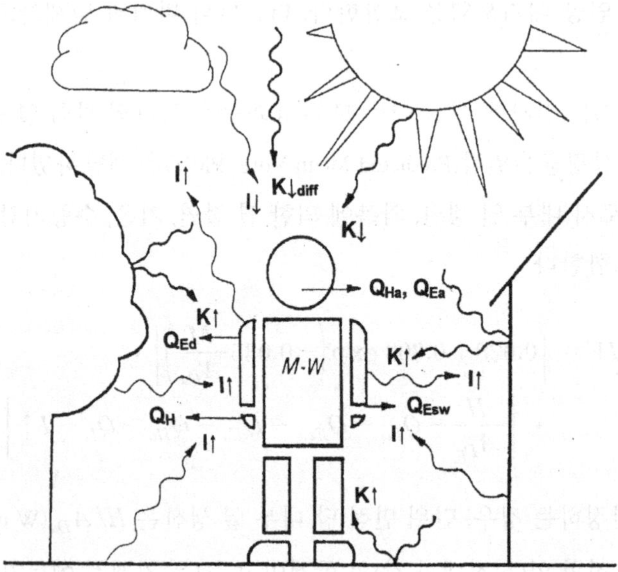

그림 8.2. Klimamichel model에 의한 PMV의 결정(VDI 1998)

표 8.4. PMV와 PET의 비교와 연관된 느낌과 스트레스 효과(Matzarakis and Mayer 1997)

PMV	PET(℃)	열적 느낌	생리적인 압박 등급
		매우 한랭	극도 한랭 스트레스
-3.5	4		
		한랭	강한 한랭 스트레스
-2.5	8		
		서늘함	중간 한랭 스트레스
-1.5	13		
		약간 서늘함	약한 한랭 스트레스
-0.5	18		
		안락함	열 압박 없음
0.5	23		
		약간 온난함	약한 열 압박
1.5	29		
		온난함	중간 열 압박
2.5	35		
		더움	강한 열 압박
3.5	41		
		매우 더움	극도 열 압박

날씨 또한 미기상학 효과들 때문에 차이를 가질 수 있는 스트레스의 느낌인 경우, 풍속의 한랭 효과(풍한)와 끈적끈적한 느낌들이 매우 의미를 지니는 매개변수들이다. 풍한 온도는 무풍 조건에서 주어진 온도와 풍속인 경우 피부를 통과하는 동일한 열의 양을 나타내는 가상적인 온도이다. 최근에 풍한온도는 반복적으로 수정되었고 (Osczevski and Bluestein 2005; Osczevski 2000; Tikusis and Osczevski 2002; 2003), 아래의 형태로서 미국기상대에서 사용되고 있다.

$$t_{Wind-Xll} = 13.12 + 0.6215t - 11.37u^{0.16} + 0.3965tu^{0.36} \qquad (8.19)$$

여기서 t는 ℃이고, u는 km h^{-1}이다.

끈적거림은 기온과 공기 수분에 의존한다. 그림 8.3에서 살펴보면, 끈적거리는 범위가 통풍건습계 내에서 관측된 습구 온도에 의존된다.

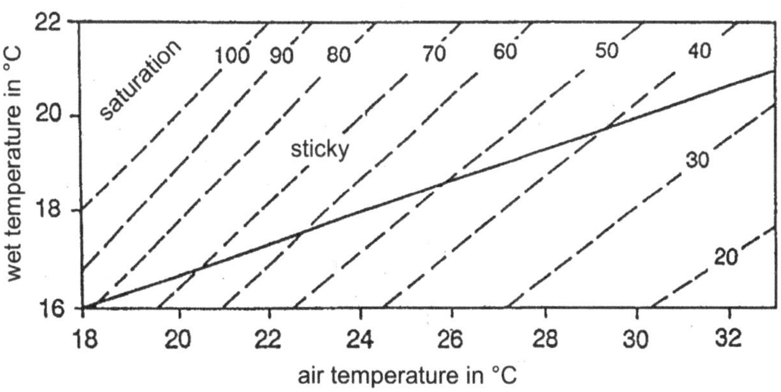

그림 8.3. Hentschel(1982)에 따른 끈적거리는 범위dml 결정. Hupfer(1996)에 의해 수정됨.

8.5 응용기상학의 전망

응용기상학에서 사용되는 방법들은 간단한 매개변수화를 가진 보통 현상학적 작업이라는 것을 명심해야만 한다. 이것은 이 책에서 발견되는 상세한 이론적인 설명과 대조될 것이다. 이것은 간단한 분석 관계를 사용하는 응용기상학에서 공학 연구에 의해서 설명될 것이다. 대기오염과 풍력 에너지 조사는 간단한 표준 수치 모델과 더하여 더 자주 적용된다. 국제적인 경향성은 상태변수들의 기술을 과정들의 기술로 대체하는 것이다. 4장과 6장에서 설명된 바와 같이 현대적인 플럭스 관측 방법들과 관측 기기들의 적용이 증가하고 있다. 장애물을 가지고 있는 지역과 복잡한 지형 내의 지역에서의 방법들의 제한되는 응용 조전들은 자료의 질 평가와 현장과 풍동 관측의 결합으로서 극복되고 있다.

이 책은 응용기상학의 증가하고 있는 이론적인 수준과 실험적인 수준에 대한 기초가 되어야만 할 것이다. 이후 변화의 시기에는 정성적인 진술이 중요하지만, 정량적인 진술이 더욱 더 중요하다. 따라서 기본 지식이 필요하다.

부 록

A1. 추가 문헌

아래 제시된 도서들을 좀 더 나은 공부를 위해서 추천한 것이다. 이들은 미기상학 도서와 관측 기술 교과서들로 한정되었다.

미기상학 추가 도서

Arya, S. P., 1999. *Air pollution meteorology and dispersion.* Oxford University Press, New York, Oxford, 310 pp.

Arya, S. P., 2001. *Introduction to Micrometeorology.* Academic Press, San Diego, 415 pp.

Bailey, W. G., T. R. Oke, and W. R. Rouse (Editors), 1997. *The surface climate of Canada.* McGill-Queen's University Press, Montreal, Kingston, 369 pp.

Bendix, J., 2004. *Geländeklimatologie.* Borntraeger, Berlin, Stuttgart, 282 pp.

Blackkadar, A. K., 1997. *Turbulence and diffusion in the atmosphere.* Springer, Berlin, Heidelberg, 185 pp.

Campbell, G. S., and J. M. Norman, 1998. *Introduction to environmental biophysics.* Springer, New York, 286 pp.

Garratt, J. R., 1992. The atmospheric boundary layer. Cambridge University Press, Cambridge, 316 pp.

Geiger, R., R. H. Aron, and P. Todhunter, 1995. *The Climate Near the Ground,* 5th edn. Vieweg & Sohn Verlagsges, mbH, Braunschweig, Wiesbaden, 528 pp.

Helbig, A., J. Baumuller, and J. Kerschgens (Editors), 1999. Stadtklima und Luftreinhaultung. Springer, Berlin, Heidelberg, 467 pp.

Jones, H. G., 1992. *Plants and microclimate.* Cambridge University Press, Cambridge, 428 pp.

Kaimal, J. C., and J. J. Finnigan, 1994. *Atmospheric Boundary Layer Flows-Their Structure and Measurement.* Oxford University Press, New York, NY, 289 pp.

Kantha, L. H., and C. A. Clayson, 2000. *Small scale processes in geophysical fluid flows.* Academic

Press, San Diego, 883 pp.

Lee, X., W. J. Massman, and B. Law (Editors), 2004. *Handbook of micrometeorology: A guide for surface flux measurement and analysis.* Kluwer, Dordrecht, 250 pp.

Monteith, J. L., and M. H. Unsworth, 1990. *Principles of Environmental Physics,* 2nd edn. Edward Arnold, London, 291 pp.

Oke, T. R., 1987. *Boundary Layer Climates.* 2nd edn., Methuen, New York, 435 pp.

Stull, R. B., 1988. *An Introduction to Boundary Layer Meteorology.* Kluwer Acad. Publ., Dordrecht, Boston, London, 666 pp.

관측 기술 추가 서적

Bentley, J. P., 2005. *Principles of measurement systems.* Pearson Prentice Hall, Harlow, 528 pp.

Brock, F. V., and S. J. Richardson, 2001. *Meteorological measurement systems.* Oxford University Press, New York, 290 pp.

DeFelice, T. P., 1998. *An introduction to micrometeorological instrumentation and measurement.* Printice Hall, Upper Saddle River, 229 pp.

Dobson, F., Hasse, L., and Davis, R. (Editors), 1980. Air-sea interaction, instruments and methods. Plenum Press, New York, 679 pp.

Kaimal, J. C., and J. J. Finnigan, 1994. *Atmospheric Boundary Layer Flows-Their Structure and Measurement.* Oxford University Press, New York, NY, 289 pp.

A2. SI 단위의 사용

아래 표에는 책에서 사용된 중요한 SI 단위들이 포함되어 있다. 기본 단위들은 굵은 체로 표시되어 있다.

name	SI-unit	unit	calculation
length	**meter**	**m**	
time	**second**	**s**	
velocity		$m\ s^{-1}$	$1\ km\ h^{-1} = (1/3.6)\ m\ s^{-1}$
acceleration		$m\ s^{-2}$	
mass	**kilogram**	**kg**	
density		$kg\ m^{-3}$	
impulse		$kg\ m\ s^{-1}$	$1\ kg\ m\ s^{-1} = 1\ N\ s$
force	Newton	N	$1\ N = 1\ kg\ m\ s^{-2}$
pressure, friction	Pascal	Pa	$1\ Pa = 1\ N\ m^{-2}$
			$1\ Pa = 1\ kg\ m^{-1}\ s^{-2}$
air pressure	hektopascal	hPa	1 hPa = 100 Pa
work, energy	Joule	J	1 J = 1 N m = 1 W s
			$1\ J = 1\ kg\ m^{2}\ s^{-2}$
power	Watt	W	$1\ W = 1\ J\ s^{-1} = 1\ N\ m\ s^{-1}$
			$1\ W = 1\ kg\ m^{2}\ s^{-3}$
energy flux density		$W\ m^{-2}$	$1\ W\ m^{-2} = 1\ kg\ s^{-3}$
temperature	**Kelvin**	**K**	
Celsius-temperature		℃	0℃ = 273.15 K
temperature difference		K	

A3. 상수 및 주요 매개변수들

기상 관측의 정확도가 최대 3~5자리의 유효 숫자에 불과하여도, 문헌에 따라 다른 값들이 보고되는 경우가 있으므로, 다음의 물리 상수들은 ppm 단위로 표현된 오차와 함께 제공된다. 나열된 값들은 Cohen과 Taylor(1986)의 1986년 계산과 Sonntag(1990)에 의해 제시된 국제 온도 표준 ITS-90에서 제시된 것을 사용하였다.

constant	symbol	value	error
standard values			
standard air pressure	p_0	1013.25 hPa	
standard temperature	T_0	273.15 K = 0℃	
temperature of the triple point of water		273.16 K	
acceleration due to gravity at lat.. 45°	g	9.80665 m s^{-2}	
general constants			
velocity of the light in vacuum	c	299 792 458 m s^{-1}	exact
Planck's constant	h	6.626 0755(40) 10^{-34} J s	0.60
physical-chemical constants			
Avogadro number	N_A	6.022 1367(36) 1023 mol^{-1}	0.59
atom mass $^{12}C/12$	m_u	mu 1.660 5402(10) 10^{-27} kg	0.59
universal gas constant	R	8.314 510(70) J mol^{-1} K^{-1}	8.4
Boltzmann constant R/N_A	k	1.380 658(12) J K^{-1}	8.4
molar volume (ideal gas)	RT_0/p_0	22.414 10(19) l mol^{-1}	8.4
Stefan-Boltzmann constant	σ_{SB}	5.670 51(19) 10^{-8} W m^{-2} K^{-4}	34
Wien's constant	$\lambda_{\max} T$	2.897 756(24) 10^{-3} m K	8.4
thermo-dynamical constants			
molar mass of dry air	M_L	0.028 9645(5) kg mol^{-1}	17
molar mass of water vapor	M_W	0.018 01528(50) kg mol^{-1}	27
ratio M_W/M_L	γ	γ 0.62198(2)	33
gas constant of dry air	R_L	287.058 6(55) J kg^{-1} K^{-1}	19
gas constant of water vapor	R_W	461.525 (13) J kg^{-1} K^{-1}	29

특별한 언급이 없는 한, 다음 값들은 1013.25 hPa와 15°C에서 유효하다(Stull 1988).

quantity	symbol	value	remark
air			
specific heat of dry air at constant pressure	$(c_p)_L$	1004.67 J kg^{-1} K^{-1}	1)
specific heat of moist air at constant pressure	c_p	$= c_{pL}(1+0.84q)$, q in kg kg^{-1}	
specific heat of dry air at constant volume	$(c_v)_L$	718 J kg^{-1} K^{-1}	1)
ratio of the specific heats	$(c_p/c_v)_L$	= 7/5 = 1.4	1)
ratio of the gas constant and the specific heat for dry air	$(R_L/c_p)_L$	= 2/7 = 0.286	1)
density	P_L	1.225 kg m^{-3}	
	p_{LO}	1.2923 kg m^{-3}	1)
kinematic molecular viscosity	v	1.461 10^{-5} m^2 s^{-1}	
molecular thermal conductivity	v_r	2.06 10^{-5} m^2 s^{-1}	
dynamic molecular viscosity	$\mu = p_L/v$	1.789 10^{-5} kg m^{-1} s	
molecular thermal diffusivity	$a_T = v_r p_L \cdot c_{PL}$	2.53 10^{-2} W m^{-1} K^{-1}	
psychrometric constant (water)		6.53 10^{-4} $(1+0.000944\,t)\,p$ K^{-1}	2)
psychrometric constant (ice)		5.75 10^{-4} p K^{-1}	2)
water and water vapor			
specific heat of water vapor at constant pressure	$(c_p)_w$	1846 J kg^{-1} K^{-1}	
specific heat of water vapor at constant volume	$(c_v)_w$	1389 J kg^{-1} K^{-1}	
ratio of the specific heats	$(c_p/c_v)_w$	= 4/3 =1.333	
ratio of the gas constant and the specific heat	$(R_L/c_p)_w$	= 1/4 = 0.25	
density of water	ρ_w	1025 kg m^{-3}	
latent heat of vaporization	λ	(2.501 −0.00237 t) 10^6 J kg^{-1}	
other quantities			
Coriolis parameter	f	1.458 10^{-4} sin φ s^{-1}	1)
solar constant	S	energy units: - 1368 W m^{-2} kinematic units: - 1.125 K m s^{-1}	3)
constant gravity acceleration	g_0	9.80 m s^{-2}	

1) WMO 권장 사항에 따른 Landolt-Börnstein (Fischer 1988)의 동일한 데이터

2) Sonntag (1990)

3) Glickman (2000) 및 Houghton (2001)

기온에 따른 물리량(Fischer 1988)

temperature	specific heat capacity in 10^3 J kg^{-1} K^{-1}		latent heat in 10^6 J kg^{-1}		
	ice	water	vaporization	fusion	sublimation
−20	1.959	4.35	2.5494	0.2889	2.8387
−10	2.031	4.27	2.5247	0.3119	2.8366
0	2.106	4.2178	2.50084	0.3337	2.8345
5		4.2023	2.4891		
10		4.1923	2.4774		
15		4.1680	2.4656		
20		4.1818	2.4535		
25		4.1797	2.4418		
30		4.1785	2.4300		
35		4.1780	2.4183		
40		4.1785	2.4062		

A4. 추가 방정식

천문학적 물리량 계산

일부 응용에서는 시간에 따른 태양의 경사각을 결정하는 것이 종종 필요하다. 이러한 계산 중 일부에서는 다음과 같은 근사값을 여러 단계로 적용해야 한다: 태양의 적위(δ)를 결정하기 위해 먼저 태양의 위도(ϕ_s)를 계산해야 한다(Holtslag and van Ulden 1983).

$$\phi_s = 4.871 + 0.0175 DOY + 0.033 \sin(0.0175\ DOY), \tag{A1}$$

여기서 DOY는 연도의 날짜를 나타내며, 1월 1일은 1로 표기된다.
적위 각도(δ)는 다음과 같이 주어진다.

$$\delta = \arcsin(0.398 \sin \phi_s) \tag{A2}$$

태양의 위치를 결정하기 위해 '시간각' h가 결정되어야 한다.

$$h = \frac{2\pi t_H}{\Delta t_d} \tag{A3}$$

시간각을 결정하기 위해서는 적위 δ와 태양의 정오 위치 사이의 각도 차이를 알아야 한다(Liou 1992). 식 (A3)에서 t_H는 태양의 정오까지의 시간 거리(초 단위)이며, Δt_d = 86400초는 지구의 완전한 회전 기간이다. 진정한 지역 시간과 평균 지역 시간의 차이를 주는 시간 방정식(EQT)을 적용할 필요가 있다. 2000년의 시간 방정식 표(Neckel and Montenbruck 1999)를 바탕으로 해서 Göckede (2000)는 다음의 EQT에 대한 근사 방정식을 도출하였다.

$$EQT = \sum_{n=0}^{12} x_n\ DOY^n \tag{A4}$$

사용되는 각 상수들은 다음의 표를 참조하면 된다.

n	x_n	n	x_n
12	1.67050145E-27	5	−3.35088054E-09
11	−3.94339477E-24	4	2.29121835E-07
10	4.05537695E-21	3	−9.77373856E-06
9	−2.37686237E-18	2	1.23393733E-04
8	8.72332216E-16	1	6.69458473E-03
7	−2.07900028E-13	0	4.87707231E-02
6	3.25188650E-11		

중부 유럽 시간(CET)에서 태양의 정오까지의 시간 거리 tH는 다음과 같다.

$$t_H = \left\{ t - \left[12 + EQT + \frac{(15-\lambda)\,4}{60} \right] \right\} 3600, \tag{A5}$$

여기서 t: 시간, λ는 위도를 나타낸다.

위도 ϕ가 라디안 단위로 주어지면, 태양의 경사각을 임의의 시간에 대해 다음과 같이 결정할 수 있다.

$$\sin\phi = \sin\delta \sin\psi + \cos\delta \cos\psi \cos h \tag{A6}$$

태양 상수를 이용하여 대기 상층에서 입사되는 복사량(Extraterrestrial Radiation)은 다음과 같이 결정되며, 이 때 태양과 지구 사이의 거리 변동을 고려해야 한다.

$$K\downarrow_{extraterr.} = S\left(\frac{r_0}{r}\right)^2 \sin\phi \tag{A7}$$

여기서 r_0는 지구와 태양 사이의 평균 거리(149,597,870.66 km)이고, r은 실제 거리이다. 두 거리의 비율은 Hartmann(1994)에 따라 다음과 같은 푸리에 급수로 결정할 수 있다.

$$\left(\frac{r_0}{r}\right)^2 = \sum_{n=0}^{2} a_n \cos(n\theta_d) + b_n \sin(n\theta_d) \tag{A8}$$

여기서

$$\theta_d = \frac{2\pi\, DOY}{265} \tag{A9}$$

윤년의 경우 분모는 266이다. 식 (A8)의 계수는 다음 표를 참고하면 된다.

n	a_n	b_n
0	1.000110	
1	0.034221	0.001280
2	0.000719	0.000077

보편 함수

Businger et al. (1971)이 제안하고 Högström (1988)이 나중에 수정한 보편 함수는 널리 사용되지만, 다른 보편 함수에 대한 지식은 다양한 연구 활동에 매우 유용할 수 있다. 다음 표는 Dyer (1974), Yaglom (1977), Foken (1990), Andreas (2002)의 연구를 기반으로 작성되었다. 표에는 공식에서 사용된 von-Kármán 상수 κ의 값이 주어져 있다. 표기법 0.40*는 원래 함수가 Högström (1988)에 의해 κ = 0.40으로 재계산되었음을 나타낸다.

reference	$\varkappa$	universal function for momentum exchange	
Swinbank (1964)	–	$\frac{z}{L}\left(1-e^{z/L}\right)^{-1}$	$z/L < 0$
Swinbank (1968)	0.40	$0.613(z/L)^{-0.2}$	$-0.1 \geq z/L \geq -2$
Tschalikov (1968)	0.40	$1+7.74\,z/L$	$z/L > 0.04$
Zilitinkevich and. Tschalikov (1968)	0.434	$1+1.45\,z/L$	$-0.15 < z/L < 0$
		$0.41(-z/L)^{-1/3}$	$-1.2 < z/L < -0.15$
		$1+9.9\,z/L$	$0 < z/L$
	0.40*	$1+1.38\,z/L$	$-0.15 < z/L < 0$
		$0.42(-z/L)^{-1/3}$	$-1.2 < z/L < -0.15$
		$1+9.4\,z/L$	$0 < z/L$
Webb (1970)	–	$1+4.5\,z/L$	$z/L < -0.03$
Dyer and Hicks (1970)	0.41	$(1-16\,z/L)^{-1/4}$	$-1 < z/L < 0$

reference	$\varkappa$	universal function for momentum exchange	
Businger *et al.* (1971)	0.35	$(1-15z/L)^{-1/4}$	$-2 < z/L < 0$
		$1+4.7z/L$	$0 < z/L < 1$
	0.40*	$(1-19{,}3z/L)^{-1/4}$	$-2 < z/L < 0$
		$1+6z/L$	$0 < z/L < 1$
Dyer (1974)	0.41	$(1-16z/L)^{-1/4}$	$-1 < z/L < 0$
		$1+5z/L$	$0 < z/L$
Dyer (1974)	0.40*	$(1-15.2z/L)^{-1/4}$	$-1 < z/L < 0$
		$1+4.8z/L$	$0 < z/L$
Skeib (1980), see also:	0.40	1	$-0.0625 < z/L < 0.125$
Foken and. Skeib (1983) and Foken (1990)	0.40*	$\left(\frac{z/L}{-0.0625}\right)^{-1/4}$	$-2 < z/L < -0.0625$
		$\frac{z/L}{0.125}$	$0.125 < z/L < 2$
Gavrilov and Petrov (1981)	0.40	$(1-8z/L)^{-1/3}$	$z/L < 0$
		$1+5z/L$	$0 < z/L$
Dyer and. Bradley (1982)	0.40	$(1-28z/L)^{-1/4}$	$z/L < 0$
	0.40*		
Beljaars and Holtslag (1991)	0.40	$1+z/L+\frac{2}{3}z/L(6-0.35z/L)\cdot e^{-0.35z/L}$	$0 < z/L$
King *et al.* (1996)	0.40	$1+5.7z/L \leq 12$	$0 < z/L$
Handorf *et al.* (1999)	0.40	$1+5z/L$	$0 < z/L < 0.6$
Swinbank (1968)	0.40	$0.227(-z/L)^{-0.44}$	$-0.1 \geq z/L \geq -2$
Tschalikov (1968)	0.40	$1+5.17z/L$	$z/L > 0.04$

reference	$\varkappa$	universal function for the exchange of sensible heat, $\alpha_0 = 1$	
Zilitinkevich and Tschalikov (1968)	0.434	$1+1.45\,z/L$	$-0.15 < z/L < 0$
		$0.41(-z/L)^{-1/3}$	$-1.2 < z/L < -0.15$
		$1+9.9\,z/L$	$0 < z/L$
Zilitinkevich and Tschalikov (1968)	0.40*	$0.95+1.31\,z/L$	$-0.15 < z/L < 0$
		$0.40(-z/L)^{-1/3}$	$-1.2 < z/L < -0.15$
		$0.95+8.9\,z/L$	$0 < z/L$
Webb (1970)	–	$1+4.5\,z/L$	$z/L < -0.03$
Dyer and Hicks (1970)	0.41	$(1-16\,z/L)^{-1/2}$	$-1 < z/L < 0$
Businger *et al.* (1971)	0.35	$0.74(1-9\,z/L)^{-1/2}$	$-2 < z/L < 0$
		$0.74+4.7\,z/L$	$0 < z/L < 1$
	0.40*	$0.95(1-11.6\,z/L)^{-1/2}$	$-2 < z/L < 0$
		$0.95+7.8\,z/L$	$0 < z/L < 1$
Dyer (1974)	0.41	$(1-16\,z/L)^{-1/2}$	$-1 < z/L < 0$
		$1+5\,z/L$	$0 < z/L$
	0.40*	$0.95(1-15.2\,z/L)^{-1/2}$	$-1 < z/L < 0$
		$0.95+4.5\,z/L$	$0 < z/L$
Skeib (1980), see also: Foken and Skeib (1983) and Foken (1990)	0.40	1	$-0.0625 < z/L < 0.125$
		$\left(\frac{z/L}{-0.0625}\right)^{-1/4}$	$-2 < z/L < -0.0625$
		$\left(\frac{z/L}{0.125}\right)$	$0.125 < z/L < 2$
	0.40*	0.95	$-0.0625 < z/L < 0.12$
		$0.95\left(\frac{z/L}{-0.0625}\right)^{-1/4}$	$-2 < z/L < -0.0625$
		$0.95\left(\frac{z/L}{0.125}\right)$	$0.125 < z/L < 2$

reference	$\varkappa$	universal function for the exchange of sensible heat, $\alpha_0=1$	
Gavrilov and Petrov (1981)	0.40	$0.65\left[(1-35z/L)^{-1/2}+\frac{0.25}{1+8(z/L)^2}\right]$	$z/L<0$
		$0.9+6z/L$	$0<z/L$
Dyer and Bradley (1982)	0.40	$(1-14z/L)^{-1/2}$	$0<z/L$
	0.40*		
Beljaars and. Holtslag (1991)	0.40	$1+z/L\left(1+\frac{2}{3}z/L\right)^{1/2}+\frac{2}{3}z/L(6-0.35z/L)e^{-0.35z/L}$	$0<z/L$
King *et al.* (1996)	0.40	$0.95+4.99z/L\leq 12$	$0<z/L$
Handorf *et al.* (1999)	0.40	$1+5z/L$	$0<z/L<0.6$
		4	$0.6<z/L$
Wyngaard and Coté (1971)	0.35	$\left[1+0.5\lvert z/L\rvert^{2/3}\right]^{3/2}$	$z/L<0$
		$\left[1+2.5(z/L)^{3/3}\right]^{3/2}$	$z/L<0$
Thiermann and Graßl (1992)		$(1-3z/L)^{-1}-z/L$	$z/L<0$
		$\left[1+4z/L+16(z/L)^2\right]^{-/2}$	$z/L<0$
Kaimal and Finnigan (1994)		$\left[1+0.5\lvert z/L\rvert^{2/3}\right]^{3/2}$	$z/L<0$
		$1+5z/L$	$z/L>0$

reference	$\varkappa$	Universal function for the energy dissipation	
Frenzen and Vogel (2001)		$0.85\left[(1-16z/L)^{-2/3}-z/L\right]$	$z/L<0$
		$0.85+4.26z/L+2.58\cdot(z/L)^2$	$z/L>0$
Hartogensis and DeBruin (2005)		$0.8+2.5\cdot z/L$	$z/L>0$

reference	x	Universal function for the temperature structure function parameter	
Wyngaard *et al.* (1971b)	0.35	$4.9\,(1-7\,z/L)^{-2/3}$	$z/L < 0$
		$4.9\left[1+2.75(z/L)\right]$	$z/L > 0$
Foken and Kretschmet (1990)	0.4	$(0.95/x)^2\,(1-11.6\,z/L)^{-1/2}$	$-2 < z/L < 0$
		$0.95/x^2\,(0.95+7.8\,z/L)$	$0 < z/L < 1$
Thiermann and Graßl (1992)		$6.34\left[1-7\,z/L+75(z/L)^2\right]^{-1/3}$	$z/L < 0$
		$6.34\left[1-7\,z/L+20(z/L)^2\right]^{1/3}$	$z/L > 0$
Kaimal and Finnigan (1994)		$5(1+6.4\,\lvert z/L\rvert)^{-2/3}$	$z/L < 0$
		$4(1+3\,z/L)$	$z/L > 0$
Hartogensis and DeBruin (2005)		$4.7\left[1+1.6\,(z/L)^{2/3}\right]$	$z/L > 0$

지표층의 적분 난류 특성

reference	σ_u/u_*	σ_v/u_*	stratification
Lumley and Panofsky (1964), Panofsky and Dutton (1984)	2.45	1.9	neutral, unstable
McBean (1971)	2.2	1.9	unstable
Beljaars *et al.* (1983)	2.0	1.75	unstable
Sorbjan (1986)	2.3		stable
Sorbjan (1987)	2.6		
Foken *et al.* (1991)	2.7		$-0.032 < z/L < 0$
	$4.15(z/L)^{1/8}$		$z/L < -0.032$
Thomas and Foken (2002)	$0.44\ln\left(\dfrac{1mf}{u_*}\right)+3.1$		$-0.2 < z/L < 0.4$

reference	σ_w/u_*	σ_T/T_*	stratification
Lumley and Panofsky (1964), Panofsky and Dutton (1984)	1.45		neutral, unstable
McBean (1971)	1.4	1.6	unstable
Panofsky *et al*. (1977)	$1.3(1-2z/L)^{1/3}$		unstable
Caughey u. Readings (1975)		$(z/L)^{-1/3}$	unstable
Hicks (1981)	$1.25(1-2z/L)^{1/3}$	$0.95(z/L)^{-1/3}$	unstable
Caughey u. Readings (1975)		$(z/L)^{-1/3}$	unstable
Beljaars *et al*. (1983)		$0.95(z/L)^{-1/3}$	unstable
Sorbjan (1986)	1.6	2.4	stable
Sorbjan (1987)	1.5	3.5	
Foken *et al*. (1991)	1.3		$-0.032 < z/L < 0$
	$2.0(z/L)^{1/8}$		$z/L < -0.032$
Foken *et al*. (1991; 1997a)		$1.4(z/L)^{-1/4}$	$0.02 < z/L < 1$
		$0.5(z/L)^{-1/2}$	$-0.062 < z/L < 0.02$
		$(z/L)^{-1/4}$	$-1 < z/L < -0.062$
		$(z/L)^{-1/3}$	$z/L < -1$
Thomas and Foken (2002)	$0.21\ln\left(\frac{1m \cdot f}{u_*}\right)+6.3$		$-0.2 < z/L < 0.4$

A5. 실험의 전반적인 개요

지표층조사를 위한 실험

다음 표에 지표층을 특별히 고려한 중요한 미기상학적 실험들을 나열하였다 (Foken 1990; Foken 2006a; Garratt and Hicks 1990; McBean et al. 1979). 이 표에서 ITCE는 International Turbulence Comparison Experiment를 의미한다.

experiment	location, time	reference
O'Neill	O'Neill, USA 1953	Lettau (1957)
Kerang	Kerang, Australien 1962	Swinbank and Dyer (1968)
Hay	Hay, Australien 1964	
Hanford	Hanford, USA 1965	Businger *et al.* (1969)
Wangara	Hay, Australia 1967	Hess *et al.* (1981)
KANSAS 1968	Kansas, USA. 1968	Izumi (1971)
ITCE-1968	Vancouver, Canada 1968	Miyake *et al.* (1971)
ITCE-1970	Tsimlyansk, Russia 1970	Tsvang *et al.* (1973)
Koorin	Koorin, Australia 1974	Garratt (1980)
ITCE-1976	Conargo, Australia 1976	Dyer (1982)
ITCE-1981	Tsimlyansk, Russia 1981	Tsvang *et al.* (1985)
Lövsta	Lövsta, Sweden 1986	Högström (1990)

비균질 지표면에서의 실험

지난 30년 동안, 많은 미기상학적 실험이 비균질 지표면에서 진행되었으며, 여기에는 경계층 과정과 대기화학 관측도 동시에 수행되었다(Mengelkamp et al. 2006).

experiment	location, time	reference
HAPEX-MOBILHY	France 1986	André *et al*. (1990)
FIFE	Kansas, 1987～1989	Sellers *et al*. (1988)
KUREX-88	Kursk, Russia 1988	Tsvang *et al*. (1991)
HAPEX-SAHEL	Niger, 1990～1992	Goutorbe *et al*. (1994)
SANA	Eisdorf, Melpitz, Germany, 1991	Seiler (1996)
EFEDA	Spain 1990～1991	Bolle *et al*. (1993)
BOREAS	Canada, 1993～1996	Sellers *et al*. (1997)
SHEBA	Arctic 1998	Uttal *et al*. (2002)
LITFASS-98	Lindenberg, Germany, 1998	Beyrich *et al*. (2002b)
CASES-99	Kansas, USA 1999	Poulos *et al*. (2002)
EBEX-2000	near Fresno CA, USA, 2000	Oncley *et al*. (2007)
LITFASS-2003	Lindenberg, Germany, 2003	Beyrich and Mengelkamp (2006)

본문에서 언급된 기타 실험들

다음 표는 이 책에서 언급되었던 추가적인 실험들에 대한 정보를 요약하였다.

experiment	location, time	reference
Greenland	Greenland, summer 1991	Ohmura (1992)
FINTUREX	Neumayer station, Antarktica, Jan.– Febr. 1994	Foken (1996), Handorf *et al*. (1999)
LINEX-96/2	Lindenberg, Germany, June 1996	Foken *et al*. (1997a)
LINEX-97/1	Lindenberg, Germany, June 1997	Foken (1998b)
WALDATEM-2003	Waldstein, Germany, May–July 2003	Thomas and Foken (2007a)

A6. 기상 관측소

본문 제 6.2장에서 다양한 유형의 기상 관측소가 정의되었다(표 6.1 참조). 다음 표에 이 관측소들의 관측 매개변수(VDI 2006a)를 요약하였다. 여기서 X는 필수 매개변수를 나타내고 o는 바람직한 추가 매개변수를 나타낸다. 관측 매개변수에는 공기 온도 (t_a), 공기 습도 (f_a), 풍속 (u), 강수량 (R_N), 전천 복사 (G), 순 복사 (Q_s), 지표면 온도 (t_{IR}), 광합성 활성 복사 (PAR), 토양 온도 (t_b), 토양열플럭스 (Q_G), 공기 압력 (p), 날씨 상태 (ww), 현열플럭스 (Q_H), 잠열플럭스 (Q_E), 침적 (Q_c), 전단 응력 (τ)을 포함한다.

중요한 관측 매개변수들

type of the station	t_a	f_a	u	dd	R_N	G	Q_s	p	ww
agrometeorological	×	×	×	×	×	×	○	○	
micrometeorological	×	×	×	×	×	○		○	○
micrometeorological with turbulence measurements	×	×	×	×	×	○	×	○	
air pollution	○	○	×	×		×	○	○	○
immission measuring	×	×	×	×	×	×			
disposal site	×	×	×	×	×	○	×		
noise measuring	×		×	×					
traffic measuring		×	×	×					○
hydrological	○	○	○		×		○		
forest climate	×	×	×	×	×	×	○		
nowcasting	×	×	×	×	×	○		○	×
hobby	×	×	○	○				○	

선정된 관측소에서 관측된 추가적인 매개변수들

type of station	t_{IR}	PAR	t_b	f_b	Q_G	Q_H	Q_E	Q	τ
agrometeorological		○	×	×	○				
micrometeorological									
micrometeorological with turbulence measurements					○	×	×	○	×
air pollution									○
immission measuring									
disposal site									
noise measuring									
traffic measuring	○		○						
hydrological									
forest climate		○	○	○					
nowcasting									
hobby									

A7. 독일에서 사용되는 미기상학적 표준

독일, 오스트리아, 스위스에서는 기상 관측 기술과 일부 응용 기상학적 방법이 표준화되어 있다. 이러한 표준 중 일부는 국제 ISO 표준에 통합되었다. 이 결과는 영어로 제공되기 때문에 가장 중요한 표준만을 제시하였다. 관련 표준은 'VDI/DIN 대기 청정 유지 핸드북' 제1B권에 나타나 있다(Queitsch 2002; VDI 2006b).

VDI/DIN	sheet	content
3781	2, 4	Dispersion of pollutants in the atmosphere; stack heights
3782	1, 3, 5, 7	Environmental meteorology - Atmospheric dispersion models
3783	1, 2, 4, 5, 6, 8, 9, 10, 12	Dispersion of pollutants in the atmosphere; dispersion of emissions by accidental releases
3784	1, 2	Environmental meteorology; cooling towers
3786	1~17	Environmental meteorology – Meteorological measurements
3787	1, 2, 5, 9,10	Environmental meteorology – Climate and air pollution
3788	1	Environmental meteorology – Dispersion of odorants
3789	2, 3	Environmental meteorology – Interactions between atmosphere and surfaces
3790	1, 2, 3	Environmental meteorology – Emissions of gases
3945	1, 3	Environmental meteorology – Atmospheric dispersion models

현재 기상관측 시스템에 관한 문헌이 부족하기 때문에, VDI/DIN 3786 (1~17호)과 관련 ISO 표준이 넓은 독자층에게 유용하게 사용될 수 있다.

VDI/DIN	title
DIN ISO 16622	Meteorology – Sonic anemometers/thermometers – Acceptance test methods for mean wind measurements (ISO 16622:2002)
DIN ISO 17713-1	Meteorology – Wind measurements – Part 1: Wind tunnel test methods for rotating anemometer performance (ISO 17713-1:2007)
DIN ISO 17714	Meteorology – Air temperature measurements – Test methods for comparing the performance of thermometer shields/screens and defining important characteristics (ISO/DIS 17714:2004)
VDI 3786 Sheet 1	Environmental meteorology – Meteorological measurements – Fundamentals

VDI/DIN	title
VDI 3786 Sheet 2	Environmental meteorology – Meteorological measurements concerning questions of air pollution – Wind
VDI 3786 Sheet 3	Meteorological measurements concerning questions of air pollution; air temperature
VDI 3786 Sheet 4	Meteorological measurements concerning questions of air pollution; air humidity
VDI 3786 Sheet 5	Meteorological measurements concerning questions of air pollution; global radiation, direct solar radiation and net total radiation
VDI 3786 Sheet 6	Meteorological measurements of air pollution; turbidity of ground-level atmosphere standard visibility
VDI 3786 Sheet 7	Meteorological measurements concerning questions of air pollution; precipitation
VDI 3786 Sheet 8	Meteorological measurements; concerning questions of air pollution; aerological measurements
VDI 3786 Sheet 9	Environmental Meteorology – Meteorological measurements – Visual weather observations
VDI 3786 Sheet 10	Environmental meteorology; measurement of the atmospheric turbidity due to aerosol particles with sunphotometers
VDI 3786 Sheet 11	Environmental meteorology; determination of the vertical wind profile by Doppler SODAR systems
VDI 3786 Sheet 12	Environmental meteorology – Meteorological measurements – Turbulence measurements with sonic anemometers
VDI 3786 Sheet 13	Environmental meteorology – Meteorological measurements – Measuring station
VDI 3786 Sheet 14	Environmental meteorology – Ground-based remote sensing of the wind vector – Doppler wind LIDAR
VDI 3786 Sheet 15	Environmental meteorology – Ground-based remote sensing of visual range – Visual-range lidar
VDI 3786 Sheet 16	Environmental meteorology – Measurement of atmospheric pressure
VDI 3786 Sheet 17	Environmental meteorology – Ground-based remote sensing of the wind vector – Wind profiler radar

A8. 사용 가능한 Eddy-Covariance 소프트웨어

다음 소프트웨어는 Eddy-Covariance 관측에 사용할 수 있으며 (VDI 2008), 일부는 Mauder (2008; 2007b)에 의해 비교되었다.

name	reference
EdiRe	The University of Edinburgh Institute of Atmospheric and Environmental Science Crew Building, The King's Buildings West Mains Road EDINBURGH EH9 3JN http://www.geos.ed.ac.uk/abs/research/micromet/EdiRe/
ECPack	Department of Meteorology and Air Quality Wageningen University and Research Duivendaal 2 NL 6701 AP Wageningen http://www.met.wau.nl/index.html?http://www.met.wau.nl/projects /jep/
EddyMess	Dr. Olaf Kolle Max-Planck-Institute for Biogeochemistry Hans-Knöll-Str. 10 D-07749 Jena, Germany
TK2	University of Bayreuth Dept. of Micrometeorology D-95440 Bayreuth, Germany http://www.bayceer.unibayreuth.de/mm/de/software/software/software_dl.php

A9. 용어

Advection(이류): 바람에 의한 공기의 성질들(운동량, 기온, 수증기, 등)의 수송. 일반적으로, 수평 수송으로 이해된다. 이류 때문에, 공기 성질들은 수평 좌표 모두에서 변화하고, 조건들은 더 이상 균질하지 못한다. 연직 이류는 부력보다는 질량 연속성에 기인한 연직 이동 공기 즉 대류이다.

Atmospheric window(대기 창): 대기를 통해서 흡수가 적게 일어나는 전자기파의 진동수 범위이다. 이런 진동수 범위 내에서, 지표면 성질들의 원격 탐사 방법들이 적용될 수 있다. 가장 중요한 대기 창은 0.3 μm에서부터 0.9 μm의 가시광선 범위, 8 μm에서부터 13 μm의 적외선 범위, 1 mm 이상의 파장을 가지는 초단파 범위이다.

Bolometer(볼로미터): 열적으로 감지되는 전기 센서(열전기쌍, 서미스터, 백금선)를 사용하여 복사 에너지를 관측하는 관측장비이다.

Calm(고요, 무풍): 공기 운동이 감지되지 않는 대기의 상태(풍력계급 0). 무풍 임계값은 컵 풍속계의 임계 속력으로서 약 0.3 m s^{-1}이다. 이런 상황 하에서 풍향은 결정될 수 없다.

CET(중앙유럽표준시): Central European Time의 약자. 경도 15°에서의 평균지방시로서 UTC(협정세계시)보다 1 시간 빠르다.

Clausius-Clapeyron equation(클라우지우스·클라페롱 방정식): 1834년 독일 이론물리학자인 루돌프 클라우지우스(Rudolf Clausius, 1822~1888)가 확립하였고 1850년 프랑스 공학자인 에밀 클라페롱(Émile Clapeyron, 1799~1864)이 포화상태에서 평형 수증기압의 온도 종속에 대한 방정식들을 위한 이유들을 제시하였다. 방정식들이 가지는 온도에 대한 강한 종속 때문에, 대기는 낮은 온도보다는 높은 온도에서 더 많은 수증기를 뚜렷하게 더 많이 취할 수 있어 더 많은 숨은열을 저장할 수 있다.

Climate element(기후요소): 상이한 기후형을 단독 또는 여러 개의 조합으로서 특성화시키는 기상 매개변수와 다른 매개변수로서 이들은 상태변수들이고 플럭스들이다.

Coherence(동조): 일반적으로, 동조는 2개의 파동 사이에서 나타나는 일정한 위상 관계이다. 대기난류 연구에서 밝혀지는 동조구조는 속력, 온도, 기타 구조들이다. 여기에서는 가장 작은 국지맴돌이(예, 스콜선, 대류세포)보다 뚜렷하게 더 크고 더 오랫동안 존재한다.

Coriolis force(코리올리 힘, 전향력): 회전좌표계 내에서 나타나는 겉보기 힘 또는 가상적인 힘으로서 프랑스 수학자인 구스타브 가스파르 드 코리올리(Gustav-Gaspard de Coriolis, 1792~1843)의 이름을 명명하였다. 이것은 속도 벡터에 법선 방향으로 작용하는 힘으로서 북반구에서는 오른쪽으로 남반구에서는 왼쪽으로 방향을 전향시킨다.

Coriolis parameter(코리올리 매개변수): 임의의 위도(ϕ)에서 지구의 각속도(Ω)에 2배를 곱한 것으로 $f = 2\Omega sin\phi$로 표시된다. 적도에서는 $f = 0$이고, 북반구에서는 양의 값을, 남반구에서는 음의 값을 가진다.

Dissipation(소산): 점성응력에 대항하여 일을 통한 운동 에너지의 변환. 난류 조건 아래에서, 가장 작은 맴돌이의 운동 에너지가 열로 변환되는 과정이다.

Entrainment(유입): 대기경계층의 꼭대기에서 일어나는 교환 과정으로서 혼합층 내의 맴돌이보다 더 작은 맴돌이들의 활동에 기인된다.

Fetch(취송거리): 관측하고 있는 지점으로부터 지표면 성질들이 변화하거나 또는 한 장애물의 성질들이 변화하는 지점까지의 풍상 측 거리. 미기상학 연구에서는 관측하는 장의 범위이다.

Froude number(프라우드 수): 중력에 대한 관성력의 무 차원 비(ratio)로서 $Fr = V^2L^{-1}g^{-1}$로 표시되고, 여기서 V는 특성 속도이고, L은 특성 길이이다. 언덕 위를 흐르는 경우, L은 언덕 사이 또는 장애물 사이의 특성 거리가 된다. 이들 경우에서, 브런트·바이샬라 진동수(N)를 가진 외부 프라우드 수가 사용된다. 즉, $Fr = VN^{-1}L^{-1}$.

Gas constant(기체상수): 이상기체 상태방정식의 비례 인자로서 mol(몰) 단위로 표시된다. 기상학인 경우, 기체상수는 질량 단위로 표시되고, 건조공기에 대해서는 특별 기체상수가 사용된다. 습윤공기인 경우, 상태방정식의 내의 온도는 가온도로 대체된다.

Geostrophic wind(지균풍): 기압경도력과 코리올리힘이 평형상태를 이루는 대기경계층 위의 바람.

Hysteresis(이력, 히스테리시스): 2개 상태 사이의 변화로서 변화가 발생하는 방식에 종속된다. 예를 들면, 수분 센서의 특성들이 습윤화와 건조화인 경우 다르다는 것이다.

Inversion(역전층): 보통 높이에 따라 온도가 감소하는 대신에 높이에 따라서 온도가 증가하는 공기 층. 역전층에는 두 종류가 있다. 즉, 지면으로부터 일어나는 장파복사에 기인하는 지상 역전층과 예를 들어 대기경계층의 꼭대기에서 나타나는 상층 역전층 또는 자유 역전층이다.

Kelvin-Helmholtz instability(켈빈·헬름홀츠불안정도): 쇄파 또는 물결구름(Sc, Ac lent) 내에서 나타나는 강한 바람 시어에 의해서 유발되는 역학 불안정도. 전형적으로, 이들은 역전층에서 또는 언덕 위에서 발생한다. 그들은 또한 장애물들과 산림들 위에서 발생 할 수 있다.

Leaf area density(잎 면적밀도): 잎 면적의 연직확률밀도함수.

Leaf area index(잎 면적 지수): 연직 원기둥의 밑면적에 대한 연직 원기둥 내의 잎 면적(윗면)의 비

Low-level jet(하층 제트): 대기경계층의 하층 부분 내의 강한 바람의 연직 밴드. 안정 성층인 경우, 하층 제트는 야간 경계층의 상부 가장자리에서 발달한다. 전형적인 높이는 100~300 m이고, 때로는 그 이하에서도 위치한다.

Matrix potential(행렬 퍼텐셜): 토양수에 가하는 고제 토양 행렬의 흡수와 모세관 힘의 관측값. 그것의 절대 값을 장력이라 부른다.

Mixed layer(혼합층): 온위와 풍속에 대해서는 연직으로 일정한 값이지만 수분의 값들은 감소함으로 인해서 일어나는 대류로 인한 강한 연직 혼합이 일어나는 층. 그것은 보통 역전층에 의해서 모자가 씌어진다.

MLT(평균지방시): Mean Local Time에 대한 약어. 시간은 위치하고 있는 곳의 자오선과 연관되고 이런 경우 모든 위치에서는 동일한 경도를 가지니다. 평균지방시는 태양의 아래쪽 자오선 통과로부터 관측되는 태양시이다. 그것은 동쪽 방향으로 경도 1° 가 증가함에 따라서 협정시(UT)에 4분을 더하는 것으로 계산된다(Brockhaus 2003).

Parameterization(매개변수화): 매개변수들의 매우 간단한 조합에 의해서 모델 내의 복잡한 관계들의 표현으로 보통 확실한 상황 아래에서만 확실하다.

Potential temperature(온위): 어떤 높이에 있는 건조 공기 덩이를 단열적으로 이동시켜 1000 hPa에 도달할 때의 온도.

RLT(진지방시): Real Local Time의 약자. 그것은 동일한 경도 상에 있는 모든 점들의 자오선과 관련되는 시간이다. 진지방시는 일중 태양의 아래쪽 자오선 통과로부터 관측되는 태양시로서 시간 방정식에 따라서 변화한다. 그것은 진태양시(real solar time)와 평균 태양시 사이의 차이이다. 만약 진태양시가 평균태양시보다 더 앞서 태양이 자오선을 통과한다면, 시간 방정식은 양이다. 그것은 −14분24초(2월 중반)과 +16분 21초(약 11월 초) 사이에서 변화한다.

Rossby similarity(로스비 상사): 자유대기 내에서, 로스비 수는 코리올리 힘에 대한 관성력의 비이다. 대기경계층 내에서, 거칠기 로스비 수는 코리올리 매개변수에 대한 마찰속도의 비로서 $R_0 = u_*/(f\ z_0)$. 마찰 로스비 수는 바람의 비지균 성분의 평가이다.

Stability of the stratification(성층의 안정도): 정적 안정도는 온위의 경도에 종속시켜 난류와 층류를 분리한다. 만약 온위가 높이에 따라서 감소하다면 성층은 불안정하다. 그러나 만약 그것이 높이에 따라서 증가한다면, 성층은 안정하다. 연직 바람 시어의 효과에 기인하여, 정적으로 안정한 범주는 임계 리처드슨 수까지 난류이다.

Transmission(투과): 복사에 대한 대기의 투과성. 복사는 기체, 에어로졸, 작은 물방울에 의해서 감쇠된다.

Temperature, potential(온위): 건조 공기 덩어리가 단열적으로 1000 hPa 압력으로 이동했을 때의 온도, 식 (2.60) 참조.

Temperature, virtual(가온도): 건조 공기 덩어리가 습한 공기 덩어리로 간주될 때의 온도. 가온도는 습한 공기의 온도보다 약간 높다, 식 (2.69) 참조.

Transmission(투과율): 대기가 복사전달에 대해 가지는 투과성. 복사량은 가스, 에어로졸, 입자, 물방울 등에 의해 그 투과가 감소할 수 있다.

UTC(협정세계시): Universal Time Coordinated의 약자. 0° 자오선(그리니치 본초자오선)에 영점을 설정함에 의해서 국제원자시에 기초하여 기본 단위로서 평균태양일을 가지는 시간 규모. 그것은 정치와 과학 시간을 위한 기초가 된다(Brockhaus 2003).

Wind, geostrophic(지균풍): 대기 경계층 위에서 기압경도력과 코리올리력(위 참조)이 평형을 이룰 때의 풍속

참고문헌

Akima, H., 1970. A new method of interpolation and smooth curve fitting based on local procedures. *Journal of ACM,* 17, 589-602.

Albertson, J. D., and M. B. Parlange, 1999. Natural integration of scalar fluxes from complex terrain. *Advances in Water Resources,* 23, 239-252.

Albrecht, F., 1927. Thermometer zur Mssung der wahren Temperatur. *Meterologische Zeitschrift*, 24, 420-424.

Albrecht, F., 1940. Untersuchungen über den Wärmehaushalt der Erdoberfläche in verschiedenen Klimagebieten. Reichsamt Wetterdienst, Wiss Abh Bd. VIII, Nr. 2, 1-82.

Allen, R. G., L. S. Pereira, D. Raes, and M. Smith, 2004. Crop evaporation. FAO Irrigation Drainage Paper, 56, XXVI+300 pp.

Amiro, B. D., 1990. Comparison of turbulence statistics within three boreal forest canopies. *Boundary-Layer Meteorology*, 51, 99-121.

Amiro, B. D., 1998. Footprint climatologies for evapotranspiration in a boreal catchment. *Agriculture and Forest Meteorology*, 90, 195-201.

Amiro, B. D., and F. L. Johnson, 1991. *Some turbulence features within a boreal forest canopy during winter*. 20th Conference on Agricultural and Forest Meteorology, Salt Lake City, 10-13 September 1991. America Meteorological Society, 135-138.

André, J.-C., P. Bougeault, and J.-P. Goutorbe, 1990. Regional estimates of heat and evaporation fluxes over non-homogeneous terrain, Examples from the HAPEX-MOBILHY programme. *Boundary-Layer Meteorology*, 50, 77-108.

Andreas, E. L., 1989. Two-wavelength method of measuring path-averaged turbulent surface heat fluxes. *Journal of Atmospheric and Oceanic Technology*, 6, 280-292.

Andreas, E. L., 2002. Parameterizing scalar transfer over snow and ice: A review. *Journal of Hydrometeorology*, 3, 417-432.

Andreas, E. L., and B. A. Cash, 1999. Convective heat transfer over wintertime leads and polynyas. *Journal of Geophysical Research*, 104, 25,721-25,734.

Andreas E. L., K. J. Claffey, C. W. Fairall, A. A. Grachev, P. S. Guest, R. E. Jordan, and P. P. G Pearson, 2004. *Measurements of the von Kármán constant in the atmospheric surface layer-further discussions*. 16th Conference on Boundary Layers and Turbulence, Potland ME, American Meteorological Society, 1-7, paper 7.2.

Andreev, E. G., V. S. Lavorko, A. A. Pivovarov, and G. G. Chundshua, 1969. O vertikalnom profile temperatury vblizi granicy rasdela more-atmosphera (About the vertical temperature profile close to ocean-atmosphere interface). *Okeanalogija*, 9, 348-352.

Antonia, R. A., and R. E. Luxton, 1971. The response of turbulent boundary layer to a step change in surface roughness, Part 1. *Journal of Fluid Mechanics*, 48, 721-761.

Antonia, R. A., and R. E. Luxton, 1972. The response of turbulent boundary alyer to a step change in surface roughness, Part 2. *Journal of Fluid Mechanics*, 53, 737-757.

Arya, S. P., 1999. *Air Pollution Meteorology and Dispersion*. Oxford University Press, New York, Oxford, 310 pp.

Arya, S. P., 2001. *Introduction to Micrometeorology*. Academic Press, San Diego, 415 pp.

Assmann, R., 1887. Das Aspirationspsychrometer, ein neuer Apparat zur Ermittlung de wahren Temperatur und Feuchtigkeit der Luft. *Das Wetter*, 4, 245-286.

Assmann, R., 1888. Das Aspirationspsychrometer, ein neuer Apparat zur Ermittlung de wahren Temperatur und Feuchtigkeit der Luft. *Das Wetter*, 5, 1-22.

Aubinet, M., A. Grelle, A. Ibrom, U. Rannik, J. Moncrieff, T. Foken, A. S. Kowalski, P. H. Martin, P. Berbigier, C. Bernhofer, R. Clement, J. Elbers, A. Granier, T. Grunwald, K. Morgenstern, K. Pilegaard, C. Rebmann, W. Snijders, R. Valentini, and T. Vesala, 2000. Estimates of the annual net carbon and water exchange of forests: The EUROFLUX methodology. *Advance in. Ecological Research*, **30**, 113-175.

Aubinet, M., R. Clement, J. Elbers, T. Foken, A. Grelle, A. Ibrom, J. Moncrieff, K. Pilegaard, U. Rannik, and C. Rebmann, 2003a. *Methodology for data acquisition, storage and treatment*. In: R. Valentini (Editor), Fluxes of carbon, water and energy of European forests. Ecological Studies, Vol. 163. Springer, Berlin, Heidelberg, pp. 9-35.

Aubinet, M., B. Heinesch, and M. Yernaux, 2003b. Horizontal and vertical CO2 advection in a sloping forest. *Boundary-Layer Meteorology*, **108**, 397-417.

Aubinet, M., P. Berbigier, C. Bernhofer, A. Cescatti, C. Feigenwinter, A. Granier, T. Grunwald, K. Havrankova, B. Heinesch, B. Longdoz, B. Marcolla, L. Montagnani, and P. Sedlak, 2005. Comparing CO_2 storage and advection conditions at night at different CarboEuroflux sites. *Boundary-Layer Meteorology*, **116**, 63-94.

Avissar, R., and R. A. Pielke, 1989. A parameterization of heterogeneous land surface for atmospheric numerical models and its impact on regional meteorology. *Monthly Weather Review*, **117**, 2113-2136.

Bailey, W. G., T. R. Oke, and W. R. Rouse (Editors), 1997. *The Surface Climate of Canada*. McGill-Queen's University Press, Montreal, Kingston, 369 pp.

Baldocchi, D., 1988. A multi-layer model for estimating sulfor dioxid deposition to a deciduous oke forest canopy. *Atmospheric Environment*, 22, 869-884.

Baldocchi, D., 1998. Flux footprints within and over forest canopies. *Atmospheric Environment*, **85**, 273-292.

Baldocchi, D., B. B. Hicks, and P. Camara, 1987. A canopy stomatal resistance model for gaseous deposition to vegetated surface. *Atmospheric Environment*, **21**, 91-101.

Baldocchi, D., E. Falge, L. Gu, R. Olson, D. Hollinger, S. Running, P. Anthoni, Ch. Bernhofer, K. Davis, R. Evans, J. Fuentes, A. Goldstein, G. Katul, B. Law, X. Lee, Y. Malhi, T. Meyers, W. Munger, W. Oechel, K. Paw U, K. Pilegaard, H. P. Schmid, R. Valentini, S. Verma, T. Vesala, K. Wilson, and S. Wofsy, 2001. FLUXNET: A new tool to study the temporal and spatial variability of ecosystem-scale carbon dioxide, water vapor and energy flux densities. *Bulletin of the American Meteorological Society*, **82**, 2415-2434.

Barkov, E., 1914. Vorläufiger Bericht über die meteorologischen Beobachtungen der Deutschen Antarktisexpedition, 1911-1912. *Meterologische. Zeitschrift*, **49**, 120-126.

Barr, A. G., K. M. King, T. J. Gillespie, G. D. Hartog, and H. H. Neumann, 1994. A comparison of Bowen ratio and eddy correlation sensible and latent heat flux measurements above deciduous forest. *Boundary-Layer Meteorology*, 71, 21-41.

Barrett, E. W., and V. E. Suomi, 1949. Preliminary report on temperature measurement by sonic means. *Journal of Meteorology*, 6, 273-276.

Bartels, J., 1935. Zur Morphologie geophusikalischer zeitfunktionen. Sitrzungsberichte Preuß. *Akad. Wiss.*, 30, 504-522.

Baumgartner, A., 1956. Untersuchungen über den Wärme-und Wasserhaushalt eines jungen Waldes. *Berichte des Deutschen Wetterdienstes*, 28, 53 pp.

Behrens, J., N. Rakowsky, W. Hiller, D. Handorf, M. Läuter, J. Päpke, and K. Dethloff, 2005. amatos: parallel adaptive mesh generator for atmospheric and oceanic simulation. *Ocean Modelling*, 10, 171-183.

Beljaars, A. C. M., 1995. The parameterization of surface fluxes in large scale models under free convection. *Quarterly Journal of Royal Meteorological Society*, 121, 255-270.

Beljaars, A. C. M., and A. A. M. Holtslag, 1991. Flux parameterization over land surfaces for atmospheric models. *Journal of Applied Meteorology*, 30, 327-341.

Beljaars, A. C. M., and P. Viterbo, 1998. *Role of the boundary layer in a numerical weather prediction model.* In: A. A. M. Holtslag and P. G. Duynkerke (Editors) Clear and cloudy boundary layers. Royal Netherlands Academy of Arts and Sciences, Amsterdam, pp. 287-304.

Beljaars, A. C. M., P. Schotanus, and F. T. M. Nieuwstadt, 1983. Surface layer similarity under nonuniform fetch conditions. *Journal of Climate and Applied Meteorology*, 22, 1800-1810.

Beniston, M., 1998. *From Turbulence to Climate*. Springer, Berlin, Heidelberg, 328 pp.

Bentley, J. P., 2005. *Principles of Measurement System*. Pearson Prentice Hall, Harlow, 528 pp.

Bergström, H., and U. Högstrom, 1989. Turbulent exchange above a pine forest, II. Organized structures. *Boundary-Layer Meteorology*, 49, 231-263.

Bernhardt, K., 1970. Der ageostrophische Massenfluß in der Bodenreibungsschicht bei beschleunigungsfreier Strömung. *Zeitschrift fur Meteorologiez*, 21, 259-279.

Bernhardt, K., 1972: Lecture 'Dynamik der Atmosphäre', Humboldt-Universitatt zur Berlin.

Bernhardt, K., 1975. Some characteristics of the dynamic air-surface interaction in Central Europe. *Zeitschrift fur Meteorologiez*, 25, 63-68.

Bernhardt, K., 1980. Zur Frage der Gültigkeit der Reynoldsschen Postulate. *Zeitschrift fur Meteorologiez*, 30, 261-268.

Bernhardt, K.-H., 1995. Zur Interpretation der Monin-Obuchovschen Länge. *Meterologische. Zeitschrift*, 4, 81-82.

Bernhardt, K., and H. Piazena, 1988. Zum Einfluß turbulenzbedingter Dichteschwankungen auf die Bestimmung turbulenter Austauschströme in der Bodenschicht. *Zeitschrift fur Meteorologiez*, 38, 234-245.

Bernhofer, C., 1992. Estimating forest evapotranspiration at a non-ideal site. *Agriculture and Forest Meteorology*, 60, 17-32.

Best, M. J., A. Beljaars, J. Polcher, and P. Viterbo, 2004. A proposed structure for coupling tiled surfaces with the planetary boundary layer. *Journal of Hydrometeorology*, 5, 1271-1278.

Beyrich, F., and H.-T., Mengelkamp, 2006. Evaporation over a heteorogeneous land syrface: EVA_GRIPS and the LITFASS-2003 experiment-an overview. *Boundary-Layer Meteorology*, 121, 5-32.

Beyrich, F., H. A. R. DeBruin, W. M. L. Meijninger, J. W. Schipper, and H. Lohse, 2002a. Results from one-year continuous operation of a large aperture scintillometer over a heteorogeneous land surface. *Boundary-Layer Meteorology*, **105**, 85-97.

Beyrich, F., H.-J. Herzog, and J. Neisser, 2002b. The LITFASS project of DWD and the LITFASS-98 Experiment: The project strategy and the experimental setup. *Theoretical and Applied Climatology*, **73**, 3-18.

Beyrich, F., S. H. Richter, U. Weisensee, W. Kohsiek, H. Lohse, H. A. R. DeBruin, T. Foken, M. Göckede, F. H. Berger, R. Vogt, and E. Batchvarova, 2002c. Experimental determination of turbulent fluxes over the heterogeneous LITFASS area: Selected results from the LITFASS-98 experiment. *Theoretical and Applied Climatology*, **73**, 19-34.

Beyrich, F., R. D. Kouznetsov, J.-P. Leps, A. Lüdi, W. M. L. Meijninger, and U. Weisensee, 2005. Stucture parameters for temperature and humidity from simultaneous eddy-covariance and scintillometer measurements. *Meterologische. Zeitschrift*, **14**, 641-649.

Bilger, R. W., 1980. *Turbulent flows with nonpremixed reactants*. In: P. A. Libby, and F. A. Williams (Editors), Turbulent Reacting Flows. Springer, Berlin, Heidelberg, pp. 65-113.

Bjutner, E. K., 1974. Theoreticeskij rascet soprotivlenija morskoj poverchnosti (Theoretical calculation of the resistance at the surface of the ocean). In: A. S. Dubov (Editor), Processy perenosa vblizi poverchnosti razdela okean-atmosfera (Exchange processes near the ocean-atmosphere interface). Gidrometeoizant, Leningrad, pp. 66-114.

Blackadar, A. K., 1976. *Modeling the Nocturnal Boundary Layer*. 4th Symposium of the Atmospheric Turbulence, Diffusion and Air Pollution, Raleigh, NC, October 19-22, 1976, American Meteorological Society, 46-49.

Blackkadar, A. K., 1997. *Turbulence and Diffusion in the Atmosphere*. Springer, Berlin, Heidelberg, 185 pp.

Blöschl, G., and M. Sivapalan, 1995. Scale issues in hydrological modelling- a review. *Hydrological Processes*, **9**, 252-290.

Blümel, K., 1998. Estimation of sensible heat flux from surface temperature wave and one-time-of-day air temperature observations. *Boundary-Layer Meteorology*, **86**, 193-232.

Blyth, E. M., 1995. Comments on 'The influence of surface texture on the effective roughness length' by H. P. Schmid and D. Bünzli (1995, 121, 1-21). *Quarterly Journal of Royal Meteorological Society*, **121**, 1169-1171.

Böer, W., 1959. Zum Begriff des Lokalklimas. *Zeitschrift fur Meteorologiez*, **13**, 5-11.

Bolle, H.-J., J.-C. André, J. L. Arrue, H. K. Barth, P. A. Bessemoulin, A. Brasa, H. A. R. DeBruin, G. Dugdale, E. T. Engman, D. L. Evans, R. Fantechi, F. Fiedler, A. van de Griend, A. C. Imenson, A. Jochum, P. Kabat, T. Kratzsch, J.-P. Lagouarde, I. Langer, R. Llamas, E. Lopez-Baeza, J. Melia Miralles, L. S. Muniosguren, F. Nerr, J. Noilhan, H. R. Oliver, R. Roth, J. Sanchez Diaz, M. de Santa Olalla, W. J. Shuttleworth, H. Soergaard, H. Stricker, J. Thornes M. Vauclin, and D. Wickland, 1993. EFEDA: European field experiment in a desertification- threatened area. *Annales Geophysicae*, **11**, 173-189.

Boussinesq, J., 1877. Essai sur la théorie des eaux courantes. *Mem. Savants Etrange*, **23**, 46 pp.

Bovscheverov, V. M., and V. P. Voronov, 1960. Akustitscheskii (Acoustic rotor). *Izvestiya Akademii Nauk SSSR, ser Geofiz*, **6**, 882-885.

Bowen, A. J. and H. W. Teunissen, 1986. Correction factors for the directional response of Gill propeller anemometers. *Boundary-Layer Meteorology*, 37, 407-413.

Bowen, I. S., 1926. The ratio of heat losses by conduction and by evaporation from any water surface. *Physical Review*, 27, 779-787.

Bowling, D. R., A. C. Delany, A. A. Turnispeed, D. D. Baldocchi, and R. K. Monson, 1999. Modification of the relaxed eddy accumulation technique to maximize measured scalar mixing ratio differences in updrafts and downdrafts. *Journal of Geophysical Research*, 104, 9121-9133.

Bowling, D. R., P. P. Trans, and R. K. Monson, 2001. Partitioning Net Ecosystem Carbon Exchange with Isotopic Fluxes of CO_2. *Global Change Biology*, 7, 127-145.

Braden, H., 1995. The model AMBETI - A detailed description of a soil-plant-atmosphere model. *Berichte des Deutschen Wetterdienstes*, 195, 117 pp.

Bradley, E. F., 1968a. A micrometeorological study of velocity profiles and surface drag in the region modified by change in surface roughness. *Quarterly Journal of Royal Meteorological Society*, 94, 361-379.

Bradley, E. F., 1968b. A shearing stress meter for micrometeorological studies. *Quarterly Journal of Royal Meteorological Society*, 94, 380-387.

Braud, J., P. Noilhan, P. Bessemoulin, P. Mascart, R. Haverkamp, and M. Vauclin, 1993. Bare ground surface heat and water exchanges under dry conditions. *Boundary-Layer Meteorology*, 66, 173-200.

Brock, F. V., and S. J. Richardson, 2001. *Meteorological Measurement Systems*. Oxford University Press, New York, 290 pp.

Brockhaus, 2003. Der Brockhaus Naturwissenschaft und Technik. Bibliographisches Institut & F. A. Brockhaus A. G., Spektrum Akademischer Verlag GmbH, Mannheim, Heidelberg, 2259 pp.

Brocks, K., and L. Krügermeyer, 1970. Die hydrodynamische Rauhigkeit der Meereso berflache. Ber. Inst. Radiometeorol. *Marit. Meteorol.*, 14, 55 pp.

Brook, R. R., 1978. The influence of water vapor fluctuations on turbulent fluxes. *Boundary-Layer Meteorology*, 15, 481-487.

Brutsaert, W. H., 1982. *Evaporation into the Atmosphere: Theory, History and Application*. D. Reidel, Boston, MA., 299 pp.

Buck, A. L., 1973. Development of an improved Lyman-alpha hygrometer. *Atmos. Technol.*, 2, 213-240.

Burridge, D. M., and A. J. Gadd, 1974. The Meteorological Office operational 10 level numerical weather prediction model (December 1974). U.K. Met. Office Tech. Notes 12 and 48, 57pp.

Businger, J. A., 1982. Equations and concepts. In Atmospheric *Turbulence and Air Pollution Modelling*, eds. F. T. M. Nieuwstadt and H. van Dop, pp. 1-36. Reidel, Dordrecht.

Businger, J. A., 1986. Evaluation of the accuracy with which dry deposition can be measured with current micrometeorological techniques. *Journal of Applied Meteorology*, 25, 1100-1124.

Businger, J. A., 1988. A note on the Businger-Dyer profiles. *Boundary-Layer Meteorology*, 42, 145-151.

Businger, J. A., and A. M. Yaglom, 1971. Introduction to Obukhov's paper "Turbulence in an atmosphere with a non-uniform temperature". *Boundary-Layer Meteorology*, 2, 3-6.

Businger, J. A., and S. P. Oncley, 1990. Flux measurement with conditional sampling. *Journal of Atmospheric and Oceanic Technology*, 7, 349-352.

Businger, J. A., M. Miyake, E. Inoue, Y. Mitsuta, and T. Hanafusa, 1969. Sonic anemometer comparison and measurements in the atmospheric surface boundary. *Journal of Meteorological Society of Japan*, **47**, 1-12.

Businger, J. A., J. C. Wyngaard, Y. Izumi, and E. F. Bradley, 1971. Flux-profile relationships in the atmospheric surface layer. *Journal of Atmospheric Sciences*, **28**, 181-189.

Campbell, G. S., and J. M. Norman, 1998. *Introduction to Environmental Biophysics*. Springer, New York, 286 pp.

Caughey, S. J., and C. J. Readings, 1975. Turbulent fluctuations in convective conditions. *Quarterly Journal of Royal Meteorological Society*, **101**, 537-542.

Chamberlain, A. C., 1961. Aspects of travel and deposition of aerosol and vapour clouds. Rep. HP/R 1261 (RO/14), A.E.R.E., Harwell, Berkshire, 38 pp.

Charnock, H., 1955. Wind stress on water surface. *Quarterly Journal of Royal Meteorological Society*, **81**, 639-642.

Chundshua, G. G., and E. G. Andreev, 1980. O mechanizme formirovanija inversii temperatury v privodnoim sloe atmosfery nad morem (About a mechanism of the development of a temperature inversions in the near surface layer above the Ocean). *Doklady Akadelmii Nauk SSSR*, **255**, 829-832.

Cionco, R. M., 1978. Analysis of canopy index values for various canopy densities. *Boundary-Layer Meteorology*, **15**, 81-93.

Claussen, M., 1991. Estimation of areally-averaged surface fluxes. *Boundary- Layer Meteorology*, **54**, 387-410.

Claussen, M., and J. L. Walmsley, 1994. Modification of blending procedure in a proposed new PBL resistance law. *Boundary-Layer Meteorology*, **68**, 201-205.

Cohen, E. R., and B. N. Taylor, 1986. The 1986 adjustment of the fundamental physical constants. International Council of Scientific unions (ICSU). Committee on Data for Science and Technology (CODATA). CODATA-Bull No. 63, 36 pp.

Collineau, S., and Y. Brunet, 1993a. Detection of turbulent coherent motions in a forest canopy. Part I: Wavelet analysis. *Boundary-Layer Meteorology*, **65**, 357-379.

Collineau, S., and Y. Brunet, 1993b. Detection of turbulent coherent motions in a forest canopy. Part II: Time-scales and conditional averages. *Boundary-Layer Meteorology*, **66**, 49-73.

Corrsin, S., 1951. On the spectrum of isotropic temperature fluctuations in an isotropic turbulence. *Journal of Applied Physics*, **22**, 469-473.

Csanady, G. T., 2001. *Air-sea interaction, laws and mechanism*. Cambridge University Press, Cambridge, New York, 239 pp.

Culf, A. D., T. Foken, and J. H. C. Gash, 2004. *The energy balance closure problem*. In: P. Kabat *et al.* (Editors) Vegetation, water, humans and the climate. A new perspective on an interactive system. Springer, Berlin, Heidelberg, pp. 159-166.

Davenport, A. G., C. S. B. Grimmond, T. R. Oke, and J. Wieringa, 2000. *Estimating the roughness of cities and sheltered country*. 12th Conference on Applied Climatology, Ashville, NC, American Meteorological Society, 96-99.

Davidan, I. N., L. I. Lopatuhin, V. A. Rogkov, 1985. Volny v pkeane (Waves in the ocean).

Gidrometeoizdat, Leningrad, 256 pp.

de Vries, D. A., 1963. Thermal Properties of Soils. In: W, R. van Wijk (Editor), *Physics of the Plant Environment*. North-Holand Publ. Co., Amsterdam, pp. 210-235.

Deardorff, J. W., 1972. Numerical investigation of neutral and unstable planetary boundary layers. *Journal of Atmospheric Sciences*, **29**, 91-115.

DeBruin, H. A. R., 2002: Introduction: Renaissance of scintillometry. *Boundary-Layer Meteorology*, **105**, 1-4.

DeBruin, H. A. R., and A. A. M. Holtslag, 1982. A simple parameterization of the surface fluxes of sensible and latent heat during daytime compared with the Penman-Monteith concept. *Journal of Climate and Applied Meteorology*, **21**, 1610-1621.

DeBruin, H. A. R., and C. J. Moore, 1985. Zero-plane displacement and roughness length for tall vegetation, derived from a simple mass conservation hypothesis. *Boundary-Layer Meteorology*, **38**, 39-49.

DeBruin, H. A. R., N. J. Bink, and L. J. Kroon, 1991. Fluxes in the surface layer under advective conditions. In: T. J. Andre (Editors) Workshop on Land Surface Evaporation, Measurement and Parameterization. springer, New York, pp. 157-169.

DeBruin, H. A. R., W. M. L. Meijninger, A.-S. Smedman, and M. Magnusson, 2002. Displaced-beam small aperture scintillometer test. Part I: The WINTEX data-set. *Boundary-Layer Meteorology*, **105**, 129-148.

Defant, F., 1949. Zur Theorie der Hangwinde, nebst Bemerkungen zur Theorie der Berg- und Talwinde. Archiv. Meteorol. Geophys. Bioklim, Ser A 1, 421-450.

DeFelice, T. P., 1998. *An introduction to micrometeorological instrumentation and measurement*. Prentice Hall, Upper Saddle River, 229 pp.

DeGaetano, A. T., 1997. A quality-control routine for hourly wind observations. *Journal of Atmospheric and Oceanic Technology*, **14**, 308-317.

Denmead, O. T., and E. F. Bradley, 1985. Flux-gradient relationships in a forest canopy. In: *The Forest-Atmosphere Interaction*. eds. B. A. Hutchinson and B. B. Hicks, pp. 421-422. Reidel, Dordrecht.

Desjardins, R. L., 1977. Description and evaluation of s sensible heat flux detector. *Boundary-Layer Meteorology*, **11**, 147-154.

Desjardins, R. L., J. I. MacPherson, P. H. Schuepp, and F. Karanja, 1989. An evaluation of aircraft flux measurements of CO2, water vapor and sensible heat. *Boundary-Layer Meteorology*, **47**, 55-69.

DIN-EN, 1996. Industrille Platin-Widerstandsthermometer und Platin- Meßwiderstände (Industrial platinum resistance thermometer sensors). DIN-EN 60751.

Dlugi, R., 1993. Interaction of NOx and VOC's within vegetation. In: P. W. Borrell (Editor), Proceedings EUROTRAC-Symposium 92. SPB Acad. Publ., The Hague, pp. 682-688.

Dobson, F., L. Hasse, and R. Davis, (Editors), 1980. *Air-sea interaction, instruments and methods*. Plenum Press, New York, 679 pp.

Doetsch, G., 1985. Anleitung zum praktischen Gebrauch der Laplace- Transformation und der Z-Transformation. Oldenbourg, München, Wien, 256 pp.

Dommermuth, H., and W. Trampf, 1990. Die Verdunstung in der Bundersrepublik Deutschland, Zeitraum 1951-1980, teli 1. Deischer Wetterdienst, Offenbach, 10 pp.

Doorenbos, J., and W. O., 1977. Guidelines for predicting crop water requirements. FAO Irrigation Drainage Pap 24, 2nd ed., 156 pp.

Doran, J. C., and M. G. Verholek, 1978. A note on vertical extrapolation formulas for Weibull velocity distribution parameters. *Journal of Climate and Applied Meteorology*, 17, 410-412.

Drinkov, R., 1972. A solution to the paired Gill-anemometer response function. *Journal of Climate and Applied Meteorology*, 11, 76-80.

Dugas, W. A., L. J. Fritschen, L. W. Gay, A. A. Held, A. D. Matthias, D. C. Reicosky, P. Steduto, and J. L. Steiner, 1991. Bowen ration, eddy correlation, and potable chamber measurements of sensible and latent heat flux over irrigated spring wheat. *Agricultural and Forest Meteorology*, 56, 12-20.

Dutton, J. A., 2002. *The Ceaseless Wind: An Introduction to the Theory of Atmospheric Motion*. Dover Publications, Mineola, NY, 640 pp.

DVWK, 1996. Ernittlung der Verdunsting von Land-und Wasserflächen. DVWK-Merkblätter zur Wasserwirtschaft, 238, 134 pp.

Dyer, A. J., 1974. A review of flux-profile-relationships. *Boundary-Layer Meteorology*, 7, 363-372.

Dyer, A. J., 1981. Flow distortion by supporting structures. *Boundary-Layer Meteorology*, 20, 243-251.

Dyer, A. J., and E. F. Bradley, 1982. An alternative analysis of flux-gradient relationships at the 1976 ITCE. *Boundary-Layer Meteorology*, 22, 3-19.

Dyer, A. J., B. B. Hicks, and K. M. King, 1967. The Fluxatron-A revised approach to the measurement of eddy fluxes in the lower atmosphere. *Journal of Applied Meteorology*, 6, 408-413.

Dyer, A. J., J. R. Garratt, R. J. Francey, I. C. McIlory, N. E. Bacon, P. Hyson, E. F. Bradley, D. T. Denmead, L. R. Tsvang, J. A. Volkov, B. M. Kaprov, L. G. Elagina, K. Sahashi, N. Monji, T. Hanafusa, O. Tsukamoto, P. Frenzen, B. B. Hicks, M. Wesely, M. Miyake, and W. J. Shaw, 1982. An international turbulence comparison experiment (ITCE 1976). *Boundary-Layer Meteorology*, 24, 181-209.

Edwards, G. C., H. H. Neumann, G. den Hartog, G. W. Thurtell, and G. Kidd, 1994. Eddy correlation measurements of methane fluxes using a tunable diode laser at the Kinosheo Lake tower site during the Northern Wetlands Study (NOWES). *Journal of Geophysical Research*, 99 D1, 1511-1518.

Elagina, L. G., 1962. Optitscheskij pribor dlja izmerenija turbulentnych pulsacii vlaschnosti (Optical sensor for the measurement of turbulent humidity fluctuations). *Izvestiya Akademii Nauk SSSR, ser Geofiz*, 12, 1100-1107.

Elliott, W. P., 1958. The growth of the atmospheric internal boundary layer. *Transactions of American Geophysical Union*, 39, 1048-1054.

ESDU, 1972. Characteristics of wind speed in the lower layers of the atmosphere near the ground: strong winds (neutral atmosphere). 72026, Engineering Sciences Data Unit Ltd. Regent St. London.

Etling, D., 2002. *Theoretische Meteorologie*. Springer, Berlin, Heidelberg, 354 pp.

Eugster, W., and W. Senn, 1995. A cospectral correction for measurement of turbulent NO_2 flux. *Boundary-Layer Meteorology*, 74, 321-340.

Falge, E. M., R. J. Ryle, M. Alsheimer, and J. D. Tenhunen, 1997. Effects on stand structure and physiology on forest gas exchange: A simulation study for Norway spruce. *Trees*, 11, 436-448.

Falge, E. M., D. Baldocchi, R. Olson, P. Anthoni, M. Aubinet, C. Bernhofer, G. Burba, R. Ceulenmans, R. Clement, H. Dolman, A. Granier, P. Gross, T. Grunwald, D. Hollinger, N. O. Jensen, G. Katul, P. Keronen, A. Kowalski, C. T. Lai, B. E. Law, T. Meyers, H. Moncrieff, E. Moors, J. W. Munger, K. Pilegaard, U. Rannik, C. Rebmann, A. Suyker, J. Tenhunen, K. Tu, S. Verman, T. Vesala, K. Wilson, and S. Wofsy, 2001. Cap filling strategies for long term energy flux data sets. *Agricultural and Forest Meteorology*, **107**, 71-77.

Fanger, P. O., 1972. *Thermal comfort: Analysis and application in environmental engineering*. McGraw Hill, New York, 244 pp.

Farge, M., 1992. Wavelet transforms and their application to turbulence. *Annual Review of Fluid Mechanics*, **24**, 395-457.

Fiebrich, C. A., and K. L. Crawford, 2001. The impact of unique meteorological phenomena detected by the Oklahoma Mesonet and ARS Micronet on automatic quality control. *Bulletin of the American Meteorological Society*, **82**, 2173-2187.

Fiedler, F., and H. A. Panofsky, 1972. The geostrophic drag coefficient and the 'effective' roughness length. *Quarterly Journal of Royal Meteorological Society*, **119**, 431-447.

Finlayson-Pitts, B. J., and J. N. Pitts, 2000. *Chemistry of the Upper and Lower Atmosphere*. Academic Press, San Diego, 963 pp.

Finn, D., B. Lamb, M. Y. Leclerc, and T. W. Horst, 1996. Experimental evaluation of analytical and Lagrangian surface-layer flux footprint models. *Boundary-Layer Meteorology*, **80**, 283-308.

Finn, D., B. Lamb, M. Y. Leclerc, S. Lovejoy, S. Pecknold, and D. Schertzer, 2001. Multifractal analysis of line-source plume concentration fluctuations in surface-layer flows. *Journal of Applied Meteorology*, **40**, 229-245.

Finnigan, J., 2000. Turbulence in plant canopies. *Annual Review of Fluid Mechanics*, **32**, 519-571.

Finnigan, J. J., R. Clement, Y. Malhi, R. Leuning, and H. A. Cleugh, 2003. A re-evaluation of long-term flux measurement techniques. Part 1: Averaging and coordinate rotation. *Boundary-Layer Meteorology*, **107**, 1-48.

Fisher, G. (Editor), 1988. Landolt-Bornstein, Numerical data and functional relationships in science and technology, Group V: Geophysics and space research, Volume 4: Meteorology, Subvolume b: Physical and chemical properties of the air. Springer, Berlin, Heidelberg, 570 pp.

Flemming, G., 1991. *Einführung in die Angewandte Meteorologie*. Akademie-Verlag, Berlin, 168 pp.

Foken, T., 1978: The molecular temperature boundary alyer of the atmosphere over various surfaces. *Archives for Meteorology Geophysics and Bioclimatology*, Ser A 27, 59-67.

Foken, T., 1979. Temperaturmessung mit dünnen Platindrahtem, *Zeitschrift fur Meteorologiez*, **29**, 299-307.

Foken, T., 1984. The parameterization of the energy exchange across the air-sea interface. *Dynamics of Atmospheres and Oceans*, **8**, 297-305.

Foken, T., 1986. An operational model of the energy exchange across the air-sea interface. *Zeitschrift fur Meteorologiez*, **36**, 354-359.

Foken, T., 1990. Turbulenter Energieaustausch zwischen Atmosphäre und Unterlage-Methoden, meßtechnische Realisierung sowie ihre Grenzen und Anwendungsmöglichkeiten. *Berichte des Deutschen Wetterdienstes*, **180**, 287 pp.

Foken, T., 1996. Turbulenzexperiment zur Untersuchung stabiler Schichtungen. *Beichte Polarforschung*, **188**, 74-78.

Foken, T., 1998a. Die scheinbar ungeschlossene Energiebilanz am Erdboden-eine Herausforderung an die Experimentelle Meteorologie. *Sitzungsberichte der Leibniz-Sozietät*, **24**, 131-150.

Foken, T., 1998b. Ergebnisse des LINEXß97-1 Experimentes. Dt Wetterdienst, Forsch. Entwicklung, Arbeitsergebnisse, 53, 38 pp.

Foken, T., 1998c. Genauigkeit meteorologischer Messungen zur Bestimmung des Energie-und Stoffaustausches uber hohen Pflanzenbeständen. *Annals of Meteorology*, 37, 513-514.

Foken, T., 2002. Some aspects of the viscous sublayer. *Meteorologische Zeitschrift*, **11**, 267-272.

Foken, T., 2006a. 50 years of the Monin-Obukhov similarity theory. *Boundary-Layer Meteorology*, **119**, 431-447.

Foken, T., 2006b. *Angewandte Meteorologie, Mikrometeorologische Methoden*. Springer, Berlin. Heidelberg, 2nd edition, 362 pp.

Foken, T., 2008. The energy balance closure problem-An overview. *Ecological Application*, **18**, 1351-1367.

Foken, T., and O. A. Kuznecov, 1978. Die wichtigsten Ergebnisse der gemeinsamen Expedition "KASPEX-76" des Institutes fur Ozenaologie Moskau und der Karl-Marx-Universität Leipzig. *Beitr. Meeresforsch*, **41**, 41-47.

Foken, T., and G. Skeib, 1980. Genauigkeit und Auswertung von Profilmessungen zur Energieaustauschbestimmung. *Zeitschrift fur Meteorologiez*, **30**, 346-360.

Foken, T., and G. Skeib, 1983. Profile measurements in the atmospheric near-surface layer and the use of suitable universal functions for the determination of the turbulent energy exchange. *Boundary-Layer Meteorology*, **25**, 55-62.

Foken, T., and D. Kretschmer, 1990. Stability dependence of the temperature structure parameter. *Boundary-Layer Meteorology*, **53**, 185-189.

Foken, T., and S. P. Oncley, 1995. Results of the workshop 'International and methodical problems of land surface flux measurements.' *Bulletin of the American Meteorological Society*, **76**, 1191-1193.

Foken, T., and B. Wichura, 1996. Tools for quality assessment of surface-based flux measurements. *Agricultural and Forest Meteorology*, **78**, 83-105.

Foken, T., and M. Y. Leclerc, 2004. Methods and Limitations in validation of footprint models. *Agricultural and Forest Meteorology*, 127, 223-234.

Foken, T., S. A. Kitajgoroskij, and O. A. Kuznecov, 1978. On the dynamics of the molecular temperature boundary layer above the sea. *Boundary-Layer Meteorology*, **15**, 289-300.

Foken, T., H. Kaiser, and W. Rettig, 1983. Propelleranemometer: Uberblick und spezielle Entwicklungen am Meteorologischen Hauptobservatorium Potsdam. Veroff Meteorol Dienstes DDR, 24, 48 pp.

Foken, T., G. Skeib, and S. H. Richter, 1991. Dependence of the integral turbulence characteristics on the stability of stratification and their use for Doppler-Sodar measurements. *Zeitschrift fur Meteorologiez*, **41**, 311-315.

Foken, T., W. Gerstmann, S. H. Richter, B. Wichura, W. Baum, J. Ross, M. Sulev, M. Molder, L. R. Tsvang, S. L. Zubkovskii, V. P. Kukharets, A. K. Aliguseinov, V. G. Perepelkin, and J. Zeleny, 1993.

Study of the energy exvhange processes over different types of surfaces during TARTEX-90. Dt Wetterdienst, Forsch. Entwicklung, Arbeitsergebnisse, 4, 34 pp.

Foken, T., R. Dlugi, and G. Kramm, 1995. On the determination of dry deposition and emission of gaseous compounds at the biosphere-atmosphere interface. *Meteorologische Zeitschrift*, 4, 91-118.

Foken, T., O. O. Jegede, U. Weisensee, S. H. Richter, D. Handorf, U. Gorsdorf, G. Vogel, U. Schubert, H.-J. Kirzel, and V. Thiermann, 1997a. Results of the LINEX-96/2 Experiment. Dt Wetterdienst, Forch. Entwicklung, Arbeitsergebnisse, 48, 75 pp.

Foken, T., S. H. Richter, and H. Müller, 1997b. Zur Genauigkeit der Bowen-Ratio-Methode. *Wetter und Leben*, 49, 57-77.

Foken, T., A. L. Buck, R. A. Nye, and R. D. Horn, 1998. A Lyman-a;pha hygrometer with variable path length. *Journal of Atmospheric and Oceanic. Technology*, 15, 211-214.

Foken, T., V. P. Kukharets, V. G. Perepelkin, L. R. Tsvang, S. H. Richter, and U. Weisensee, 1999. The influence of the variation of the surface temperature on the closure of the surface energy balance. 13th Symposium on Boundary Layer and Turbulence, Dallas, TX., 10-15 January 1999, American Meteorological Society, 308-509.

Foken, T., A. Mangold, C. Rebmann, and B. Wichura, 2000. Characterization of a complex measuring site for flux measurements. 14th Symposium on Boundary Layer and Turbulence, Aspen, CO, 07-11 August 2000, American Meteorological Society, Boston, 388-389.

Foken, T., B. Wichura, O. Klemm, J. Gerchau, M. Winterhalter, and T. Weidinger, 2001. Micrometeorological conditions during the total solar eclipse of August 11, 1999. *Meteorologische Zeitschrift*, 10, 171-178.

Foken, T., M. Göckede, L. Mahrt, B. D. Amiro, and J. W. Munger, 2004. Post field data quality control. In: X Lee, W. J. Massman, B. Law (Editors), Handbook of Micrometeorology: A Guide for Surface Flux Measurement and Analysis. Kluwer, Dordrecht, pp. 181-208.

Foken, T., M. Mauder, C. Liebethal, F. Wimmer, F. Beyrich, S. Raasch, H. A. R. DeBruin, W. M. L. Meijninger, and J. Bange, 2006a. *Attempt to close the energy balance for the LITFASS-2003 experiment*. 27th Symposium Agricultural and Forest Meteorology, San Diego, 22-27 May 2006, American Meteorological Society, paper 1.11.

Foken, T., F. Wimmer, M. Mauder, C. Thomas, and C. Liebethal, 2006b. Some aspects of the energy balance closure problem. *Atmospheric Chemistry and Physics*, 6, 4395-4402.

Frankenberger, E., 1951. Undersuchungen über den Vertikalaustausch in den unteren Dekametern der Atmopshäre. *Annals of Meteorology*, 4, 358-374.

Frenzen, P., and C. A. Vogel, 2001. Further studies of atmospheric turbulence in layers near the surface: Scaling the TKE budget above the roughness sublayer. *Boundary-Layer Meteorology*, 99, 173-458.

Friedrich, K., N. Molders, and G. Tetzlaff, 2000. On the influence of surface heterogeneity on the Bowen-ratio: A theoretical case study. *Theoretical and Applied Climatology*, 65, 181-196.

Frisch, U., 1995. *Turbulence: The Legacy of A. N. Kolmogorov*. Cambridge University Press, Cambridge, 296 pp.

Fuchs, M., 1986. Heat flux. In: A Klute (Editor), Methods of Soil Analysis, Part 1: Physical and Mineralogical Methods. Agr. Monogr. ASA and SSSA, Madison, WI, pp. 957-968.

Fuchs, M., and C. B. Tanner, 1970. Error analysis of Bowen ratios measured by differential psychrometry. *Agricultural Meteorology*, 7, 329-334.

Fuehrer, P. L., and C. A. Friehe, 2002. Flux correction revised. *Boundary-Layer Meteorology*, **102**, 415-457.

Gandin, L. S., 1988. Complex quality control of meteorological observations. *Monthly Weather Review*, **116**, 1137-1156.

Gao, W., R. H. Shaw, and K. T. Paw U, 1989. Observation of organized structure in turbulent flow within and above a forest canopy. *Boundary-Layer Meteorology*, **47**, 349-377.

Garratt, J. R, 1980. Surface influence on vertical profiles in the atmospheric near-surface layer. *Quarterly Journal of Royal Meteorological Society*, **106**, 803-819.

Garratt, J. R., 1990. The internal boundary layer-A review. *Boundary-Layer Meteorology*, **50**, 171-203.

Garratt, J. R., 1992. *The Atmospheric Boundary Layer*. Cambridge University Press, Cambridge, 316 pp.

Garratt, J. R., and B. B. Hicks, 1990. Micrometeorological and PBL experiments in Australia. *Boundary-Layer Meteorology*, **50**, 11-32.

Gash, J. H. C., 1986. A note on estimating the effect of a limited fetch on micrometeorologicalevaporation measurements. *Boundary-Layer Meteorology*, **35**, 409-414.

Gavrilov, A. S., and J. S., Petrov, 1981. Ocenka totschnosti opredelenija turbulentnych potokov po standartnym gidrometerologischeskim izmerenijam nad morem. *Meteorol. Gidrol.*, 52-59.

Geernaert, G. L. (Editor), 1999. *Air-Sea Exchange: Physics, Chemistry and Dynamics*. Kluwer Academic Publishers, Dordrecht, 578 pp.

Geiger, R., 1927. *Das Klima der bodennahen Luftschicht*. Friedr. Vieweg & Sohn, Brunschweig, 246 pp.

Geiger, R., R. H. Aron, and P. Todhunter, 1995. *The Climate Near the Ground*, 5th edn. Vieweg & Sohn Verlagsges, mbH, Braunschweig, Wiesbaden, 528 pp.

Gerth, W.-P., 1986. Kilmatische Wechselwirkungen in der Raumplanung bei Nutzungsanderungen. Ber Dt Wetterdienstes, 171, 69 pp.

Gilgen, H., C. H. Whitlock, F. Koch, G. Muller, A. Ohmura, D. Steiger, and R. Wheeler, 1994. Technical plan for BSRN data management. World Radiation Monitoring Centre (WRMC), Technical Report 1, 56 pp.

Glickman, T. S. (Editor), 2000. *Glossary of Meteorology*. American Meteorological Society, Boston, MA, 855 pp.

Göckede, M., 2000. Das Windprofil in den untersten 100 m der Atmosphäre unter besonderer Berücksichtigung der Stabilität der Schichtung. Dipl.-Arb., University of Bayreuth, Bayreuth, 133 pp.

Göckede, M., and T. Foken, 2001. Ein weiterentwicketes Holstag-van Ulden- Schema zur Stäbilitatsparametrisierung in der Bodenschicht. Österreichische Beitrage zu Meteorologie und Geophysik, 27, (Extended Abstract and pdf-file on CD) 210.

Göckede, M., C. Rebmann, and T. Foken, 2004. A combination of quality assessment tools for eddy covariance measurements with footprint modelling for the characterisation of complex sites. *Agricultural and Forest Meteorology*, **127**, 175-188.

Göckede, M., T. Markkanen, M. Mauder, K. Arnold, J.-P., Leps, and T, Foken, 2005. Validation footprint models using natural tracer. *Agricultural and Forest Meteorology*, **135**, 314-325.

Göckede, M., T. Markkanen, C. B. Hasager, and T. Foken, 2006. Update of a footprint-based approach for the characterisation of complex measuring sites. *Boundary-Layer Meteorology*, **118**, 635-655.

Göckede, M., C. Thomas, T. Markkanen, M. Mauder, J. Ruppert, and T. Foken, 2007. Sensitivity of Lagrangian Stochastic footprints to turbulence statistics. *Tellus*, 59B, 577-586.

Goulden, M. L., J. W. Munger, F.-M. Fan, B. C. Daube, and S. C. Wofsy, 1996. Measurements of carbon sequestration by long-term eddy covariance: method and critical evaluation of accuracy. *Global Change Biology*, 2, 159-168.

Goutorbe, J. P., T. Lebel, A. Tinga, P. Bessemoulin, J. Brouwer, H. Dolman, E. T. Engman, J. G. C. Gash, M. Hoepffner, P. Kabat, Y. H. Kerr, B. Monteny, S. D. Prince, F. Said, P. Sellers, and J. Wallis, 1994. HAPEX-SAHEL: A l;arge scale study of land atmosphere interactions in the semi-arid tropics. *Annales Geophysicae*, **12**, 53-64.

Graefe, J., 2004. Roughness layer corrections with emphasis on SVAT model applications. *Agricultural and Forest Meteorology*, **124**, 237-251.

Graf, U., 2004. Applied Laplace transforms and Z-transforms for scientists and engineers. Birkhäuser, Basel, 500 pp.

Grimmond, C. S. B., and T. R. Oke, 1999. Aerodynamic properties of urban areas derived from analysis of surface form. *Journal of Applied Meteorology*, **38**, 1262-1292.

Grimmond, C. S. B., and T. R. Oke, 2000. Corrigendum. *Journal of Applied Meteorology*, **39**, 2494.

Grimmond, C. S. B., T. S. King, M. Roth, and T. R. Oke, 1998. Aerodynamic roughness of urban area derived from wind observations. *Boundary-Layer Meteorology*, **89**, 1-24.

Gryning, S.-E., A. P. van Ulden, and S. Larsen, 1983. Dispersions from a ground level source investigated by a K model. *Quarterly Journal of Royal Meteorological Society*, **109**, 355-364.

Gu, L., E. M. Falge, T. Boden, D. D. Baldocchi, T. Black, S. R. Saleska, T. Sumi, S. B. Verma, T. Vesala, S. C. Wofsy, and L. Xu., 2005. Objective threshold determinination for nighttime eddy flux filtering. *Agricultural and Forest Meteorology*, **128**, 179-197.

Guderian, R. (Editor), 2000. Handbuch der Umweltveränderungen und Ökotoxikologie, Atmosphäre, Bd. 1A und 1B. Springer, Berlin, Heidelberg, 424, 516 pp.

Gurjanov, A. E., S. L. Zubkovskij, and M. M. Fedorov, 1984. Mnogokanalnaja avtomatizirovannaja sistema obrabotki signalov na baze EVM (Automatic multi-channel system for signal analysis with electronic data processing). *Geod. Geophys. Veröff, R II*, **26**, 17-20.

Gurtalova, T., J. Vidovitsch, F. Matejka, and P. Mudry, 1988. Dinamitscheskaja sherochovatost I biometritscheskie chrakteristiki kukuruzy v ontogeneze (Dynamical roughness and biometric characteristics of corn during the Ontogenesis). *Contr. Geophys. Inst. Slovak. Akad. Sci.*, **8**, 46-53.

Halldin, S., and A. Lindroth, 1992. Errors in net radiometry, comparison and evaluation of six radiometer designs. *Journal of Atmospheric and Oceanic Technology*, **9**, 762-783.

Hanafusa, T., T. Fujitana, Y. Kobori, and Y. Mitsuta, 1982. A new type sonic anemometer-thermometer for field operation. *Papers in Meteorology and Geophysics*, **33**, 1-19.

Handorf, D., and T. Foken, 1997. Analysis of turbulent structure over an Antarctic ice shelf by means of wavelet transformation. 12th Symposium on Boundary Layer and Turbulence, Vancouver BC, Canada, 28 July-1 August 1997, American Meteorological Society, 245-246.

Handorf, D., T. Foken, and C. Kottmeier, 1999. The stable atmospheric boundary layer over an Antarctic ice sheet. *Boundary-Layer Meteorology*, 91, 165-186.

Hann, J. F., and R. Süring, 1939. *Lehrbuch der Meteorologie*. Verlag von Willibald Keller, Leipzig, 480 pp.

Hartmann, D. L., 1994. *Global Physical Climatology*. Academic Press, San Diego, New York, 408 pp.

Hartogensis, O. K., and H. A. R. DeBruin, 2005. Monin-Obukhov similarity functions of the structure parameter of temperature and turbulent kinetic energy dissipation I the stable boundary layer. *Boundary-Layer Meteorology*, 116, 253-276.

Hasager, C. B., and N. O. Jensen, 1999. Surface-flux aggregation in heterogeneous terrain. *Quarterly Journal of Royal Meteorological Society*, 125, 2075-2102.

Hasager, C. B., N. W. Nielsen, N. O. Jensen, E. Boegh, J. H. Christensen, E. Dellwik, and H. Soegaard, 2003. Effective roughness calculated from satellite-derived land cover maps and hedgeinformation used in a weather forecasting model. *Boundary-Layer Meteorology*, 42, 55-78.

Haude, W., 1955. Bestimmung der Verdunstung auf moglichst einfache Weise. *Mitteilungen des Deutschen Weytterdienstes*, 11, 24 pp.

Haugen, D. H. (Editor), 1973. *Workshop on Micrometeorology*. American Meteorology Society, Boston, 392 pp.

Haugen, D. A., 1978. Effects of Sampling Rates and Averaging Periods on Meteorological Measurements. Fourth Symposium Meteorological Observations and Instrumentation, Denver, Colorado. American Meteorological Society, Boston, 15-18.

Heinz, G., D. Handorf, and T. Foken, 1999. Direct visualization of the energy transfer from coherent structures to turbulence via wavelet analysis. 13th Symposium on Boundary Layer and Turbulence, dallas, TX, 10-15 January 1999, American Meteorological Society, Boston, 664-665.

Helbig, A., Baumuller, J., and Kerschgens, J. (Editors), 1999. Stadtklima und Luftreinhaultung. Springer, Berlin, Heidelberg, 467 pp.

Hentschel, G., 1982. Das Bioklima des Menschen. Verlag Volk und Gesundheit, Berlin, 192 pp.

Herzog, H.-J., G. Vogel, and U. Schubert, 2002. LLM-a nonhydrostatic model applied to high-resolving simulation of turbulent fluxes over heteorogeneous terrain. *Theoretical and Applied Climatology*, 73, 67-86.

Hess, G. D., B. B. Hicks, and T. Yamada, 1981. The impact of the Wangara experiment. *Boundary-Layer Meteorology*, 20, 135-174.

Hesselberg, T., 1926. Die Gesetze der ausgeglichenen atmosphärischen Bewegungen. *Beiträge zur Physik der freien Atmosphäre*, 12, 135-174.

Heusinkveld, B. G., A. F. G. Jacobs, A. A. M. Holtslag, and S. M. Berkowicz, 2004. Surface energy balance closure in an arid region: role of soil heat flux. *Agricultural and Forest Meteorology*, 122, 21-37.

Hicks, B. B., 1981. An examination of the turbulence statistics in the surface boundary layer. *Boundary-Layer Meteorology*, 21, 389-402.

Hicks, B. B., and D. R. Matt, 1988. Combining biology, chemistry and meteorology in modelling and measuring dry deposition. *Journal of Atmospheric Chemistry*, 6, 117-131.

Hicks, B. B., D. D. Baldocchi, T. P. Meyers, R. P. Hosker Jr., and D. R. Matt, 1987. A preliminary multiple resistance routine for deriving dry deposition velocities from measured quantities. *Water, Air and Soil Pollution*, 36, 311-330.

Hierteis, M., J. Svoboda, and T. Foken, 2000. Einfluss der Topographic auf das Windfeld und die Leistung von Windkraftangen. DEWEK 2000, Wilhelmshaven, 67.-08.06.2000, Deutsches Windenergie-Institu, 272-276.

Hill, R., 1997. Algorithms for obtaining atmospheric surface-layer from scintillation measurements. *Journal of Atmospheric and Oceanic Technology*, 14, 456-467.

Hill, R. J., S. F. Clifford, and R. S. Lawrence, 1980. Refractive index and absorption fluctuations in the infrared caused by temperature, humidity and pressure fluctuations. *Journal of the Optical Society of America*, 70, 1192-1205.

Hillel, D., 1980. *Applications of soil physics*. Academic Press, New York, 385 pp.

Högström, U., 1974. A field study of the turbulent fluxes of heat water vapour and momentum at a 'typical' agricultural site. *Quarterly Journal of Royal Meteorological Society*, 100, 624-639.

Högström, U., 1985. Von Kármán constant in atmospheric boundary flow: Revaluated. *Journal of Atmospheric Sciences*, 42, 263-270.

Högström, U., 1988. Non-dimensional wind and temperature profile in the atmospheric surface layer: A re-evaluation. *Boundary-Layer Meteorology*, 42, 55-78.

Högström, U., 1990. Analysis of turbulence structure in the surface layer with a modified similarity formulation for near neutral conditions. *Journal of Atmospheric Sciences*, 47, 1949-1972.

Högström, U., 1996. Review of some basic characteristics of the atmospheric surface layer. *Boundary-Layer Meteorology*, 78, 215-246.

Högström, U., and A. Smedman, 2004. Accuracy of sonic anemometer: Laminar wind-tunnel calibration compared to atmospheric in situ calibrations against a reference instrument. *Boundary-Layer Meteorology*, 111, 33-54.

Högström, U., J. C. R. Hunt, and A.-S. Smedman, 2002. Theory and measurements for turbulence spectra and variances in the atmospheric neutral surface layer. *Boundary-Layer Meteorology*, 103, 101-124.

Højstrup, J., 1981. A simple model for the adjustment of velocity spectra in unstable conditions downstream of an abrupt change in roughness and heat flux. *Boundary-Layer Meteorology*, 21, 341-356.

Højstrup, J., 1993. A statistical data screening procedure. *Measurement Science & Technology*, 4, 153-157.

Holmes, P., J. L. Lumley, and G. Berkooz, 1996. *Turbulence, Coherent Structures, Dynamical Systems and Symmetry*. Cambridge University Press, Cambridge, 420 pp.

Holtslag, A. A. M., and A. P. van Ulden, 1983. A simple scheme for daytime estimates of the surface fluxes from routine weather data. *Journal of Climate and Applied Meteorology*, 22, 517-529.

Holtslag, A. A. M., and F. T. M. Nieuwstadt, 1986. Scaling the atmopsheric boundary layer. *Boundary-Layer Meteorology*, 36, 201-209.

Höppe, P., 1984. Die Energiebilanz des Menschen. Wiss. Mitt. Meteorol. Inst. Uni. München, 49, 173 pp.

Höppe, P., 1992. Ein neues Verfahren zur Bestimmung der mittleren Strahlungstemperatur im Freien. *Wetter und Leben*, 44, 147-151.

Höppe, P., 1999. The physiological equivalent temperature - a universal index for biometeorological assessment of the thermal environment. *International Journal of Biometeorology*, **43**, 71-75.

Horst, T. W., 1999. The footprint for estimation of atmosphere-surface exchange fluxes by profile techniques. *Boundary-Layer Meteorology*, **90**, 171-188.

Horst, T. W., and J. C. Weil, 1992. Footprint estimation for scalar flux measurements in the atmospheric surface layer. *Boundary-Layer Meteorology*, **59**, 279-296.

Horst, T. W., and J. C. Weil, 1994. How far is far enough?: The fetch requirements for micrometeorological measurement of surface fluxes. *Journal of Atmospheric and Oceanic Technology*, **11**, 1018-1025.

Horst, T. W., and J. C. Weil, 1995. Corrigenda: How far is far enough?: The fetch requirements for micrometeorological measurement of surface fluxes. *Journal of Atmospheric and Oceanic Technology*, **12**, 447.

Horton, R., P. J. Wieringa, D. R. Nielson, 1983. Evaluation of methods for determining the apparent thermal diffusivity of soil near the surface. *Soil Science Society of America Journal*, **47**, 25-32.

Houghton, D. D., 1985. *Handbook of Applied Meteorology*. Wiley, New York, XV, 1461 pp.

Houghton, J. T., Y. Ding, D. J. Griggs, M. Noguer, P. J. van der Linden, X. Dai, K. Maskell, and C. A. Johnson (Editors), 2001. Climate change 2001, The scientific basic. Cambridge University Press, Cambridge, 881 pp.

Hsu, S. A., E. A. Meindl, and D. B. Gilhousen, 1994. Determination of power-law wind-profile exponent under near-neutral stability conditions at sea. *Journal of Applied Meteorology*, **33**, 757-765.

Huang, C. H., 1979. A theory of dispersion in turbulent shear flow. *Atmospheric Environment*, **13**, 453-463.

Hui, D. F., S. Q. Wan, B. Su, G. Katul, R. Monson, and Y. Q. Luo, 2004. Gap-filling missing data in eddy covariance measurements using multiple imputation (M1) for annual estimations. *Agricultural and Forest Meteorology*, **121**, 93-111.

Hupfer, P., 1989. Klima im mesoräumigen Bereich. *Abh Meteorol Dienstes*, **141**, 181-192.

Hupfer, P. (Editor), 1991. *Das Klimasystem der Erde*. Akademie-Verlag, Berlin, 464 pp.

Hupfer, P., 1996. Unsere Umwelt: Das Klima. B. G. Teubner. Sturrgart, Leipzig, 335 pp.

Hupfer, P., and W. Kuttler (Editors), 2005. *Witterung und Klima, begrundet von Ernst Heyer*. B. G. Teubner. Sturrgart, Leipzig, 554 pp.

Hupfer, P., T. Foken, and U. Bachstein, 1976. Fine structure of the internal boundary layer in the near shore zone of the sea. *Boundary-Layer Meteorology*, **10**, 503-505.

Hurtalova, T., F. Matejka, and J. Vidocic, 1983. Undersuchung der Oberflächenrauhigkei und ihrer Variation auf Ground von Strukturveränderungen des Maisbestandes während der Ontogenese. *Zeitschrift fur Meteorologiez*, **33**, 368-372.

Hyson, P., J. R. Garratt, and R. J. Francey, 1977. Algebraic und electronic corrections of measured uw covariance in the lower atmosphere. *Boundary-Layer Meteorology*, **16**, 43-47.

Ibrom, A., E. Dellwik, H. Flyvbjerg, N. O. Jensen, and K. Pilegaard, 2007. Strong low-pass filtering effects on water vapour flux measurements with closed-path eddy correlation systems. *Agricultural and Forest Meteorology*, **147**, 140-156.

Inclan, M. G., R. Forkel, R. Dlugi, and R. B. Stull, 1996. Application of transilient turbulent theory to study interactions between the atmospheric boundary layer and forest canopies. *Boundary-Layer Meteorology*, 79, 315-344.

Irvin, J. S., 1978. A theoretical variation of the wind profile power-law exponent as a function of surface roughness and stability. *Atmospheric Environment*, 13, 191-194.

ISO, 1996. Acoustics-Attenuation of sound during propagation outdoors-Part 2: General method of calculation, ISO 9613-2 Beuth-Verlag, Berlin, 26 pp.

Itier, B., 1980. Une methode simplifiee pour la mesure du flux de chaleur sensible. *Journal of Rech Atmos*, 14, 17-34.

Izumi, Y., 1971. *Kansas 1968 Field Program data report*. Environmental Research Paper, No. 379, Air Force Cambridge Research Laboratories, Bedford, MA.

Jacobs, A. F. G., and B. G. McNaughton, 1994. The excess temperature of a rigid fast-response thermometer and its effects on measured heat fluxes. *Journal of Atmospheric and Oceanic Technology*, 11, 680-686.

Jacobs, A. F. G., B. G. Heusinkveld, and J. P. Nieveen, 1998. Temperature behavior of a natural shallow water body during a summer period. *Theoretical and Applied Climatology*, 59, 121-127.

Jacobson, M. Z., 2005. *Fundamentals of Atmospheric Modelling*. Cambridge University Press, Cambridge, 813 pp.

Jegede, O. O., and T. Foken, 1999. A study of the internal boundary layer due to a roughness change in neutral conditions observed during the LINEX field campaigns. *Theoretical and Applied Climatology*, 62, 31-41.

Jendritzky, G., G. Metz, H. Schrimer, and W. Schmidt-Kessen, 1990. Methodik zur raumbezogenen Bewertung der thermischen Komponente im Bioklima des Menschen. Beitr. Akad. raumforschung Landschaftsplanung, 114, 80 pp.

Joffre, S. M., 1984. Power laws and the empirical representation of velocity and directional sheer. *Journal of Climate and Applied Meteorology*, 58, 1549-1566.

Johansson, C., A. Smedman, U. Högström, J. G. Brasseur, and S. Khanna, 2001. Critical test of validity of Monin-Obukhov similarity during convective conditions. *Journal of Atmospheric Sciences*, 58, 1549-1566.

Jones, H. G., 1992. *Plants and Microclimate: A Quantitative Approach to Environmental Plant Physiology*. Cambridge University Press, Cambridge, 428 pp.

Junghans, 1967. Der Einfluss es Winds auf das Niederschlagsdargebot von Hangen. *Archiv. Forstw*, 16, 579-585.

Kader, B. A., and A. M. Yaglom, 1972. Heat and mass transfer laws for fully turbulent wall flows. *International Journal of Heat and Mass Transfer*, 15, 2329-2350.

Kader, B. A., and V. G., Perepelkin, 1984. Profil skorosti vetra i temperatury v prizemnom sloje atmosfery v uslovijach nejtralnoj i neustojtschivoj stratifikacli (The wind and temperature profile in the near surface layer for neutral and unstable stratification). *Izv AN SSSR, Fiz. Atm. Okeana*, 20, 151-161.

Kaimal, J. C., and J. A. Businger, 1963. A continuous wave sonic anemometer-thermometer. *Journal of Climate and Applied Meteorology*, 2, 156-164.

Kaimal, J. C., and J. C. Wyngaard, 1990. The Kansas and Minnesota experiments. *Boundary-Layer Meteorology*, **50**, 31-47.

Kaimal, J. C., and J. E. Gaynor, 1991. Another look to sonic thermometry. *Boundary-Layer Meteorology*, **56**, 401-410.

Kaimal, J. C., and J. J. Finnigan, 1994. *Atmospheric Boundary Layer Flows-Their Structure and Measurement*. Oxford University Press, 289 pp.

Kaimal, J. C., J. C. Wyngaard, Y. Izumi, and O. R. Coté, 1972. Spectral characteristics of surface layer turbulence. *Quarterly Journal of Royal Meteorological Society*, **98**, 563-589.

Kallistratova, M. A., 1959. Eksperimentalnoje issledovanie rassejenija zvuka v turbulentnoj atmosfere (An experimental investigation in the scattering of sound in the turbulent atmosphere). Dokl AN SSSR, 125, 69-72.

Kanda, M., A. Inagaki, M. O. Letzel, S. Raasch, and T. Watanabe, 2004. LES study of the energy imbalance problem with eddy covariance fluxes. *Boundary-Layer Meteorology*, **110**, 381-404.

Kanemasu, E. T., S. B. Verma, E. A. Smith, L. Y. Fritschen, M. Wesley, R. T. Fild, W. P. Kustas, H. Weaver, Y. B. Steawart, R. Geney, G. N. Panin, and J. B. Moncrieff, 1992. Surface flux measurements in FIFE: An overview. *Journal of Geophysical Research*, **97**, 18,547-18,555.

Kantha, L. H., and C. A. Clayson, 2000. *Small scale processes in geophysical fluid flows*. Academic Press, San Diego, 883 pp.

Kasten, F., 1985. Maintenance, calibration and comparison. WMO, Instruments Observe Methods WMO/TD, 51, 65-84.

Kiehl, J., and K. E. Trenberth, 1997. Earth annual global mean energy budget. *Bulletin of the American Meteorological Society*, **78**, 197-208.

King, J. C., and J. Turner, 1997. *Antarctic Meteorology and Climatology*. Cambridge University Press, Cambridge, 409 pp.

King, J. C., P. S. Anderson, M. C. Smith, and S. D. Mobbs, 1996. The surface energy and mass balance at Halley, Antarctica during winter. *Journal of Geophysical Research*, **101 (D14)**, 19,119-19,128.

Kitajgorodskij, S. A., 1976. Die Anwendung der Ähnlichkeitstheori für die Bearbeitung der Turbulenz in der bodennahen Schlicht der Atmosphäre. Z. Memeorol, **26**, 185-204.

Kitajgorodskij, S. A., and J. A. Volkov, 1965. O rascete turbulentnych potokov tepla i vlagi v privodnom sloe atmosfery (The calculation of the turbulence fluxes of temperature and humidity in the atmosphere near the water surface) Izv AN SSSR, Fiz Atm Okeana, **1**, 1317-1336.

Klaassen, W., P. B. van Breugel, E. J. Moors, and J. P. Nieveen, 2002. Increased heat fluxes near a forest edge. *Theoretical and Applied Climatology*, **72**, 231-243.

Kleinschmidt, E. (Editor), 1935. *Handbuch der meteorologischen Instrumente und ihrer Auswertung*. Springer, Berlin, 733 pp.

Kljun, N., M. W. Rotach, and H. P. Schmid, 2002. A three-dimensional backward Lagrangian foorprint model for a wide range of boundary layer stratification. *Boundary-Layer Meteorology*, **103**, 205-226.

Klug, W., 1969. Ein Verfahren zur Bestimmung der Ausbreitungungen aus synoptischen Beobachtungen. *Staub-Reinhalt Luft*, **29**, 143-147.

Knoch, K., 1949. Die Gelandeklimatologie, ein wichtiger Zweig der angewandten Klimatologie. *Ber Dtsch Landesk*, 7, 115-123.

Kohsiek, W., 1982. Measuring CT^2, CQ^2, and CTQ in the unstable surface layer, and relation to the vertical fluxes of heat and moisture. *Boundary-Layer Meteorology*, 24, 89-107.

Kohsiek, W., C. Liebethal, T. Foken, R. Vogt, S. P. Oncley, C. Bernhofer, and H. A. R., DeBruin, 2007. The Energy Balance Experiment EBEX-2000. Part III: Behaviour and quality of radiation measurements. *Boundary-Layer Meteorology*, 123, 55-75.

Koitzsch, R., M. Dzingel, T. Foken, and G. Mucket, 1988. Probleme der experimentellen Erfassung des Energieaustausches uber Winterweizen. *Zeitschrift fur Meteorologiez*, 38, 150-155.

Kolmogorov, A. N., 1941a. Rassejanie energii pri lokolno-isotropoi turbulentnoisti (Dissipation of energy in locally isotropic turbulence). *Doklady Akad. Nauk. SSSR*, 32, 22-24.

Kolmogorov, A. N., 1941b. Lookalnaja struktura turbulentnosti v neschtschimaemoi schidkosti pri otschen bolschich tschislach Reynoldsa (The local structure of turbulence in incompressible viscous fluid for very large Reynolds numbers). *Doklady Akad. Nauk. SSSR*, 30, 301-304.

Kondo, J., and T. Saito, 1982. The determination of the von Karman constant. *Journal of Meteorological Society of Japan*, 60, 461-471.

Kormann, R., and F. X. Meixner, 2001. An analytical footprint model for non-neutral stratification. *Boundary-Layer Meteorology*, 99, 207-224.

Kramm, G., and T. Foken, 1998. Uncertainty analysis on the evaporation at the sea surface. Second Study Conference on BALTEX, Juliusruh, 25-29 May 1998, BALTEX Secretariat, 113-114.

Kramm, G., and F. X. Meixner, 2000. On the dispersion of trace species in the atmospheric boundary layer: a re-formulation of the governing equations and evaluations. *Tellus*, 51A, 500-522.

Kramm, G., R. Dlugi, and D. H. Lenschow, 1995. A re-evaluation of the Webb correction using density weighted averages. *Journal of Hydrology*, 166, 293-311.

Kramm, G., M. Beier, T. Foken, H. Müller, P. Schröder, and W. Seiler, 1996a. A SVAT-skime for NO, NO2, and O3-Model description and test results. *Meteorology and Atmospheric Physics*, 61, 89-106.

Kramm, G., T. Foken, N. Mölders, H. Müller, and K. T. Paw U, 1996b. The sublayer-Stanton numbers of heat and matter for different types of natural surfaces. *Contributions to Atmospheric Physics*, 69, 417-430.

Kramm, G., R. Dlugi, and N. Mölders, 2002. Sublayer-Stanton numbers of heat and matter for aerodynamically smooth surfaces: basic considerations and evaluations. *Meteorology and Atmospheric Physics*, 79, 173-194.

Kraus, H., 1983. Meso-und mikro-skalige Klimasysteme. *Ann. Meteorol*, 20, 4-7.

Krauss, H., 2004. *Die Atmosphäre der Erde*. Springer, Berlin, Heidelberg, 422 pp.

Kretschmer, S. I., 1954. Metodika izmerenija mikropulsacii skorosti vetra I temperatua v atmospfere (A method to measure the fluctuations of the wind velocity and the temperature). *Trudy geofiz inst AN SSSR*, 24(151), 43-111.

Kretschmer, S. I., and J. V. Karpovitsch, 1973. Maloinercionnyj ultrafioletovyj vlagometer (Sensitive ultraviolet hygrometer). *Izv AN SSSR, Fiz Atm Okeana*, 9, 642-645.

Kristensen, L., 1998. Cup anemometer behavior in turbulent environments. *Journal of Atmospheric and Oceanic Technology*, 15, 5-17.

Kristensen, L., L. Mann, S. O. Oncley, and J. C. Wyngaard, 1997. How close is close enough when measuring scalar fluxes with displaced sensors. *Journal of Atmospheric and Oceanic Technology*, 14, 814-821.

Kukharets, V. P., H. G. Nalbandyan, and T. Foken, 2000. Thermal Interaction between the underlying surface and a nonstationary radiation flux. *Izv. Atmos. Oceanic Phys.*, 36, 318-325.

Landau, L. D., and E. M. Lifschitz, 1987. *Fluid Mechanics*. Butterworth-Heinemann, Oxford, 539 pp.

Laubach, J., 1996. Charakterrisierung des turbulenten Austausches von Wärme. Wasserdrampf und Kohlendioxid über niedriger Vegetation an Hand von Eddy-Korrelations-Messungen. Wiss Mitt Inst Meteorol Univ Lepzig und Inst Troposphärenforschung Leipzig, 3, 139 pp.

Leclerc, M. Y., and C. W. Thurtell, 1989. Footprint Predictions of Scalar Fluxes and Concentration Profiles using a Markovian Analysis. 19th Conference of Agricultural and Forest Meteorology, Charleston, SC, March 7-10, 1989, American Meteorology Society.

Leclerc, M. Y., and C. W. Thurtell, 1990. Footprint prediction of scalar fluxes using a Markovian analysis. *Boundary-Layer Meteorology*, 52, 247-258.

Leclerc, M. Y., S. Shen, and B. Lamb, 1997. Observations and large-eddy simulation modeling of footprints in the lower convective boundary layer. *Journal of Geophysics Research*, 102(D8), 9323-9334.

Lee, R., 1978. Forest Microclimatology. Columbia University Press, New York, 276 pp.

Lee, X., 1998. On micrometeorological observations of surface-air exchange over tall vegetation. *Agricultural and Forest Meteorology*, 91, 39-49.

Lee, X., 2000. Air motion within and above forest vegetation in non-ideal conditions. *Forest Ecology and Management*, 135, 3-18.

Lee, X., W. J. Massman, and B. Law (Editors), 2004. *Handbook of micrometeorology: A guide for surface flux measurement and analysis*. Kluwer, Dordrecht, 250 pp.

Lege, D., 1981. Eine Betrachtung zur Bestimmung des Storms Fuhlbarer Warme und der Schubspannungsgeschwindigkeit aus Temperatur- und Windgesch- windigkeitsdifferenzen. *Meteorol. Rundschau*, 34, 1-4.

Lehmann, A., and M. Kalb, 1993. 100 Jahre meteorologische Beobachtungen an der Säkularstation Potsdam 1893-1992. Deutscher Wettlerdienst, Offenbach, 32 pp.

Lenschow, D. H., J. Mann, and L. Kristensen, 1994. How long is long enough when measuring fluxes and other turbulence statistics? *Journal of Atmospheric and Oceanic Technology*, 11, 661-673.

Lettau, H., 1939. *Atmosphärische Turbulenz*. Akad. Verlagsges', Leiozig, 283 pp.

Lettau, H., 1949: Isotopic and nonßisitropic turbulence in the atmospheric surface lazer. *Geophzs. Res.. Pap.*, 1, 86 pp.

Lettau, H., 1969. Note on aerodynamic roughness-parameter estimation on the basis of roughness-element description. *Journal of Applied Meteorology*, 11, 783-792.

Lettau, H. H., 1957. Windprofil, innere Reibung und Energieumsatz in den untersten 500 m über dem Meer. *Beitr. Phys. Atm.*, 30, 78-96.

Lettau, H. H., and B. Davidson (Editors), 1957. *Exploring the Atmosphere's First Mile.* Vol. 1. Pergamon Press, London, New York, 376 pp.

Leuning, R., and B. J. Legg, 1982. Comments on 'The influence of water vapor fluctuations on turbulent fluxes' by Brook. *Boundary-Layer Meteorology*, **23**, 255-1258.

Leuning, R., and M. J. Judd, 1996. The relative merits of open-and closed path analysers for measurements of eddy fluxes. *Global Change Biology*, **2**, 241-254.

Lexikon, 1998. der Physik in 6 Banden. Spektrum Akademischer Verlag, Heidelberg.

Liebethal, C., and T. Foken, 2003. On the significance of the Webb correction to fluxes. *Boundary-Layer Meteorology*, **109**, 99-106.

Liebethal, C., and T. Foken, 2004. On the significance of the Webb correction to fluxes, Corrigendum. *Boundary-Layer Meteorology*, **113**, 301.

Liebethal, C., and T. Foken, 2006. On the use of two repeatedly heated sensors in the determination of physical soil parameters. *Meteorologische Zeitschrift*, **15**, 293-299.

Liebethal, C., and T. Foken, 2007. Evaluation of six parameterization approaches for the ground heat flux. *Theoretical and Applied Climatology*, **88**, 43-56.

Liebethal, C., B. Huwe, and T. Foken, 2005. Sensitivity analysis for two ground heat flux calculation approaches. *Agricultural and Forest Meteorology*, **132**, 253-262.

Lilly, D. K., 1967. The representation of small-scale turbulence in numerical simulation experiments. IBM Scientific Computing Symposium on Environmental Science, Yorktown Heights, N.Y., November 14-16, 1966, IBM Form No. 320-1951, 195-210.

Linacre, E. T., 1994. Estimating U.S. Class-A pan evaporation from climate data. *Water International*, **19**, 5-14.

Liou, K. N., 1992. *Radiation and cloud processes in the atmosphere*. Oxford University Press, Oxford, 487 pp.

Liu, H., 2005. An alternative approach for CO2 flux correction caused by heat and water vapour transfer. *Boundary-Layer Meteorology*, **115**, 151-168.

Liu, H., and T. Foken, 2001. A modified Bowen ratio method to determine sensible and latent heat fluxes. *Meteorologische Zeitschrift*, **10**, 71-80.

Liu, H., G. Peters, and T. Foken, 2001. New equations for sonic temperature variance and buoyancy heat flux with an omnidirectional sonic anemometer. *Boundary-Layer Meteorology*, **100**, 1459-468.

Lloyd, J. and J. A. Taylor, 1994. On the temperature dependence of soil respiration. *Functional Ecology*, **8**, 315-323.

Logan, E., and G. H. Fichtl, 1975. Rough to smooth transition of the equilibrium neutral constant stress layer. *Boundary-Layer Meteorology*, **8**, 525-528.

Louis, J. F., 1979. A parametric model of vertical fluxes in the atmosphere. *Boundary-Layer Meteorology*, **17**, 187-202.

Louis, J. F., M. Tiedtke, and J. F. Geleyn, 1982. A short history of the PBL parameterization at ECMWF. Workshop on Boundary Layer Parameterization. Reading, ECMWF, 59-79.

Lumley, J. L., and H. A. Panofsky, 1964. *The Structure of Atmospheric Turbulence.* Interscience Publishers, New York, 239 pp.

Lumley, J. L., and A. M. Yaglom, 2001. A century of turbulence. *Flow, Turbulence and Combustion*, 66, 241-286.

Mahrt, L., 1991. Eddy asymmetry in the sheared heated boundary layer. *Journal of Atmospheric Sciences*, 31, 1791-1806.

Mahrt, L., 1996. The bulk aerodynamic formulation over heterogeneous surfaces. *Boundary-Layer Meteorology*, 78, 87-119.

Mangarella, P. A., A. J. Chambers, R. L. Street, and E. Y. Hsu, 1972. Laboratory and field interfacial energy and mass flux and prediction equations. *Journal of Geophysical Research*, 77, 5870-5875.

Mangarella, P. A., A. J. Chambers, R. L. Street, and E. Y. Hsu, 1973. Laboratory studies of evaporation and energy transfer through a wavy air-water interface. *Journal of Physical Oceanography*, 3, 93-101.

Manier, G., 1975. Vergleich zwischen Ausbreitungsklassen und Temperaturgradient. *Meteorol. Rundschau*, 28, 6-11.

Marquardt, D., 1983: An algorithm for least-squares estimation of nonlinear parameters. *Journal of the Society for Industrial and Applied Mathematics*, 11, 431-441.

Martini, L., B. Stark, and G. Hunsalz, 1973. Elektronisches Lyman-Alpha-Feuchtigkeismessgerät. *Zeitschrift fur Meteorologiez*, 23, 313-322.

Marunitsch, S. V., 1971. Charakteristiki turbulentnosti v yslovijach lesa po gradientnym I strukturnym nabljudenijam. *Trudy Gos. Gidrometeorol. Inst.*, 198, 154-165.

Mason, P. J., 1988. The formation of areally-averaged roughness length. *Quarterly Journal of Royal Meteorological Society*, 114, 399-420.

Massman, W. J., 2000. A simple method for estimating frequency response corrections for eddy covariance systems. *Agricultural and Forest Meteorology*, 104, 185-198.

Matzarakis, A., and H. Mayer, 1997. Heat stress in Greece. *International Journal of Biometeorology*, 41, 34-39.

Matzarakis, A., H. Mayer, and M. Iziomon, 1999. Applications of a universal thermal index: psysiological equivalent temperature. *International Journal of Biometeorology*, 43, 76-84.

Mauder, M., 2002. Auswertung von Turbulenzmessgerätevergleichen unter besonderer Berücksichtigung von EBEX-2000. Dipl.-Arbeit, Universität Bayreuth, Bayreuth, 86 pp.

Mauder, M., and T. Foken, 2006. Impact of post-field data processing on eddy covariance flux estimates and energy balance closure. *Meteorologische Zeitschrift*, 15, 597-609.

Mauder, M., C. Liebethal, M. Göckede, J.-P. Leps, F. Beyrich, and T. Foken, 2006. Processing and quality control of flux data during LITFASS-2003. *Boundary-Layer Meteorology*, 121, 67-88.

Mauder, M., O. O. Jegede, E. C. Okogbue, F. Wimmer, and T. Foken, 2007a. Surface energy flux measurements at a tropical site in West-Africa during the transition from dry to wet season. *Theoretical and Applied Climatology*, 89, 171-183.

Mauder, M., S. P. Oncley, R. Vogt, T. Weidinger, L. Ribeiro, C. Bernhofer, T. Foken, W. Kohsiek, H. A. R. DeBruin, and H. Liu, 2007b. The Energy Balance Experiment EBEX-2000. Part II: Intercomparison of eddy covariance sensors and post-field data processing methods. *Boundary-Layer Meteorology*, 123, 29-54.

Mauder, M., T. Foken, R. Clement, J. Elbers, W. Eugster, T. Grunwald, B. Heusinkveld, and O. Kolle, 2008. Quality control of CarboEurope flux data-Part 2: Inter-comparison of eddy-covariance software. *Biogeoscience*, 5, 451-462.

McAllister, L. G., J. R. Pollard, A. R. Mahoney, and P. J. R., 1969. Acoustic sounding-A new approach to the study of atmospheric structure. *Proc. IEEE*, 57, 579-587.

McBean, G. A., 1971. The variation of the statistics of wind, temperature and humidity fluctuations with stability. *Boundary-Layer Meteorology*, 1, 438-457.

McBean, G. A., K. Bernhardt, S. Bodin, Z. Litynska, A. P. van Ulden, and J. C. Wyngaard, 1979. The planetary boundary layer. WMO, Note 530, 201 pp.

McMillen, R. T., 1988. An eddy correlation technique with extended applicability to non-simple terrain. *Boundary-Layer Meteorology*, 43, 231-245.

Meijninger, W. M. L., A. E. Green, O. K. Hartogensis, W. Kohsiek, J. C. B. Hoedjes, R. M. Zuurbier, and H. A. R. DeBruin, 2002. Determination of area-averaged water vapour fluxes with large aperture and ratio wave scintillometers over a heterogeneous surface-Flevoland Field Experiment. *Boundary-Layer Meteorology*, 105, 63-83.

Meijninger, W. M. L., A. Ludi, F. Beyrich, W. Kohsiek, and H. A. R. DeBruin, 2006. Scintillometer-based turbulent surface fluxes of sensible and latent heat over heterogeneous a land surface-A Contribution to LITFASS-2003. *Boundary-Layer Meteorology*, 121, 89-110.

Mengelkamp, H.-T., 1999. Wind climate simulation over complex terrain and wind turbine energy output estimation. *Theoretical and Applied Climatology*, 63, 129-139.

Mengelkamp, H.-T., F. Beyrich, G. Heinemann, F. Ament, J. Bange, F. Berger, J. Bösenberg, T. Foken, B. Hennemuth, C. Heret, S. Huneke, K. P. Johnsen, M. Kerschgens, W. Kohsiek, J. P. Leps, C. Liebethal, H. Lohse, M. Mauder, W. Meijninger, S. Raasch, C. Simmer, T. Spiess, A. Tittebrand, J. Uhlenbrock, and R. Zittel, 2006. Evaporation over a heterogeneous land surface: The EVA_GRIPS project. *Bulletin of American Meteorological Society*, 87, 775-786.

Meyers, T. P., and K. T. Paw U, 1986. Testing a higher-order closure model for modelling airflow within and above plant canopies. *Boundary-Layer Meteorology*, 37, 297-311.

Meyers, T. P., and K. T. Paw U, 1987. Modelling the plant canopy microenvironment with higher-order closure principles. *Agricultural and Forest Meteorology*, 41, 143-163.

Michaelis, L., and M. L. Menton, 1913. Die Kinetik der Invertinwirkung. *Biochem. Z.*, 49, 333.

Mitsuta, Y., 1966. Sonic anemometer-thermometer for general use. *Journal of Meteorological Society of Japan*, Ser. II, 44, 12-24.

Mix, W., V. Goldberg, and K.-H. Bernhardt, 1994. Numerical experiments with different approaches for boundary layer modelling under large-area forest canopy conditions. *Meterologische Zeitschrift*, 3, 187-192.

Miyake, M., R. W. Stewart, R. W. Burling, L. R. Tsvang, B. M. Kaprov, and O. A. Kuznecov, 1971. Comparison of acoustic instruments in an atmospheric flow over water. *Boundary-Layer Meteorology*, 2, 228-245.

Moeng, C.-H., 1998. Large eddy simulation of atmospheric boundary layers. In: A. A. M. Holtslag, and P. G. Duynkerke (Editors), Clear and cloudy boundary layers. Royal Netherlands Academy of Arts and

Science, Amsterdam, pp. 67-83.

Moeng, G.-H., and J. C. Wyngaard, 1989. Evaluation of turbulent transport and dissipation closure in second-order modelling. *Journal of Atmospheric Sciences*, **46**, 2311-2330.

Moeng, G.-H., P. P. Sullivan, and B. Stevens, 2004. Large-eddy simulation of cloud-capped mixed layers. In: Fedorovich, E., R. Rotunno, and B. Stevens (Editors), *Atmospheric Turbulence and Mesoscale Meteorology*. Cambridge University Press, Cambridge, pp. 95-114.

Mölders, N., 2001. Concepts for coupling hydrological and meteorological models. Wiss. Mitt. aus dem Inst. für Meterol. der Univ. Leipzig und dem Institut für Troposphärenforschung e. V. Leipzig, 22, 1-15.

Mölders, N., A. Raabe, and G. Tetzlaff, 1996. A comparison of two strategies on land surface heterogeneity used in a mesoscale β meteorological model. *Tellus*, **48A**, 733-749.

Molemaker, M. J., and J. Vila-Guerau de Arellano, 1998. Control of chemical reactions by convective turbulence in the boundary layer. *Journal of Atmospheric Sciences*, **55**, 568-579.

Moncrieff, J. B., J. M. Massheder, H. DeBruin, J. Elbers, T. Friborg, B. Heusinkveld, P. Kabat, S. Scott, H. Søgaard, and A. Verhoef, 1997. A system to measure surface fluxes of momentum, sensible heat, water vapor and carbon dioxide. *Journal of Hydrology*, **188-189**, 589-611.

Monin, A. S., and A. M. Obukhov, 1954. Osnovnye zakonomernosti turbulentnogo peremesivanija v prizemnom sloe atmosfery (Basic laws of turbulent mixing in the atmosphere near the ground). *Trudy Geofiz Inst AN SSSR*, **24**(151), 163-187.

Monin, A. S., and A. M. Yaglom, 1971. *Statistical Fluid Mechanics: Mechanics of Turbulence*, Volume 1. MIT Press, Cambridge, London, 769 pp.

Monin, A. S., and A. M. Yaglom, 1975. *Statistical Fluid Mechanics: Mechanics of Turbulence*, Volume 2. MIT Press, Cambridge, London, 874 pp.

Monteith, J. L., 1965. Evaporation and environment. *Symp. Soc. Exp. Biol.*, **19**, 205-234.

Montgomery, R. B., 1940. Observations of vertical humidity distribution above the ocean surface and their relation to evaporation. *Papers in Physical Oceanography and Meteorology*, 7, 1-30.

Montgomery, R. B., 1948: Vertical eddy flux of heat in the atmosphere. *Journal of Meteorology*, **5**, 265-274.

Moore, C. J., 1986. Frequency response corrections for eddy correlation systems. *Boundary-Layer Meteorology*, 37, 17-35.

Müller, C., 1999. *Modelling Soil-Biosphere Interaction*. CABI Publishing, Wallingford, 354 pp.

Müller, H., G. Kramm, F. X. Meixner, D. Fowler, G. J. Dollard, and M. Possanzini, 1993. Determination of HNO3 dry deposition by modified Bowen ration and aerodynamic profile techniques. *Tellus*, 45B, 346-367.

Neckel, T., and O. Montenbruck, 1999. Ahnerts Kalender für Sternfreunde 2000. Sterne und Weltraum, Heidelberg, 351 pp.

Neff, W. D., and R. L. Coulter, 1986. Acoustic remote sounding. In: D. H. Lenschow (Editor), *Probing the Atmospheric Boundary Layer*. American Meteorological Society, Boston, pp. 201-236.

Nicholls, S., and F. B. Smith, 1982. On the definition of the flux of sensible heat. *Boundary-Layer Meteorology*, **24**, 121-127.

Nieuwstadt, F. T. M., 1978. The computation of the friction velocity u* and temperature T* from temperature and wind velocity profiles by least-square method. *Boundary-Layer Meteorology*, **14**, 235-246.

Nikuradse, J., 1933. Strömungsgesetze an rauhen Rohren (Laws of the flow in pipes). VDI Forschungshefte 361.

Nitzschke, A., 1970. Zum Verhalten der Lufttemperatur in der Kontaktzone zwischen Land und Meer bei Zingst. Veröff Geophys. Inst. Univ. Leipzig, XIX, 339-445.

Obukhov, A. M., 1946. Turbulentnost' v temperaturnoj-neodnorodnoj atmosgere (Turbulence in an atmosphere with a non-uniform temperature). *Trudy. Inst. Theor. Geofiz. AN SSSR*, **1**, 95-115.

Obukhov, A. M., 1951. Charakteristiki mikrostruktury vetra v prizemnom sloje atmosfery (Characteristics of the micr-structure of the wind in the surface layer of the atmosphere). *Izv AN SSSR*, ser Geofiz, **3**, 49-68.

Obukhov, A. M., 1960. O strukture temperaturnogo polja skorostej v uslovijach konvekcii (Structure of the temperature and velocity fields under conditions of free convection). *Izv AN SSSR*, ser Geofiz, 1392-1396.

Obukhov, A. M., 1971. Turbulence in an atmosphere with a non-uniform temperature. *Boundary-Layer Meteorology*, **2**, 7-29.

Oertel, H. (Editor), 2004. Prandtl's essentials of fluid mechanics. Springer, New York, VII, 723 pp.

Ohmura, A., 1982. Objective criteria for rejecting data for Bowen ratio flux calculations. *Journal of Climate and Applied Meteorology*, **21**, 595-598.

Ohmura, A., K. Steffen, H. Blatter, W. Greull, M. Rotach, M. Stober, T. Konzelmann, J. Forrer, A. Abe-Ouchi, D. Steiger, and D. Neiderbaumer, 1992. Greenland Expedition, Progress Report No. 2, April 1991 to October 1992. Swiss Federal Institute of Technology, Zürich.

Ohmura, A., E. G. Dutto, B. Forgan, C. Frohlich, H. Gilgen, H. Hegner, A. Heimo, G. Konig-Langlo, B. McArthur, G. Muller, R. Philipona, R. Pinker, C. H. Whitlock, K. Dehne, and M. Wild, 1998. Baseline Surface Radiation Network (BSRN/WCRP): New precision radiometry for climate research. *Bulletin of American Meteorological Society*, **79**, 2115-2136.

Oke, T. R., 1987. *Boundary Layer Climates*. 2nd edn., Methuen, New York, 435 pp.

Oncley, S. P., J. A. Businger, E. C. Itsweire, C. A. Friehe, J. C.. LaRue, and S. S. Chang, 1990. Surface layer profiles and turbulence measurements over uniform land under near-neutral conditions. 9th Symposium on Boundary Layer and Turbulence, Roskilde, Denmark, April 30-May 3, 1990, American Meteorological Society, 237-240.

Oncley, S. P., A. C. Delany, T. W. Horst, and P. P. Tans, 1993. Verification of flux measurement using relaxed eddy accumulation. *Atmospheric Environment*, **27A**, 2417-2426.

Oncley, S. P., C. A. Friehe, J. C. Larue, J. A. Businger, E. C.. Itsweire, and S. S. Chang, 1996. Surface-layer fluxes, profiles, and turbulence measurements over uniform terrain under near-neutral conditions. *Journal of Atmospheric Sciences*, **53**, 1029-1054.

Oncley, S. P., T. Foken, R. Vogt, W. Kohsiek, H. A. R. DeBruin, C. Bernhofer, A. Christen, E. van Gorsel, D. Grantz, C. Feigenwinter, I. Lehner, C. Liebethal, H. Liu, M. Mauder, A. Pitacco, L. Ribeiro, and T. Weidingen, 2007. The energy balance experiment EBEX-2000, Part I: Overview and energy balance. *Boundary-Layer Meteorology*, **123**, 1-28.

Orlanski, I., 1975. A rational subdivision of scales for atmospheric processes. *Bulletin of American Meteorological Society*, **56**, 527-530.

Osczevski, R. J., 2000. windward cooling: An overlooked factor in the calculation of wind chill. *Bulletin of American Meteorological Society*, **86**, 2975-2978.

Osczevski, R. J., and M. Bluestein, 2005. The new wind chill equivalent temperature chart. *Bulletin of American Meteorological Society*, **86**, 1453-1458.

Owen, P. R., and W. R. Thomson, 1963. Heat transfer across rough surfaces. *Journal of Fluid Mechanics*, **15**, 321-334.

Paeschke, W., 1937. Experimentelle Untersuchungen zum Rauhigkeitstroblem in der bodennahen Luftschicht. Z. *Geophysics*, **13**, 14-21.

Panin, G. N., 1983. Metodika rastscheta lakalango teplo-i vlagoobmena v sisteme vodoem-atmosfera (Method for calculation of local heat and humidity exchange of the system water-atmosphere). *Volnye resursy*, **4**, 3-12.

Panin, G. N., 1985. Teplo-i massomen meszdu vodoemom I atmosphereoj v estesvennych uslovijavch (Heat-and mass exchange between the water and the atmosphere in the nature). Nauka, Moscow, 206 pp.

Panin, G. N., A. E. Nasonov, and M. G. Souchintsev, 1996a. Measurements and estimation of energy and mass exchange over a shallow see. In: M. Donelean (Editor), The air-sea interface, Miami, 489-494.

Panin, G. N., G. Tetzlaff, A. Raabe, H.-J. Schonfeld, and A. E. Nasonov, 1996b. Inhomogeneity of the land surface and the parameterization of surface fluxes- a discussion. Wiss. Mitt. Inst. Meteorolol. Univ. Leipzig und Inst. Tropospharenforschung Leipzig, **4**, 204-215.

Panin, G. N., G. Tetzlaff, and A. Raabe, 1998. Inhomogeneity of the land surface and problems in the parameterization of surface fluxes in natural conditions. *Theoretical and Applied Climatology*, **60**, 163-178.

Panin, G. N., A. E. Nasonov, T. Fojen, and H. Lohse, 2006. On the parameterization of evaporation and sensible heat exchange for shallow lakes. *Theoretical and Applied Climatology*, **85**, 123-129.

Panofsky, H. A., 1963. Determination of stress from wind and temperature measurements. *Quarterly Journal of Royal Meteorological Society*, **89**, 85-94.

Panofsky, H. A., 1984. Vertical variation of roughness length at the Boulder Atmospheric Observatory. *Boundary-Layer Meteorology*, **28**, 305-308.

Panofsky, H. A., and J. A. Dutton, 1984. *Atmospheric Turbulence-Models and Methods for Engineering Applications*. John Wiley and Sons, New York, 397 pp.

Panofsky, H. A., H. Tennekes, D. H. Lenshow, and J. C. Wyngaard, 1977. The characteristics of turbulent velocity components in the surface layer under convective conditions. *Boundary-Layer Meteorology*, **11**, 355-361.

Papale, D., and R. Valentini, 2003. A new assessment of European forests carbon exchanges by eddy fluxes and artificial neutral network spatialization. *Global Change Biology*, **9**, 525-535.

Pasquill, F., 1961. Estimation of the dispersion of windborne material. *Meteorological Magazine*, **90**, 33-49.

Pasquill, F., 1972. Some aspects of boundary layer description. *Quarterly Journal of Royal Meteorological Society*, **98**, 469-494.

Pattey, E., R. L. Desjardins, and P. Rochette, 1993. Accuracy of the relaxed eddy accumulation technique. *Boundary-Layer Meteorology*, **66**, 341-355.

Paulson, C. A., 1970. The mathematical representation of wind speed and temperature profiles in the unstable atmospheric surface layer. *Journal of Climate and Applied Meteorology*, **9**, 857-861.

Paw U, K. T., J. Qiu, H.-B. Su, T. Watanabe, and Y. Brunet, 1995. Surface renewal analysis: a new method to obtain scalar fluxes. *Agriculture and Forest Meteorology*, **74**, 119-137.

Paw U, K. T., D. Baldocchi, T. P. Meyers, and K. B. Wilson, 2000. Correction of eddy covariance measurements incorporating both advective effects and density fluxes. *Boundary-Layer Meteorology*, **97**, 487-511.

Pearson Jr., R. J. , S. P. Oncley, and A. C. Delany, 1998. A scalar similarity study based on surface layer ozone measurements over cotton during the California Ozone Deposition Experiment. *Journal of Geophysical Research*, **103**(D15), 18919-18926.

Peltier, L. J., J. C. Wyngaard, S. Khanna, and J. G. Brasseur, 1996. Spectra in the unstable surface layer. *Journal of Atmospheric Sciences*, **53**, 49-61.

Penman, H. L., 1948. Natural evaporation from open water, bare soil and grass. *Proceedings of the Royal Society of London*, **A193**, 120-145.

Perera, M. D., 1981. Shelder behind two dimensional solit and porous fences. *Journal of Wind Engineering and Industrial Aerodynamics*, **8**, 93-104.

Petersen, E. L., and I. Troen, 1990. Europäischer Windatlas. RISØ National Laboratory, Roskilde, 239 pp.

Peterson, E. W , 1969. Modification of mean flow and turbulent energy by a change in surface roughness under conditions of neutral stability. *Quarterly Journal of Royal Meteorological Society*, **95**, 561-575.

Peterson, E. W., and J. P. Hennessey Jr., 1978. On the use of power laws for estimates of wind power potential. *Journal of Climate and Applied Meteorology*, **17**, 390-394.

Philip, J. R., 1961. The theory of heat flux meters. *Journal of Geophysical Research*, **66**, 571-579.

Philipona, R., C. Fröhlich, and C. Betz, 1995. Characterization of pyrgeometers and the accuracy of atmospheric long-wave radiation measurements. *Applied Optics*, **34**, 1598-1605.

Poulos, G. S., W. Blumen, D. C. Fritts, J. K. Lundquist, J. Sun, S. P. Burns, C. Nappo, R. Banta, R. Newsom, J. Cuxart, E. Terradellas, B. Balsley, and M. Jensen, 2002. CASES-99: A comprehensive investigation of the stable nocturnal boundary layer. *Bulletin of the American Meteorological Society*, **83**, 555-581.

Prandtl, L., 1925. Bericht über Untersuchungen zur ausgebildeten Turbulenz. *Z. Angew Math, Mech.*, **5**, 136-139.

Priestley, C. H. B., and W. C. Swinbank, 1947. Vertical transport of heat by turbulence in the atmosphere. *Proceedings of the Royal Society of London*, **A189**, 543-561.

Priestley, C. H. B., and J. R. Taylor, 1972. On the assessment of surface heat flux and evaporation using large-scale parameters. *Monthly Weather Review*, **100**, 81-82.

Profos, P., and T. Pfeifer (Editors), 1993. Grundlagen der Meßtechnik. Oldenbourg. München, Wien, 367 pp.

Pruitt, W. O., D. L. Morgan, and F. J. Lourence, 1973. Momentum and mass transfer in the surface boundary layer. *Quarterly Journal of Royal Meteorological Society*, **99**, 370-386.

Queitsch, P., 2002. TA, Luft, technische Anleitung zur Reinhaltung der Luft: Systematische Einfuhrung mit Text der TA Luft 2002. Bundesanzeiger-Verl.-Ges., Bonn, 180 pp.

Raabe, A., 1983. On the relation between the drag coefficient and fetch above the sea in the case of off-shore wind in the near shore zone. *Zeitschrift fur Meteorologiez*, **33**, 363-367.

Raabe, A., 1991. Die Höhe der internen Grenzschicht. *Zeitschrift fur Meteorologiez*, **41**, 251-261.

Raasch, S., and M. Schörter, 2001. PALM-A large-eddy simulation model performing on massively parallel computers. *Meteorologische Zeitschrift*, **10**, 363-372.

Radikevitsch, V. M., 1971. Transformazija dinamitscheskich charakteristik vozduschnogo potoka pod Vlijaniem izmene nija scherochovatosti postilajustschej poverchnosti (Transformation of the dynamical characteristics of the wind field under the influence of a changing surface roughness) *Izv. AN. SSSR, Fiz Atm Okeana*, **7**, 1241-1250.

Rannik, U., and T. Vesala, 1999. Autogressive filtering versus linear detrending in estimation of fluxes by the eddy covariance method. *Boundary-Layer Meteorology*, **91**, 259-280.

Rannik, U., M. Aubinet, O. Kurbanmuradov, K. K. Sabelfeld, T. Markkanen, and T. Vesala, 2000. Footprint analysis for measurements over heteorogeneous forest. *Boundary-Layer Meteorology*, **97**, 137-166.

Rannik, U., T. Markkanen, T. Raittila, P. Hari, and T. Vesala, 2003: Turbulence statistics inside and above forest: Influence on footprint prediction. *Boundary-Layer Meteorology*, **109**, 163-189.

Rao, K. S., J. C. Wyngaard, and O. R. Cote, 1974. The structure of two- dimensional internal boundary layer over a sudden change of surface roughness. *Journal of Atmospheric Sciences*, **31**, 738-746.

Raupach, M. R., 1992. Drag and drag partition on rough surfaces. *Boundary- Layer Meteorology*, **60**, 375-395.

Raupach, M. R., 1994. Simplified expressions for vegetation roughness length and zero-plane displacement as functions of canopy height and area index. *Boundary-Layer Meteorology*, 71, 211-216.

Raupach, M. R., A. S. Thom, and I. Edwards, 1980. A wind-tunnel study of turbulent flow close to regularly arrayed rough surface. *Boundary-Layer Meteorology*, **18**, 373-379.

Raupach, M. R., J. J. Finnigan, and Y. Brunet, 1996. Coherent eddies and turbulence in vegetation canopies: the mixing-layer analogy. *Boundary-Layer Meteorology*, **78**, 351-382.

Raynor, G. S., P. Michael, R. M. Brown, and S. SethuRaman, 1975. Studies of atmospheric diffusion from a nearshore oceanic site. *Journal of Climate and Applied Meteorology*, **14**, 1080-1094.

Rebmann, C., M. Göckede, T. Foken, M. Aubinet, M. Aurela, P. Berbigier, C. Bernhofer, N. Buchmann, A. Carrara, A. Cescatti, R. Ceulemans, R. Clement, J. A. Elbers, A. Granier, T. Grünwald, D. Guyon, K. Havránková, B. Heinesch, A. Knohl, T. Laurila, B. Longdoz, B. Marcolla, T. Markkanen, F. Miglietta, J. Moncrieff, L. Montagnani, E. Moors, M. Nardino, J.-M. Ourcival, S. Rambal, Ü. Rannik, E. Rotenberg, P. Sedlak, G. Unterhuber, T. Vesala, and D. Yakir, 2005. Quality Analysis applied on eddy covariance measurements at complex forest sites using footprint modelling. *Theoretical and Applied Climatology*, **80**, 121-141.

Reichardt, H., 1951. Vollständige Darstellung der turbulenten Geschwindigkeitsverteilung in glatten Rohren. *Z. Angew Math. Mech.*, **31**, 208-219.

Reynolds, O., 1894. On the dynamical theory of incompressible viscous fluids and the determination of the criterion. *Philosophical Transactions of the Royal Society of London*, **186**, 123-161.

Richardson, L. F., 1920. The supply of energy from and to atmospheric eddies. *Proceedings of the Royal Society of London*, **A97**, 354-373.

Richardson, S. J., F. V. Brock, S. R. Semmer, and C. Jirak, 1999. Minimizing errors associated with multiplate radiation shields. *Journal of Atmospheric and Oceanic Technology*, **16**, 1862-1872.

Richter, D., 1977. Zur einheitlichen Berechnung der Wassertemperatur und der Verdunstung von freien Wasserflächen auf statistischer Grundlage. Abh. Meteorol. dienstes. DDR, 119, 93 pp.

Richter, D., 1995. Ergebnisse methodisher Untersuchungen zur Korrektur des systematischen Meßfehlers des Hellmann-Niederschlagsmessers. Ber. d. Dt. Wetterdienstes, 194, 93 pp.

Richter, S. H., and G. Skeib, 1984. Anwendung eines Verfahrens zur Parametrisierung des turbulenten Energieaustausches in der atmosphärischen Bodenschicht. Geod. Geophys. Veröff, R II, 26, 80-85.

Richter, S. H., and G. Skeib, 1991. Ein Verfahren zur Parametrisierrung von Austauschprozessen in der bodennahen Luftschicht. Abh. Meteorol. Dienstes. DDR, 146, 15-22.

Rink, J., 1961: Thermistore und ihre Anwendung in der Meteorologie. Abh. Meteorol. Dienstes. DDR, 63, 58 pp.

Rinne, H. J. I., A. C. Delany, J. P. Greenberg, and A. B. Guenther, 2000. A true eddy accumulation system for trace gas fluxes using disjunct eddy sampling method. *Journal of Geophysical Research*, **105**(D20), 24791-24798.

Roedel, W., 2000. Physik unserer Umbelt, Die Atmosphäre. Springer, Berlin, Heidelberg, 498 pp.

Roll, H. U., 1948. Wassernahes Windprofil und Wellen auf dem Wattenmeer. *Ann. Meteorol*, **1**, 139-151.

Ross, J., 1981: *The radiation regime and architecture of plant stands*. Dr. W. Junk Publishers, The Hague, 391 pp.

Rotach, M. W., R. Vogt, C. Bernhofer, E. Batchvarova, A. Christen, A. Clappier, B. Feddersen, S.-E. Gryning, G. Martucci, H. Mayer, V. Mitev, T. R. Oke, E. Parlow, H. Richner, M. Roth, Y.-A. Roulet, D. Ruffieux, J. A. Salmond, M. Schatzmann, and J. A. Voogt, 2005. BUBBLE-an urban boundary layer meteorology project. *Theoretical and Applied Climatology*, **81**, 231-261.

Roth, R., 1975. Der vertikale Transport von Luftbeimengungen in der Prandtl- Schicht und die Depositionsgeschwindigkeit. *Meteorol. Rundschau*, **28**, 65-71.

Rummel, U., C. Ammann, A. Gut, F. X. Meixner, and M. O. Andreae, 2002a. Eddy covariance measurements of nitric flux within an Amazonian rainforest. *Journal of Geophysical Research*, **107**(D20), 8050.

Rummel, U., C. Ammann, and F. X. Meixner, 2002b. Characterizing turbulent trace gas exchange above a dense tropical rain forest using wavelet and surface renewal analysis. 15th Symposium on Boundary Layer and Turbulence, Wageningen, NL, 15-19 July 2002, American Meteorological Society, 602-605.

Ruppert, J., B. Wichura, A. C. Delany, and T. Foken, 2002. Eddy sampling methods, A comparison using simulation results. 15th Symposium on Boundary Layer and Turbulence, Wageningen, NL, 15-19 July

2002, American Meteorological Society, 27-30.

Ruppert, J., M. Maunder C. Thomas, and J. Lüers, 2006a. Innovative gap-filling strategy for annual sums of CO_2 net ecosystem exchange. *Agriculture and Forest Meteorology*, **138**, 5-18.

Ruppert, J., C. Thomas, and T. Foken, 2006b. Scalar similarity for relaxed eddy accumulation methods. *Boundary-Layer Meteorology*, **120**, 39-63.

Rutgersson, A., and P. P. Sullivan, 2005. Investigating the effects of water waves on the turbulence structure in the atmosphere using direct numerical simulations. *Dynamics of Atmospheres and Oceans*, **38**, 147-171.

Salby, M. L., 1995. *Fundamentals of Atmospheric Physics*. Academic Press, San Diego, New York, 624 pp.

Santoso, E., and R. B. Stull, 1998. Wind and temperature profiles in the Radix layer: The bottom fifth of the convective boundary layer. *Journal of Applied Meteorology*, **37**, 545-558.

Sauer, T. J., A. R. Harris, T. E. Ochsner, and R. Horton, 2002. Errors in soil heat flux measurement: Effects of flux plate design and varying soil thermal properties. 25th Symposium Agriculture & Forest Meteorology, 11-12.

Savelyev, S. A., and P. A. Taylor, 2001. Notes on an internal boundary-layer height formula. *Boundary-Layer Meteorology*, **101**, 293-301.

Savelyev, S. A., and P. A. Taylor, 2005. Internal boundary layers: I. Height formulae for neutral and diabatic flow. *Boundary-Layer Meteorology*, **115**, 1-25.

Schädler, G., N. Kalthoff, and F. Fiedler, 1990: Validation of a model for heat, mass and momentum exchange over vegetated surfaces using LOTREX-10E/HIBE88 data. *Beitr. Phys. Atmos*, **63**, 85-100.

Schatzmann, M., G. König, and A. Lohmeyer, 1986. Physikalische Modellierung mikrometeorologischer Vorgänge im Windkanal. *Meteorol Rundschau*, **39**, 44-59.

Schlichting, H., and K. Gersten, 2003. *Boundary-layer theory*. McGraw Hill, New York, XXIII, 799 pp.

Schmid, H. P., 1994. Source areas for scalars and scalar fluxes. *Boundary-Layer Meteorology*, **67**, 293-318.

Schmid, H. P., 1997. Experimental design for flux measurements: matching scales of observations and fluxes. *Agricultural and Forest Meteorology*, **87**, 179-200.

Schmid, H. P., 2002. Footprint modeling for vegetation atmosphere exchange studies: A review and perspective. *Agricultural and Forest Meteorology*, **113**, 159-184.

Schmid, H. P., and T. R. Oke, 1988. Estimating the source area of a turbulent flux measurement over a patchy surface. 8th Symposium on Turbulence and Diffusion. San Diego, CA, April 26-29, 1988, American Meteorological Society, 123-126.

Schmid, H. P., and T. R. Oke, 1990. A model to estimate the source area contributing to turbulent exchange in the surface layer over patchy terrain. *Quarterly Journal of Royal Meteorological Society*, **116**, 965-988.

Schmid, H. P., and D. Bünzli, 1995a. Reply to comments by E. M. Blyth on "The influence of surface texture on the effective roughness length". *Quarterly Journal of Royal Meteorological Society*, **121**, 1173-1176.

Schmid, H. P., and D. Bünzli, 1995b. The influence of the surface texture on the effective roughness length". *Quarterly Journal of Royal Meteorological Society*, **121**, 1-21.

Schmidt, H., and U. Schumann, 1989. Coherent structures of the convective boundary layer derived from large eddy simulations. *Journal of Fluid Mechanics*, **200**, 511-562.

Schmidt, W., 1925. Der Massenaustausch in freier Luft und verwandte Erscheinungen. Henri Grand Verlag, Hamburg, 118 pp.

Schmitz-Peiffer, A., D. Heinemann, and L. Hasse, 1987. The ageostrophic methode - an update. *Boundary-Layer Meteorology*, **39**, 269-281.

Schoonmaker, P. K., 1998. Paleoecological perspectives on ecological scales. In: D. L. Peterson, V. T. Parker (Editors), Ecological Scale. Columbia University Press, New York, pp. 79-103.

Schotanus, P., F. T. M. Nieuwstadt, and H. A. R. DeBruin, 1983. Temperature measurement with a sonic anemometer and its application to heat and moisture fluctuations. *Boundary-Layer Meteorology*, **26**, 81-93.

Schotland, R. M., 1955. The measurement of wind velocity by sonic means. *Journal of Meteorology*, **12**, 386-390.

Schrödter, H., 1985. Verdunstung, Anwendungsorientierte Meßverfahren und Bestimmungsmethoden. Springer, Berlin, Heidelberg, 186 pp.

Schuepp, P. H., M. Y. Leclerc, J. I. MacPherson, and R. L. Desjardins, 1990. Footprint prediction of scalar fluxes from analytical solutions of the diffusion equation. *Boundary-Layer Meteorology*, **50**, 355-373.

Schumann, U., 1989. Large-eddy simulation of turbulent diffusion with chemical reactions in the convective boundary layer. *Atmospheric Environment*, **23**, 1713-1727.

Sedefian, L., 1980. On the vertical extrapolation of mean wind power density. *Journal of Climate and Applied Meteorology*, **19**, 488-493.

Seibert, P., F. Beyrich, S.-E. Gryning, S. Joffre, A. Rasmussen, and P. Tercier, 2000. Review and intercomparison of operational methods for the determination of the mixing height. *Atmospheric Environment*, **34**, 1001-1027.

Seiler, W., 1996. Results from the integrated research programme SANA, Phase I. *Meteorologische Zeitschrift*, **5**, 179-278.

Seinfeld, J. H., and S. N. Pandis, 1988. Atmospheric chemistry and physics. Wiley, New York, 1326 pp.

Sellers, P. J., and J. L. Doman, 1987. Testing the simple biosphere model (SiB) for use in general circulation models. *Journal of Climate and Applied Meteorology*, **26**, 622-651.

Sellers, P. J., F. G. Hall, G. Asrar, D. E. Strebel, and R. E. Murphy, 1988. The first ISLSCP field experiment (FIFE). *Bulletin of the American Meteorological Society*, **69**, 22-27.

Sellers, P. J., F. G. Hall, R. D. Kelly, A. Black, D. Baldocchi. J. Berry, M. Ryan, K. J. Ranson, P. M. Crill, D. P. Lettenmaier, H. Margolis J. Cihlar, J. Newcomer, D. Fitzjarrald, P. G. Jarvis, S. T. Gower, D. Halliwell, D. Williams, B. Goodison, D. E. Wickland, and F. E. Guertin, 1997. BOREAS in 1997: Experiment overview, scientific results, and future directions. *Journal of Geophysical Research*, **102**, 28731-28769.

Sentelhas, P. C., and M. V., 2003. Class A pan coefficients (Kp) to estimate daily reference evapotranspiration (ETo). Revista Brasilleira de Engenharia Agricola e Ambiental, 7, 111-115.

Sevruk, B., 1981. Methodische Untersuchungen des systematischen Messfehlers der Hellmann-Regenmesser im Sommerhalbjahr in der Schweiz. Mitt. d. Versuchsanstadt f. Wasserb., Hydrol. u. Glaziol., 52, 290 pp.

Shaw, R. H., 1977. Secondary wind speed maxima inside plant canopies. *Journal of Applied Meteorology*, **16**, 514-521.

Shaw, R. H., 1985. On diffusive and dispersive fluxes in forest canopies. In: B. A. Hutchinson, and B. B. Hicks (Editors), The Forest-Atmosphere interaction. Reidel Publishing Company, pp. 407-419.

Shearman, R. J., 1992. Quality assurance in the observation area of the Meteorological Office. *Meteorological Magazine*, **121**, 212-216.

Shen, S., and M. Y. Leclerc, 1994. Large-eddy simulation of small scale surface effects on the convective boundary layer structure. *Atmosphere-Ocean*, **32**, 717-731.

Shen, S. and M. Y. Leclerc, 1995. How large must surface inhomogeneous be before they influence the convective boundary layer structure? A case study. *Quarterly Journal of Royal Meteorological Society*, **121**, 1209-1228.

Shir, C. C., 1972. A numerical computation of the air flow over a sudden change of surface roughness. *Journal of Atmospheric Sciences*, **29**, 304-310.

Shukauskas, A., and A. Schlantschiauskas, 1973. Teploodatscha v turbulentnom potoke shidkosti (Heat exchange in the turbulent fluid). Izd. Mintis, Vil'njus, 327 pp.

Shuttleworth, W. J., 1989. Micrometeorology of temperate and tropical forest. *Philosophical Transactions of the Royal Society of London. Series B, Biological Sciences*, **324**, 299-334.

Siegel, S., 1936. Messungen des nachtlichen thermischen Gefuges in der bodennahen Luftschicht. *Gerland Beitrage Zur Geophysik*, **47**, 369-399.

Sinclair, T. R., L. H. Allen Jr., and E. R. Lemon, 1975. An analysis of errors in the calculation of energy flux densities above vegetation by Bowen-ratio profile method. *Boundary-Layer Meteorology*, **8**, 129-139.

Skeib, G., 1980. Zur Definition universeller Funktionen für die Gradienten von Windgeschwindigkeit und Temperatur in der bodennahen Luftschicht. *Z. Meteorol*, **30**, 23-32.

Smagorinsky, J., 1963. General circulation experiments with the primitive equations, Part I: The basic experiment. *Monthly Weather Review*, **91**, 99-164.

Smajstrla, A. G., F. S. Zazueta, G. A. Clark, and D. J. Pitts, 2000. Irrigation scheduling with evaporation pans. University of Florida, IFAS Ext Bul 254.

Smedman, A.-S., 1991. Some turbulence characteristics in stable atmospheric boundary layer flow. *Journal of Atmospheric Sciences*, **48**, 856-868.

Smith, S. D., C. W. Fairall, G. L. Geernaert, and L. Hasse, 1996: Air-sea fluxes: 25 years of progress. *Boundary-Layer Meteorology*, **78**, 247-290.

Snyder, R. L., D. Spano, and K. T. Paw U., 1996. Surface renewal analysis for sensible and latent heat flux density. *Boundary-Layer Meteorology*, 77, 249-266.

Sodemann, H., and T. Foken, 2004. Empirical evaluation of an extended similarity theory for the stably stratified atmospheric surface layer. *Quarterly Journal of Royal Meteorological Society*, **130**, 2665-2671.

Sodemann, H., and T. Foken, 2005. Special characteristics of the temperature structure near the surface. *Theoretical and Applied Climatology*, **80**, 81-89.

Sogachev, A., and J. Lloyd, 2004. Using a one-and-a-half order closure model of atmospheric boundary layer for surface flux footprint estimation. *Boundary-Layer Meteorology*, **112**, 467-502.

Song, C., C. E. Woodcock, K. C. Seto, M. P. Lenney, and S. A. MacOmber. 2001. Classification and change detection using Landsat TM data: when and how to correct atmospheric effects? *Remote Sensing of Environment*, **75**, 230-244.

Sonntag, D., 1966-1968. *Hygrometrie*. Akademie-Verlag, Berlin, 1086 pp.

Sonntag, D., 1990. Important new values of the physical constants of 1986, vapour pressure formulations based on the ITC-90, and psychrometer formulae. *Zeitschrift fur Meteorologiez*, **40**, 340-344.

Sonntag, D., 1994. Advancements in the field of hygrometry, *Meteorol. Z.*, **3**, 51-66.

Sorbjan, Z., 1986. Characteristics in the stable-continuous boundary layer. *Boundary-Layer Meteorology*, **35**, 257-275.

Sorbjan, Z., 1987. An examination of local similarity theory in the stably stratified boundary layer. *Boundary-Layer Meteorology*, **38**, 63-71.

Sorbjan, Z., 1989. *Structure of the atmospheric boundary layer*. Printice Hall, New York, 317 pp.

Sponagel, H., 1980. Zur Bestimmung der realen Evapotranspiration landwirschaftlicher Kulturpflanzen. Geologisches Jahrbuch F9, 87 pp.

Spronken-Smith, R. A., and T. R. Oke, 1999. Scale modelling of nocturnal cooling in urban parks. *Boundary-Layer Meteorology*, **93**, 287-312.

Spronken-Smith, R. A., T. R. Oke, and W. P. Lowry, 2000. Advection and the surface energy balance across an irrigated urban park. *International Journal of Climatology*, **20**, 1033-1-47.

Strong, C., J. D. Fuentes, and D. Baldocchi, 2004. Reactive hydrocarbon flux footprints during canopy senescence. *Agricultural and Forest Meteorology*, **127**, 159-173.

Stull, R. B., 1984. Transilient turbulence theory, Part 1: The concept of eddy mixing across finite distances. *Journal of Atmospheric Sciences*, **41**, 3351-3367.

Stull, R. B., 1988. *An Introduction to Boundary Layer Meteorology*. Kluwer Academic Publishers, Dordrecht, Boston, London, 666 pp.

Stull, R. B., 2000. *Meteorology for Scientists and Engineers*. Brooks/Cole, Pacific Grove, 502 pp.

Stull, R. B., and E. Santoso, 2000. Convective transport theory and counter-difference fluxes. 14th Symposium on Boundary Layer and Turbulence, Aspen, CO., 7-11, August 2000, American Meteorological Society, Boston, 112-113.

Suomi, V. E., 1957. Sonic anemometer - University of Wisconsin. In: H. H. Lettau, and B. Davidson (Editors), Exploring the atmosphere's first mile. Pegamon Press, London, New York, pp. 256-266.

Sutton, O. G., 1953. *Micrometeorology*. McGraw-Hill, New York, 333 pp.

Sverdrup, H. U., 1937/38. On the evaporation from the ocean. *Journal of Marine Research*, **1**, 3-14.

Swinbank, W. C., 1951. The measurement of vertical transfer of heat and water vapor by eddies in the lower atmosphere. *Journal of Meteorology*, **8**, 135-145.

Swinbank, W. C., 1964. The exponential wind profile. *Quarterly Journal of Royal Meteorological Society*, **94**, 460-467.

Swinbank, W. C., 1968. A comparison between prediction of the dimensional analysis for the constant-flux layer and observation in unstable conditions. *Quarterly Journal of Royal Meteorological Society*, **90**, 119-135.

Swinbank, W. C., and A. J. Dyer, 1968. An experimental study on micrometeorology. *Quarterly Journal of Royal Meteorological Society*, **93**, 494-500.

Tanner, C. B., and G. W. Thurtell, 1969. Anemoclinometer measurements of Reynolds stress and heat transport in the atmospheric surface layer. ECOM 66-G22-F, ECOM, United States Army Electronics Command, Research and Development.

Tatarski, V. I., 1961. *Wave propagation in a turbulent medium*. McGraw-Hill, New York, 285 pp.

Taubenheim, J., 1969. Statistische Auswertung geophysikalischer und meteorologischer Daten. Geest & Portig, Leipzig, 386 pp.

Taylor, G. I., 1915. Eddy motion in the atmosphere. *Philosophical Transactions of the Royal Society of London*. Series A 215, 1-26

Taylor, G. I., 1938. The spectrum of turbulence. *Proceedings of the Royal Society of London*, **A164**, 476-490.

Taylor, P. A., 1969. On wind and shear stress profiles above a change in surface roughness. *Quarterly Journal of Royal Meteorological Society*, **95**, 77-91.

Taylor, P. A., 1987. Comments and further analysis on the effective roughness length for use in numerical three-dimensional models: A research note. *Boundary-Layer Meteorology*, **39**, 403-418.

Tennekes, H., 1982. Similarity relations, scaling laws and spectral dynamics. In *Atmospheric Turbulence and Air Pollution Modeling* (F. T. M. Nieuwstadt and H. van Dop, eds.), pp. 37-68. Reidel, Dordrecht.

Thiermann, V., and H. Grassl, 1972. The measurement of turbulent surface layer fluxes by use of bichromatic scintillation. *Boundary-Layer Meteorology*, **58**, 367-391.

Thomas, C., and T. Foken, 2002. Re-evaluation of integral turbulence characteristics and their parameterisations. 15th Conference on Turbulence and Boundary Layer, Wageningen, NL, 15-19 July 2002, American Meteorological Society, 129-132.

Thomas, C., and T. Foken, 2007a. Organised motion in a tall spruce canopy: Temporal scales, structure spacing and terrain effects. *Boundary-Layer Meteorology*, **122**, 123-147.

Thomas, C., and T. Foken, 2007b. Flux contribution of coherent structures and its implications for the exchange of energy and matter in a tall spruce canopy. *Boundary-Layer Meteorology*, **123**, 317-337.

Tiesel, R., and T. Foken, 1987. Zur Entstehung des Seerauchs an der Ostseeküste vor Warnmünde. *Zeitschrift fur Meteorologiez*, **37**, 173-176.

Tikusis, P., and R. J. Osczevski, 2002. Dynamic model of facial cooling. *Journal of Appled Meteorology*, **41**, 1241-1246.

Tikusis, P., and R. J. Osczevski, 2003. Facial cooling during cold air exposure. *Bulletin of the American Meteorological Society*, **84**, 927-933.

Tillman, J. E., 1972. The indirect determination of stability, heat and momentum fluxes in the atmospheric boundary layer from simple scalar variables during dry unstable conditions. *Journal of Applied Meteorology*, **11**, 783-792.

Torrence, C., and G. P. Compo, 1998. A practical guide to wavelet analysis. *Bulletin of American Meteorological Society*, **84**, 927-933.

Troen, I., and E. W. Peterson, 1989. European Wind Atlas, Risø National Laboratory, Roskilde, 656 pp.

Tromp, S. W., 1963. *Medical Biometeorology*. Elsevier, Amsterdam, XXVII, 991 pp.

Tschalikov, D. V., 1968. O profilja vetra i tempetatury v prizemnom sloe atmosfery pri ustojtschivoj stratifikacii (About the wind and temperature profile in the surface layer for stable stratification). Trudy GGO 207, 170-173.

Tsvang, L. R., 1960. Izmerenija tschastotnych spektrov temperaturnych pulsacij v prizemnom sloe atmosfery (Measurement of the spectra of the temperature fluctuations in the near surface layer of the atmosphere). Izv AN SSSR, ser Geofiz, 10, 1252-1262.

Tsvang, L. R., B. M. Kaprov, S. L. Zubkovskij, A. J. Dyer, B. B. Hicks, M. Miyake, R. W. Stewart, and J. W. McDonald, 1973. Comparison of turbulence measurements by different instruments; Tsimlyansk field experiment 1970. *Boundary-Layer Meteorology*, **55**, 141-160.

Tsvang, L. R., S. L. Zubkovskii, B. A. Kader, M. A. Kallistratova, T. Foken, WGerstmann, Z. Przandka, J. Pretel, J. Zeleny, and J. Keder, 1985. International turbulence comparison experiment (ITCE-81). *Boundary-Layer Meteorology*, **31**, 325-348.

Tsvang, L. R., M. M. Fedorov, B. A. Kader, S. L. Zubkovskii, T. Foken, S. H Richter, and J. Zeleny, 1991. Turbulent exchange over a surface with chessboard-type inhomogeneities. *Boundary-Layer Meteorology*, **55**, 141-160.

Turc, L., 1961. Evaluation des besoins en eau d'irrigation evapotranspiration potentielle. *Ann. Agron*, **12**, 13-49.

Twine, T. E., W. P. Kustas, J. M. Norman, D. R. Cook, P. R. Houser, T. P. Meyers, J. H. Prueger, P. J. Starks, and M. L. Wesely, 2000. Correcting eddy-covariance flux underestimates over a grassland. *Agriculture and Forest Meteorology*, **103**, 279-300.

UBA, 1996. Entwicklung einer Methodik zur Abschatzung der Gesamtdeposition von Spurenstoffen. F/E-Nr. 10402818, Umweltbundesamt, Berlin.

Uttal, T., J. A. Curry, M. G. Mcphee, D. K. Perovich, R. E. Moritz, J. A. Maslanik, P. S. Guest, H. L. Stern, J. A. Moore, R. Turenne, A. Heiberg, M. C. Serreze, D. P. Wylie, O. G. Persson, C. A. Paulson, C. Halle, J. H. Morison, P. A. Wheeler, A. Makshtas, H. Welch, M. D. Shupe, J. M. Intrieri, K. Stamnes, R. W. Lindsey, R. Pinkle, W. S. Pegau, T. P. Stanton, and T. C. Grenfeld, 2002. Surface heat budget of the Arctic ocean. *Bulletin of the American Meteorological Society*, **83**, 255-275.

Valentini, R., G. Matteucci, A. J. Dolman, E.-D. Schulze, C. Rebmann, E. J. Moors, A. Granier, P. Gross, N. O. Jensen, K. Pilegaard, A. Lindroth, A. Grelle, C. Bernhofer, T. Grunwald, M. Aubinet, R. Ceulemans, S. S. Kowalski, T. Vesala, U. Rannik, P. Bergigier, D. Loustau, J. Guomundsson, H. Thorgeirsson, A. Ibrom, K. Morgenstern, R. Clement, J. Moncrieff, L. Montagnani, S. Minerbi, and P. G. Jarvis, 2000. Respiration as the main determinant of carbon balance in European forests. *Nature*, **404**, 861-865.

van Bavel, C. H. M., 1986. Potential evapotranspiration: The combination concept and its experimental verification. *Water Resources Research*, **2**, 455-467.

van der Hegge Zijnen, B. G., 1956. Modified correlation formulae for heat transfer by natural and by forced convection from horizontal cylinders. *Appled Science Research*, A6, 129-140.

van Loon, W. K. P., H. M. H. Bastings, and E. J. Moors, 1998. Calibration of soil heat flux sensors. *Agriculture and Forest Meteorology*, 92, 1-8.

VDI, 1988. Schallausbreitung im Freien. Beuth Verlag, Berlin, VDI 2714, 18 pp.

VDI, 1998. Umweltmeteorogie: Methoden zur human-biometeorologischen Bewertung von Klima und Lufthygiene fur die Stadt-und Regionalplanung-Teil 1: Klima. Beuth Verlag, Berlin, VDI 3787 Blatt 2, 29 pp.

VDI, 2000. Umweltmeteorogie, Meteologische Messungen fur Fragen der Lufteinhaltung-Wind. Beuth Verlag, Berlin, VDI 3786, Blatt, 2, 33 pp.

VDI, 2006a. Umweltmeteorogie-Meteologische Messungen-Messstation. Beuth Verlag, Berlin, VDI 3786, Blatt, 13, 24 pp.

VDI, 2006b. VDI-Richtlinen-Katalog. Beuth, Wien, Zurich, 464 pp.

VDI, 2008: Umweltmeteorogie-Meteologische Messungen-Turbulenzmessungen mit Ultraschallanemometen (Environmental meteorology-Meteorological measurements-Turbulence measurements with sonic anemometers). Beuth Verlag, Berlin, VDI 3786, Blatt, 12.

Vesala, T., U. Rannik, M. Y. Lecerc, T. Foken, and K. K. Sabelfeld, 2004. Foreword: Flux and concentration footprints. *Agriculture and Forest Meteorology*, 127, 111-116.

Vesala, T., N. Kljun, U. Rannik, J. Rinne, A. Sogachev, T. Markkanen, K. Sabelfeld, T. Foken, and M. Y. Lecerc, 2008. Flux and concentration footprint modelling: State of the art. *Environmental Pollution*, 152, 653-666.

Vickers, D., and L. Mahrt, 1997. Quality control and flux sampling problems for tower and aircraft data. *Journal of Atmospheric and Oceanic Technology*, 14, 512-526.

Vogel, H.-J., and K. Roth, 2003: Moving through scales of flow and transport in soil. *Journal of Hydrology*, 272, 95-106.

von Driest, E. R., 1959. Convective heat transfer in gases. In: C. C. Lin (Editor), High speed aerodynamics and jet propulsion, Vol. V, Turbulent flow and heat transfer. Princeton University Press, Princeton, pp. 339-427.

von Kármán, T., 1934. Turbulence and skin friction. *Journal of Aeronautic Science*, 1, 1-20.

von Kármán, T. and L. Howarth, 1938. On the statistical theory of isotropic turbulence. *Proc. R. Soc. London*, A164, 192-215.

Waterhouse, F. L., 1955. Micrometeorological profiles in grass cover in relation to biological problems. *Quarterly Journal of Royal Meteorological Society*, 81, 63-71.

Webb, E. K., 1970. Profile relationships: the log-linear range, and extension to strong stability. *Quarterly Journal of Royal Meteorological Society*, 96, 67-90.

Webb, E. K., 1982. On the correction of flux measurements for effects of heat and water vapour transfer. *Boundary-Layer Meteorology*, 23, 251-254.

Webb, E. K., G. I. Pearman, and R. Leuning, 1980. Correction of the flux measurements for density effects due to heat and water vapour transfer. *Quarterly Journal of Royal Meteorological Society*, 106, 85-100.

Wendling, U., H.-G., Schellin, and M. Thomä, 1991. Bereitstellung von taglichen Informationen zum Wasserhaushaft des Bodens für die Zwecke der agrarmeteorologischen Beratung. *Zeitschrift fur Meteorologiez*, 41, 468-475.

Wendling, U., P. Fuchs, and G. Müller-Westetmeiner, 1997. Modellierung des Zusammenhangs von Globalstrahlung, Sonnenscheindauer und Bewolkungsgrad als Beitrag der Klimauberwachung. Dt Wetterdienst, Forsch. Entwicklung, Arbeitsergebnisse, 45, 29 pp.

Wichura, B., N. Buchmann, and T. Foken, 2000. Fluxes of the stable carbon isotope ^{13}C above a spruce forest measured by hyperbolic relaxed eddy accumulation method. 14th Symposium on Boundary Layer and Turbulence, Aspen, CO., 7-11 August 2000, American Meteorological Society, Boston, 559-562.

Wichura, B., N. Buchmann, T. Foken, A. Mangold, G. Heinz, and C. Rebmann, 2001. Pools und Flüsse des stabilen Kohlenstoffisotops 13C zwischen Boden, Vegetation und Atmosphäre in verschiedenen Pflanzengemeinschaften des Fichtelgebirges. Bayreuter Forum Ökologie, 84, 123-153.

Wichura, B., J. Ruppert, A. C. Delany, N. Buchmann, and T. Foken, 2004. Structure of carbon dioxide exchange processes above a spruce Forest. In: E. Matzner (Editor), Biogeochemistry of Forested catchments in a Changing Environment, A German Case Study. Ecological Studies. Springer, Berlin, Heidelberg, pp. 161-176.

Wieringa, J., 1980. A revaluation of the Kansas mast influence on measurements of stress and cup anemometer overspeeding. *Boundary-Layer Meteorology*, 18, 411-430.

Wieringa, J., 1989. Shapes of annual frequency distribution of wind speed observed on high meteorological masts. *Boundary-Layer Meteorology*, 47, 85-110.

Wieringa, J., 1992. Updating the Davenport roughness classification. *Journal of Wind Engineering and Industrial Aerodynamics*, 41, 85-110.

Wilczak, J M., S. P. Onclcy, and S. A. Stage, 2001. Sonic anemometer tilt correction algorithms. *Boundary-Layer Meteorology*, 99, 127-150.

WMO, 1981. Meteorological aspects of the utilization of wind as an energy source. WMO, Tech. Note, 175, 180 pp.

WMO, 1996. Guide to meteorological instruments and methods of observation. WMO, Note 8, 6th edition.

Wrzesinsky, T., and O. Klemm, 2000. Summertime fog chemistry at a mountainous site in Central Europe. *Atmospheric Environment*, 34, 1487-1496.

Wyngaard, J. C., and O. R. Coté, 1971. The budgets of turbulent kinetic energy and temperature variance in the atmospheric surface layer. *Journal of Atmospheric Sciences*, 28, 190-201.

Wyngaard, J. C., and C-H Moeng, 1992. Parameterizing turbulent diffusion through the joint probability density. *Boundary-Layer Meteorology*, 60, 1-13.

Wyngaard, J. C., O. R. Coté, and Y. Izumi, 1971a. Local free convection, similarity and the budgets of shear and heat flux. *Journal of Atmospheric Sciences*, 28, 1171-1182.

Wyngaard, J. C., Y. Izumi, and S. A. Collins, 1971b. Behavior of the refractive-index-structure parameter near the ground. *Journal of the Optical Society of America*, 61, 1646-1650.

Wyngaard, J. C., J. A. Businger, J. C. Kaimal, and S. E. Larsen, 1982. Comments on 'A revaluation of the Kansas mast influence on measurements of stress and cup anemometer overspeeding'.

Boundary-Layer Meteorology, 22, 245-250.

Yaglom, A. M., 1977. Comments on wind and temperature flux-profile relationships. *Boundary-Layer Meteorology*, 11, 89-102.

Yaglom, A. M., 1979. Similarity laws for constant-pressure and pressure-gradient turbulent wall flow. *Annual Review of Fluid Mechanics*, 11, 89-102.

Zeleny, J., and J. Pretel, 1986. Zur Problematik der Bestimmung der aerodynamischen Rauhigkei der Erdoberfläche, *Zeitschrift fur Meteorologiez*, 36, 325.

Zhang, G., C. Thomas, M. Y. Leelerc, A. Karipot, H. L. Gholz, and T. Foken, 2007. On the effect of clearcuts on turbulence structure above a forest canopy. *Theoretical and Applied Climatology*, 88, 133-137.

Ziltinkevich, S. S., 1969: On the computation of the basic parameters of the interaction between the atmosphere and the ocean. *Tellus*, 21, 17-24.

Zilintikevich, S. S., and D. V. Tschalikov, 1968: Opredelenie universalnych profilei skorosti vetra I temperatury v prizemnom sloe atmosfery (Determination of universal profiles of wind velocity and temperature in the surface layer of the atmosphere). Izv AN SSSR, Fiz Atm Pkeana, 4, 294-302.

Ziltinkevich, S. S., and D. V. Mironov, 1996. A multi-limit formulation for the equilibrium depth of a stable stratified atmospheric surface layer. *Boundary- Layer Meteorology*, 81, 325-351.

Ziltinkevich, S. S., and P. Calanca, P., 2000. An extended similarity theory for the stably stratified atmospheric surface layer. *Quarterly Journal of Royal Meteorological Society*, 126, 1913-1923.

Ziltinkevich, S. S., V. L. Perov, and J. C. King, 2002. Near-surface turbulent fluxes in stable stratification: Calculation techniques for use in general circulation models. *Quarterly Journal of Royal Meteorological Society*, 128, 1571-1587.

출처 등록

많은 출판사, 학회, 기관 및 기타 단체가 이 책에 자신의 출판물의 그림을 실을 수 있도록 기꺼이 허락해 주었다. 그 출처들을 아래에 요약하였다.

American Meteorological Society, Boston MA, USA

figure	source	fig. in source	page in source
Fig. 2.3	Stull (1984)	Fig. 1	3352

Annual Review of Fluid Mechanics, Volume 32 ©2000 Annual Reviews
www.annualreviews.org

figure	source	fig. in source	page in source
Fig. 3.29	Finnigan (2000)	Fig. 12	549

B. G. Teubner GmbH, Wiesbaden, Germany

figure	source	fig. in source	page in source
Fig. 7.1	Hupfer (1996)	Fig. 7.1	246
Fig. 7.2	Hupfer (1996)	Fig. 7.14	269
Fig. 8.3	Hupfer (1996)	Fig. 8.4	285

Brooks / Cole, Pacific Grove, CA, USA

figure	source	fig. in source	page in source
Fig. 1.3	Stull (2000)	Fig. 4.8	69

Cambridge University Press, Cambridge, UK

figure	source	fig. in source	page in source
Fig. 1.11	Frisch (1995)	Fig. 7.2	104

German Meteorological Service, Offenbach, Germany

figure	source	fig. in source	page in source
Fig. 3.1	Foken (1990)	Fig. 4.8	96
Fig. 3.21	Baumgartner (1956)	Fig. 12	16
Fig. 6.19	Richter (1995)	Fig. 10	42

Elsevier Science, Oxford, UK

figure	source	fig. in source	page in source
Fig. 3.17	Schmid (1997)	Fig. 1	93

Friedrich Vieweg & Sohn, Wiesbaden, Germany

figure	source	fig. in source	page in source
Fig. 3.22	Geiger *et al.* (1995)	Fig. 14-2	82

Gebr. Bornträger Verlagsgesellschaft, Stuttgart, Germany

figure	source	fig. in source	page in source
Fig. 4.10~4.12	Foken *et al.* (1995)	Fig. 8	103
Fig. 5.1	Foken (2002)	Fig. 3	704

Kluwer Academic Publisher B. V., Dordrecht, The Netherlands

figure	source	fig. in source	page in source
Fig. 1.5	Foken *et al.* (1978)	Fig. 1	290
Fig. 2.4	Stull (1988)	Fig. 5.4	155
Fig. 3.7	Stull (1988)	Fig. 14.11	598
Fig. 3.11	Hupfer *et al.* (1976)	Fig. 2	504
Fig. 3.16	Schmid (1994)	Fig. 1	296
Fig. 3.23	Amiro (1990)	Figs. 3 and 4	106, 107
Fig. 3.24	Denmead and Bradley (1985)	Fig. 5	434

figure	source	fig. in source	page in source
Fig. 3.25	Gao *et al.* (1989)	Fig. 1a–c	353–355
Fig. 3.28	Raupach *et al.* (1996)	Fig. 6	366
Fig. 3.32	Holtslag and Nieuwstadt (1986)	Fig. 2	205
Fig. 4.2b	Wilczak *et al.* (2001)	Fig. 1	132
Fig. 4.4	Finnigan *et al.* (2003)	Fig. 1	3
Fig. 4.14	Snyder *et al.* (1996)	Fig. 1	251
Fig. 4.16	Hicks and Matt (1988)	Fig. 2	120
Fig. 6.12	Liu *et al.* (2001)	Fig. 1	461
Fig. 7.3	Stull (1988)	Fig. 14.2	589

Munkgaard Int. Publisher Ltd., Kopenhagen, Dänemark

figure	source	fig. in source	page in source
Figs. 5.6 and 5.7	Mölders *et al.* (1996)	Fig. 1	735

Österreichische Gesellschaft für Meteorologie, Wien, Austria

figure	source	fig. in source	page in source
Fig. 4.5	Foken *et al.* (1997b)	Fig. 5	72

Oxford University Press, New York, USA

figure	source	fig. in source	page in source
Fig. 2.8	Kaimal and Finnigan (1994)	Fig. 2.1	34
Fig. 2.9	Kaimal and Finnigan (1994)	Fig. 2.2	35
Fig. 3.6	Kaimal and Finnigan (1994)	Fig. 3.3	78

RISØ National Laboratory, Roskilde, Dänemark

figure	source	fig. in source	page in source
Fig. 3.15	Petersen and Troen (1990)	Fig. 3.2	45

Royal Meteorological Society, Reading, U.K.

figure	source	fig. in source	page in source
Fig. 2.10	Kaimal *et al.* (1972)	Fig. 17	580
Fig. 3.5	Waterhouse (1955)		
Fig. 3.10	Bradley (1968a)	Figs. 6 and 7	368, 369
Fig. 5.8	Schmid and Bünzli (1995b)	Fig. 1a	7

SPB Academic Publisher, The Hague, The Netherlands

figure	source	fig. in source	page in source
Fig. 4.15	Dlugi (1993)	Fig. 4	865

Umweltbundesamt, Berlin, Germany

figure	source	fig. in source	page in source
Fig. 4.9	(UBA 1996)		
Fig. 5.5	(UBA 1996)		

Verein Deutscher Ingenieure e. V., Düsseldorf, Germany

figure	source	fig. in source	page in source
Fig. 6.8	VDI 3786, sheet 2	Fig. 1	5
Fig. 8.1	VDI 2714	Fig. 8	9
Fig. 8.2	VDI 3787, sheet 2	Fig. 2	10

WILEY-VCH Verlag, Berlin, Germany

figure	source	fig. in source	page in source
Fig. 3.2	Hurtalová *et al.* (1983)	Fig. 1	370
Fig. 6.16	Foken (1979)	Fig. 2	302

World Meteorological Organisation, Geneva, Schwitzerland

figure	source	fig. in source	page in source
Fig. 3.13	WMO (1981)	Fig. 4.36	97
Fig. 3.14	WMO (1981)	Fig. 4.35	97

Some companies made figures available:

figure	company
Fig. 4.6	Campbell Scientific Inc., Logan UT, USA
Fig. 6.7	Th. Friedrichs & Co., Schenefeld near Hamburg, Germany
Fig. 6.15	
Fig. 6.10	R. M. Young Company, USA / GWU Umwelttechnik GmbH, Germany
Fig. 6.17	
Fig. 6.20	METEK GmbH, Elmshorn, Germany
Fig. 6.21	Scintec AG, Tübingen, Germany

미기상학 Micrometeorology

초판 인쇄 2025년 2월 24일
초판 발행 2025년 2월 28일

저자 토마스 포켄
역자 김철희 송창근 윤일희

펴낸이 최재원
펴낸곳 부산대학교출판문화원

출판등록 제1983-000001호 1983. 11. 10.
부산광역시 금정구 부산대학로63번길 2
대표전화 051-510-1932 전송 051- 512-7812
http://press.pusan.ac.kr

* 잘못된 책은 구입한 서점에서 교환해 드립니다.

정가 29,000원

ISBN 978-89-7316-826-2 93450

※ 이 도서는 부산대학교출판문화원의 강의교재 개발 지원사업(2024-2) 지원으로 제작되었습니다.